Biologische Psychologie für Dummies

Julian Keil

Biologische Psychologie

für dummies®

Fachkorrektur von Guido Hesselmann

WILEY

WILEY-VCH GmbH

Biologische Psychologie für Dummies

Bibliografische Information der Deutschen Nationalbibliothek

Die Deutsche Nationalbibliothek verzeichnet diese Publikation in der Deutschen Nationalbibliografie; detaillierte bibliografische Daten sind im Internet über http://dnb.d-nb.de abrufbar.

1. Auflage 2025

Coverillustration: © MarLein- stock.adobe.com
Korrektur: Johanna Rupp, Nußloch
externes Lektorat: Katharina Hemschemeier, Berlin
Satz: Straive, Chennai, India
Druck und Bindung:

Print ISBN: 978-3-527-72150-4
ePub ISBN: 978-3-527-84562-0

Über den Autor

Dr. Julian Keil promovierte in Psychologie an der Universität Konstanz. Anschließend arbeitete er als Wissenschaftler an der Université de Montréal und an der Charité – Universitätsmedizin Berlin. Nach diesen Stationen war er Professor für Biologische Psychologie an der Christian-Albrechts-Universität zu Kiel, bevor er ein Start-up zur nichtinvasiven Hirnstimulation mitbegründete. Seine Forschung umfasst viele Themen der Biologischen Psychologie, von den Grundlagen der visuellen, auditorischen und multisensorischen Wahrnehmung, über die neuronalen Mechanismen des Gedächtnisses hin bis zu Methoden der Hirnstimulation. Seine Vorlesungen zur Biologischen Psychologie finden Sie auf seinem Youtube-Kanal: `https://www.youtube.com/@drjuliankeil`

Über den Fachkorrektor

Dr. Guido Hesselmann ist Professor für Allgemeine und Biologische Psychologie an der Psychologischen Hochschule Berlin (PHB), beschäftigt sich mit dem Sehen (und Nichtsehen) und begeistert sich für gute Lehrbücher.

Danksagung

Besonderer Dank gilt der Lektorin Katharina Hemschemeier, die trotz technischer Schwierigkeiten und meiner absoluten Unfähigkeit, Texte korrekt zu formatieren, das Projekt unterstützt hat.

Vielen Dank auch an Prof. Dr. Guido Hesselmann für die Fachkorrektur, Vanessa Schöner für den ersten Kontakt und die Akquise, und Esther Neuendorf für die Projektredaktion.

Widmung

Ich widme dieses Buch Katja für ihre nicht endende Unterstützung und Geduld der neuesten Spinnereien, und meinen Studentinnen und Studenten der Universität Kiel, ohne die ich die Vorlesung, die als Grundlage dieses Buches diente, nie gehalten hätte.

Auf einen Blick

Inhaltsverzeichnis

Einleitung

Eine bei Psychologinnen und Psychologen ziemlich beliebte Frage ist: »Was denken Sie; was fühlen Sie gerade?« Darauf können Sie natürlich antworten, was Ihnen gerade dazu einfällt. Was sich Biopsychologinnen und Biopsychologen allerdings fragen, ist: Wie läuft das Denken und Fühlen denn eigentlich ab? Wie schafft ein biologisches System wie Ihr Körper eine bewusste Erfahrung? Haben Sie sich schon einmal gefragt, warum Sie so sind, wie Sie sind? Woher kommen eigentlich Ihre Gedanken? Wie reagieren Sie auf Ihre Umwelt, und was können Sie eigentlich sehen, hören, riechen, schmecken und fühlen? Die Biologische Psychologie versucht, Antworten auf diese Fragen zu finden, und genau darum geht es in diesem Buch. Je besser Sie den Zusammenhang zwischen den biologischen Grundlagen der Funktionen Ihres Körpers und dem Erleben dieser Funktionen kennen, desto besser können Sie psychische Vorgänge verstehen. Herzlich Willkommen zur *Biologischen Psychologie*, dem Wegweiser zum Zusammenhang zwischen Ihrem Körper und Ihrem Geist.

Das Verständnis der biologischen Grundlagen ist eine Voraussetzung der modernen Psychologie – kommen Sie also mit auf den Weg von der einzelnen Nervenzelle und ihren Bausteinen zum Zusammenspiel der unterschiedlichen Bereiche des Nervensystems und dem daraus entstehenden Bewusstsein. Ich hoffe, dieses Buch nimmt Sie an der Hand, damit Ihnen der Weg leichtfällt!

Über dieses Buch

Dieses Buch geht vom Kleinen zum Großen: Wir schauen uns als Erstes an, wie die einzelnen Bausteine des Nervensystems aussehen und wie sie funktionieren, und betrachten dann ihre Bedeutung bei der Steuerung des Körpers und der Wahrnehmung, um dann am Ende das Entstehen einzelner psychischer Funktionen zu untersuchen. Meistens geht es in einem Kapitel um eine bestimmte Funktion. Auch wenn die einzelnen Bausteine des Nervensystems kompliziert sind, werden Sie nach und nach die Grundprinzipien der Informationsverarbeitung verstehen. Eine Grundbotschaft dieses Buches lautet: Alles hängt zusammen. Viele Kapitel schließen mit Beispielen, wie sich Probleme der Funktion der biologischen Systeme auf das Denken, Erleben und Handeln auswirken. Dies bildet Querverbindungen zur Klinischen Psychologie, um das Verständnis des Entstehens psychischer Erkrankungen zu erleichtern. Am Ende des Buches finden Sie außerdem zehn kompakte Prinzipien, die die Biologische Psychologie beschreiben, und zehn mögliche Ausgangspunkte für Ihre eigenen Nachforschungen.

Konventionen in diesem Buch

Die meisten Lehrbücher der Biologischen Psychologie folgen einem ähnlichen Aufbau wie dieses Buch: Sie gehen von den kleinen Bausteinen hin zu den großen Funktionen. Das ist auch nur sinnvoll, da das Verständnis des Kleinen die Grundlage des Verständnisses des Großen ist.

In einigen Aspekten unterscheidet sich das Buch von seinen Kollegen im Bücherregal: Ich versuche in diesem Buch, das Wissen so leicht und so kompakt wie möglich zu vermitteln. Dieses Buch entstand aus meiner Vorlesung zur Biologischen Psychologie für Studienanfängerinnen und -anfänger. In dieser Vorlesung habe ich die Rückmeldung bekommen, dass es hilft, die zentralen Stichpunkte klar auf den Vorlesungsfolien aufzulisten. Für dieses Buch bedeutet das, dass wichtige Informationen nicht versteckt in längeren Texten stecken, in denen Sie mit dem Textmarker die wichtigen Schlüsselwörter hervorheben müssen, sondern dass die komplexe Information mit übersichtlichen Listen klar gegliedert ist.

Um einige Konventionen kommen wir aber nicht herum: Wenn wir uns mit dem Körper und seinen Funktionen beschäftigen, dann müssen wir die gängigen Bezeichnungen verwenden. Eine einheitliche Sprache erleichtert es Ihnen, Vergleiche zu anderen Büchern anzustellen oder selbst nach weiteren Informationen zu suchen. Da hilft es nicht, wenn ich das *Axon* als den Sender einer Zelle und die *Dendriten* als die Antennen bezeichne, wenn niemand sonst diese Bezeichnungen verwendet. Das wurde leider früher nicht immer so gehandhabt, weshalb viele Teile des Körpers unterschiedliche Namen haben. Zum Beispiel sind die *Alpha-Nerven* das gleiche wie die *Ia-Nerven*, einmal benannt von Erlanger und Gasser, und einmal benannt von Sherrington. Gleichzeitig gibt es viele Begriffe, die sehr ähnlich klingen, aber völlig unterschiedliche Dinge bezeichnen. Ich habe zum Beispiel etwa zehn Jahre gebraucht, um zu verstehen, dass das *Striatum* und der *striäre Kortex* nicht das Gleiche sind. Ich versuche, eine einheitliche Verwendung im Buch zu etablieren und auch die relevanten Bezeichnungen auf Lateinisch und Englisch zu nennen. Im Zweifel gibt es ein Stichwortverzeichnis mit den Fachbegriffen am Ende. Scheuen Sie sich nicht, dort nachzuschauen, denn dafür ist es ja da.

Eine weitere Konvention ist das Abgrenzung zwischen Geist und Körper. Sie haben vermutlich eine Vorstellung davon, wer Ihren Körper steuert: Sie selbst. Es ist aber manchmal nicht so einfach, im Kopf zu behalten, dass es keinen kleinen Steuermann gibt, der die Gedanken und Handlungen bestimmt, sondern dass all die komplexen psychischen Prozesse und geistigen Vorgänge aus dem Nervensystem selbst entstehen. Für das Entstehen komplexer psychischer Vorgänge gibt es unterschiedliche Theorien. Der Einfachheit halber konzentriere ich mich auf die Lokalisationstheorien, die psychische Vorgänge Orten oder Netzwerken im Gehirn zuordnen.

Um den Text kurz zu halten, verwende ich teils nur eine Geschlechtsbezeichnung, zum Beispiel Psychologinnen statt Psychologinnen und Psychologen. Ich hoffe, dass sich dadurch niemand ausgeschlossen fühlt, denn alle sind gemeint.

Was Sie nicht lesen müssen

Selbst wenn ich sehr stolz auf jedes einzelne Wort in diesem Buch bin und mich freue, wenn Sie jeden Absatz interessant finden, müssen Sie nicht unbedingt auch alles lesen. Je nachdem, welche Vorerfahrungen Sie mitbringen, können Sie die Einführungskapitel über den Aufbau der Zellen und des Körpers überspringen. Außerdem finden Sie in fast jedem Kapitel Kästen mit Anekdoten oder Beispielen, die zwar nett und unterhaltsam sind, für das Verständnis des Kapitels aber nicht unbedingt notwendig. Wenn Sie kein Interesse an Klinischer Psychologie haben oder schon zu dem Thema Bescheid wissen, dann können Sie die letzten Absätze einiger Kapitel überspringen.

Törichte Annahmen über die Leserinnen und Leser

Im Gegensatz zu einer Vorlesung hat ein Lehrbuch, zumindest für mich, einen entscheidenden Nachteil: Ich sehe Sie nicht und ich weiß nicht, warum Sie dieses Buch lesen möchten. Daher muss ich beim Schreiben dieses Buches einige Annahmen treffen. Ich vermute, dass Sie zu einer dieser Gruppen gehören:

- ✔ Studentinnen und Studenten im Bachelorstudium Psychologie, die gerade die Vorlesung Biologische Psychologie besuchen und sich auf die anstehende Klausur vorbereiten.
- ✔ Studentinnen und Studenten in einem verwandten Fach wie zum Beispiel Medizin, Soziologie, Pflegewissenschaften, Physik, Biologie oder Chemie, die im Rahmen der Wahl-Seminare in die Psychologie reinschnuppern.
- ✔ Schülerinnen und Schüler, die sich auf das Abitur vorbereiten und bereits mit möglichen Studienfächern auseinandersetzen.
- ✔ Fachkräfte aus den therapeutischen oder pflegenden Berufen, die für ein tieferes Verständnis oder ein Auffrischen des Wissens eine kompakte Übersicht über die Biologische Psychologie suchen.
- ✔ Stolzr Besitzer eines Bewusstseins, der sich fragt, wo das eigentlich herkommt.

Wie dieses Buch aufgebaut ist

Dieses Buch hat einen einfachen Aufbau: vom Kleinen zum Großen. Bevor es an die komplexen und komplizierten Fähigkeiten des Nervensystems geht, werden erst mal die Grundlagen geschaffen: Wie ist eine Zelle aufgebaut, wie werden Informationen in einzelnen Zellen und in Netzwerken verarbeitet, und wie arbeiten sie zusammen? Darauf aufbauend geht es dann zu den Bewegungs- und Wahrnehmungssystemen.

Der Grundlagen-Teil ist in zwei Abschnitte eingeteilt: Zuerst geht es um die Biologische Psychologie als Fach, ihre Geschichte und die Methoden. Anschließend werden die biologischen Grundlagen des Nervensystems im Detail unter die Lupe genommen. Im Motorik- und Sensorik-Teil erfahren Sie mehr über die einzelnen Sinnessysteme und ihre Organe. Der Anwendungs-Teil enthält drei kognitive Prozesse (Gedächtnis, Aufmerksamkeit und Emotionen) und ihre biologischen Korrelate. Der Schlussteil wartet mit hilfreichen Informationen auf und bietet Startpunkte, um mehr über das Zusammenspiel von Körper und Geist zu lernen.

Teil I: Neurobiologische Grundlagen

Bevor ich anfange, die komplexen Funktionen des Nervensystems und die Informationsverarbeitung zu erklären, müssen Sie die einzelnen Bausteine des Nervensystems kennen, da die allein schon sehr kompliziert sind. Und da das ganze Wissen über das Nervensystem nicht vom Himmel gefallen ist, gibt es im ersten Teil auch noch eine Übersicht über die Entstehung der Biologischen Psychologie.

Im ersten Kapitel geht es um das Selbstverständnis der Psychologie, insbesondere der Biologischen Psychologie. Um sich in der Welt der Biologischen Psychologie zurechtzufinden, müssen Sie sich an die Besonderheiten des Faches gewöhnen, seine Grundlagen kennenlernen und Verständnis der Fragestellung erlangen, die in der Biologischen Psychologie erforscht wird.

Kapitel zwei nimmt die Methoden der Biologischen Psychologie in den Blick, mit der diese Fragestellungen bearbeitet und beantwortet werden. Hier bekommen Sie auch einen Überblick über all die Geräte, mit denen die Aktivität des Nervensystems gemessen und beeinflusst werden kann.

Im dritten Kapitel wird die Biologie großgeschrieben. Hier geht es ins Detail: Ganz genau beschreibe ich, aus welchen Bausteinen eine Zelle besteht, nach welchen Prinzipien sie gebaut wird und wie sie funktioniert.

Nach den Details geht es in den Kapiteln vier bis sechs um den Aufbau der Zellen und ihrer Bestandteile, das Zusammenspiel der Zellen im Nervensystem und die Kommunikation der Zellen untereinander. In diesen Kapiteln lernen Sie die wichtigsten funktionellen Einheiten kennen, die in den weiteren Kapiteln eine Rolle spielen. Damit sind Sie gut vorbereitet für die Beschreibung der funktionellen Systeme in Teil II und die höheren kognitiven Funktionen in Teil III des Buches.

Teil II: Wahrnehmung und Bewegung im Detail

Die Kapitel im zweiten Teil des Buches sind entlang der unterschiedlichen Sinne gegliedert. Den Anfang macht die Beschreibung des motorischen Systems, mit dem Sie Ihren Körper steuern können. Danach geht es zum Sehen, Hören, Tasten, Riechen und Schmecken. In diesen Kapiteln gibt es auch zahlreiche Querverbindungen zur Klinischen Psychologie, wenn es um die Fehlfunktionen der unterschiedlichen Systeme geht, und deren Rolle in psychischen oder neurologischen Erkrankungen.

Teil III: Die biologischen Grundlagen kognitiver Prozesse

Im dritten Teil steht das Zusammenspiel des gesamten Körpers und des gesamten Nervensystems im Vordergrund. Hier erkläre ich, wie und nach welchen Regeln daraus höhere kognitive Funktionen entstehen. Den Anfang macht die Aufmerksamkeit, gefolgt vom Gedächtnis und den Emotionen. Diese Funktionen haben gemein, dass sie nicht nur einen einzelnen Sinn oder einen einzelnen Prozess beinhalten, sondern dass sie erst aus dem Zusammenspiel vieler kleiner Prozesse entstehen. Wie auch im zweiten Teil gibt es zahlreiche

Querverbindungen zu den Anwendungsfächern der Psychologie. Fast alle psychischen Erkrankungen gehen mit Veränderungen des Gedächtnisses, der Aufmerksamkeit und der Emotionsverarbeitung einher. Ein Verständnis für die biologischen Grundlagen dieser psychischen Erkrankungen ist der Schlüssel für eine erfolgreiche Therapie der Leiden.

Teil IV: Der Top-Ten-Teil

Dieser letzte Teil des Buches umfasst zwei kurze Kapitel. Im ersten Kapitel dieses Teiles fasse ich kurz und bündig einige Fakten über das Nervensystem und seine Funktion zusammen. Wenn Sie nichts anderes lesen, dann bekommen Sie hier zumindest die wichtigsten Informationen aus der Biologischen Psychologie mit. Im zweiten Kapitel habe ich einige Webseiten und Software-Programme zusammengestellt, die für das Verständnis des Nervensystems hilfreich sein können und die Ihnen auf dem Weg durchs Studium oder bei eigenen Recherchen weiterhelfen.

Symbole in diesem Buch

Die kleinen Icons, die Sie an den Seitenrändern dieses Buches finden, sind Hinweiszeichen, die auf interessante Textinhalte hindeuten, an die Sie sich auch später noch erinnern sollten oder mit denen Sie auf der nächsten Party für Gesprächsstoff sorgen können.

Dieses Symbol zeigt Zusammenfassungen und besonders wichtige Informationen an. Hier werden Informationen aus dem vorhergehenden Text nochmals aufgegriffen und komprimiert.

Hier finden Sie hilfreiche weiterführende Informationen und Links zu Webseiten, die für das jeweilige Kapitel interessant sein könnten.

Dieses Symbol zeigt ihnen an, wo klare Definitionen stehen. Diese Definitionen sind wichtig, um ganz grundlegende Begriffe allgemeingültig zu klären.

Das Ausrufzeichen weist auf mögliche Missverständnisse und Fehlerquellen hin. Manchmal ganz praktisch, denn so müssen Sie die Fehler nicht selbst machen …

Dieses Symbol weist auf Fallbeispiele und Beispiele aus der Forschung hin. Hier versammeln sich berühmte Fälle, Experimente oder für das Thema relevante Forscherinnen und Forscher.

Wie Sie dieses Buch lesen sollten

Wie in den meisten *Für-Dummies*-Büchern können Sie mit einem beliebigen Teil beginnen und hier und da ein paar Passagen lesen, die Sie besonders interessieren. Ich empfehle jedoch, die Kapitel der Reihe nach zu lesen. Der Körper und das Nervensystem sind nach einem bestimmten Schema aufgebaut, das von einfach zu kompliziert führt: Einzelne Zellen formen Gewebe, die sich zu Organen, dann Organsystemen und ganzen Organismen verbinden. Auch das Wissen über die Biologische Psychologie baut auf vorangegangenen Informationen auf. Es ist schwer zu verstehen, wie das visuelle System funktioniert, wenn Sie sich nicht zuvor mit der Funktion einer Nervenzelle und der Organisation des Gehirns vertraut gemacht haben. Zu begreifen, wie Ihre Zellen neuronale Netzwerke bilden, um darin Erinnerungen zu speichern, ist ebenso nicht leicht, wenn Sie nicht wissen, wie Zellen Informationen codieren und miteinander kommunizieren. Natürlich können Sie aber den Lernprozess handhaben, wie Sie wollen, wenn Sie bereits Vorkenntnisse in Anatomie, Physiologie, Biologie oder Neurologie besitzen. Ein anderer Vorschlag ist, das Buch mehr als nur einmal zu lesen; eventuell lesen Sie es beim ersten Mal von vorne bis hinten durch und blättern dann von Zeit zu Zeit zurück, um gewisse Inhalte nach dem Zufallsverfahren zu wiederholen.

Ein Prinzip des Lernens ist: Viel hilft viel. Je öfter Sie über die Biologische Psychologie lesen, desto leichter verständlich wird Ihnen die Materie erscheinen. Machen Sie sich Notizen, recherchieren Sie offene Fragen selbst und versuchen Sie, die Inhalte in eigenen Worten zusammenzufassen. Nach einer Weile wird Ihnen dann das ganze Nervensystem immer weniger kompliziert erscheinen. Stattdessen wird es sich Ihnen als kunstvolle, elegant organisierte Gruppierung von miteinander interagierenden funktionellen Einheiten präsentieren.

Und bitte vergessen Sie bei all dem nicht, ausreichend zu schlafen, denn Schlaf ist wichtig für das Gedächtnis, und nur so können Sie sich an den Inhalt dieses Buchs auch später noch erinnern!

Teil I
Neurobiologische Grundlagen

IN DIESEM TEIL …

Lernen Sie, worum es in der Biologischen Psychologie geht und warum dieses noch relativ neue Forschungsgebiet so spannend ist.

Geht es erst einmal um die neurobiologischen Grundlagen, also darum, wie der Körper aufgebaut ist und wie er gesteuert wird.

Werden die wichtigsten Methoden vorgestellt, mit denen die Funktionsweise des Körpers in der Biologischen Psychologie untersuchen werden kann.

IN DIESEM KAPITEL

Von der Psychologie zur Biopsychologie

Verwandte Fachrichtungen

Kapitel 1 Einführung in die Biologische Psychologie

Während Sie diese Überschrift lesen, bewegen kleinste Muskeln Ihre Augen von links nach rechts über die Zeile. So kommt ein Reiz aus Ihrer Umwelt, etwa wenn Sie das Wort »Baum« in einem Text lesen, über Ihre Augen und damit verbundene Nerven zu Ihrem Gehirn. Dort wird dieses Wort zuerst in seine kleinsten Bestandteile (Striche, Kurven, Kreise und Linien) zerlegt und anschließend wieder zu einem Ganzen zusammengefügt. Diesem Ganzen wird dann eine bestimmte Bedeutung zugewiesen. Welche Bedeutung es ist, hängt vom Wort ab und davon, ob Sie diese Bedeutung irgendwann in Ihrem Leben einmal gelernt haben. Vielleicht entsteht ein Bild in Ihrem Kopf, das Sie mit dem Wort verbinden, oder Sie hören den Klang des Wortes. Und vielleicht erinnern Sie sich auch an ein Erlebnis mit einem Baum und die damit verbundenen Emotionen. Dieses faszinierende Zusammenspiel vieler gleichzeitig ablaufender Vorgänge und wie die Arbeit der kleinsten Bausteine unseres Körpers mit Denken, Fühlen und Erinnern zusammenhängt, ist die Fragestellung der *Biologischen Psychologie.*

Die Biologische Psychologie ist eines der Grundlagenfächer der *Psychologie,* das heißt, sie bildet die Grundlage für viele andere Fächer der Psychologie. Was Psychologie im Ganzen und die Biologische Psychologie im Speziellen eigentlich ist, erklärt dieses erste Kapitel. Außerdem fasst es zusammen, mit welchen anderen Disziplinen die Biologische Psychologie eng verbunden ist.

Psychologie: Die Wissenschaft der inneren Welt

Die Psychologie erforscht die *subjektive Welt,* also die innere Wahrnehmung und Verarbeitung der äußeren Welt. Das mag vielleicht erst mal ziemlich abstrakt klingen, aber Sie werden schnell verstehen, was damit gemeint ist.

Die Psychologie ist eine Wissenschaft, die untersucht, wie Sie Ihre Umwelt wahrnehmen und mit ihr interagieren. Dazu gehört konkret:

- ✔ welche **Reize** Sie wahrnehmen können,
- ✔ welche **Reaktion** diese Reize bei Ihnen auslösen und
- ✔ welche **Vorgänge des Organismus** beim Weg vom Reiz zur Reaktion eine Rolle spielen.

Auf diesem Weg von Reizen und Informationen der Umwelt zu einer Wahrnehmung sind einige Teile objektiv messbar, während andere sich nur indirekt bestimmen lassen.

- ✔ Die **Eigenschaften** von Reizen aus der Umwelt lassen sich durch physikalische oder chemische Maße beschreiben. Sie können objektiv bestimmen, wie groß oder hell ein Reiz ist und aus welchen Materialien er besteht.
- ✔ Die **Aufnahme der Informationen** des Reizes lässt sich ebenso durch physikalische, chemische oder biologische Prozesse beschreiben. Sie können objektiv bestimmen, welche Veränderungen ein bestimmter Reiz an einem Teil Ihres Körpers auslöst.
- ✔ Das **Resultat der Aufnahme** der Informationen des Reizes, die Empfindung, ist nur Ihnen selbst zugänglich, sie ist subjektiv. Nur Sie können sagen, ob Sie einen Reiz wahrgenommen haben und einen anderen nicht. Die subjektive Welt ist damit eine nur für Sie verfügbare Repräsentation der Umwelt.

Eine zentrale Erkenntnis der Psychologie ist, dass die subjektive Repräsentation der Umwelt nicht bei allen Personen gleich ist, sich über die Zeit verändert und nicht immer den objektiven Eigenschaften der Reize entspricht. Abbildung 1.1 zeigt ein berühmtes Beispiel, die *Müller-Lyer-Täuschung*, die vom Psychiater Franz Müller-Lyer entdeckt wurde.

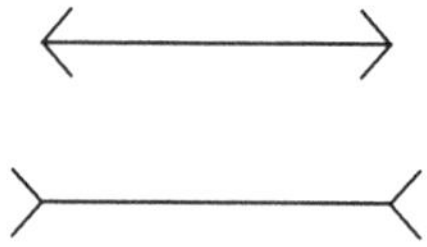

Abbildung 1.1: Die Müller-Lyer-Täuschung (© Julian Keil)

In der Abbildung sehen Sie zwei Linien:

- ✔ **Objektiv** sind beide Linien gleich lang (Sie können gerne nachmessen). Beiden Linien haben die gleichen physikalischen Eigenschaften, sie sind gleich lang, gleich dick, gleich schwarz.
- ✔ **Subjektiv** erscheint die obere Linie kürzer als die untere. Die Pfeilspitzen beeinflussen, wie Sie Informationen der Linie interpretieren.

Die Teilbereiche der Psychologie

Bei der Untersuchung der subjektiven Welt können Sie Vorgänge auf unterschiedlichen Ebenen betrachten. Diese unterschiedlichen Ebenen finden sich in den unterschiedlichen Teilbereichen der Psychologie wieder:

- ✔ **Schauen Sie sich das große Ganze an,** dann können Sie untersuchen, wie und nach welchen Regeln sich Gruppen innerhalb und zueinander verhalten und wie das einzelne Gruppenmitglied zur gesamten Gruppe steht. Dies sind Fragestellungen, mit denen sich die *Sozialpsychologie* und, insbesondere in einem Arbeitskontext, die *Arbeits- und Organisationspsychologie* oder die *Wirtschaftspsychologie* beschäftigen.

- ✔ **Nehmen Sie die einzelne Person in den Blick,** dann können Sie untersuchen, wie und nach welchen Regeln hier Denken und Handeln ablaufen. Sie schauen sich also an, wie denn Verhalten im Allgemeinen abläuft, und sind in der *Allgemeinen Psychologie* und der damit eng verwandten *Kognitionspsychologie.* Einige Themen der Allgemeinen Psychologie finden Sie im dritten Teil dieses Buches mit dem Blick auf die neuronalen Grundlagen im Fokus.

- ✔ **Wollen Sie entscheiden, ob und wie sich eine einzelne Person von einer größeren Gruppe unterscheidet,** dann beurteilen Sie das Verhalten im Vergleich zu einer genau bestimmten Stichprobe, die als die »Normstichprobe« bezeichnet wird (mehr dazu gibt es bei den Methoden in Kapitel 2). Diese Diagnose über das Abweichen des Verhaltens einer einzelnen Person vom »normalen« Verhalten einer Vergleichsgruppe ist die Aufgabe der *Differentiellen Psychologie* und der damit eng verwandten *Persönlichkeitspsychologie.* Verhalten, das vom »normalem« Verhalten abweicht, kann ein guter Startpunkt sein, um herauszufinden, wie dieses Verhalten mit biologischen Prozessen zusammenhängt, wie Sie im zweiten und dritten Teil dieses Buches lernen werden.

- ✔ **Geschieht dieser Vergleich zur Untersuchung und möglichen Therapie einer psychischen Erkrankung,** dann ist dies die Aufgabe der *Klinischen Psychologie* beziehungsweise der *Psychologischen Psychotherapie.* Hierbei steht neben dem Erkennen einer möglichen psychischen Erkrankung oder Belastung vor allem die Erstellung eines angemessenen Behandlungsplanes und einer Vorhersage des zukünftigen Verhaltens im Vordergrund. Auch hier kann der Vergleich zwischen normalem und abnormem Verhalten, Denken und Erleben zum einen wichtige Erkenntnisse über die biologischen Grundlagen liefern, aber auch Erklärungen für das Entstehen psychischer Erkrankungen bieten.

- ✔ **Stehen die biologischen Grundlagen von Verhalten, Denken und Handeln im Zentrum der Untersuchung,** dann sind Sie bei der *Biologischen Psychologie* angekommen. Hier schauen Sie sich an, wie Denken und Handeln einer Person mit körperlichen, also biologischen Vorgängen zusammenhängen. Diese Betrachtung der biologischen Grundlagen spielt in beinahe allen anderen Teildisziplinen der Psychologie eine Rolle. Teilweise überschneiden sich dabei die Fragestellungen, zum Beispiel bei der Frage nach den Regeln des Denkens und Handelns. Die Biologische Psychologie zieht aber immer biologische Prozesse als Grundlage der Erklärung heran.

Geistes- oder Naturwissenschaft, das ist hier die Frage

In den letzten Jahrzehnten kam es in der Biologischen Psychologie zu einer starken Konzentration auf Vorgänge in unserem Nervensystem, die von der Neurowissenschaft und insbesondere der *Neuropsychologie* untersucht werden. In diesem Zeitraum hat sich auch das Selbstverständnis der Psychologie gewandelt. Die Psychologie hat ihren Ursprung in der Philosophie und ist somit eine **Geisteswissenschaft**. Das heißt, der Ausgangspunkt der Psychologie ist das Ziel, die Regeln und Gesetzmäßigkeiten von Denken und Handeln zu verstehen.

Lange Zeit wurden in dieser geisteswissenschaftlichen Tradition des Beschreibens, Verstehens und Interpretierens von Verhalten die inneren Vorgänge im Nervensystem als »Blackbox« betrachtet, zu der es keinen objektiven Zugang gibt. Mit dem Aufkommen immer genauerer und spezialisierter Untersuchungsmethoden lässt sich Verhalten aber nicht nur beschreiben, sondern auch aufgrund der biologischen Vorgänge im Körpern erklären, oder sogar bestimmtes Verhalten aus den biologischen Vorgängen und Zuständen vorhersagen. Damit hat sich das Selbstverständnis der Psychologie zu einer **Naturwissenschaft** gewandelt. Das heißt, im Mittelpunkt der Psychologie steht nun das Experiment zur Erklärung der Gesetzmäßigkeiten der subjektiven Welt. Psychologinnen und Psychologen verwenden heute naturwissenschaftliche Methoden, um etwas über geistige Vorgänge herauszufinden. Je nachdem, welche Fragestellung dabei gerade interessiert, ist der Gegenstand dieser Experimente entweder eine einzelne Person oder eine Gruppe von Individuen.

- ✔ **Eine einzelne Person:** Wollen Sie herausfinden, welche Reize bei einer Person mit einer Angsterkrankung eine Panikattacke auslösen, um diese dann angemessen zu behandeln, so untersuchen Sie nur eine einzelne Person ganz genau.
- ✔ **Eine Gruppe von Individuen:** Wollen Sie hingegen allgemeingültige Aussagen über das Denken machen (zum Beispiel herausfinden wie viele Ziffern einer Telefonnummer sich Menschen merken können); untersuchen Sie möglichst repräsentative Stichproben mehrerer Personen.

Mehr zu diesen Methoden können Sie in Kapitel 2 nachlesen.

Der Weg zu einer wissenschaftlichen Erkenntnis ist in den Geisteswissenschaften und in den Naturwissenschaften unterschiedlich. *Hermeneutik* ist die Theorie der Interpretation von Texten und des Verstehens. Sie ist die Grundlage des Erkenntnisgewinns in den Geisteswissenschaften. »Texte« sollten Sie hier aber nicht allzu wörtlich nehmen, da Texte neben Schriftzeichen auch alle anderen Arten von symbolischen Repräsentationen sein können – dazu gehören auch Sprache, Gesten und unser Denken und Handeln. *Empirie* ist die Gewinnung von Wissen durch Erfahrung. Sie ist die Grundlage des Erkenntnisgewinns in den Naturwissenschaften. Im Mittelpunkt steht hier das Experiment, und empirisch ist eine Erkenntnis dann, wenn sie auf überprüfbaren und wiederholbaren Beobachtungen beruht. Die Psychologie betrachtet die innere Verarbeitung der äußeren Welt und hat, je nach Fragestellung, einzelne Personen oder eine Gruppe im Blick. Erkenntnisse werden in der Wissenschaft nur durch die Interpretation von Verhalten und die Durchführung und Auswertung von *Experimenten* erlangt.

Von der Geistes- zur Naturwissenschaft: Eine kurze Geschichte der Biologischen Psychologie

Durch die Weiterentwicklung der Methoden zur Untersuchung des Zusammenhanges zwischen biologischen Vorgängen und psychischen Vorgängen ist der Biologischen Psychologie innerhalb der Psychologie in den letzten Jahrzehnten eine enorme Bedeutung zugekommen:

- ✔ Sie erlaubt die objektive Messung der Grundlagen psychischer Vorgänge.
- ✔ Sie bildet heutzutage die Grundlage für gängige Erklärungsmodelle in den unterschiedlichen Teildisziplinen der Psychologie.
- ✔ Sie bildet eine Brücke zu anderen naturwissenschaftlichen Fächern wie der Physik, der Chemie, der Biologie oder der Medizin.

Die *Biologische Psychologie* untersucht die biologischen Grundlagen von psychischen Vorgängen, von Wahrnehmung, Denken und Handeln. Im Blick stehen hier innere Vorgänge, beobachtbares Verhalten und die vorausgehenden, begleitenden und nachfolgenden biologischen Vorgänge.

Historische Grundlagen: Von der Psychologie zur Biopsychologie

Während die Biologische Psychologie als eigenständiges Fach noch relativ jung ist, gibt es eine recht lange Geschichte der Untersuchung der biologischen Grundlagen unserer geistigen Vorgänge. Unterschiedliche Vorstellungen und Annahmen über die Funktion des Körpers und immer genauere Methoden zur Untersuchung dieser Funktionen haben sich dabei gegenseitig befeuert. Der technische Fortschritt der Untersuchungsmethoden beschleunigte diesen Prozess.

- ✔ **Hippokrates und Plato lehrten, dass das Gehirn der Sitz eines abstrakten, immateriellen Geistes ist, der unsere Handlungen kontrolliert.** Diese Idee eines *Dualismus* zwischen einem immateriellen Geist und einem materiellen Körper findet sich ebenfalls im neuen Testament der Bibel mit den Begriffen »soma« für den Körper und die physischen Eigenschaften einer Person und »nous« für das bewusst handelnde *Ich*. Auch im 17. Jahrhundert unterscheidet René Descartes noch zwischen einem physischen Körper und einem steuernden Geist. Allerdings beschreibt Descartes zum ersten Mal die Zusammenhänge zwischen bestimmten Reizen und Reaktionen.
- ✔ **Für die Reiz-Reaktions-Abfolge prägte Jean Astruc den Begriff »Reflex«.** Im Zuge eines sich beschleunigenden technischen Fortschrittes und der Beherrschung der Elektrizität stellte Luigi Galvani im 18. Jahrhundert Versuche an Froschschenkeln an und konnte so zeigen, dass die Aktivität von Muskeln mit elektrischer Aktivität zusammenhängt.

✔ **Immer genauere Studien über die Struktur und die Funktion der unterschiedlichen Anteile unseres Nervensystems ergaben sehr genaue Karten der funktionellen Spezialisierung des Gehirns.** Auch die Funktion einzelner Zellen im Nervensystem wurde dabei genauer unter die Lupe genommen. Wurde lange von einer Trennung zwischen einem physischen Körper und einem immateriellen Geist ausgegangen, überwog nun die Idee eines *Monismus*. Er reduziert geistige Vorgänge auf ihre physischen Bestandteile.

Die Psychophysik: Physikalische Reize und innere Repräsentation

Lange Zeit gab es keine Möglichkeit, die »Blackbox« der inneren Repräsentation der äußeren Welt zu öffnen. Die Psychologie war also darauf beschränkt, Beobachtungen über das Verhalten anzustellen und dann Theorien zu entwickeln, nach welchen Regeln bestimmte Reize und Reaktionen zusammenhängen.

✔ Die *Psychophysik* untersucht die quantitativen Beziehungen zwischen den Eigenschaften der physikalischen Reize und ihrer inneren Repräsentation. Im Zentrum steht hier die Frage, welche physikalischen Eigenschaften ein Reiz haben muss, damit er wahrgenommen werden kann, und in welchem Zusammenhang Veränderungen des Reizes mit Veränderungen der Wahrnehmung stehen. Begründet wurde die Psychophysik von einer Reihe von Physiologen, insbesondere von Ernst Heinrich Weber und Gustav Theodor Fechner. Die experimentelle Untersuchung dieser Beziehungen durch Wilhelm Wundt und die Gründung des ersten Instituts für experimentelle Psychologie im Jahr 1879 in Leipzig stellen die Geburtsstunde der Psychologie als eigenständige Wissenschaft dar.

✔ Der *Behaviorismus* stellt sich vehement gegen die Interpretation des eignen Verhaltens, die Introspektion. Er ist eine Weiterentwicklung der Psychophysik und versucht, menschliches oder tierisches Verhalten ohne Betrachtung der inneren Vorgänge zu erklären. Im Blick steht hier also ausschließlich das beobachtbare Verhalten (englisch »behavior«). Ein Vorreiter des Behaviorismus war der russische Mediziner Iwan Petrowitsch Pawlow. Am Anfang des 20. Jahrhunderts konnte er anhand einer zeitlichen Paarung von neutralen Hinweisreizen (zum Beispiel einer Glocke) und Futter zeigen, dass Hunde eine *Konditionierung* lernen können. Seine Hunde reagierten nach dem Lernen mit einer konditionierten Reaktion, dem Speichelfluss, auf einen vormals unbedeutenden, neutralen Reiz.

Weber, Fechner und die Psychophysik

Im 19. Jahrhundert war Leipzig der »Hotspot« für die Untersuchung der inneren Welt des Menschen. Den Anfang machte der sächsische Physiologe und Anatom Erst Heinrich Weber, der sich in seiner wissenschaftlichen Arbeit mit der Mechanik des menschlichen Körpers und der Wahrnehmung beschäftigte. Er stellte sich die Frage, um wie viel ein bestimmter Reiz verstärkt werden müsste, damit Sie diese Verstärkung auch bemerken. Dabei stellte er fest, dass die Unterschiedsschwelle, also der Wert, ab dem Sie einen

Unterschied zwischen zwei Reizen bemerken, proportional von der absoluten Reizstärke abhängt, und stellte das *Weber-Gesetz* auf. Dieses Gesetz besagt, dass der Unterschied zwischen zwei Reizen nur dann bemerkt wird, wenn er mindestens in einem, für jeden Sinn eigenen, bestimmten Verhältnis zu einem Vergleichsreiz steht. Im Tastsinn beträgt dieses Verhältnis zum Beispiel etwa zwei Prozent. Das heißt, dass Sie den Gewichtsunterschied zu einer Tafel Schokolade mit 100 Gramm schon dann bemerken, wenn die andere Tafel Schokolade mindestens 102 Gramm wiegt. Den Gewichtsunterschied bei einem Kilogramm Schokolade würden Sie dann erst ab einem Unterschied von 20 Gramm bemerken. Als Wahrnehmungsschwelle wird hier die Reizstärke bezeichnet, bei der ein Reiz überhaupt erst wahrgenommen wird.

Gustav Theodor Fechner erweiterte das Weber'sche Gesetz dann etwa 30 Jahre später im *Weber-Fechner-Gesetz*, aus dem sich ein logarithmischer Zusammenhang zwischen der objektiven Reizstärke und der wahrgenommenen Empfindungsstärke ergibt. Es besagt, dass bei einem exponentiellen Anstieg der Reizstärke nur ein linearer Anstieg der Empfindungsstärke zu erwarten ist. Das sind nicht nur theoretische Überlegungen, sondern diese Untersuchungen haben eine große Alltagsrelevanz. Wollen Sie zum Beispiel Schokolade naschen, ohne dass jemand etwas bemerkt, sollten Sie nur kleine Bissen nehmen, die weniger als zwei Prozent des Gewichtes der Schokolade ausmachen (oder sich gleich über die großen Vorräte hermachen).

Die kognitive Wende: Geburtsstunde der Biologischen Psychologie

Mit der *kognitiven Wende* in der Mitte des 20. Jahrhunderts rückte die Entschlüsselung der »Blackbox« in den Fokus und es wurden Theorien über die Struktur des Denkens und Handelns beziehungsweise der Verarbeitung von Informationen aufgestellt. Im Laufe der zweiten Hälfte des 20. Jahrhunderts wurden zahlreiche neue Methoden entwickelt, um die Aktivität und Struktur unseres Nervensystems zu untersuchen. Damit war es auf einmal möglich, einen Blick ins Innere unseres Denkens zu werfen und nicht nur die Umstände und Folgen von Verhalten, sondern auch den Organismus, also die damit verbundenen biologischen Vorgänge der Informationsverarbeitung genauer anzuschauen (Abbildung 1.2). Dies war die Geburtsstunde der Biologischen Psychologie als eigenständiges Fach innerhalb der Psychologie.

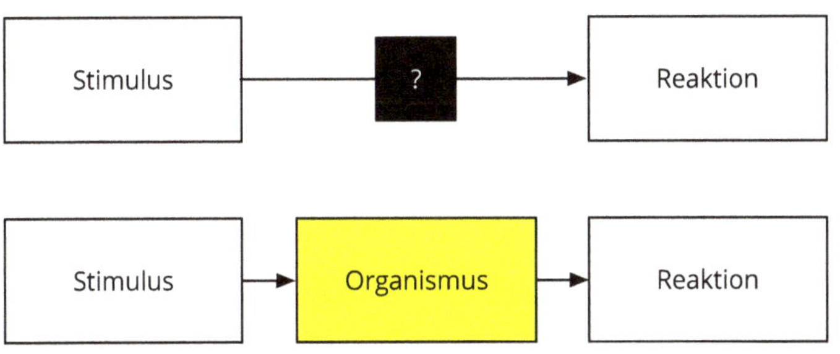

Abbildung 1.2: Zusammenhang zwischen einem Reiz (Stimulus) und einer Reaktion (© Julian Keil)

- ✔ **Nichtinvasive Methoden erlaubten nun die Untersuchung der Funktion des gesunden Nervensystems.** Während bis dahin die meisten Studien zum Zusammenhang zwischen der Struktur und der Funktion des Nervensystems anhand von Verletzungen des Nervensystems durchgeführt wurden, entwickelte der Neurologe Hans Berger in Jena in den 1920er-Jahren die *Elektroenzephalographie* (EEG). Mittels EEG ließ sich zum ersten Mal die Aktivität des Gehirns des Menschen ohne operative Eingriffe, also nichtinvasiv, untersuchen.

- ✔ **Durch die Entwicklung immer leistungsfähigerer Computer wurden in der zweiten Hälfte des 20. Jahrhunderts weitere wichtige Methoden entwickelt, mit denen die Funktion des Nervensystems genau untersucht werden konnte.** Dazu gehören komplexe Methoden wie zum Beispiel *Computertomographie* (CT), *Positronen-Emissions-Tomographie* (PET) und *Magnet-Resonanz-Tomographie* (MRT). Außerdem wurden Methoden wie die *transkranielle Magnetstimulation* (TMS) oder *transkranielle elektrische Stimulation* entwickelt, mit denen es erstmals möglich war, die Funktion des Gehirns zu beeinflussen und psychische Vorgänge zu steuern. Diese funktionellen und bildgebenden Verfahren stellten zentrale Durchbrüche in der Entwicklung der Biologischen Psychologie als eigenständiges Fach dar. Auf einmal ließen sich die vorausgehenden, begleitenden und nachfolgenden biologischen Vorgänge unseres Denkens und Handelns untersuchen. Mehr zu diesen Methoden können Sie in Kapitel 2 nachlesen.

Biologische Psychologie: Ein eigenes Fach innerhalb der Psychologie

Selbst wenn die Biologische Psychologie innerhalb der Psychologie noch als relativ junges Fach gilt, ist ihre Bedeutung für die Psychologie kaum zu unterschätzen. Insgesamt bildet die Biologische Psychologie die methodische Grundlage der modernen Psychologie. Erklärungsansätze, die auf biologische oder neuronale Prozesse zurückgreifen, sind heute aus keinem Teilgebiet der Psychologie mehr wegzudenken.

Dass die Biologische Psychologie innerhalb der Psychologie eine eigene Fachdisziplin ist, sehen Sie nicht nur an diesem Buch und am Aufbau des Psychologiestudiums (zu finden unter `https://www.dgps.de/psychologie-studieren/infos-zum-studium/aufbau-des-psychologiestudiums/`). Sowohl auf nationaler als auch auf internationaler Ebene gibt es Forschungsorganisationen, die die Biologische Psychologie vertreten. Diese Organisationen halten Tagungen, Konferenzen und Workshops ab, bieten eine Übersicht über Stellenangebote innerhalb und außerhalb der Wissenschaft und stehen neuen und etablierten Forscherinnen und Forschern mit Rat und Tat zur Seite.

- ✔ In Deutschland wird die Biologische Psychologie als wissenschaftliches Fach durch die Fachgruppe Biologische Psychologie und Neuropsychologie innerhalb der Deutschen Gesellschaft für Psychologie (DGPs) vertreten (`https://www.dgps.de/fachgruppen/fgbi`).

- ✔ Auch die Deutsche Gesellschaft für Psychophysiologie und ihre Anwendung (DGPA) fördert die wissenschaftliche Erforschung des Zusammenwirkens von physiologischen, psychischen und sozialen Prozessen (`https://www.dgpa.de`).

- Auf europäischer Ebene schließen sich die unterschiedlichen nationalen Interessengruppen der Neurowissenschaften in der Federation of European Neuroscience Societies (FENS) zusammen (`https://www.fens.org/`).

- Die weltweit größte Vertretung der Wissenschaftlerinnen und Wissenschaftler, die sich mit der Erforschung des Nervensystems und der biologischen Grundlagen von Denken und Handeln beschäftigen, ist die Society for Neuroscience (SfN), `https://www.sfn.org/`).

Alles Neuro, oder was?

Insbesondere in den letzten Jahrzehnten ist die Untersuchung der biologischen Grundlagen psychischer Prozesse viel wichtiger geworden. Besonders gut lässt sich das daran ablesen, dass es zu beinahe jedem Teilgebiet der Psychologie ein Fach mit dem Zusatz »Neuro« gibt, sei es Neurokognitive Psychologie, Soziale Neurowissenschaft oder Klinische Neurowissenschaft.

Auch außerhalb der Psychologie hat die Biologische Psychologie großen Einfluss, zum Beispiel in den Wirtschaftswissenschaften mit dem *Neuromarketing*, oder der *Neuroökonomie*. In all diesen Fächern bildet die Biologische Psychologie die Grundlage, um zu untersuchen, wie die jeweiligen Fragestellungen der spezifischen Fächer mittels biologischer oder neuronaler Prozesse erklärt werden können.

- *Soziale Neurowissenschaft*: Sie analysiert unter anderem, welche neuronalen Prozesse bei Gruppenprozessen aktiviert werden. Ein Beispiel dafür ist die Untersuchung, welche Bereiche Ihres Gehirns aktiv sind, wenn Sie aus einer Gruppe ausgeschlossen werden, und ob diese Aktivierung der Verarbeitung physischer Schmerzen ähnelt.

- *Human Factors*: Dieser Bereich der Arbeits- und Organisationspsychologie beschäftigt sich mit den Auswirkungen von Arbeitsumgebungen auf neuronale Prozesse oder den Anforderungen, die eine Umgebung erfüllen muss, um optimal auf unsere biologische Ausstattung zu passen. Ein großes Anwendungsgebiet dieser Fragen ist das User Interface oder User Experience Design (UI/UX).

- *Neurokognitive Psychologie/Kognitive Neurowissenschaft*: Hier stehen die neuronalen Repräsentationen kognitiver Prozesse im Fokus. Wenn Sie sich im dritten Teil dieses Buches mit den biologischen Grundlagen von Denken und Handeln beschäftigen, befinden Sie sich also genau in der Schnittmenge zwischen Biologischer Psychologie und Allgemeiner Psychologie: Während die Allgemeine Psychologie versucht, allgemeingültige Gesetzmäßigkeiten des Denkens und Handelns zu finden, versucht die Biologische Psychologie die Repräsentation dieser Gesetzmäßigkeiten oder Erklärungen für den Rahmen dieser Gesetzmäßigkeiten in unserem Nervensystem zu finden.

- *Differentielle Psychologie* und *Persönlichkeitspsychologie*: In dieser psychologischen Disziplin können Sie biologische Erklärungen dafür finden, warum eine Person ein ganz bestimmtes Verhalten zeigt oder welche Persönlichkeitsmerkmale sich durch ganz bestimmte neuronale Aktivitäten erklären lassen. Ein wichtiges Beispiel dafür sind Störungen der Kontrolle von Handlungsimpulsen, die sich durch Schäden des Frontallappens erklären lassen.

- *Klinische Neurowissenschaft*: Sie versucht einerseits, anhand der Biologischen Psychologie und ihren Methoden Erklärungen für das Entstehen psychischer Erkrankungen zu finden und untersucht andererseits, in welcher neuronalen Aktivität sich das veränderte Denken und Handeln von Menschen mit psychischen Erkrankungen widerspiegelt. Anhand dieser Erkenntnisse können dann gezielte Therapien entwickelt werden, die entweder mittels psychotherapeutischer Verfahren bestimmte Muster neuronaler Aktivität beeinflussen oder mittels medikamentöser Behandlung oder der Anwendung von Stimulationsverfahren direkt in die neuronalen Vorgänge eingreifen.

Manchmal treibt der Blick auf die biologischen oder neuronalen Grundlagen der Psychologie etwas absurde Blüten, wenn irgendeinem beliebigen Fach »Neuro« beigefügt wird, um einen Hauch von seriöser Naturwissenschaft zu vermitteln. Diesem Trend stellt sich die *Skeptikerbewegung* entgegen, die in Deutschland durch die Gesellschaft zur wissenschaftlichen Untersuchung von Parawissenschaften (GWUP, `https://www.gwup.org/`) vertreten wird.

Die Biologische Psychologie und verwandte Fächer

Die Biologische Psychologie als die wissenschaftliche Disziplin, die die biologischen Grundlagen unseres Denkens und Handelns untersucht, steht im Spannungsfeld zwischen den »echten« Naturwissenschaften wie Physik, Chemie oder Biologie und den Geistes- oder Gesellschaftswissenschaften. Grundlagenwissen in der Biologischen Psychologie gibt Ihnen damit ein solides Gerüst aus Halbwissen, um auch bei anderen Fächern mitreden zu können. Auf der einen Seite verwendet die Biologische Psychologie naturwissenschaftliche Methoden, auf der anderen Seite befasst sich die Biologische Psychologie aber auch mit der subjektiven Welt und versucht die innere Wahrnehmung der äußeren Welt zu ergründen. Sie untersucht also die geistigen Vorgänge oder die Veränderung dieser geistigen Vorgänge durch bestimmte situative oder gesellschaftliche Einflüsse, die nur sehr vage zu beschreiben sind. Eine Hauptaufgabe der Biologischen Psychologie besteht in der Abstraktion und Reduktion komplexer geistes- oder gesellschaftswissenschaftlicher Fragen auf naturwissenschaftliche Fragestellungen, die sich dann mit physikalischen, chemischen, oder biologischen Methoden untersuchen lassen. Einige spezielle Felder und interdisziplinäre Spezialisierungen spielen in der aktuellen Forschung eine besondere Rolle, und manchmal ist es gar nicht so leicht, die Unterschiede klar zu erkennen.

- **Chemie, Physik und Biologie:** Die Biologische Psychologie greift auf naturwissenschaftliche Methoden zurück, um zum Beispiel die Konzentration bestimmter chemischer Stoffe im Körper zu bestimmen, physikalische Größen wie elektrische Ströme oder magnetische Felder an Nervenzellen zu messen, oder biologische Abläufe der Funktionen einzelner Bausteine einer Nervenzelle zu untersuchen.

- **Statistik:** All dies tut sie im Rahmen von kontrollierten Experimenten, zu deren Durchführung und Auswertung es ganz bestimmte methodische Regeln und Verfahren der Statistik gibt, wie Sie im nächsten Kapitel sehen werden.

- **Anatomie:** Die Anatomie, also die Untersuchung von Gestalt, Lage und Struktur bestimmter Körperteile bildet gewissermaßen die Grundlage der Biologischen Psychologie.

Bevor Sie versuchen, die biologischen Korrelate psychischer Vorgänge zu finden, müssen Sie wissen, wie der menschliche Körper aufgebaut ist.

- Die **Neuroanatomie** beschränkt ihre Betrachtung auf das Nervensystem.
- Die **funktionelle Neuroanatomie** betrachtet neben der Struktur auch die Funktion bestimmter Anteile dieser Anatomie.

✔ **Physiologie:** Die gleichzeitige Betrachtung von Struktur und Funktion einzelner Zellen und von Bestandteilen einer Zelle ist das Feld der Physiologie. Ausgehend von der Bedeutung der Physiologie als Grundlage für das Verständnis der Funktionen und Aufgaben einzelner Körperteile für das Verständnis des menschlichen Denkens und Handelns ist es nicht überraschend, dass die Pioniere der Biologischen Psychologie häufig PhysiologInnen und Physiologen waren.

- Die *Physiologische Psychologie* untersucht, wie sich psychische Vorgänge durch physiologische Prozesse erklären lassen.
- Die *Psychophysiologie* untersucht, wie sich psychische Vorgänge auf der Ebene der physiologischen und biochemischen Prozesse widerspiegeln.

✔ **Medizin:** In der Medizin hat in den letzten Jahrzehnten ein Sinneswandel Einzug gehalten mit der Erkenntnis, dass psychische Prozesse einen großen Einfluss auf physiologische Prozesse haben können. Während zahlreiche Standardtherapien für Krankheiten einem in erster Linie technischen oder pharmakologischen Ansatz folgen, der in vielen Fällen sehr angemessen und erfolgreich ist, hat sich die Erkenntnis durchgesetzt, dass subjektive, psychische Faktoren eine große Rolle auf die Wirksamkeit dieser Therapien spielen. Das bedeutet, dass heute zum Beispiel in der Ausbildung von Ärztinnen und Ärzten psychologische Grundlagen eine große Rolle spielen und der psychologischen Begleitung von medizinischen Therapien zur Reduktion von Sorgen, Angst, Stress und Unsicherheit mehr Beachtung geschenkt wird.

- Der *biopsychosoziale Ansatz* gibt den Rahmen für eine Integration psychischer, biologischer, sozialer und physiologischer Faktoren. Insbesondere bei chronischen (zum Beispiel Suchterkrankungen) oder neurodegenerativen Erkrankungen (zum Beispiel Demenz) spielt dabei auch die Begleitung und Integration des sozialen Umfeldes eine große Rolle.
- Die *Psychoonkologie* spezialisiert sich auf die Untersuchung der psychischen Folgen und der angemessenen Begleitung einer Krebserkrankung.
- Die *Psychoneuroimmunologie* und die *Neuroendokrinologie* spezialisieren sich auf die Wirkung psychischer Vorgänge auf die Funktion des Immunsystems und den Hormonhaushalt.

✔ **Pharmakologie:** Insbesondere in der klinischen Psychologie spielt die Wirkung von bestimmten Substanzen, Drogen, oder Medikamenten eine wichtige Rolle. Die Untersuchung der Wirkung von Stoffen auf den Organismus ist das Feld der Pharmakologie, und die Biologische Psychologie nutzt dieses Wissen, um die Wirkung bestimmter Stoffe auf unser Denken und Handeln, die *psychotrope* Wirkung, zu bestimmen.

Die Psychologie als wissenschaftliche Disziplin hat mit der Untersuchung der Gesetzmäßigkeiten der Wahrnehmung ihren Ursprung in der Physiologie. Seit ihrer Begründung steht die Psychologie im Spannungsfeld zwischen Geisteswissenschaften und Naturwissenschaften. Mit der Entwicklung spezieller physikalischer, chemischer und biologischer Methoden hat sich die Biologische Psychologie als die Wissenschaft der biologischen Grundlagen der subjektiven Welt herausgebildet. Im Rahmen einer verstärkten Kooperation und Zusammenarbeit zwischen unterschiedlichen Fächern und Disziplinen kommt es zur Bildung neuer spezialisierter Fächer. Die Biologische Psychologie stellt hier eine wichtige Brücke zwischen naturwissenschaftlichen Methoden und geisteswissenschaftlichen Fragestellungen dar.

IN DIESEM KAPITEL

Von der Theorie zum Experiment

Die technischen Methoden

Stolpersteine und Fehlerquellen

Kapitel 2
Methoden der Biologischen Psychologie

Wenn Sie etwas über die innere Wahrnehmung der äußeren Welt erfahren möchten, dann müssen Sie Beobachtungen anstellen. Das gilt insbesondere in der Biologischen Psychologie und für die damit zusammenhängenden biologischen Vorgänge! Kurz gesagt: Sie müssen biologische Vorgänge im Zusammenhang mit Wahrnehmung, Denken und Handeln messen. Gut geplante und richtig angelegte Messungen können zu faszinierenden Ergebnissen führen. Dabei gilt es, alle wichtigen Informationen der Messung zu beachten und zu berichten, und den subjektiven Einfluss der messenden Person im Blick zu behalten.

In diesem Kapitel lesen Sie, wie in der Biologischen Psychologie empirische Experimente zur Messung des Zusammenhangs zwischen Biologie und Psychologie durchgeführt werden, und wie Sie dabei zu validen und reproduzierbaren Ergebnissen kommen.

Die Biologische Psychologie nutzt naturwissenschaftliche Methoden zur Untersuchung der subjektiven Welt. Die Grundlage dafür sind empirische Experimente, bei denen durch überprüfbare und wiederholbare Beobachtungen Erkenntnisse gewonnen werden.

Ein Experiment bedeutet Lernen aus Erfahrung

Der empirische, auf Erfahrung beruhende Forschungsprozess besteht im Großen und Ganzen aus zwei Schritten:

1. eine **Theorie** aufzustellen, und
2. diese Theorie durch **Experimente** zu überprüfen.

Aber woher stammt so eine Theorie eigentlich? Die kurze Antwort ist: Sie denken sich eine Theorie aus. Die lange Antwort ist, dass der Prozess aus Theoriebildung und experimenteller Überprüfung ein wechselseitiges Zusammenspiel ist (siehe Abbildung 2.1).

- ✔ **Am Anfang steht eine Beobachtung,** in der Regel eine Beobachtung über einen Vorgang in der Natur. In der Biologischen Psychologie ist das häufig ein beobachtbares Verhalten. Sie können zum Beispiel beobachten, dass Sie Ihre Hand von einem schmerzhaften Reiz zurückziehen.

- ✔ **Aus einer Beobachtung können Sie versuchen, allgemeingültige Aussagen abzuleiten.** Ziehen alle Menschen ihre Hand zurück, wenn sie auf eine heiße Herdplatte fassen? Philosophen nennen das *induktives Schließen* oder kurz *Induktion*. Je nachdem, wie sicher Sie sich bei der Gültigkeit der allgemeinen Aussage sind, können Sie eine *Theorie* (da sind Sie sich ziemlich sicher) oder eine *Hypothese* (da sind Sie sich nicht ganz so sicher) aufstellen. Eine Theorie umfasst immer mindestens eine Hypothese, bei der Sie testen können, ob sie wahr oder falsch ist.

- ✔ **Von der Aussage zur Vorhersage:** Aus einer Theorie können Sie also eine Hypothese ableiten, die vorhersagt, wann ein ganz bestimmter Vorgang zu beobachten sein sollte. Hypothesen sind also immer ein Teil der Theorie. Sie stellen damit ein *Modell* auf, das beschreibt, wie der Zusammenhang zwischen den Umweltbedingungen und der Beobachtung sein soll. Sie können zum Beispiel die Theorie aufstellen, dass das Zurückziehen der Hand nach einem schmerzhaften Reiz ohne bewusste Steuerung auf die immer gleiche Art und Weise abläuft. Das führt zur Hypothese, dass jeder schmerzhafte Reiz zur gleichen Reaktion führt. Damit sind Sie bei einem Modell, das so aussieht wie die obere Zeile in Abbildung 1.2 im letzten Kapitel.

- ✔ **Ob Ihre Hypothese stimmt, überprüfen Sie mit einem Experiment.** Indem Sie unterschiedliche Arten schmerzhafter Reize, also zum Beispiel eine Nadel, eine heiße Herdplatte oder einen Eiswürfel anfassen, und beobachten, wie Sie auf diese Reize reagieren, können Sie testen, ob Ihre Hypothese richtig war. Diesen Schritt zur Überprüfung der Gültigkeit einer Vorhersage nennen Philosophen *Deduktion*. Sollte Ihre Vorhersage zutreffen, dann haben Sie Ihre Hypothese und Theorie bestätigt. Wenn nicht, dann können Sie Ihre Theorie entweder als ungültig verwerfen, oder Sie können die Hypothesen entsprechend Ihrer neuen Erfahrungen anpassen und diese angepasste Theorie erneut überprüfen.

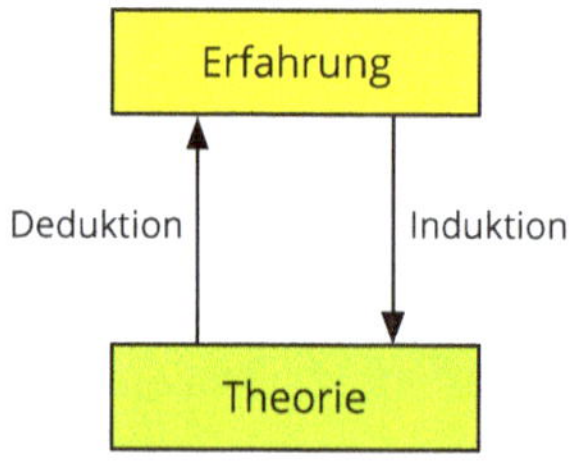

Abbildung 2.1: Zirkulärer Zusammenhang zwischen Theorie, Erfahrung, Induktion und Deduktion (© Julian Keil)

Daten sind die Grundlage der Hypothesenprüfung

Eine Hypothese aufzustellen ist ja schön und gut, aber damit allein werden Sie kaum jemanden überzeugen können, dass Sie mit Ihrer Vermutung recht haben könnten. Belege sind gefragt, und die können Sie nur mit soliden Daten beibringen. Dafür sind verschiedene Kenngrößen relevant, die ich im folgenden Absatz erläutere. Diese Kenngrößen bilden die Rahmenbedingungen für die *Hypothesenprüfung*, sie fassen die Beobachtungen zusammen, und sie sagen Ihnen, wann ein Ergebnis bedeutsam ist.

Die Rahmenbedingungen der Hypothesenprüfung

Bevor Sie anfangen, Daten zu sammeln, müssen Sie sich überlegen, welche Daten Sie denn haben möchten, welche Größe die Daten haben sollen, wie viele Beobachtungen Sie anstellen möchten und welche Art des Tests sie für die Hypothesenprüfung verwenden möchten. Eine Hypothese in der Psychologie zu testen, folgt also einem recht einfachen Schema:

- ✔ **Sie stellen die zu prüfenden Hypothesen auf.** Dazu gehören die *Nullhypothese* (H0) und die *Alternativhypothese* (H1). Die Nullhypothese geht in der Regel von keinem Effekt aus. Die Alternativhypothese ist das, was Sie entsprechend Ihrer Vermutungen annehmen. Die Nullhypothese bietet den Vergleichswert, gegen den Sie Ihre Hypothese testen. Dies bildet die Grundlage des statistischen *Tests der Nullhypothese* (englisch »null hypothesis significance test« oder *NHST*).

- ✔ **Sie legen einen Erwartungswert fest,** der das Verhalten laut Ihrer Nullhypothese und der Alternativhypothese vorhersagt. Sie können zum Beispiel entsprechend der Nullhypothese annehmen, dass biologische Vorgänge keinen Einfluss auf das Verhalten haben: Sie ziehen Ihre Hand sofort und ohne Verzögerung von einem schmerzhaften Reiz weg. Der Erwartungswert unter der Nullhypothese wäre also 0 Sekunden. Dieser Erwartungswert ist der Vergleichswert, mit dem Sie die beobachteten Daten vergleichen. Das Gleiche machen Sie für die Alternativhypothese: Nehmen Sie an, dass biologische Vorgänge einen Einfluss auf das Verhalten haben, dann sollten diese biologischen Vorgänge eine gewisse Zeit in Anspruch nehmen. Sie sollten Ihre Hand also mit einer kleinen Verzögerung wegziehen, und der Erwartungswert unter der Alternativhypothese ist also größer als 0 Sekunden.

- ✔ **Sie legen eine Stichprobengröße fest,** also die Zahl der Durchgänge des Experiments. Hier gilt nach dem *Gesetz der großen Zahl*: Je mehr Durchgänge, desto besser. Sie können zum Beispiel Ihre 30 besten Freunde mit einer Nadel stechen und messen, wie schnell diese die Finger wegziehen. Sie können auch sich selbst 30-mal mit einer Nadel stechen, oder Sie können beides machen, sich selbst und Ihre Freunde jeweils 30-mal stechen. Hauptsache ist: möglichst viele Daten zu sammeln.

- ✔ **Am Ende steht die Statistik:** Sie vergleichen die beobachteten Daten Ihrer Stichprobe mit dem von Ihnen vorhergesagten Erwartungswert. Ob ein Unterschied zwischen den beobachteten Werten und dem vorhergesagten Erwartungswert bedeutsam ist, hängt davon ab, wie stark die Beobachtungen über die Stichprobe hinweg streuen. Daher werden in der Regel zwei Werte berechnet, die die Daten und ihre Streuung zusammenfassen: der Mittelwert und die Streuung.

Mittelwert und Varianz fassen viele Beobachtungen zusammen

Die Experimente zur Überprüfung einer Hypothese führen Sie in der Regel nicht nur einmal durch, sondern für eine bestimmte, vor Beginn der Untersuchung von Ihnen festgelegte Zahl an Durchgängen an einer vorher festgelegten Stichprobe. Beim Vergleich der beobachteten Daten mit dem Erwartungswert müssen Sie immer die Ungenauigkeit Ihrer Messungen im Blick halten. Zwei Werte fassen die Messungen zusammen:

- ✔ Der *Mittelwert* ist der Durchschnittswert über alle Beobachtungen hinweg. Sollten Sie mehrere Teilnehmer in Ihrer Stichprobe haben, von denen Sie jeweils mehrere Werte haben, bilden Sie den Durchschnitt für jeden Versuchsteilnehmer. Über die Stichprobe hinweg wird der Durchschnitt dann *Grand Average* (großer Durchschnitt) genannt. Es gibt unterschiedliche Verfahren, den Durchschnitt zu bestimmen; die beiden häufigsten sind das *Arithmetische Mittel* und der *Median*. Der erste Begriff ist die Summe aller Werte, geteilt durch die Anzahl der Werte, der zweite der Wert, der genau in der Mitte steht, wenn alle Werte sortiert aufgereiht werden.
- ✔ Die *Varianz* ist die Streuung der einzelnen Werte um den Mittelwert. Die Ergebnisse einzelner Beobachtungen können sich unterscheiden, und die Varianz sagt Ihnen, wie sehr diese Beobachtungen streuen. Wenn Ihre Beobachtungen sehr präzise sind, dann sollte die Varianz klein sein. Wenn sich die einzelnen Beobachtungen sehr stark unterscheiden, dann wird die Varianz groß. Die Quadratwurzel der Varianz wird als *Standardabweichung* bezeichnet. Für beide gilt: Je mehr Daten Sie haben, desto kleiner wird die Streuung und desto genauer wird Ihre Berechnung des Mittelwertes werden.

BEISPIEL

In einem Experiment zur Messung, wie schnell Ihre 30 besten Freunde die Finger wegziehen, wenn Sie sie mit einer Nadel stechen. können Sie aus den 30 wiederholten Beobachtungen dann die »wahre« Beobachtung ableiten: den *Mittelwert* über die Gruppe hinweg. Diesen beobachteten Mittelwert können Sie jetzt mit dem *Erwartungswert* vergleichen. Ob die beiden Werte unterschiedlich sind, und ob dieser Unterschied bedeutsam ist, hängt von der *Varianz* ab. Anhand von Mittelwert, Erwartungswert und Varianz lässt sich also die *statistische Signifikanz* berechnen.

Statistische Signifikanz und Effektstärke

Für die Beurteilung der Bedeutsamkeit eines statistischen Vergleiches gibt es drei wichtige Kenngrößen: die *Teststatistik*, die *statistische Signifikanz* und die *Effektstärke*.

- ✔ Die *Teststatistik* beschreibt den Vergleich zwischen Mittelwert und Erwartungswert. Sie ist das Ergebnis eines statistischen Tests.
- ✔ *Signifikanz* bedeutet, dass ein Unterschied zwischen dem Beobachtungswert und einem Vergleichswert über einer vor dem Test festgelegten Schwelle, dem *Signifikanzniveau* liegt. Dieses Signifikanzniveau wird häufig vollkommen willkürlich auf 5 Prozent festgelegt und besagt, dass es in Ordnung ist, wenn in 5 Prozent der von Ihnen durchgeführten Experimente ein Unterschied zwischen dem beobachteten Mittelwert und dem vorhergesagten Erwartungswert per Zufall auftritt.

- ✔ Die *Effektstärke* beschreibt, wie sehr sich die Werte unterscheiden, also zum Beispiel wie stark sich die Symptome einer Krankheit verändern und damit klinisch bedeutsam sind.

Zur statistischen Analyse gibt es zahlreiche kostenfreie Open-Source-Programme. Wenn Sie gerne programmieren, dann ist das Programm *R* (`https://cran.r-project.org/`) das Mittel der Wahl, und *R-Studio* (`https://posit.co/products/open-source/rstudio/`) bietet Ihnen dafür eine übersichtliche grafische Benutzeroberfläche. Wenn Sie lieber mit der Maus arbeiten, ist das Programm *JASP* eine sehr eingängige und nutzerfreundliche Alternative (`https://jasp-stats.org`).

Von der Theorie zum Versuchsaufbau

Bei Experimenten in der Biologischen Psychologie steht in der Regel an erster Stelle eine Beobachtung. Das heißt, Sie untersuchen ein ganz bestimmtes Verhalten, sei es ein ganz bestimmter Aspekt des menschlichen Verhaltens, das Verhalten bei einem Tier oder die Aktivität eines Teils des Nervensystems. Dabei können Sie selbst entscheiden, wie sehr Sie mit Ihrem Versuchsobjekt interagieren möchten. Wichtig ist nur, dass Sie dies für alle Versuchsobjekte auf die gleiche Art und Weise tun, um einen Versuchsleitereffekt (die Veränderung der Ergebnisse durch Ihr eigenes Verhalten) zu vermeiden oder zumindest für alle Versuchsobjekte gleich zu halten. Im Hinblick auf das Design des Versuchsaufbaus gibt es verschiedene Optionen, die nachfolgend ganz kurz vorgestellt werden.

Wenn Sie ein Experiment durchführen, dann haben Sie bestimmte Erwartungen an das Ergebnis und hoffen vermutlich auf eine Bestätigung Ihrer Hypothesen. Dass Sie recht haben wollen, ist sehr menschlich und gut verständlich. Leider können Erwartungen an ein Experiment dazu führen, dass Sie bewusst oder unbewusst den Ablauf des Experiments oder die Ergebnisse beeinflussen. Zu den absichtlichen und bewussten Veränderungen der Ergebnisse gibt es unten mehr im Kasten zur Replikationskrise. Die unbewussten Einflüsse werden unter dem *Versuchsleitereffekt* zusammengefasst. Er beschreibt, wie Erwartungen, Handlungen und Verhalten des Versuchsleiters das Experiment verzerren können.

BEISPIEL

Ein Beispiel für den Versuchsleitereffekt ist der *Pygmalion-Effekt*: Robert Rosenthal und Lenore Jacobson führten eine Studie durch, in der Lehrer die Intelligenz von Schülern bewerten sollten. Hatten Lehrer dabei die Erwartung, dass die Schüler sehr gut abschneiden würden, waren die Ergebnisse des Tests gut. Hatten die Lehrer hingegen die Erwartung, dass die Schüler schlecht abschneiden würden, waren auch die Testergebnisse schlecht. Bei Verwendung eines wenig zuverlässigen Tests kann also die Bewertung der Leistung von den Erwartungen der Versuchsleiter abhängen. Auch ist es möglich, dass die Erwartungen die Testsituation beeinflussen, also ein Lehrer zum Beispiel durch Körperhaltung oder Gesten das Verhalten der Schüler beeinflusst. Eine Testsituation kann auch das Verhalten der Versuchsteilnehmer beeinflussen (*Hawthorne-Effekt*): Die Schüler könnten sich durch die Lehrer beobachtet gefühlt und sich daher besonders angestrengt haben. Eine andere Erklärung könnte sein, dass die Schüler nett zu den Lehrern sein wollten und sich entsprechend ihrer Annahmen über die Erwartungen der Lehrer verhalten haben.

Der experimentelle Versuchsaufbau

In einem *experimentellen Versuchsaufbau* legen Sie fest, welches Verhalten Sie beobachten wollen. Dieses zu beobachtende, von ihrer Manipulation abhängende Verhalten ist die *abhängige Variable* (AV). Dann legen Sie fest, was Sie verändern wollen, um eine Veränderung in der abhängigen Variablen herbeizuführen. Diese von Ihnen manipulierte Variable ist die *unabhängige Variable* (UV). Wenn Sie also untersuchen möchten, ob ein schmerzhafterer Reiz (UV) zu einem schnelleren Zurückziehen der Hand (AV) führt, können Sie die Intensität der UV verändern, um dann die Veränderung der AV zu messen.

Der quasiexperimentelle Versuchsaufbau

Auch in einem *quasiexperimentellen Versuchsaufbau* legen Sie fest, welches Verhalten Sie beobachten wollen. Auch hier ist das zu beobachtende Verhalten die AV. Allerdings greifen Sie in diesem Fall nicht aktiv in das Experiment ein und manipulieren die unabhängige Variable nicht. Stattdessen legen Sie eine Reihe von Variablen fest, deren Einfluss auf die AV Sie beobachten möchten. Sie könnten also untersuchen, ob Alter und Augenfarbe (UVs) einen Einfluss auf das Zurückziehen der Hand (AV) nach einem schmerzhaften Reiz haben. In der Regel können Sie dabei das Alter und die Augenfarbe Ihrer Versuchsteilnehmer aber nicht manipulieren, sondern nur beobachten.

Der Ex-post-facto-Versuch

In einem *Ex-post-facto-Versuch* können Sie weder die AV noch die UV kontrollieren und manipulieren. Sie sind also darauf angewiesen, ein ganz bestimmtes Verhalten in einer ausgewählten Stichprobe zu beobachten, ohne das Verhalten herbeizuführen. Damit können Sie auch die genauen Bedingungen, unter denen das Verhalten auftritt, nicht kontrollieren und auch keine möglichen störenden Einflüsse, die *Störvariablen.*

BEISPIEL

Sie können sich in eine Küche stellen und beobachten, wie lange es dauert, bis die Köchinnen und Köche ihre Hände zurückziehen (AV), wenn sie zufällig an eine heiße Herdplatte kommen (UV). Sie können hier also lediglich die *Korrelation* zwischen UV und AV messen, also einen Zusammenhang im Auftreten zwischen UV und AV, ohne Aussagen über die kausale Ursache treffen zu können.

Was heißt schon »normal«?

Ein wichtiger Schritt bei der Durchführung eines Experiments ist es, dass Sie beurteilen, ob das beobachtete Verhalten (AV) im Zusammenhang mit der UV verändert wurde. Dafür müssen Sie wissen, was denn das »normale« Verhalten ohne Einfluss der UV wäre. In einem gut geplanten und kontrollierten Experiment nutzen Sie dafür entweder Kontrollbedingungen, sodass alle Versuchsteilnehmerinnen und Versuchsteilnehmer sowohl die manipulierte UV als auch eine nicht manipulierte UV (*Kontrollbedingung*) erleben. Auf Englisch nennt man ein solches Experiment *within-design*.

Alternativ können Sie auch Ihre Stichprobe in zwei Gruppen aufteilen. Nur eine Gruppe bekommt die manipulierte UV, während die zweite Gruppe, die Kontrollgruppe, die nicht manipulierte UV erlebt. Auf Englisch nennt man ein solches Experiment *between-design*. Vor allem in quasiexperimentellen oder Ex-post-facto-Versuchen ist eine solch kontrollierte Aufteilung aber nicht immer möglich und Sie benötigen *Normstichproben*, also sehr große, repräsentative Stichproben, an denen bestimmt wurde, was »normal« ist. Wichtig ist, dass »normal« in diesem Zusammenhang nicht wertend gemeint ist, sondern lediglich die Verteilung eines Merkmals in der Bevölkerung beschreibt. Diese Verteilungen bestimmter Merkmale verändern sich über die Zeit, sodass es notwendig ist, immer wieder neu festzulegen, was denn »normal« gerade bedeutet.

Technische Verfahren zur Verhaltensbeobachtung

Das Auftreten weniger Ereignisse, zum Beispiel von Fehlern, können Sie noch einfach zählen. Aber sobald diese Ereignisse sehr schnell nacheinander kommen, gleichzeitig passieren oder in einer sehr großen Zahl auftreten, kommen Sie an Ihre Grenzen. Aus diesem Grund gibt es eine Reihe technischer Verfahren, um Verhaltensbeobachtungen zuverlässiger und einfacher zu machen. Zum Glück sind viele dieser Verfahren sehr einfach und schnell zu erlernen.

- ✔ **Experimentalsoftware** bietet sich an, wenn Sie ein kontrolliertes Experiment durchführen möchten. In den letzten Jahren wurden dafür Open-Source-Lösungen entwickelt, die mittlerweile zum wissenschaftlichen Standard gehören. Mit dieser Software können Sie Experimente planen und durchführen, und Sie bekommen die Daten Ihrer Versuchspersonen in handlichen Tabellen geliefert. Leicht zu erlernende und kostenlose Beispiele sind *PsychoPy* (`https://www.psychopy.org/`) oder *LabJs* (`https://labjs.readthedocs.io/en/latest/`).

- ✔ **Die Bewegungsanalyse von Labortieren oder Menschen** können Sie mittlerweile sehr gut automatisieren, sodass Sie nicht mehr selbst mit der Stoppuhr messen müssen. Google bietet hierzu mit *MediaPipe* eine überaus flexible Lösung an (`https://developers.google.com/mediapipe`), und wenn Sie etwas Erfahrung mit dem Programmieren in Python haben, dann können Sie mit *DeepLabCut* Bewegungen mit hoher Genauigkeit nachvollziehen (`http://www.mackenziemathislab.org/deeplabcut`).

- ✔ **Über die Analyse von Blickbewegungen**, dem *Eyetracking*, können Sie viel über die Interessen oder die Aufmerksamkeit Ihrer Versuchsteilnehmer herausfinden. In der Regel benötigen Sie hierfür ein eigenes Gerät, aber erste Schritte zur Nachverfolgung von Blickbewegungen über die Webcam gibt es schon, zum Beispiel in der *JsPsych*-Software (`https://www.jspsych.org`) über das *Webgazer*-Paket (`https://webgazer.cs.brown.edu/`).

Geistesblitze: Die elektrische Aktivität des Nervensystems festhalten

Informationsübertragung im Gehirn und Nervensystem funktioniert zu einem großen Teil über elektrische Ströme. Wie das genau funktioniert, können Sie in Kapitel 3 herausfinden. Wenn Sie etwas über die Funktion einzelner Nervenzellen, einer größeren Gruppe von Nervenzellen oder des gesamten Gehirns herausfinden möchten, können Sie die elektrische Aktivität dieser Nervenzellen untersuchen. Dieser Forschungsbereich der Biologie ist die *Elektrophysiologie.* Je nachdem, wie nahe Sie einer Nervenzelle kommen, können Sie dabei die elektrische Aktivität einzelner Zellen über Einzelzellableitungen, die Summe der Aktivität vieler Nervenzellen über das lokale Feldpotential oder die Aktivität einzelner Bereiche des Gehirns über die Elektroenzephalographie messen.

- ✔ **Einzelzellableitung:** Mit einer Einzelzellableitung können Sie einer Nervenzelle ganz nahekommen und die elektrische Aktivität der Informationsübertragung an dieser Zelle messen. Alles, was Sie dafür brauchen, ist eine haarfeine Glaskanüle, in der sich ein feiner Draht, die Elektrode, befindet. Diese Kanüle stechen Sie in eine Nervenzelle hinein und schließen den Draht an einen Verstärker an, um die Veränderungen des elektrischen Potentials sichtbar zu machen. Um die einzelne Nervenzelle zu finden, benötigen Sie in der Regel ein sehr starkes Mikroskop, und leider müssen Sie das Nervengewebe dazu freilegen, weshalb das invasive Verfahren der Einzelzellableitungen vor allem in Tierversuchen verwendet wird.

- ✔ **Lokales Feldpotential (LFP):** Mit der Messung des lokalen Feldpotentials kommen Sie einer Nervenzelle nicht so nahe wie bei der Einzelzellableitung, aber Sie kommen zumindest in die Nähe der Zellen. Auch hier müssen Sie das Nervengewebe freilegen, aber es reicht aus, eine Elektrode in die engere Umgebung der Nervenzellen zu bringen. Jetzt können Sie die summierte elektrische Aktivität aller Nervenzellen in der Nähe der Elektrode messen. Da dieses Verfahren für das Nervengewebe in der Regel unschädlich ist, werden solche Messungen auch beim Menschen durchgeführt, zum Beispiel bei der Diagnostik der Epilepsie.

- ✔ **Elektroenzephalographie (EEG):** Bei dieser Methode werden lediglich Elektroden auf der Kopfhaut angebracht, denn bei dem EEG handelt es sich um ein nichtinvasives Verfahren. Der große Nachteil des EEG ist allerdings, dass das elektrische Feld auf dem Weg von der Nervenzelle zur Elektrode durch die unterschiedlichen Gewebe wie Haut und Knochen sehr stark abgeschwächt und verzerrt wird. Sie können daher keine Aussagen über einzelne Nervenzellen mehr treffen, sondern nur über die Aktivität einzelner Teile des Gehirns. Die *Magnetenzephalographie* (*MEG*) nutzt das gleiche Prinzip, bildet aber die magnetischen Felder um die elektrischen Ströme ab. Dies hat den großen Vorteil, dass diese magnetischen Felder nicht durch die unterschiedlichen Gewebe beeinflusst oder verzerrt werden.

Amplitude, *Frequenz* und *Phase* sind drei wichtige Begriffe, die in der Elektrophysiologie eine Rolle spielen und die Sie vielleicht noch aus dem Physikunterricht kennen.

- ✔ Elektrische Ströme, die in der Elektrophysiologie im Fokus stehen, schwanken über die Zeit. Sie können sich den Zeitverlauf dieser Ströme also als Wellen vorstellen. Jeder Punkt an so einer Welle befindet sich in einer bestimmten *Phase*, also zum Beispiel oben am Wellengipfel oder unten im Wellental. Die genaue Phase wird dabei mit *Grad* angegeben, und die Phase umfasst einen Kreis von 360°.
- ✔ Wie hoch der Wellengipfel ist, beschreibt die *Amplitude*. In der Elektrophysiologie bezieht sich diese Amplitude auf eine Stromstärke und wird in Volt angegeben. Häufig wird auch die quadrierte Amplitude einer Welle angegeben, die wird dann als *Power* bezeichnet.
- ✔ Die *Frequenz* beschreibt wie häufig die Wellengipfel und Wellentäler in einer Sekunde auftreten. Je höher die Frequenz, desto mehr Schwingungen macht die Welle in einer Sekunde. Diese Frequenz wird in Hertz (Hz) angegeben: 100 Hz bedeuten zum Beispiel 100 Schwingungen pro Sekunde.

Pioniere der Elektrophysiologie

Hans Berger hat das EEG vor 100 Jahren zwar nicht erfunden, aber zum ersten Mal beim Menschen zur Anwendung gebracht. Am Übergang zwischen dem 19. und dem 20. Jahrhundert gelang es zuerst Richard Caton und später Vladimir Pravdich-Neminsky, bei Tieren elektrische Aktivität von der Hirnrinde abzuleiten und die Veränderungen dieser Aktivität in Zusammenhang mit der Verarbeitung von Sinnesreizen zu setzen. Berger entwickelte diese Forschung in den 1920er-Jahren in Jena insofern weiter, als er die elektrische Aktivität des Gehirns auch nichtinvasiv, also außerhalb des Kopfes messen konnte. In einer Reihe von Artikeln, die alle den Titel »*Über das Elektrenkephalogramm des Menschen*« tragen, beschrieb er die technische Entwicklung des EEG, und wie sich das EEG-Muster in Abhängigkeit von unterschiedlichen Zuständen und Tätigkeiten ändert. Außerdem stellte er Überlegungen an wie diese Aktivität zu interpretieren sei. Eine zentrale Motivation Bergers war es dabei, die Telepathie nachzuweisen und den Dualismus zwischen Geist und Körper zu überwinden. Damit ist er zwar gescheitert, aber einige seiner Entdeckungen haben bis heute eine große Bedeutung in der biopsychologischen Forschung, wie zum Beispiel der von ihm beschriebene *Alpha-Rhythmus*: Ein besonders starker Anteil des EEG-Signals umfasst eine 10-Hz-Schwingung, deren Amplitude immer dann ansteigt, wenn wir uns entspannen oder die Augen schließen. Diese Alpha-Aktivität wurde zunächst als *Ruhe-Aktivität* aufgefasst. Neuere Arbeiten deuten aber darauf hin, dass sie vor allem in Zusammenhang mit Aufmerksamkeit und der Lenkung von Informationsverarbeitungsprozessen im Gehirn steht. Damit war Berger einer der Ersten, der den unterschiedlichen Frequenzbändern (siehe Abbildung 2.2) im EEG unterschiedliche Bedeutungen zuwies, und damit hat er Pionierarbeit für die moderne biopsychologische Forschung geleistet.

So bedeutsam die Rolle Bergers für die biopsychologische Forschung ist, so problematisch war jedoch seine Rolle als Leiter der Psychiatrischen Klinik in Jena im Nationalsozialismus: In dieser Funktion war er aktiv an Zwangssterilisationen beteiligt und als Beisitzer am Erbgesundheitsgericht tätig.

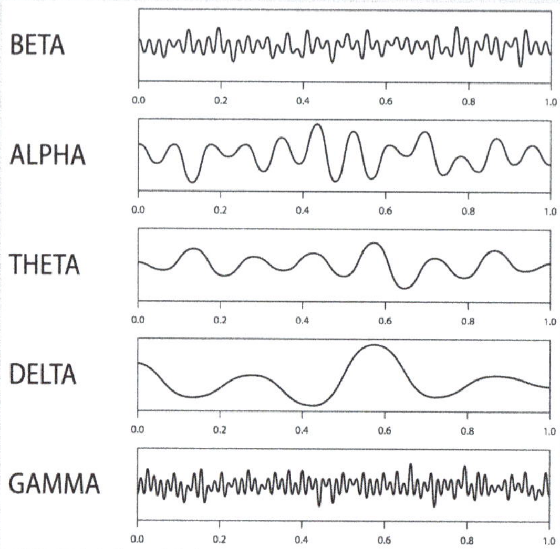

Abbildung 2.2: Das EEG-Signal lässt sich in unterschiedliche Frequenzbänder unterteilen, denen jeweils unterschiedliche Funktionen zugeschrieben werden (© Toxa2x2, stock.adobe.com)

Ein Bild sagt manchmal mehr als tausend Worte

Lange Zeit war die einzige Möglichkeit, etwas über die Struktur des Gehirns oder des Nervensystems zu erfahren, die Entnahme, Präparation und Untersuchung des Gewebes nach dem Tod. Dieses Vorgehen schränkt verständlicherweise die Untersuchung der Funktion des Gehirns sehr stark ein. Zum Glück gibt es mittlerweile eine Reihe von Methoden, die es erlauben einen Blick auf das Gehirn zu werfen, ohne den Kopf öffnen zu müssen – die *bildgebenden Verfahren*. Alle diese Methoden haben gemein, dass sie in Scannern durchgeführt werden. Scanner sind große Röhren, in die die Versuchspersonen geschoben werden. Was allerdings in diesen Scannern jeweils passiert, ist bei jedem Verfahren unterschiedlich. Das geeignete Verfahren hängt auch davon ab, ob Sie eher die Struktur oder die Funktion des Gehirns untersuchen wollen.

Strukturelle Verfahren zur Untersuchung des Gehirns

Die Struktur des Nervensystems und des Gehirns verrät Ihnen etwas über krankhafte Prozesse und plastische Veränderungen, die mit dem Zugewinn oder Verlust von körperlichen oder geistigen Funktionen zusammenhängen. Wenn Sie sich für die Struktur des Gehirns interessieren, sind die Computertomographie oder die Magnetresonanztomographie die Methoden der Wahl.

- ✔ Die **Computertomographie (CT)** nutzt Röntgenstrahlen, um unterschiedliche Gewebe abzubilden. Zu diesem Zweck werden Röntgenstrahlen aus unterschiedlichen Richtungen in das Gewebe abgegeben, und aus der Absorption der Strahlung wird die Zusammensetzung des Gewebes errechnet. Dies lässt eine sehr genaue, dreidimensionale Darstellung des Körpers zu, aber leider erlaubt es dieses Verfahren nicht, Gewebe mit gleichen Absorptionseigenschaften zu unterscheiden. Da das Gehirngewebe insgesamt recht ähnliche Absorptionseigenschaften besitzt, können mit diesem Verfahren also keine feinen Unterschiede in der Gehirnstruktur dargestellt werden.

- ✔ Die **Magnetresonanztomographie** (**MRT** oder **MRI** für »magnetic resonance imaging«) nutzt ein starkes Magnetfeld, um feine Unterschiede im Gewebe abzubilden. Im Gegensatz zum CT wird hier also keine potenziell gefährliche Strahlung verwendet. Beim MRT werden mit einem starken Magnet Atomkerne am Magnetfeld ausgerichtet und dann mit einem elektrischen Impuls angestoßen. Wenn sich die Atomkerne dann wieder am Magnetfeld ausrichten, wird Energie frei. Sie können nun messen, wie viel Energie frei wird und wie lange es in Abhängigkeit von dem jeweiligen Gewebe dauert, bis die Atomkerne wieder ausgerichtet sind. Anhand dieser *Relaxationszeit* und der frei werdenden Energie können Sie sehr detaillierte Abbildungen des Gewebes erstellen.

Funktionelle Verfahren

Die Struktur des Gehirns verändert sich recht langsam, während viele Funktionen im Gehirn sehr schnell ablaufen. Wenn Sie eher an der Abbildung der Funktion des Gewebes interessiert sind, dann können Sie die funktionelle Magnetresonanztomographie oder die Positronen-Emissions-Tomographie (PET) verwenden.

- ✔ Bei der **funktionellen Magnetresonanztomographie** (**fMRT** oder **fMRI**) nutzen Sie das gleiche Prinzip wie bei beim strukturellen MRT, allerdings schauen Sie in diesem Fall ganz genau auf die magnetischen Eigenschaften des Blutes. Wenn ein bestimmter Teil des Gehirns besonders aktiv ist, dann wird diesem Teil mehr Sauerstoff zugeführt. Aufgrund des Überangebots an Sauerstoff ändert sich lokal das Verhältnis von sauerstoffarmem zu sauerstoffreichem Blut, die beide unterschiedliche magnetische Eigenschaften haben. Aus diesem Verhältnis können Sie den *Blood-Oxygenation-Level-Dependent* (*BOLD*)-Kontrast errechnen, der Ihnen mit hoher räumlicher Genauigkeit verrät, welcher Teil des Gehirns bei einem bestimmten Vorgang besonders aktiv ist. Zahlreiche Weiterentwicklungen erlauben die genaue Bestimmung des Verlaufes großer Nervenfaserbündel (*Diffusions-Tensor-Bildgebung* oder *DTI* für »diffusion tensor imaging«) oder die Konzentration bestimmter Moleküle im Gewebe (*Magnetresonanzspektroskopie* oder *MRS*).

- ✔ Die **funktionelle Nah-Infrarotspektroskopie** (**fNIRS** für »functional near-infared spectroscopy«) nutzt ebenfalls den BOLD-Effekt, aber hier messen Sie nicht die magnetischen Eigenschaften des Blutes, sondern die Veränderung der Absorption und Reflexion des Infrarotlichtes im Blut. Diese Methode benötigt keinen Scanner und erfasst (wie das EEG) mit mehreren Sensoren auf dem Kopf die Aktivität des Gehirns, allerdings nur bis zu einer gewissen Tiefe unterhalb der Schädeldecke.

✔ Bei der **Positronen-Emissions-Tomographie (PET)** nutzen Sie wieder Strahlung, um etwas über die Funktion eines Gewebes zu erfahren. Im Gegensatz zum CT schicken Sie die Strahlung beim PET aber nicht von außen ins Gewebe. Beim PET verwenden Sie schwach radioaktive Kontrastmittel, die Gammastrahlung abgeben, und diese Strahlung messen Sie außerhalb des Gewebes. Dabei machen Sie es sich zunutze, dass unterschiedliche Gewebe unterschiedlich viel Kontrastmittel aufnehmen und damit auch unterschiedlich viel Strahlung abgeben. Je aktiver ein Gewebe ist, desto mehr Strahlung wird abgegeben.

Pioniere der Neuroanatomie

Die Beschreibung der Gehirnanatomie hat eine lange Tradition; bereits im 16. Jahrhundert beschrieben Andreas Vesalius und Constanzo Varolio detailliert den Aufbau des Gehirns anhand von anatomischen Schnitten. Mit der Entwicklung elektrophysiologischer Stimulationsmethoden wurden im 19. Jahrhundert immer mehr spezialisierte Areale im Gehirn beschrieben. Durch die verbesserte medizinische Versorgung überlebten außerdem immer mehr Menschen eine Verletzung des Gehirns, und anhand von lokalisierten Verletzungen konnten aus den Ausfällen bestimmter Funktionen die Aufgaben dieser Bereiche abgeleitet werden.

Aber erst Korbinian Brodmann setzte all diese Erkenntnisse und die eigene Forschung zur mikroskopischen Struktur des Gehirns zu einem Gesamtbild zusammen. Er unterteilte die äußere Rinde des menschlichen Gehirns in 43 Bereiche (die *Brodmann-Areale*) mit den Nummern 1 bis 52 (verwirrenderweise fehlen 12 bis 16 und 48 bis 51) und erstellte damit eine der einflussreichsten und bis heute verwendeten Karten des Gehirns. Cécile Vogt führte diese Arbeit fort und bestimmte vor allem mithilfe elektrischer Stimulationen zahlreiche funktionelle Strukturen im Inneren des Gehirns.

Nicht nur messen, sondern gezielt verändern

Es ist ja schön und gut, das gemeinsame Auftreten von bestimmten Ereignissen wie zum Beispiel Reizen und der darauffolgenden Reaktion zu beobachten und zu messen. Allerdings bleiben solche Experimente immer korrelativ: Sie können zwar das gleichzeitige Auftreten messen, aber niemals vollkommen sicher sein, dass das eine Ereignis zum anderen geführt hat. Für eine **kausale** Aussage müssen Sie ein bestimmtes Ereignis selbst auslösen. Je nachdem, was Sie genau messen möchten, stehen Ihnen unterschiedliche Methoden zur Verfügung. Einige Methoden wie die Selektion, die Genmanipulation oder die optogenetische Stimulation eignen sich dabei aufgrund der invasiven Anwendung nicht für Menschen. Eine elektrische oder eine elektromagnetische Stimulation können Sie hingegen auch beim Menschen anwenden. All diese Methoden sehen wir uns im Folgenden ein bisschen genauer an.

Züchtung und Genmanipulation

Die *Genmanipulation* genießt in der Bevölkerung ja generell keinen guten Ruf, ist aber zum einen ein vollkommen normaler und althergebrachter Vorgang und zum anderen ein unverzichtbares Werkzeug in den Lebenswissenschaften. Genmanipulationen in Form der Züchtung gibt es schon sehr lange, denken Sie zum Beispiel an Ihr Lieblingshaustier: Egal ob Hund, Katze, Hamster oder Pferd – jedes dieser Tiere wurde über Generationen in Hinblick auf ganz bestimmte Eigenschaften (Aussehen, Charaktereigenschaften, Leistung) verändert.

- ✔ Die **Selektion** oder auch die gezielte *Züchtung* eines ganz bestimmten Merkmals ist eine der ältesten Methoden, die Ihnen zur Untersuchung eines kausalen Zusammenhangs zwischen Ereignissen zur Verfügung stehen. Im nächsten Kapitel werden Sie die Genetik ein bisschen näher kennenlernen. Mit der selektiven Kreuzung von Individuen mit bestimmten Eigenschaften haben Sie die Möglichkeit zu beeinflussen, welche genetischen Eigenschaften (*Genotyp*) zu ganz bestimmten Merkmalsausprägungen (*Phänotyp*) führen.

- ✔ Dank der Möglichkeiten der **Genmanipulation** im Labor müssen Sie heute allerdings nicht viele Generationen lang warten, bis sich ein ganz bestimmtes Merkmal durch selektive Züchtung verändert. Vielmehr gibt es eine Reihe von Möglichkeiten, mit denen Sie ganz bestimmte Gene aktivieren oder deaktivieren können, oder sogar fremdes genetisches Material in eine Zelle hinein transportieren können, um so das Auftreten eines bestimmten Merkmals zu beeinflussen. In der Regel benötigen Sie hierfür zum einen genetisches Material, das in eine Zelle hinein soll, und zum anderen einen *Vektor*, also ein Transportmittel, mit dem Sie das genetische Material in die Zelle hineinbefördern. Ersteres können Sie entweder aus dem genetischen Material eines Spenderorganismus entnehmen, oder Sie können die gewünschte Gensequenz künstlich herstellen. Letzteres kann zum Beispiel ein Virus sein, das das veränderte genetische Material in die gewünschte Zelle einschleust. Wie das genau funktioniert, können Sie in »Allgemeinbildung Gene, Genetik und Gentechnik für Dummies« von Röbbe Wünschiers nachlesen.

- ✔ Die **optogenetische Stimulation** ist eine wichtige Anwendung von Genmanipulationen, bei der Sie es sich zunutze machen, dass Sie über gezielte genetische Manipulationen die Eigenschaften einer Zelle verändern können. In diesem Fall müssen Sie eine Nervenzelle genetisch (das ist der »genetische« Teil im Namen) so verändern, dass sie auf einen Lichtreiz (das ist der »opto«-Teil) reagiert. Dazu führen Sie die genetische Information für zum Beispiel lichtempfindliche Ionenkanäle in eine Nervenzelle ein. Diese Nervenzelle produziert dann diese lichtempfindlichen Ionenkanäle, und wenn Sie diese Zelle anschließend mit Licht einer bestimmten Wellenlänge bestrahlen, öffnen sich die Ionenkanäle und das elektrische Potential der Zelle und damit die Informationsverarbeitung in der Zelle verändert sich.

AC/DC: Elektrophysiologische Stimulation

Da Informationsübertragung im Gehirn und Nervensystem zu einem großen Teil über elektrische Ströme funktioniert, ist es naheliegend diese elektrischen Ströme direkt zu beeinflussen, wenn Sie etwas über deren Funktion herausfinden möchten. Genau wie bei den elektrophysiologischen Messmethoden haben Sie auch bei den *elektrophysiologischen Stimulationsmethoden* unterschiedliche Verfahren zur Hand, je nachdem ob Sie etwas über die Funktion einer einzelnen Zelle oder bestimmter Teile des Gehirns herausfinden möchten. Dazu können Sie Wechselstrom (AC, von englisch »alternating current«), Gleichstrom (DC, von englisch »direct current«), kurze Stromimpulse oder das Magnetfeld um den elektrischen Strom nutzen. Im Grund handelt es sich jeweils um die Umkehrung der elektrophysiologischen Messmethoden.

- ✔ Bei der **Einzelzellstimulation** nutzen Sie wie bei der Einzelzellableitung eine feine Drahtelektrode, die Sie in eine Nervenzelle stechen, um diese Nervenzelle elektrisch zu stimulieren. Dabei müssen Sie versuchen, die natürlichen Vorgänge der Nervenzelle möglichst genau nachzustellen, um so etwas über den Einfluss dieser Vorgänge auf die Funktion und Informationsübertragung der Nervenzelle herauszufinden. Ein gängiges Vorgehen ist die *tetanische Stimulation*. Dabei geben Sie einer Nervenzelle etwa 100 kurze Stromimpulse pro Sekunde (also eine 100 Hz-Stimulation) und messen, wie sich die Aktivität der Nervenzelle nach dieser Stimulation im Vergleich zur Zeit vor der Stimulation (der *Baseline*) verändert.

- ✔ Bei der **tiefen Hirnstimulation** (**DBS**, von englisch »deep brain stimulation«) beeinflussen Sie ähnlich zum lokalen Feldpotential nicht die elektrische Aktivität einer einzelnen Nervenzelle, sondern Sie stimulieren mit einer Elektrode in der Nähe der Nervenzellen eine große Anzahl von Nervenzellen gleichzeitig. Auch in diesem Fall müssen Sie also recht nahe an das Nervengewebe, das Sie beeinflussen möchten, herankommen, aber dieses Vorgehen ist in der Regel nicht schädlich für das Gehirn. Therapeutisch wird dieses Verfahren zum Beispiel genutzt, um die Funktion von erkrankten Gehirnbereichen künstlich zu verändern, zum Beispiel bei der Parkinson-Erkrankung.

- ✔ Mit der **transkraniellen elektrischen Stimulation** (**TES**) können Sie nichtinvasiv größere Teile des Gehirns beeinflussen. Zu diesem Zweck legen Sie außen an den Kopf Elektroden an und schließen diese Elektroden an eine Stromquelle an. Der Strom fließt dann zwischen den beiden Elektroden durch den Schädel (*transkraniell*) und das Nervengewebe und beeinflusst die Aktivität dieses Nervengewebes. Je nachdem wo Sie diese Elektroden anbringen, können Sie unterschiedliche Teile des Gehirns beeinflussen. Und je nachdem ob Sie für die Stimulation Gleich- oder Wechselstrom verwenden, nennen Sie das ganze *transkranielle Gleichstromstimulation* (*tDCS* von englisch »transcranial direct current stimulation) oder *transkranielle Wechselstromstimulation* (*tACS*). Auch hierbei müssen Sie versuchen, die natürlichen Vorgänge der Nervenzellen möglichst genau nachzustellen, um so etwas über den Einfluss dieser Vorgänge auf die Funktion und Informationsübertragung des Gehirns herauszufinden.

- ✔ Bei der **transkraniellen Magnetstimulation** (**TMS**) nutzen Sie wiederum das Zusammenspiel von magnetischen und elektrischen Feldern, um einen Strom im Gehirn zu erzeugen. Das Prinzip ist dabei das gleiche wie bei einem Induktionsherd: Durch eine Spule außerhalb des Kopfes fließt ein elektrischer Strom, der um die Spule herum ein Magnetfeld erzeugt, und dieses Magnetfeld induziert im Inneren des Kopfes im Nervengewebe einen sehr präzise lokalisierten Strom.

Alles im Fluss: Neurofeedback und Brain-Computer-Interfaces

Mit der Elektrophysiologie und den bildgebenden Verfahren haben Sie die Möglichkeit die Aktivität des Nervensystems beinahe in Echtzeit darzustellen. Und mit den elektrophysiologischen Stimulationsmethoden haben Sie die Möglichkeit, das Nervensystem räumlich und zeitlich genau zu beeinflussen. Aber was passiert, wenn Sie beide Methoden gleichzeitig verwenden?

- ✔ Beim *Neurofeedback* nutzen Sie unterschiedliche elektrophysiologische Messmethoden wie das EEG oder MEG, oder auch das bildgebende fMRT, um den aktuellen Zustand des Körpers oder des Nervensystems zu messen. Über eine visuelle oder auditorische Stimulation geben Sie Ihrer Versuchsperson dann Rückmeldung über den Zustand des Nervensystems in Abhängigkeit von im Vorfeld festgelegten Parametern, zum Beispiel der Amplitude des Alpha-Bandes im EEG. Mit etwas Übung kann Ihre Versuchsperson mit dieser Methode lernen, gezielt bestimmte Anteile der Aktivität des Nervensystems zu beeinflussen. Ebenso können Sie elektrophysiologische Methoden nutzen, um das Nervensystem direkt in Abhängigkeit der Zielparameter zu stimulieren. Sie können zum Beispiel immer dann mit dem TMS stimulieren, wenn die Alpha-Oszillation an einer ganz bestimmten Phase ist.
- ✔ Ein *Brain-Computer-Interface* funktioniert nach dem gleichen Prinzip wie das Neurofeedback, mit dem Unterschied, dass die gemessene Aktivität des Nervensystems dazu genutzt wird, einen Computer zu steuern, der dann eine ganz bestimmte Aufgabe übernimmt. So lässt sich zum Beispiel ein Roboterarm in unterschiedliche Richtungen bewegen, oder Buchstaben können aus einem Alphabet auf einem Bildschirm ausgewählt werden, um einen Text zu schreiben, indem gezielt unterschiedliche Anteile des Gehirns aktiviert werden. Um diese Fähigkeit zu erlernen, ist Neurofeedback wichtig, und diese Technik hat großes Potenzial für die Entwicklung von intelligenten Prothesen oder zur Kommunikation mit körperlich stark eingeschränkten Personen. Bei der Optimierung der möglichst schnellen und genauen Auswahl der relevanten Aktivität des Nervensystems spielen künstliche Intelligenz und maschinelles Lernen eine große Rolle.

Immer wieder dasselbe: Die Replikationskrise

Wenn Sie ein Experiment mehrmals durchführen und dabei alles richtig machen, sollten Sie auch immer wieder zum gleichen Ergebnis kommen. Wenn Sie auf einem Baum sitzend einen Apfel in der Hand halten und diesen loslassen, dann wird er recht zuverlässig in Richtung Boden fallen. Sie können aus diesem Ergebnis nun ein »Gesetz« ableiten, welches die zeit- und ortsunabhängige Regelmäßigkeit der Naturerscheinung beschreibt. Diese zeitliche Stabilität der Ergebnisse wird als *Reliabilität* bezeichnet. Kleinere Abweichungen im Ergebnis werden durch *Störvariablen* ausgelöst, also äußere Einflüsse, die sich auf das Ergebnis auswirken, wie zum Beispiel der Wind, der den fallenden Apfel zur Seite bläst, anstatt ihn gerade nach unten fallen zu lassen.

In der Psychologie gibt es sehr viele unkontrollierbare Störvariablen, da das zu untersuchende System, die innere Welt des Menschen, sehr komplex ist. Sie können also nur sehr schwer alle Bedingungen in einem Experiment gleich halten, was die Reliabilität der Ergebnisse psychologischer Experimente reduziert. Eine Lösung, um diese reduzierte Reliabilität zu korrigieren, ist die *Replikation*, die wiederholte Durchführung eines Experimentes. Über viele Wiederholungen des gleichen Experimentes erhalten Sie so Informationen über die *Varianz*, die Streuung der Ergebnisse, und den *Mittelwert*, das erwartete, echte Ergebnis. Wenn Sie diese vielen gleichen Experimente nicht alle selbst durchführen wollen, dann können Sie ähnliche Experimente aus der publizierten Literatur zusammensuchen und die Ergebnisse über diese ähnlichen Experimente hinweg in einer *Metaanalyse* zusammenfassen.

Zwei wichtige Faktoren haben in der Psychologie in den letzten Jahren zu einem Problem dieses Systems, der *Replikationskrise*, geführt: mangelnde Ressourcen (1) und falsche Anreizstrukturen (2).

1. Das gleiche Experiment immer und immer wieder durchzuführen, erhöht zwar die **Reliabilität** der Ergebnisse, bringt aber nur wenig neue Erkenntnisse. In einem wissenschaftlichen Umfeld mit limitierter Zeit, begrenzten finanziellen Ressourcen und einem Fokus auf immer neuen Erkenntnissen streben viele Forscherinnen und Forscher daher nach immer neuen Ergebnissen, anstatt bereits bekannte Erkenntnisse statistisch hinreichend häufig zu wiederholen.
2. Eine wichtige »Währung« in der Wissenschaft ist die **Publikation** der Ergebnisse in einem angesehenen wissenschaftlichen Journal (»publish or perish«, also »veröffentliche deine Ergebnisse oder verschwinde«). Wiederholungen bereits bekannter Ergebnisse sind für die meisten Journale jedoch uninteressant und werden daher nicht zur Veröffentlichung angenommen. Auch Experimente, die kein sinnvolles oder bedeutsames Ergebnis hervorbringen, werden häufig abgelehnt. Das führt zu einem *Publikationsbias*, sodass nur neue und erfolgreiche Experimente ans Licht der Öffentlichkeit gelangen. Alles andere verschwindet in Schubladen, weshalb dieses Problem im Englischen auch »file drawer problem« genannt wird.

Beide Faktoren trugen in der Vergangenheit dazu bei, dass in der Psychologie Experimente nur wenige Male wiederholt wurden und es nicht auffiel, dass zahlreiche, auch bekannte und berühmte Ergebnisse, nicht zuverlässig oder schlichtweg falsch waren. Zusätzlich gab es etliche Forscher, die aufgrund des hohen Publikationsdrucks Ihre Ergebnisse »geschönt« oder erfunden haben.

In der Biologischen Psychologie gibt es seit einigen Jahren eine Bewegung, die danach strebt, Ergebnisse in gemeinsamen Anstrengungen zu überprüfen wie das *#EEGManyLabs-Projekt* (`https://osf.io/yb3pq/`) und wissenschaftliche Daten und Prozesse transparent zu machen (*Open Science*) wie das *Deutsche Netzwerk für Reproduzierbare Wissenschaft* (`https://reproducibilitynetwork.de/`).

Ein Beispiel für **unzuverlässige Ergebnisse** ist der Zusammenhang zwischen der Struktur des Gehirns und dem Verhalten. Ein einer aufwendigen Arbeit versuchten Wouter Boekel und seine Kolleginnen und Kollegen fünf bereits publizierte Zusammenhänge zwischen Struktur und Verhalten zu replizieren, die insgesamt 17 Hypothesen umfassten. Dabei hielten sie sich streng an die Regeln der guten wissenschaftlichen Praxis, um zweifelhaftes Verhalten zu vermeiden. In dieser Arbeit zeigte sich, dass nur eine einzige zuvor publizierte Hypothese repliziert werden konnte und die Effektstärken häufig deutlich unter den zuvor publizierten Effekten lagen. Das heißt nicht, dass es keinen Zusammenhang zwischen der Struktur des Gehirns und dem Verhalten gibt, aber dass Befunde zu diesem Zusammenhang durch fehlerhafte Experimente verzerrt werden können.

Ein Beispiel für **absichtlichen Betrug** ist der Fall *Diederik Stapel*. Im Laufe seiner Karriere hatte er die Rohdaten von zahlreichen wissenschaftlichen Artikeln schlicht und einfach erfunden, unpassende Ergebnisse entfernt oder passende Ergebnisse kopiert. Durch seine Position und Macht als Professor konnte er Druck auf seine Mitarbeiter und Studenten ausüben, nur die von ihm manipulierten Daten zu veröffentlichen. Als der Betrug aufflog, verlor Stapel sowohl seine Arbeitsstelle als auch seinen Doktortitel und wurde zu gemeinnütziger Arbeit verurteilt.

IN DIESEM KAPITEL

Ein Grundgerüst biologischer Begriffe

Die Bausteine des Lebens

Der Bauplan des menschlichen Körpers

Kapitel 3
Die genetischen Grundlagen der Biologischen Psychologie

Vielleicht kennen Sie die Situation: Ihnen begegnet ein überaus freundlicher Hund, und Sie fragen sich, ob das Tier sehr gut erzogen wurde oder ob diese Hunderasse einfach von Natur aus so friedfertig ist. Diese Frage stellt sich auch die Biologische Psychologie, was hier unter dem Schlagwort »*Nature versus Nurture*«, also grob übersetzt »Veranlagung oder Erziehung« diskutiert wird. Bevor Sie aber in die Tiefen des Zusammenhangs zwischen biologischen Vorgängen und psychischem Erleben oder biologischer Veranlagung und Verhalten eintauchen, sollten Sie sich erst einmal einen Überblick über die Grundlagen der Genetik verschaffen. Dieses Kapitel wird Ihnen die Vorgänge erklären, wie aus den einfachsten biochemischen Bausteinen ein lebendes, fühlendes und denkendes System werden kann.

Ein Blick zurück in die Geschichte

Die Debatte um den Einfluss von biologischer Veranlagung und in der individuellen Entwicklung gelernten Informationen auf das Verhalten hat eine bereits sehr lange Tradition. Der englische Philosoph John Locke ging davon aus, dass der Mensch als *Tabula rasa* (als »unbeschriebenes Blatt«) auf die Welt kommt und alle oder jedenfalls beinahe alle Verhaltenszüge erst durch die Umgebung oder die Erziehung lernt. Charles Darwin hingegen beobachtete in seiner Forschung Parallelen zwischen menschlichen Wesenszügen und tierischem Verhalten und schloss daraus, dass zumindest Teile des menschlichen Verhaltens durch die Natur vorgegeben sind.

Diese Idee wurde von Darwins entferntem Verwandten Francis Galton aufgegriffen, der sich der wissenschaftlichen Untersuchung menschlichen Verhaltens widmete (ganz ähnlich wie Weber und Fechner, siehe Kapitel 1). Nach der Entwicklung zahlreicher statistischer und biometrischer Methoden wie beispielsweise des Korrelationskoeffizienten und der Klassifikation von Fingerabdrücken wandte Galton sich der Domestikation von Tieren und der Vererbung von Merkmalen zu. Galton ging davon aus, dass Fähigkeiten und Verhaltenseigenschaften durch die Natur vorgegeben und vererbbar sind. Wenngleich sich diese Idee auch in der modernen Verhaltensgenetik wiederfindet, mündete sie bei Galton in der Entwicklung der zweifelhaften *Eugenik* (Erbgesundheitslehre) mit ihrer rassistischen Vorstellung von der »niederen« und der »höheren« menschlichen Rasse, deren Erbgut »rein« gehalten oder durch Zucht verbessert werden sollte.

Der Weg von der Biologie zur Psychologie

Wenn Sie sich mit den biologischen Grundlagen der Psychologie beschäftigen, kommen Sie nicht darum herum, das Verhalten in unterschiedlichen Gruppen zu beobachten und dann eine Hypothese (siehe dazu auch Kapitel 2) aufzustellen, mit welchen biologischen Grundlagen Unterschiede im Verhalten zusammenhängen könnten. Aus dieser Hypothese können Sie nun Vorhersagen ableiten, welches Gruppenmitglied welche Eigenschaften haben sollte, oder Eingriffe in die biologischen Grundlagen vornehmen, um zu überprüfen, ob sich das Verhalten entsprechend Ihrer Hypothese ändert. Eingriffe in die biologischen Grundlagen sind beim Menschen aus ethischen Gründen verboten. Für die Antwort auf die Frage, ob ein Verhalten durch die Veranlagung oder die Erziehung bestimmt ist, benötigen Sie also möglichst ähnliche Gruppen, um den Einfluss kleiner Unterschiede beobachten zu können. Ein Weg dazu sind Studien innerhalb von Familien; insbesondere *Zwillingsstudien* und Vergleiche zwischen Familienmitgliedern und einer Gesamtpopulation sind hierzu gut geeignet.

- ✔ **Eineiige Zwillinge** (*monozygotische* Zwillinge) stammen aus der gleichen befruchteten Eizelle und besitzen daher die gleichen genetischen Eigenschaften (den gleichen Genotyp). Genetisch sind eineiige Zwillinge zu 100 Prozent identisch.
- ✔ **Verwandte ersten Grades**, also zweieiige (*dizygotische* Zwillinge, Eltern, Geschwister oder die eigenen Kinder) enthalten rein statistisch nur die Hälfte (50 Prozent) der genetischen Eigenschaften der Mutter oder des Vaters.
- ✔ **Verwandte zweiten Grades** (Großeltern, Enkelinnen und Enkel, Nichten und Neffen, Onkel und Tanten) teilen dann nur noch 25 Prozent der genetischen Information, und bei Verwandten dritten Grades (Cousins und Cousinen) sind es lediglich 12,5 Prozent.

Veranlagung oder Erziehung?

Um die Frage zu beantworten, ob ein bestimmtes Verhalten aufgrund von Veranlagung oder Erziehung auftritt, müssen Sie die Vorbedingungen möglichst genau kontrollieren. Sie müssen also bestimmen, welche genetischen Eigenschaften unterschiedliche Versuchsteilnehmer haben und welche Art von Erziehung stattgefunden hat. Der Begriff »Erziehung«

umfasst dabei nicht nur so etwas wie schulische Bildung, sondern alle nicht-genetischen Einflüsse auf die Entwicklung wie zum Beispiel das soziale Umfeld und Umwelteinflüsse. Mit dem Vergleich des Auftretens bestimmter Eigenschaften (dem *Phänotyp*) bei unterschiedlichen Verwandtschaftsverhältnissen und der damit zusammenhängenden genetischen Information (dem *Genotyp*) können Sie abschätzen, zu welchem Anteil eine ganz bestimmte Eigenschaft durch genetische Informationen oder durch die Erziehung bestimmt wird.

- ✔ Die **Wahrscheinlichkeit des allgemeinen Auftretens** eines bestimmten Merkmals wird *Prävalenz* genannt. Die Prävalenz bezeichnet die Anzahl der Individuen mit einem Merkmal relativ zur untersuchten Stichprobe. Wenn Sie 1000 Hunde untersuchen und 500 Hunde haben spitze Ohren, liegt die Prävalenz für das Merkmal »spitze Ohren« bei 50 Prozent. Wenn Sie diese Untersuchung nur zu einem Zeitpunkt durchführen, dann erfassen Sie die *Punktprävalenz*. Wenn Sie sich ein Merkmal anschauen möchten, das sich über die Zeit verändert, kann es sinnvoll sein, die Prävalenz in einem ganz bestimmten Zeitraum zu betrachten. In diesem Fall bestimmen Sie die *Periodenprävalenz*.

- ✔ Die **Wahrscheinlichkeit des neuen Auftretens** eines bestimmten Merkmals in einem bestimmten Zeitraum wird als *Inzidenz* bezeichnet. Sie bezeichnet die Anzahl der Individuen, die in einem bestimmten Zeitraum ein ganz bestimmtes Merkmal neu entwickeln. Hier wird nicht die Gesamtzahl der Individuen mit einem Merkmal betrachtet, sondern die Veränderung in der Anzahl.

- ✔ Das **Verhältnis von Phänotyp zu Genotyp** wird über die *Manifestationswahrscheinlichkeit* oder *Konkordanz* beschrieben. Sie bezeichnet die Korrelation zwischen der genetischen Information und der Wahrscheinlichkeit, dass ein ganz bestimmtes Merkmal auftritt. Eineiige (monozygotische) Zwillinge teilen 100 Prozent der genetischen Information. Tritt ein bestimmtes Merkmal bei beiden Zwillingen auf, liegt eine Konkordanz von 100 Prozent vor, und das Merkmal wird vollständig von der genetischen Information bestimmt. Tritt ein bestimmtes Merkmal aber nicht bei beiden Zwillingen auf, sondern nur bei der Hälfte der Zwillinge, liegt eine Konkordanz von 50 Prozent vor. Das Merkmal ist also nicht vollständig von der genetischen Information abhängig, sondern die Umwelt, die Erziehung oder die Lernerfahrungen spielen eine Rolle bei der Entwicklung des Merkmals. Angesichts der unterschiedlichen geteilten genetischen Information und des unterschiedlichen Auftretens eines Merkmals in unterschiedlichen Verwandtschaftsbeziehungen können Sie abschätzen, in welchem Maße ein ganz bestimmtes Merkmal vom Genotyp oder der Umwelt abhängt.

Vom Genotyp zum Phänotyp

Der Genotyp bestimmt also zumindest teilweise den Phänotyp, und unterschiedliche Phänotypen können durch unterschiedliche Genotypen erklärt werden. Aber wie hängen Genotyp und Phänotyp zusammen? Dazu machen wir einen kurzen Exkurs in die Genetik, oder genauer gesagt, in die Vorgänge, wie aus der in der DNA verschlüsselten Information ein Lebewesen wie der Mensch entsteht. Falls Sie sich für die Genetik interessieren – detailliertere Informationen zu diesem Thema können Sie in »*Genetik für Dummies*« von T. Robinson und L. Spock nachlesen.

Gene regulieren alles im Körper: die Entwicklung und Funktion von Zellen oder wann welche Prozesse innerhalb einer Zelle ausgeführt werden. Viele Gene codieren für Proteine, während andere Gene regulatorische Aufgaben haben und nicht in ein Protein übersetzt werden. Die genetische Information (der *Genotyp*) bestimmt, wann welche zellulären Prozesse ausgeführt werden. Regulatorproteine koordinieren den Stoffwechsel, Enzyme katalysieren chemische Reaktionen, und Strukturproteine, kontraktile Proteine oder Transportproteine erledigen andere wichtige Aufgaben im Körper. Die Gesamtheit der Proteine bestimmt die Funktion und das Aussehen des Körpers (den *Phänotyp*).

Proteine sind die Grundbausteine des Lebens. Diese oft sehr großen Moleküle bestehen aus Ketten von *Aminosäuren*. Je nach Funktion sind Proteine wichtig für das Wachstum und die Entwicklung von Zellen, den Transport und die Speicherung von Stoffen, die Leitung von Informationen, die Auslösung von Bewegungen, die Steuerung von chemischen Reaktionen innerhalb der Zelle und noch viel mehr. Aminosäureketten (*Peptide*) werden anhand der Kettenlänge eingeteilt:

- *Dipeptide* bestehen aus zwei, *Tripeptide* aus drei Aminosäuren.
- *Oligopeptide* sind kurze Ketten aus bis zu 10 Aminosäuren.
- *Polypeptide* sind lineare Aminosäureketten aus 10 bis etwa 50 (oder 100, je nach Definition) Aminosäuren.
- *Proteine* bestehen aus mehr als 50 (oder 100) Aminosäuren mit einer meistens komplexen dreidimensionalen Faltung.

Für den Menschen sind 21 verschiedene Aminosäuren wichtig, wobei acht Aminosäuren (Isoleucin, Leucin, Lysin, Methionin, Phenylalanin, Threonin, Tryptophan und Valin) vom Menschen nicht selbst hergestellt werden können. Diese *essenziellen* Aminosäuren müssen Sie über die Nahrung zu sich nehmen. Ein Mangel an essenziellen Aminosäuren kann zu schwerwiegenden körperlichen oder geistigen Einschränkungen führen.

Die Form bestimmt die Funktion

Damit Proteine ihre Wirkung entfalten können, müssen sie auf eine bestimmte Art räumlich gefaltet werden. Fehler in der räumlichen Faltung eines Proteins können zu schweren Fehlfunktionen und damit zusammenhängenden Erkrankungen führen, wie etwa bei der Alzheimer-Demenz (die in Kapitel 14 genauer beschrieben ist).

- Die **Abfolge der einzelnen Aminosäuren** bestimmt die *Primärstruktur* eines Proteins, und diese Reihenfolge der Aminosäuren ist genetisch festgelegt.
- **Sich wiederholende Muster von Aminosäuresequenzen** führen dazu, dass Proteine in bestimmten Bereichen mit weiter entfernt liegenden Teilen der Aminosäurekette Wasserstoffbrückenbindungen eingehen und so definierte Bereiche mit einer *Sekundärstruktur* bilden können (zum Beispiel die *alpha-Helix* oder das *beta-Faltblatt*). Diese Sekundärstrukturen sind die Grundlage von Faserproteinen.

- Entsprechend der **Aminosäuresequenzmuster** wird das Protein weiter gefaltet, bis sich eine dreidimensionale räumliche Form ergibt, die *Tertiärstruktur*. Diese wird vor allem durch Bindungen zwischen Cysteinresten (*Disulfidbrücken*) definiert. Die Tertiärstruktur ist für Proteine charakteristisch und für ihre biologische Funktion unerlässlich.
- Manche Proteine sind aus mehreren **Proteinuntereinheiten** aufgebaut; sie haben eine *Quartärstruktur*. Ein klassisches Beispiel für ein Protein mit Quartärstruktur ist das Sauerstoff-Transportmolekül Hämoglobin aus vier Untereinheiten.
- Einige Proteine arbeiten mit anderen Proteinen in **funktionellen Einheiten** zusammen. Wenn wir uns bewegen, müssen zum Beispiel die Proteine Aktin und Myosin in einer funktionellen Einheit zusammenarbeiten, um einen Muskel zu verkürzen (mehr dazu finden Sie in Kapitel 8).

Der große Bauplan hinter allem: Die DNA

Proteine sind lange Aminosäureketten, deren Funktion durch die Reihenfolge der Aminosäuren bestimmt wird. In welcher Reihenfolge diese Aminosäuren aneinander gebunden werden sollen, ist genetisch festgelegt. Der Code, in dem diese Information gespeichert ist, ist die *DNA*. Die gesamte genetische Information eines Lebewesens wird als *Genom* bezeichnet. Die Übersetzung des DNA-Codes in eine Aminosäure wird als *Proteinbiosynthese* bezeichnet und findet an den Ribosomen im Zytoplasma statt.

- **Die DNA enthält die Erbinformationen.** Die Abkürzung steht für »*Desoxyribonukleinsäure*« (das »A« steht für das englische »acid«), sie enthält die Information über den Aufbau des Körpers aus Aminosäuren, der über die Vererbung von Generation zu Generation weitergegeben wird.
- **Die DNA besteht aus zwei miteinander verbundenen Strängen von Nukleotiden.** Die Nukleotide in der DNA bestehen jeweils aus einem Phosphat, einem Zucker (der Desoxyribose) und einer *Base*. In der DNA kommen vier Basen vor (Guanin, Cytosin, Adenin und Thymin), die jeweils Paare bilden: Adenin kann mit Thymin über zwei und Guanin mit Cytosin über drei Wasserstoffbrücken paaren, wodurch sich die beiden Stränge der DNA verbinden. Beide Stränge der DNA enthalten also die gleiche Information, aber in umgekehrter Reihenfolge. Der DNA-Strang, dessen Information jeweils abgelesen wird, wird als *codogen* bezeichnet (denken Sie daran, die DNA ist doppelsträngig, und aus nur einem der beiden Stränge kann ein funktionsfähiges Protein gebildet werden). Den Bereich der DNA, der eine funktionale Einheit umfasst, bezeichnet man als ein *Gen*.
- **Zum Transport der in der DNA gespeicherten Information aus dem Zellkern wird die DNA in eine mRNA umgeschrieben** (englisch *messenger-RNA* oder kurz *mRNA*). Beim Auslesen der Information aus der DNA (*Transkription*) wird die mRNA entsprechend der Information aus dem codogenen Strang der DNA gebildet. Hierbei

werden die gleichen Paare wie bei den beiden Strängen der DNA gebildet, mit der Ausnahme, dass anstatt Thymin (wie in der DNA) das chemisch ähnliche Uracil in die mRNA eingebaut wird.

- **Jeweils drei Nukleotide bilden eine Einheit**, die als *Codon* bezeichnet wird. Dieser Name kommt nicht von ungefähr, denn wenn die mRNA an den Ribosomen der Zelle in ein Protein übersetzt wird (*Translation*), stehen die Codons aus drei Nukleotiden in der Regel für eine Aminosäure, die an dieser Stelle an die wachsende Polypeptidkette angehängt wird. Bestimmte Codons dienen allerdings auch als Stopp- oder Startsignale für die Proteinsynthese. Sobald das Ribosom die Sequenz eines Stoppcodons auf der mRNA erreicht, bricht die Peptidsynthese ab, da für diese Stoppcodons keine Aminosäure eingebaut werden kann.

Die Übersetzung genetischer Information in eine bestimmte Funktion wird als *Genexpression* bezeichnet. Die Bildung von Proteinen entsprechend der genetischen Information wird *Proteinbiosynthese* genannt.

Copy and paste – die Transkription der DNA in eine mRNA …

Das Übersetzen der genetischen Information aus der DNA in eine mRNA-Kopie (*Transkription*), die den Zellkern verlassen und dann am Ribosom in ein Protein übersetzt werden kann, ist der erste Schritt auf dem Weg von genetischer Information zu einem funktionierenden Organismus. Um die genetische Information in eine mRNA umschreiben zu können, muss die DNA für Transkriptionsfaktoren überhaupt erst einmal zugänglich sein. Das geschieht vor allem in der Interphase der Mitose, wenn die Chromosomen eine lockere Struktur aufweisen (zur Mitose komme ich gleich noch genauer).

- *Transkriptionsfaktoren* sind Proteine, die der *RNA-Polymerase* die Startstelle für die mRNA-Synthese auf der DNA anzeigen und die DNA lokal öffnen. Das heißt, die beiden Stränge der DNA werden in einem kleinen Bereich enzymatisch entwunden, denn sonst könnte die RNA-Polymerase nicht binden.
- Derjenige der beiden komplementären DNA-Stränge, an dem die Transkriptionsfaktoren ansetzen, ist der *codogene Strang*, der abgelesen und von der RNA-Polymerase in eine mRNA transkribiert wird.
- Nicht alle Teile der mRNA sind tatsächlich wichtig für die Proteinsynthese bei Eukaryoten. Bestimmte Bereiche vor dem eigentlichen Gen (der Promotor) dienen nicht nur als Bindungsstellen für die RNA-Polymerase, sondern auch zur Bindung von Regulatorproteinen, die die Transkription positiv oder negativ beeinflussen können. Im Prozess des *Spleißens* werden die für das Protein nicht benötigten Teile der mRNA (die *Introns*) entfernt. Erst mit diesem Schritt wird die prä-mRNA zur reifen mRNA.
- Die reife mRNA wird aus dem Zellkern in das Zytoplasma transportiert und dort an den Ribosomen in ein Protein übersetzt (Translation). Ribosomen sind kleine Organellen in der Zelle, deren Aufgabe es ist, die Aminosäureketten zusammenzusetzen.

… und die Übersetzung (Translation) in ein Protein

Wenn die mRNA an die Ribosomen im Zytoplasma bindet, werden Aminosäuren entsprechend der Nukleotidabfolge auf der mRNA zu einer Aminosäurekette verbunden. Das geschieht folgendermaßen:

- ✔ Freie Aminosäuren im Zytoplasma binden an die kleinen Transfer-RNAs (*tRNA*), die an der zweiten Bindungsstelle ein *Anticodon* besitzen, also ein Basentriplett, das komplementär zu einem Basentriplett auf der mRNA ist. Die Passung aus Codon und Anticodon sorgt dafür, dass die an die tRNA gebundene Aminosäure später an die richtige Stelle der mRNA im Ribosom transportiert wird.
- ✔ Am Ribosom werden die von den tRNAs transportierten Aminosäuren über Peptidbindungen zu einer Aminosäurekette verbunden. Sobald ein Stoppcodon in der mRNA erreicht ist, wird die Polypeptidkette aus dem Ribosom freigesetzt.

Ordnung muss sein – auch in der DNA

Die DNA liegt innerhalb der Zelle im Zellkern. Je nachdem, in welcher Phase des Zellzyklus sich die Zelle gerade befindet, liegt die DNA dabei entweder dicht verpackt mit Proteinen (der Transportform) oder in aufgelockerter Struktur vor. Nur in der lockeren Form ist sie auch zugänglich, um von der mRNA mithilfe der RNA-Polymerase abgelesen zu werden.

- ✔ **Die DNA codiert das Genom.** Sie liegt in der Regel in Form von durchgehenden Fäden, dem *Chromatin*, vor, das eng um Strukturproteinkomplexe (die *Histone)* gewickelt ist.
- ✔ **Einzelne Bereiche der DNA codieren die Information für bestimmte Gene.** Diese Bereiche können sich zwischen Individuen unterscheiden. Kommen unterschiedliche Varianten eines Gens vor, spricht man von *Allelen.*
- ✔ **In der Interphase, der Phase zwischen zwei Zellteilungen, liegt die DNA in relativ lockerer Form vor.** In diesem Zustand spricht man vom *Euchromatin*, und jetzt finden die meisten Vorgänge des Ablesens der Geninformation aus der DNA statt.
- ✔ **In der Metaphase, der Phase der Zellteilung, wird das Chromatin stark verdichtet.** Es liegt dann als *Heterochromatin* vor und lässt sich nicht mehr auslesen. In dieser Phase wird die DNA verdoppelt und beim Menschen in 23 *Chromosomen* aufgeteilt. Jetzt liegt die DNA-Information in zwei gleichen Kopien, den mit einem *Centromer* verbundenen *Chromatiden*, vor. Die beiden Chromatiden werden auch als *homologe Chromosomen* bezeichnet.

Alle Chromosomen, die in einem Menschen vorkommen, bilden den *Karyotyp*. Darin wird zwischen den *Gonosomen*, die das genetische Geschlecht bestimmen, und den *Autosomen*, den übrigen Chromosomen, unterschieden.

The Circle of Life: Mitose und Meiose

Wie aus der DNA ein Protein wird, haben wir uns im letzten Absatz angesehen, aber die meisten Zellen produzieren nicht unentwegt Proteine – schließlich müssen sie sich ja auch um ihre Vermehrung kümmern, denn Zellen können nur ein begrenztes Alter erreichen (das jeweils vom Zelltyp abhängt). Hautzellen leben maximal vier Wochen, Muskelzellen etwa 15 Jahre, und die Neuronen im Gehirn können so lange leben wie der Mensch selbst. Unabhängig von der Lebenszeit ist jede Zelle einem *Zellzyklus* unterworfen. Jede Phase dieses Zellzyklus ist dabei mit bestimmten wichtigen Funktionen verknüpft. Bei Körperzellen, die sich mitotisch teilen, entstehen aus einer *diploiden* (*2n*) Zelle wieder zwei diploide Tochterzellen. Bei Geschlechtszellen wie der Eizelle und den Spermien ist das anders, denn hier entstehen in der Meiose aus einer diploiden Vorläuferzelle vier haploide Keimzellen mit einem einfachen Chromosomensatz (*1n*). Abbildung 3.1 zeigt den Ablauf der beiden Arten der Zellteilung.

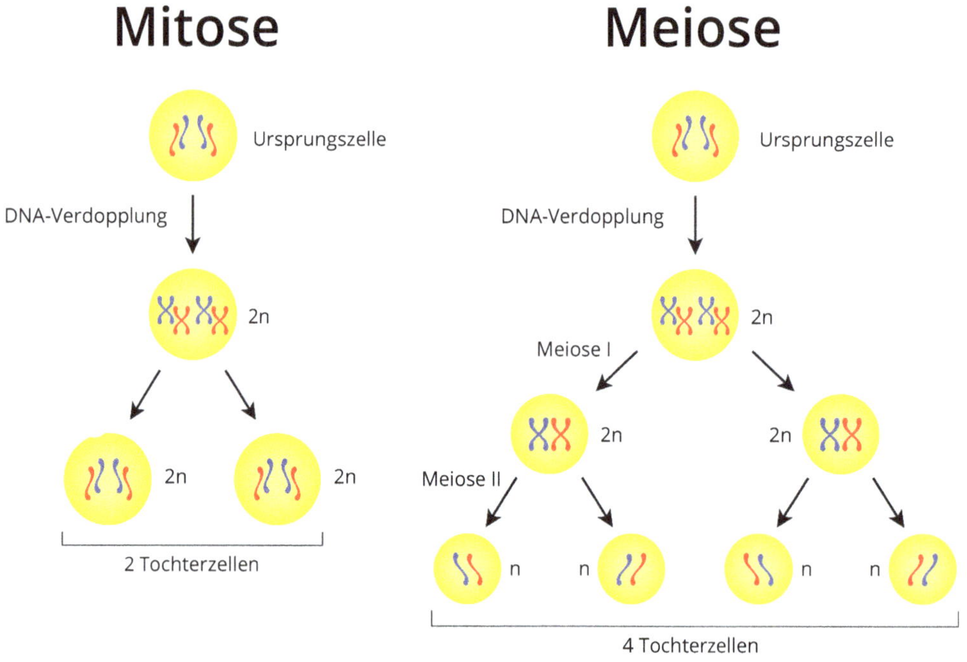

Abbildung 3.1: Meiose und Mitose (© twinklepicture, stock.adobe.com)

Bis auf die haploiden Keimzellen, die *Eizellen* und *Spermien*, sind alle menschlichen Zellen diploid. Bei der Teilung der gewöhnlichen diploiden Zellen spricht man von der Mitose, während in der Meiose aus einer diploiden Zelle (2n) am Ende vier haploide Keimzellen entstehen.

Die Mitose (Zellvermehrung)

In der *Mitose* teilt sich eine diploide Zelle (2n) in zwei diploide Tochterzellen. Dabei entstehen zwei Tochterzellen mit gleicher genetischer Information. Den Ablauf der Mitose sehen Sie links in Abbildung 3.1.

1. Der erste Schritt der Mitose ist die *Interphase*. In dieser Phase liegt das Chromatin mit dem zweifachen Chromosomensatz (*2n 1c*) relativ lose vor und kann für die Proteinbiosynthese ausgelesen oder für die Zellteilung verdoppelt werden.

2. Sobald in der *Prophase* ein doppelter Chromosomensatz mit zwei parallelen Chromatiden (*2n 2c*) vorliegt, löst sich die Zellkernmembran auf, die Chromosomen kondensieren und werden in der *Prometaphase* sichtbar.

3. Wenn sich die Zellkernmembran aufgelöst hat, binden Proteinfäden (*Mikrotubuli*) an den Chromosomen, und die Chromosomen werden in der *Metaphase* entlang der Mitte der Zelle aufgereiht.

4. Nun ziehen in der *Anaphase* die Mikrotubuli die parallelen Schwesterchromatiden auseinander.

5. Wenn die Schwesterchromatiden vollständig voneinander getrennt und in der *Telophase* in den gegenüberliegenden Enden der Zelle konzentriert sind, beginnt die Teilung der Zelle in zwei Zellen, die jeweils einen diploiden Chromosomensatz (*2n 1c*) enthalten. Die Chromatiden dekondensieren jetzt wieder und der Kreislauf kann mit der Verdopplung des Chromosomensatzes von Neuem beginnen.

Die Meiose (die Bildung von Keimzellen zur Vermehrung)

Die haploiden Keimzellen werden in der *Meiose* gebildet. Den Ablauf der Meiose sehen Sie rechts in Abbildung 3.1. Die Meiose besteht aus zwei unterschiedlichen Phasen, wobei die erste Phase als *Reduktionsteilung* bezeichnet wird und die zweite Phase der Mitose ähnelt:

1. Vor der Meiose müssen während der *Befruchtung* zwei haploide Zellen (jeweils *1n 1c*) miteinander zu einer diploiden Zelle (*1n 2c*) verschmelzen, jeweils mit einem homologen Chromosom väterlicher und mütterlicher Herkunft.

2. Wie bei der Mitose ist auch bei der Meiose I der erste Schritt der Zellteilung die *Interphase*. In diesem Fall wird der diploide Chromosomensatz verdoppelt (*1n 2c* der nun diploiden Zelle zu *2n 2c*). Homologe Chromosomen mütterlicher und väterlicher Herkunft werden dabei gepaart, und es kann zum Austausch von Teilabschnitten (*Crossing-over*) zwischen Allelen innerhalb des Chromosomenpaares kommen (*Prophase I*).

3. Nun erfolgt die Reduktionsteilung: Die Chromosomen werden in der *Metaphase I* sortiert, in der *Anaphase I* auseinandergezogen und in der *Telophase I* zufällig auf zwei Tochterzellen verteilt (jeweils *1n 2c*).

4. Diese beiden Tochterzellen werden in der Meiose II genau wie im Ablauf der Meiose I in vier haploide Keimzellen (*1n 1c*) getrennt. Diese Reduktion in haploide Keimzellen ist wichtig, um bei der Verschmelzung nach der Befruchtung den Chromosomensatz nicht zu verdoppeln.

5. Damit sind die so entstandenen haploiden Keimzellen wieder bereit für den ersten Schritt, und bei einer Befruchtung können die Zellen der nächsten Generation entstehen.

Neue Eigenschaften durch die Neukombination des Erbgutes

Bei der Proteinbiosynthese wird die genetische Information zuerst als mRNA kopiert und dann an den Ribosomen in eine Aminosäurekette übersetzt; der Ablauf ist immer gleich. Wie kann es also sein, dass es so große Unterschiede im Phänotyp selbst bei Geschwistern gibt? Dafür sind vor allem drei Mechanismen verantwortlich:

- ✔ Sie haben jeweils ein Chromosom von Ihrem Vater und eines von Ihrer Mutter. Ihr Phänotyp hängt also davon ab, ob sich eines der beiden *Allele* auf jedem Chromosom durchsetzt oder beide gemeinsam zur Ausprägung kommen.
- ✔ Nach der Befruchtung und der damit einhergehenden Verschmelzung der Keimzellen kommt es in der meiotischen Zellteilung zu einem *Crossing-over* zwischen der Information der väterlichen und der mütterlichen DNA. In diesem Prozess werden Teilstücke der homologen Chromosomen ausgetauscht.
- ✔ *Mutationen* sorgen dafür, dass sich Allele unterscheiden oder auch ganz ausfallen können. Das kann zum Beispiel geschehen, wenn einzelne Nukleotide oder größere Bereiche der DNA durch Fehler bei der Replikation oder durch Umwelteinflüsse verändert werden. Treten diese Mutationen in der Keimbahn, also bei den Spermien oder Eizellen auf, so können sie an die nachfolgenden Generationen weitergegeben werden.

Die *Allele*, also die möglichen Ausprägungsformen eines Gens, das an einem ganz bestimmten Genort (dem *Locus*) homologer Chromosomen sitzt, können gleich (*homozygot*) oder unterschiedlich (*heterozygot*) sein. Bei heterozygoten Allelen kommt es zu unterschiedlichen Ausprägungen im Phänotyp:

- ✔ *dominant*: Eines der beiden Allele setzt sich im Phänotyp alleine durch.
- ✔ *rezessiv*: Das rezessive Allel tritt im Erscheinungsbild zurück und wird nicht im Phänotyp sichtbar.
- ✔ *intermediär*: Beide Allele setzen sich gleichermaßen durch und es kommt zu einer Mischung im Phänotyp (die Farben Rot und Weiß ergeben zum Beispiel die Farbe Rosa).
- ✔ *kodominant*: Beide Allele setzen sich durch, aber der jeweilige Phänotyp existiert parallel.

Ob sich ein Allel durchsetzt, hängt auch davon ab, ob die beiden Chromosomen ein Paar bilden, was bei den menschlichen Geschlechtschromosomen nur bei Frauen der Fall ist:

✔ *Autosomen* sind beim Menschen die 22 Chromosomen, die jeweils doppelt vorhanden sind. Hier bilden die beiden Chromosomen ein Paar, und welche Information sich im Phänotyp zeigt, hängt von den Eigenschaften der Allele ab. Wenn eine genetische Information auf den Autosomen lokalisiert ist, wird die Vererbung als *autosomal* bezeichnet.

✔ Die *Gonosomen* sind die ungleichen Chromosomen X und Y, die das genetische Geschlecht eines Individuums bestimmen – bei Männern XY, bei Frauen XX. Während bei Frauen (XX) die genetische Information ähnlich ist, haben Männer mit einem Y- und einem X-Chromosomen genetische Informationen, die nur auf einem Chromosom vorliegen und sich entsprechend im Phänotyp zeigen. Wird eine Eigenschaft von einem Gen auf einem Gonosom bestimmt, dann wird die Vererbung *gonosomal* genannt.

Wie sich die Ausprägung eines gonosomalen Gens auf den Phänotyp auswirkt, ist in Abbildung 3.2 an einem einfachen Beispiel gezeigt. Nehmen wir an, die Farbe der Gummibären wird über das X-Chromosom vererbt. Das Allel für die rote Farbe ist in diesem Beispiel dominant, das mutierte Allel für die gelbe Farbe ist rezessiv. Je nachdem, welche genetische Information vorhanden ist, wird ein Gummibärchen von gelber oder roter Farbe entstehen.

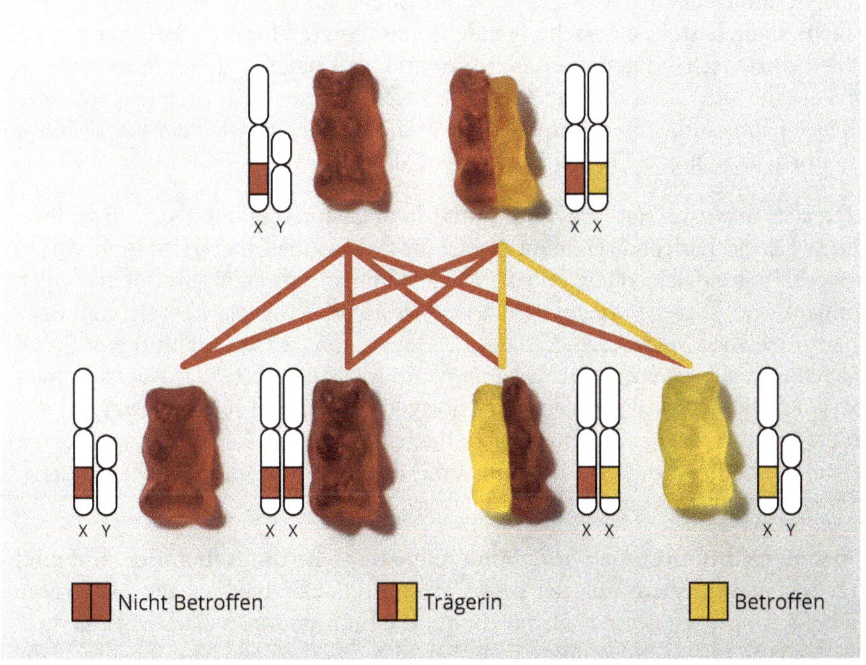

Abbildung 3.2: Die gonosomal-rezessive Vererbung, am Beispiel von Gummibären erklärt (© Julian Keil)

✔ Die Information für die Farbe der Gummibären liegt nur auf dem X-Chromosom, während dieses Gen auf dem Y-Chromosom fehlt.

- ✔ Ist nur ein Allel vorhanden (Genotyp XY), wird das Merkmal (gelb oder rot) im Phänotyp sichtbar.

- ✔ Ein rotes Allel des heterozygoten Chromosoms (XX) kann das Auftreten der gelben Farbe überdecken (Überträger). Sind beide Allele des heterozygoten Chromosoms (XX) gelb, wird auch hier das Merkmal gelb im Phänotyp sichtbar (Betroffen).

Achtung, Kreuzung!

Wie es zu unterschiedlichen Genotypen und damit auch unterschiedlichen Phänotypen bei Organismen einer Spezies kommen kann, wurde bereits etwas weiter vorn erklärt. Schon lange bevor Menschen diese Mechanismen kannten, haben sie sich diese Vorgänge zunutze gemacht, um bei der Kreuzung das Auftreten eines bestimmten Phänotyps in den nachfolgenden Generationen zu beeinflussen. Diese Idee der klassischen Genetik wurde vom österreichischen Geistlichen Gregor Mendel formalisiert und spielt auch heute noch eine bedeutende Rolle in der Biologie und der Biologischen Psychologie, zum Beispiel bei der Frage wie ganz bestimmte Merkmale in Familien weitergegeben werden, oder wenn es das Ziel ist, Tiermodelle für Krankheiten zu züchten.

- ✔ **Kreuzen sich zwei homozygote Individuen** (hier sind innerhalb der Individuen beide Allele gleich; Parental- oder P-Generation), die sich aber in einem oder mehreren Merkmalen unterscheiden (zwischen den Individuen sind die Allele also unterschiedlich), dann besteht die nachfolgende Generation (*F1* für erste Filialgeneration) durch den Austausch der genetischen Information aus heterozygoten Individuen. Dieser Vorgang wird auch als *erste Mendel'sche Regel* bezeichnet. Mendel postulierte, dass die F1-Generation einen einheitlichen Phänotyp hat. Dies ist aber nur bei Organismen mit sehr wenigen Chromosomen der Fall.

- ✔ **Kreuzen sich nun zwei heterozygote Individuen** (siehe Abbildung 3.2), so spaltet sich die zweite nachfolgende Generation (*F2* für zweite Filialgeneration) in ihrem Zahlenverhältnis auf, je nachdem ob die Allele dominant, rezessiv, intermediär, oder kodominant sind. Dieser Vorgang wird als *zweite Mendel'sche Regel* bezeichnet. Bei dominant-rezessiver Vererbung ist in der F2-Generation im Durchschnitt ein Viertel der Nachkommen homozygot für das dominante Allel, ein Viertel der Nachkommen homozygot für das rezessive Allel und die übrigen zwei Viertel sind heterozygot. Durch die Dominanz eines Allels sind aber die heterozygoten Nachkommen in ihrem Aussehen den homozygoten Nachkommen mit dem dominanten Allel gleich. Hier unterscheiden sich also Genotyp und Phänotyp.

- ✔ **Die einzelnen Chromosomen und damit auch die Gene untereinander sind unabhängig.** Bei einem Organismus, der viele Chromosomen enthält, wie die 23 Chromosomen beim Menschen, werden also nicht nur die Informationen eines einzelnen Chromosoms ausgetauscht, sondern zwischen vielen homologen Chromosomen zur gleichen Zeit, aber natürlich nicht zwischen Chromosomen. So kann es zu unzähligen unterschiedlichen Kombinationen des Genotyps und damit zu unzähligen unterschiedlichen Ausprägungen des Phänotyps kommen. Diese Unabhängigkeitsregel wird auch als *dritte Mendel'sche Regel* bezeichnet.

Wenn Sie die Verteilung des Phänotyps über mehrere Generationen nachverfolgen, können Sie je nach Prävalenz des Merkmals Erkenntnisse darüber erlangen, welche Eigenschaften dominant und welche rezessiv sind. Über die Analyse der DNA von vielen Individuen mit einem bestimmten Phänotyp lassen sich Korrelationen zwischen der genetischen Information und dem Phänotyp finden. So lassen sich *genetische Marker* identifizieren, also Gene oder bestimmte Kombinationen von Genen, die vermutlich verantwortlich sind für das Auftreten eines Phänotyps.

Die *Konkordanz* beschreibt das übereinstimmende Auftreten eines Merkmales in einer bestimmten Gruppe. Anhand der Konkordanz innerhalb einer Generation und über Generationen hinweg lassen sich Vermutungen über die genetische Prädisposition, also die Veranlagung zu einem Phänotyp aufstellen.

Die »Gen-Schere« ansetzen: Das CRISPR/Cas-System

Die gezielte Paarung von Individuen mit einem ganz bestimmten Phänotyp erlaubt es, die Wahrscheinlichkeit des Auftretens dieses Merkmals in den nachfolgenden Generationen zu verändern. In der Biologischen Psychologie ist dies vor allem bei der Züchtung von Tiermodellen für psychische oder neurologische Erkrankungen wichtig. Für genauere Untersuchungen der genetischen Ursachen von Erkrankungen oder Untersuchungen zur Funktion bestimmter genetischer Marker ist dieses Vorgehen aber oft zu langsam, zu ungenau oder zu aufwendig. Eine Lösung dafür bietet seit einigen Jahren ein Verfahren zur gezielten Veränderung der DNA (*Genome Editing*). Diese Methode besteht im Prinzip aus vier Schritten: der Erstellung einer gewünschten DNA-Sequenz, dem Einbringen der DNA in die Zelle, dem Aufschneiden der DNA an der gewünschten Stelle und dem Einfügen der künstlich erstellten DNA in die DNA der Zelle. Das bekannteste Verfahren in diesem Kontext ist das *CRISPR/Cas*-System, und den beiden Entdeckerinnen Emmanuelle Charpentier und Jennifer Doudna wurde dafür der Nobelpreis in Chemie verliehen.

1. **Im Labor wird zuerst die gewünschte DNA-Sequenz aus einzelnen Nukleotiden erstellt.** Hierfür ist es notwendig zu wissen, welche Abfolge von Nukleotiden welche Funktion erfüllt, um gezielt ein funktionelles Gen zu erstellen. Außerdem wird eine RNA-Sequenz erstellt, die an die Stelle binden kann, an der die künstlich erzeugte DNA eingefügt werden soll.

2. **Anschließend werden die künstlich erzeugten DNA- und RNA-Sequenzen in die Zelle eingebracht.** Hierfür ist ein *Vektor* notwendig, also ein Transportmechanismus, der genetisches Material in die Zelle bringen kann. Häufig werden dazu Viren verwendet, da sie an Zellen binden und über ihre natürlichen Mechanismen DNA oder RNA in die Zelle einführen können.

3. Sobald das künstlich erzeugte genetische Material in der Zelle ist, kann die RNA an die Zielstelle der zelleigenen DNA binden, so wie dies auch beim normalen Ablesen der DNA-Information passieren würde. **Das Cas-Enzym kann nun die DNA an der Bindungsstelle zwischen DNA und RNA aufschneiden.**

4. **An die Stelle der aufgeschnittenen DNA kann nun die künstlich erzeugte DNA eingefügt werden.** In der Regel wird dabei ein bestimmter Bereich der zelleigenen DNA durch die eingebrachte DNA ersetzt.

Die über dieses Verfahren veränderte DNA funktioniert genauso wie die ursprüngliche zelleigene DNA und kann auch über die Vererbung weitergegeben werden. So lässt sich sehr genau und gezielt untersuchen, ob eine bestimmte DNA-Sequenz eine bestimmte Funktion hat. Wenn diese Funktion einmal bestimmt ist, lässt sich die DNA auch gezielt verändern, um einen bestimmten Phänotyp zu erzeugen.

Gene allein sind nicht alles – die Epigenetik

Neben der Überlegung, welcher Genotyp in Zusammenhang mit welchem Phänotyp steht, ist in den letzten Jahren neben der reinen genetischen Information auch die Frage nach dem »Wann« und »Wie« der Umsetzung von genetischer Information in Aminosäuren untersucht worden. Die Untersuchung dieser Frage ist der Gegenstand der *Epigenetik*. Der Begriff setzt sich aus »Genetik« und »Epigenese« (der Entwicklung eines Lebewesens) zusammen, und Sie können sich den Zusammenhang ein bisschen wie den Zusammenhang zwischen Musiknoten und den Informationen über Betonung und Notenwert vorstellen: Die Abfolge der Noten gibt Ihnen die Information, welche Töne in welcher Reihenfolge gespielt werden sollen, aber erst die Notenwerte und Betonung sagen Ihnen, wie lange und wie laut die einzelnen Töne gespielt werden müssen. Genauso ist es mit den Genen:

- ✔ **Die DNA gibt vor, welche Proteine gebildet werden sollen, und die Epigenetik bestimmt, ob, wann und wie lange diese Proteine gebildet werden.** Chemische Veränderungen der DNA spielen im Laufe des Lebens eine wichtige Rolle. Etwa 2011 wurde die Bedeutung dieser chemischen Veränderungen erstmals von Nikolai Kolzow postuliert.
- ✔ **Diese Veränderungen können Gene, Genomabschnitte oder ganze Chromosomen beeinflussen.** Sie können entweder an den Basen der DNA, am Chromatin oder auch an DNA-bindenden Proteinen stattfinden. Umweltabhängige Phosphorylierungen, Acetylierungen oder Methylierungen bestimmter Proteine im Chromatin der Chromosomen oder Methylierungen der DNA selbst beeinflussen, ob ein bestimmter DNA-Abschnitt überhaupt in Proteine übersetzt werden kann.

Es gibt zwei Hauptmechanismen, wie die Ausprägung genetischer Merkmale beeinflusst werden kann. Beide Mechanismen verändern die Zugänglichkeit der DNA für das Ablesen der genetischen Information durch die RNA-Polymerase, was in einer verstärkten Genexpression resultiert:

- ✔ Bei der **DNA-Methylierung** werden Methylgruppen an bestimmte Cytosinreste in der DNA angehängt. Die so markierten Gene werden dann nicht von der Polymerase abgelesen.

- ✔ In der Interphase der Zellteilung ist die DNA um Histone gewickelt, was beeinflusst, wie gut die DNA abgelesen werden kann. Durch **Histonmodifikationen** werden Seitenketten der Histone methyliert oder acetyliert, was die Chromatinstruktur auflockert und die Bindung von Transkriptionsfaktoren fördern kann.

Die Epigenetik bildet eine wichtige Brücke in der *Nature-versus-Nurture*-Debatte: Umwelteinflüsse oder Lernerfahrungen können beeinflussen, in welcher Art und Weise eine identische genetische Information umgesetzt wird.

Die Epigenetik beschreibt Prozesse, welche die Ausprägung genetischer Merkmale beeinflussen. Lange Zeit war umstritten, ob epigenetische Information, die ja nicht von der DNA-Sequenz abhängt, auch vererbt werden kann. Neuere Daten deuten darauf hin, dass auch diese epigenetische Information vererbt werden kann.

IN DIESEM KAPITEL

Die »Himmelsrichtungen« der Anatomie

Das Gehirn und damit verbundene Organe

Zentrales und peripheres Nervensystem

Kapitel 4
Die Anatomie des Nervensystems

Wenn Sie gerade (etwa zum Studium der Biologischen Psychologie) in eine neue Stadt gezogen sind, müssen Sie sich in dieser neuen Umgebung erst einmal orientieren und herausfinden, wo die wichtigsten Orte und Einrichtungen liegen und wie Sie diese erreichen können. Das dauert eine Weile und ist mitunter mühsam! Vor der gleichen Aufgabe stehen Sie in der Biologischen Psychologie: Bevor Sie sich mit den genauen Funktionen der einzelnen Teile des Nervensystems beschäftigen, müssen Sie erst einmal eine grobe Übersicht erlangen, wo welche Struktur im Körper (und insbesondere im Nervensystem) lokalisiert ist.

In Kapitel 3 habe ich erklärt, wie aus Ihrer genetischen Ausstattung ein Mensch mit ganz besonderen Eigenschaften werden konnte. Dieses Kapitel schlägt nun eine Brücke zur Anatomie und Physiologie und wird Ihnen eine Art »Landkarte« an die Hand geben, mit der Sie in den nachfolgenden Kapiteln immer genau wissen, wo Sie sich gerade im Körper befinden. In diesem Kapitel lernen Sie außerdem eine Menge Fachbegriffe kennen, welche die unterschiedlichen Teile des Körpers bezeichnen.

Auf den ersten Blick lassen sich die unterschiedlichen Teile des Körpers scheinbar leicht voneinander abgrenzen, doch der Teufel steckt im Detail – simpel war diese Aufgabe noch nie. Erst 2012 wurde zum Beispiel das *glymphatische System* (zusammengesetzt aus den Begriffen »Glia« und »lymphatisches System«) von der dänischen Neurobiologin Maiken Nedergaard als funktionelle Einheit entdeckt, das zelluläre Abbauprodukte im Gehirn entsorgt.

In der Vergangenheit wurden auch bereits bekannten Strukturen immer neue Funktionen zugeordnet, so zum Beispiel der *Zirbeldrüse* (Epiphyse). Diese kleine Drüse, die fast genau in der Mitte des Gehirns liegt, ist bereits seit der Antike bekannt. Die griechischen Anatomen Erasistratos von Keos und Herophilos von Chalkedon sahen die Epiphyse noch als ein Ventil für den Fluss von Erinnerungen, und René Descartes schrieb ihr eine Funktion bei der Koordination von Sehen und Bewegung zu. Aaron B. Lerner entdeckte schließlich das von der Zirbeldrüse abgegebene Hormon *Melatonin* und die damit einhergehende Steuerung des Tag-Nacht-Rhythmus.

Darüber hinaus hat sich in den letzten Jahren immer mehr die Erkenntnis durchgesetzt, dass die einzelnen Teile des Nervensystems keine getrennt arbeitenden Einheiten sind, sondern in funktionellen Netzwerken organisiert sind, sodass ihre Bedeutung häufig nur im Zusammenhang mit größeren funktionellen Systemen richtig beurteilt werden kann. Ein Beispiel dafür ist der Einfluss der rhythmischen Veränderungen der Aktivität des peripheren Nervensystems auf die Funktion des zentralen Nervensystems, der unter anderem von der französischen Neurowissenschaftlerin Catherine Tallon-Baudry aufgedeckt wurde.

Was ist oben, was ist unten im Körper?

Eine merkwürdige Frage, mögen Sie vielleicht gerade denken – Ihr Kopf ist natürlich oben, und die Füße sind unten. Aber je nachdem, ob Sie dieses Buch im Stehen, Liegen oder (sollten Sie eine Fledermaus sein) hängend lesen, kann »oben« und »unten« etwas anderes bedeuten.

Um unnötige Verwirrungen etwa bei Operationen zu vermeiden (zum Beispiel, wenn Sie auf dem Bauch liegen und die Chirurgen an Ihren Füßen stehen), hat man sich in der Anatomie darauf geeinigt, eine allgemeingültige *Grundposition* mit Achsen und Schnittebenen zu definieren, die vom aufrechten Gang mit Gesicht nach vorn ausgeht. Diese Begriffe werden Ihnen immer wieder begegnen, wenn Sie unterschiedliche Bereiche des Körpers und Nervensystems kennenlernen, um die Lage eines Organs oder einer Hirnstruktur zu beschreiben.

Die Achsen des menschlichen Körpers

Stellen Sie sich einfach einmal vor einen Spiegel: Sie erkennen die Ausdehnung des Körpers vom Boden zum Kopf, Ihre vordere und Ihre hintere Seite sowie die linke und rechte Körperhälfte. In Abbildung 4.1 sehen Sie im Vergleich nun die Achsen und Schnittebenen, die Anatomen zur Orientierung durch Ihren Körper ziehen. Jede diese Körperachsen hat eine eindeutige Bezeichnung:

- ✔ Die *vertikale Achse* bezeichnet die Achse von oben nach unten durch Ihren Körper. Die Linie, die entlang Ihrer Körpermitte in etwa durch Nase und Bauchnabel verläuft, wird als *Medianlinie* bezeichnet.
- ✔ Die *horizontale Achse* ist die Achse, die von links nach rechts oder von vorne nach hinten quer durch Ihren Körper verläuft.
- ✔ Die *transversale Achse* finden Sie, indem Sie auf der horizontalen Achse von rechts nach links (oder umgekehrt) gehen
- ✔ Die *sagittale Achse* erhalten Sie, wenn Sie auf der horizontalen Achse von vorne nach hinten (oder umgekehrt) gehen.

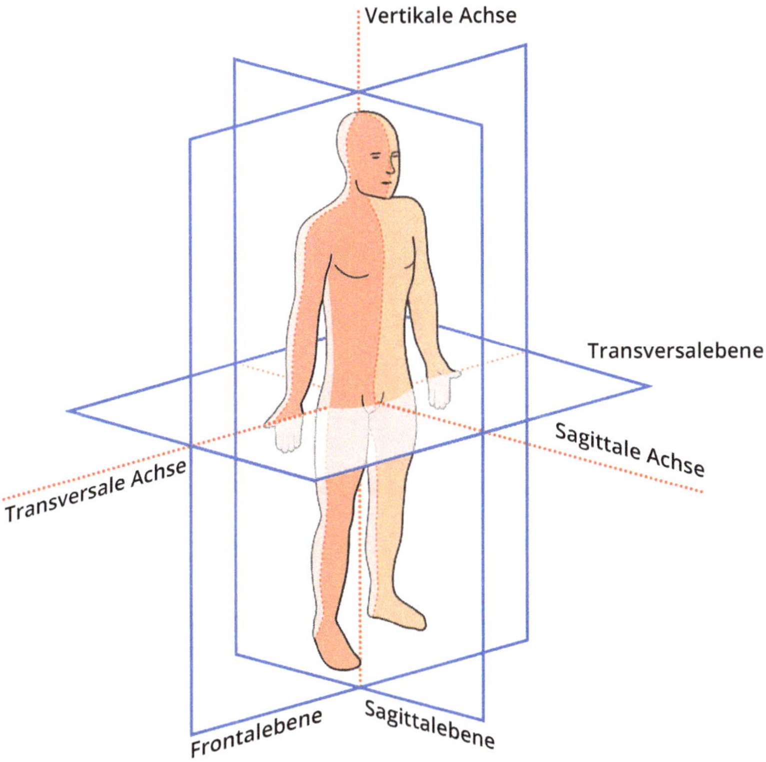

Abbildung 4.1: Die anatomischen Achsen und Schnittebenen (© Raul Bernabeu, stock.adobe.com)

Die anatomischen Schnittebenen

Wenn Sie Ihren Körper entlang der Achsen aufschneiden möchten (so wie Sie es in Abbildung 4.1 sehen), bekommen Sie entsprechend der Achsen unterschiedliche Schnittebenen. Schnitte entlang der vertikalen Ebene ergeben, je nach Schnittrichtung, die *Frontal-* und *Sagittalebenen*, Schnitte entlang der horizontalen Achse die *Transversal-* beziehungsweise *Horizontalebenen.*

- ✔ Schneiden Sie eine Ebene entlang der vertikalen Achse und der transversalen Achse, also einmal von oben nach unten und von links nach rechts durch den Körper, dann bekommen Sie den *Horizontalschnitt* entlang der *Frontalebene.* Sie können also von vorne auf das Innere Ihres Körpers schauen.
- ✔ Schneiden Sie eine Ebene entlang der vertikalen Achse und der sagittalen Achse, also einmal von oben nach unten und von vorne nach hinten und durch den Körper, dann bekommen Sie den *Sagittalschnitt* entlang der *Sagittalebene.* Sie können also von der Seite in das Innere Ihres Körpers schauen.
- ✔ Schneiden Sie eine Ebene entlang der transversalen Achse und der sagittalen Achse durch Ihren Körper, dann bekommen Sie den *Horizontalschnitt* entlang der *Transversal-* beziehungsweise *Horizontalebene.* Sie können jetzt von oben oder unten in das Innere des Körpers schauen.

Kleines Wörterbuch für anatomische Lagebezeichnungen

Damit Sie sich in den Schnittebenen durch Ihren Körper orientieren können und auch mit anderen Biopsychologinnen oder Anatomen über die Richtung einigen können, gibt es Lagebezeichnungen für Strukturen in den Schnittebenen.

- *superior* oder *kranial* zeigt in Richtung Kopfende oder bezeichnet etwas, das über einer anderen Struktur liegt.
- *superfiziell* ist eine Struktur, die an der Oberfläche liegt.
- *inferior* oder *kaudal* zeigt in Richtung Fußende oder bezeichnet etwas, das unter einer anderen Struktur liegt. Im Kopfbereich bezeichnet kaudal auch die Richtung zum Hinterkopf.
- *profund* bezeichnet die Lage von Strukturen in der Tiefe.
- *anterior* oder *ventral* zeigt zur Bauchseite oder bezeichnet etwas, das vor etwas anderem liegt. Häufig wird auch die Vorsilbe »prä« verwendet, um anzuzeigen, dass etwas der vordere Teil ist (zum Beispiel der präfrontale Kortex). Im Kopfbereich bezeichnet *rostral* die Richtung zur Nasenspitze hin und ventral zeigt zu den Füßen.
- *posterior* oder *dorsal* zeigt zum Rücken oder bezeichnet etwas, das hinter etwas anderem liegt. Häufig wird auch die Vorsilbe »post« verwendet, um anzuzeigen, dass etwas der hintere Teil ist. Im Kopfbereich bezeichnet dorsal die Richtung zum Scheitel hin.
- *lateral* zeigt zu einer Seite des Körpers hin, oder bezeichnet etwas, das außerhalb neben etwas anderem liegt; *peripher* sind Strukturen, die in Richtung Körperäußeres liegen.
- *medial* zeigt zur Körpermitte oder bezeichnet etwas, das innerhalb neben etwas anderem liegt; *zentral* liegen Strukturen in Richtung Körperinneres.
- *dexter* bezeichnet alles, was rechts liegt, *sinister* alles, was links liegt.

Diese Lagebezeichnungen lassen sich auch kombinieren, um bestimmte Orte in einem Organ zu kennzeichnen. Wenn Sie die Begriffe richtig zuordnen, können Sie ablesen, dass der dorsolaterale präfrontale Kortex der obere, seitliche Teil des vordersten Teils des vorderen Gehirns ist.

Vorsicht, Verwirrung ist vorprogrammiert! Die Lagebezeichnungen dorsal/ventral beziehungsweise rostral/kaudal haben im Gehirn und im Rückenmark unterschiedliche Bedeutungen. Würden Menschen auf allen Vieren gehen, dann wäre das Gehirn schön geordnet in einer Linie mit dem Rückenmark. Durch den aufrechten Gang ist der Kopf und damit das Gehirn nach vorne gekippt. Im Kopfbereich zeigt dorsal also zum Scheitel und ventral zu den Füßen, im Rückenmark zeigt dorsal zum Rücken und ventral zum Bauch. Gleiches gilt für rostral und kaudal: Im Gehirn zeigt rostral zur Nase und kaudal zum Hinterkopf, im Rückenmark zeigt rostral zum Hals und kaudal zum Becken.

Hallo, Zentrale? Nervenbahnen zum und vom Gehirn

Der schnellste Weg, um im Körper Informationen auszutauschen, ist über das Nervensystem (die anderen Wege finden Sie in Kapitel 6 erklärt). Das menschliche Nervensystem besteht, grob gesagt, aus zwei Anteilen: dem *zentralen Nervensystem* (*ZNS*), welches das Gehirn und das Rückenmark umfasst, und dem *peripheren Nervensystem* (*PNS*), welches alle Nervenzellen außerhalb des zentralen Nervensystems einschließt. Im PNS werden die Spinalnerven, die Hirnnerven und die Körpernerven besonders unterschieden.

Das PNS lässt sich noch weiter unterteilen in das *somatische Nervensystem*, das die Skelettmuskulatur und die Sinneszellen der Muskeln, Gelenke und Sinnesorgane versorgt, und das *autonome Nervensystem*, das die Muskulatur und Sinneszellen der inneren Organe versorgt (»autonom« heißt es, weil Sie diese Muskulatur in der Regel nicht bewusst steuern können). Das autonome Nervensystem wird dank seiner Bedeutung für die Aufrechterhaltung unserer lebenserhaltenden Funktionen auch *vegetatives Nervensystem* oder, wegen seiner Verbindung zu den inneren Organen, *viszerales Nervensystem* genannt. Abbildung 4.2 fasst den Zusammenhang der unterschiedlichen Bereiche des Nervensystems zusammen.

Für die Verbindung im Nervensystem sorgen die *Nerven*. Ein Nerv besteht aus Bündeln von Nervenzellen (Neuronen), die von einer schützenden Hülle umgeben sind.

- ✔ Das *Gehirn* ist die zentrale Informationsverarbeitungs- und Steuerungseinheit des Körpers. Kurz gesagt werden hier Informationen aus der Umwelt aufgenommen, verarbeitet, gespeichert und Reaktionen auf diese Informationen werden geplant. Unterschiedliche Bereiche des Gehirns haben dabei unterschiedliche Aufgaben.
- ✔ Das *Rückenmark* leitet Informationen gebündelt in beide Richtungen zwischen ZNS und PNS. Im Rückenmark findet bereits eine grundlegende Informationsverarbeitung statt, zum Beispiel werden hier Reflexe ausgelöst.
- ✔ Die *Spinalnerven* entspringen seitlich aus dem Rückenmark und stellen die Verschaltung vom ZNS zum PNS dar.
- ✔ Die *Hirnnerven* entspringen direkt aus dem Gehirn und stellen direkte Verschaltungen zwischen dem Gehirn und dem PNS dar. Insgesamt gibt es zwölf Hirnnerven, die zum großen Teil sowohl Informationen zum Gehirn hin- als auch Befehle vom Gehirn wegtransportieren. Die Ziele der Hirnnerven liegen vor allem im Gesichts- und Kopfbereich, mit Ausnahme des *Nervus vagus*, dem zehnten Hirnnerv oder Vagusnerv, der eine wichtige Verschaltung zu den inneren Organen darstellt. Der erste (*Nervus olfactorius*) und der zweite Hirnnerv (*Nervus opticus*) verlassen das Gehirn nicht.
- ✔ Die *Körpernerven* stehen in Verbindung zu den Spinal- und Hirnnerven und stellen die Informationsleitung im PNS sicher.

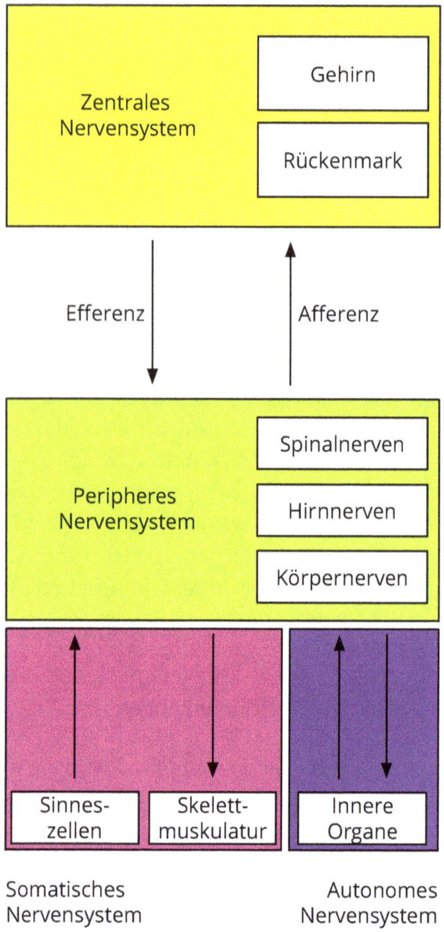

Abbildung 4.2: Schematische Einteilung des Nervensystems (© Julian Keil)

Die unterschiedlichen Arten von Nerven

Informationen werden zwischen ZNS und PNS hin und her geschickt, und die Nervenfasern sind die Leitungen für diese Informationen. Innerhalb einer Nervenzelle fließt Information in der Regel nur in eine Richtung, aber innerhalb einer Nervenfaser können Informationen häufig in beide Richtungen geschickt werden. Je nachdem, in welche Richtung die Information fließt und welche Bereiche des Körpers gerade miteinander kommunizieren, werden unterschiedliche Namen verwendet.

- ✔ **Efferent** bedeutet Weiterleitung von einer Struktur weg. *Efferente* Nerven leiten Informationen vom zentralen Nervensystem zum peripheren Nervensystem. Sie haben also einen Effekt auf unseren Körper.
- ✔ **Afferent** bedeutet Zufluss zu einer Struktur hin. *Afferente* Nerven leiten Informationen vom peripheren Nervensystem zum zentralen Nervensystem. Sie beeinflussen (affektieren) also unser Gehirn.

Sensorische und motorische Nerven

Je nachdem, zwischen welchen Bereichen des Körpers ein Informationsaustausch stattfindet, werden unterschiedliche Bezeichnungen für die Nerven verwendet.

✔ **Sensorische Nerven** leiten Informationen aus den Sinnesorganen zum Gehirn.

- *Somatosensorische Nerven* tragen Informationen aus dem PNS, insbesondere aus der Haut, der Skelettmuskulatur und den Gelenken zum ZNS (von lateinisch *soma* für den Körper).
- *Viszerosensorische Nerven* tragen Informationen aus dem PNS, insbesondere aus dem Körperinneren, zum ZNS.

Um die ganzen Bezeichnungen noch komplizierter zu machen, werden die *sensorischen* Nerven manchmal auch *sensible* Nerven genannt, ein viszerosensibler Nerv ist also nichts anderes als ein viszerosensorischer Nerv.

✔ **Motorische Nerven** leiten Informationen aus dem Gehirn zur Muskulatur.

- *Somatomotorische Nerven* tragen Befehle aus dem ZNS zum PNS, insbesondere zur Skelettmuskulatur.
- *Viszeromotorische Nerven* tragen Befehle aus dem ZNS zum PNS, insbesondere zur Muskulatur der inneren Organe.

Leider haben sich über die lange Geschichte der Anatomie unterschiedliche Begriffe für eng zusammenhängende Strukturen eingeschlichen. Das lässt sich gut an der Bezeichnung »Nerv« verdeutlich: Jede Nervenzelle besitzt eine Eingangsstruktur, die *Dendriten*, einen *Zellkörper* und eine Ausgangsstruktur, das *Axon*. Wenn viele Zellkörper mit ähnlichen Funktionen in einem Knotenpunkt beieinanderliegen, dann spricht man im ZNS von einem *Kern* und im PNS von einem *Ganglion*. Wenn viele Axone mit ähnlichen Funktionen in einer Bahn beieinanderliegen, ist das eine *Nervenfaser*. Der leider sehr unpräzise Überbegriff »Nerv« kann sich dabei auf alles Mögliche beziehen, bezeichnet aber meist die Gesamtheit aus vielen beieinanderliegenden Nervenzellen und ihren Axonen. So zieht zum Beispiel der Sehnerv vom Auge hin zum Thalamus im Gehirn, und das umfasst alle Dendriten, Zellkörper und Axone.

Gehirnanatomie – Lappen, Täler und Windungen

Innerhalb der einzelnen Bereiche des Nervensystems lassen sich weitere Unterteilungen nach Aussehen und Funktion vornehmen. Die grobe Einteilung in ZNS und PNS haben Sie bereits weiter vorn kennengelernt, jetzt geht es ins Detail. Das Gehirn ist die zentrale Steuerungseinheit des Körpers. Es liegt zum größten Teil gut geschützt innerhalb des Schädelknochens, nur kleine Anteile wie zum Beispiel die Retina des Auges oder die Riechsinneszellen treten direkt mit der Umwelt in Kontakt. Auf den ersten Blick macht das Gehirn keinen großen Eindruck, es ist eine recht homogene, weiche Masse mit ein paar Wölbungen und Furchen, unterteilt durch etwas tiefere Gräben. Seine Kraft kann das Gehirn erst durch das Zusammenspiel aller Teile entfalten.

- ✔ **Die gewölbten Windungen der Oberfläche** des Gehirns werden *Gyri* (Singular *Gyrus*) genannt.
- ✔ **Die kleinen Täler**, die die Gyri begrenzen, heißen *Sulci* (Singular *Sulcus*).
- ✔ **Die tieferen Täler**, die zum Beispiel die rechte und linke Hälfte des Gehirns teilen, nennt man *Fissuren* (Singular *Fissur*).
- ✔ **Die Lappen** (lateinisch *Lobi*, Singular *Lobus*) bezeichnen die vier großen Bereiche der Gehirnoberfläche. Auf den ersten Blick lassen sich anhand der Gyri, Sulci und Fissuren bereits unterschiedliche Bereiche des Gehirns mehr oder weniger präzise voneinander abgrenzen (Abbildung 4.3)

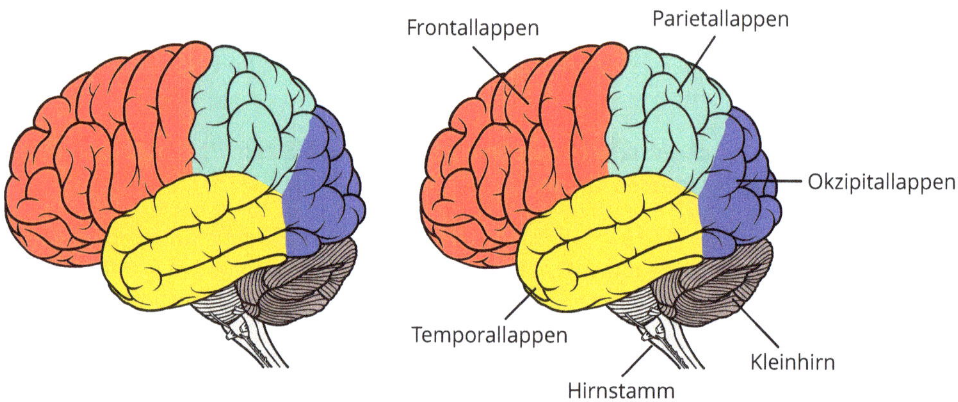

Abbildung 4.3: Die Einteilung des Gehirns in unterschiedliche Bereiche entlang der Gyri und Fissuren (©Taleseedum, stock.adobe.com)

Der äußere Bereich des Gehirns wird als *Rinde* oder *Kortex* bezeichnet. Anhand der Form der Gyri des Kortex lassen sich unterschiedliche Bereiche erkennen. Die *Großhirnrinde* ist durch recht breite Gyri und tiefe Sulci gekennzeichnet. Die Rinde des *Kleinhirns* ist durch viele, sehr schmale und kleine Gyri charakterisiert. Der *Hirnstamm* sieht aus wie ein nur wenig gefurchter Fortsatz unten am Großhirn.

Viele Bereiche im Nervensystem wurden danach benannt, wie sie aussehen. Im zentralen Nervensystem lassen sich zwei unterschiedliche Bereiche leicht mit bloßem Auge unterscheiden: die etwas dunklere *graue Substanz* und die hellere *weiße Substanz.*

- ✔ Die *graue Substanz (Substantia grisea)* besteht vor allem aus den Zellkörpern von Nervenzellen.

- Die *weiße Substanz (Substantia alba)* beinhaltet die Leitungsbahnen, über die Nervenzellen Informationen abgeben, die *Axone.* Diese Axone sind zum Schutz mit einer Fettschicht umhüllt, der Myelinschicht, und diese Fettschicht sieht weiß aus.

Die Entwicklung des Gehirns

Während der Ontogenese, der Entwicklung des Organismus, durchläuft das Nervensystem eine festgelegte Reihenfolge von Entwicklungsschritten. Beginnend mit der dritten Entwicklungswoche bildet sich entlang des Rückenmarkes aus der Neuralplatte das *Neuralrohr*, eine Röhre aus Nervengewebe. Darin wachsen Nervenzellen, die mithilfe von Gliazellen an ihren Bestimmungsort wandern. Das Neuralrohr bildet später Ausbuchtungen, die zu Vorderhirn, Mittelhirn und Hinterhirn werden. Während dieser Entwicklung werden schnell sehr viele Nervenzellen gebildet, die ein dichtes Netz an synaptischen Verbindungen herstellen. Nervenzellen, die keine synaptischen Verbindungen herstellen können, sterben wieder ab.

Bei der Geburt sind die unterschiedlichen Strukturen des Gehirns angelegt und fast alle Nervenzellen im Gehirn sind vorhanden. Zu diesem Zeitpunkt besteht ein grobes Gerüst aus Nervenzellen und Verbindungen, aus dem sich ein funktionierendes Netzwerk bilden muss. Dazu werden in der Kindheit sehr viele Synapsen gebildet, die dann ab dem zehnten Lebensjahr wieder nach Wichtigkeit selektiert und abgebaut werden. Die hohe Anzahl von Synapsen erklärt, warum Kinder so schnell in sehr kurzer Zeit lernen können. Auch im erwachsenen Gehirn werden noch neue Nervenzellen in geringem Umfang gebildet. Diese *Neurogenese* aus Stammzellen findet zum Beispiel im olfaktorischen System (siehe auch Kapitel 12) oder im Hippocampus (siehe auch Kapitel 14) statt. Erst nach der Pubertät sind mit dem 20. Lebensjahr auch alle Bereiche mit der vollständigen Myelinisierung der frontalen, temporalen und parietalen Bereiche des Gehirns vollständig ausgebildet. Je nachdem, wie alt Sie sind, befinden Sie sich also noch mitten in der Gehirnentwicklung. Für unkluge Entscheidungen in Ihrer Jugend haben Sie damit immer eine gute Entschuldigung: Das Gehirn war eben noch nicht fertig.

Das Großhirn

Die Rinde des *Großhirns* (*Cerebrum*) ist eine etwa zwei bis fünf Millimeter dicke Schicht aus Nervenzellen, die wie eine Torte aus zumeist sechs Schichten aufgebaut ist. Diese Nervenzellen sehen unter dem Mikroskop grau aus, und daher hat sich auch der Begriff »graue Substanz« etabliert. Die Nervenfasern dieser Nervenzellen verlaufen unterhalb der grauen Substanz in Bahnen, und dieser Bereich sieht unter dem Mikroskop weiß aus, daher wird er als »weiße Substanz« bezeichnet. Das Großhirn ist durch die *Fissura longitudinalis* in eine linke und eine rechte Hirnhälfte (*Hemisphäre*) unterteilt.

- **Die linke Hemisphäre** enthält sensorische Informationen vor allem aus der rechten Seite des Körpers und sendet motorische Befehle an die rechte Seite des Körpers.
- **Die rechte Hemisphäre** enthält sensorische Informationen vor allem aus der linken Seite des Körpers und sendet motorische Befehle an die linke Seite des Körpers.

Abgesehen von dieser Kreuzung der sensorischen und motorischen Funktionen sind die linke und die rechte Hirnhälfte auf bestimmte kognitive Funktionen spezialisiert. So finden zum Beispiel die Verarbeitung und Produktion von Sprache vor allem auf der linken Hemisphäre statt. Das bedeutet aber nicht, dass für diese Funktionen nur eine Hemisphäre notwendig ist. Im Großen und Ganzen sind beide Hemisphären spiegelbildlich aufgebaut. Innerhalb jeder Hemisphäre lassen sich entlang der *Zentralfurche* (*Sulcus centralis*), der *Lateralfurche* (*Sulcus lateralis* oder *Fissura sylvii*) und der *occipito-parietalen Furche* (*Sulcus parieto-occipitalis*) die Hauptlappen der Großhirnrinde unterteilen (siehe dazu auch Abbildung 4.3).

- ✔ Der *Frontallappen* liegt, wie der Name bereits sagt, ganz vorne hinter der Stirn. Er ist nach hinten begrenzt durch die Zentralfurche und vor allem wichtig für die Steuerung, Planung und Ausführung von Handlungen, da anterior der Zentralfurche der *motorische Kortex* zur Bewegungssteuerung liegt. Der Frontallappen ist außerdem relevant für höhere kognitive Funktionen. Einschränkungen in der Funktion des Frontallappens zeigen sich vor allem in der Unfähigkeit zur Planung oder Steuerung von zielgerichtetem Handeln, Problemen bei der Hemmung und Kontrolle von Impulsen und der verminderten Fähigkeit, aus Fehlern zu lernen.

- ✔ Der *Parietallappen* liegt hinter der Zentralfurche in der Mitte der Großhirnrinde. Er ist vor allem wichtig für die Verarbeitung von Informationen aus unserem Körper, und posterior der Zentralfurche liegt der *somatosensorische Kortex.* Er ist außerdem wichtig für die Orientierung im Raum und das Zusammenführen von Informationen aus dem Sehsinn und dem Lagesinn. Einschränkungen in der Funktion des Parietallappens zeigen sich vor allem in der Unfähigkeit, Objekte im Raum zu lokalisieren oder Körperbewegungen entsprechend räumlicher Informationen zu planen.

- ✔ Der *Okzipitallappen* liegt ganz hinten am Kopf. Nach vorne wird er durch die parieto-occipitale Furche begrenzt. Hier sitzt der *visuelle Kortex.* Er ist relevant für die Analyse der Informationen, die wir über die Augen aufnehmen. Diese Informationen werden im Okzipitallappen in unterschiedliche Anteile zerlegt, verarbeitet und dann an die unterschiedlichen anderen Bereiche des Gehirns weitergegeben. Einschränkungen in der Funktion des Okzipitallappens zeigen sich vor allem in unterschiedlichen Formen der Blindheit. Je nachdem wo eine funktionelle Einschränkung vorliegt, sind unterschiedliche Funktionen des Sehens beeinträchtigt, von der Unfähigkeit überhaupt etwas zu sehen infolge von Schäden der ersten Verarbeitungsstufen, bis hin zu sehr komplexen Ausfällen wie der Unfähigkeit Gesichter zu erkennen bei Schäden in sehr späten Verarbeitungsstufen.

- ✔ Der *Temporallappen* liegt seitlich am Kopf, in etwa hinter den Ohren. Nach oben hin wird er von der Lateralfurche begrenzt. Hier sitzt der *auditorische Kortex.* Er ist relevant für die Analyse von Informationen, die wir über unsere Ohren aufnehmen. Diese Informationen werden im Temporallappen in unterschiedliche Anteile zerlegt, verarbeitet und dann an die unterschiedlichen anderen Bereiche des Gehirns weitergegeben. Einschränkungen in seiner Funktion zeigen sich vor allem in unterschiedlichen Störungen des Gehörs, aber auch der Sprache. Je nachdem wo eine Schädigung vorliegt, kann es zu Phantomwahrnehmungen wie zum Beispiel *Tinnitus* infolge einer

Schädigung der frühen Verarbeitungsstufen oder zu einer Unfähigkeit Sprache zu verstehen bei einer Schädigung später Verarbeitungsstufen kommen.

- Die *Inselrinde* oder *Insula* liegt versteckt hinter dem Temporallappen und unter dem Frontallappen. Sie übernimmt eine ganze Reihe von Funktionen und da sie so versteckt hinter zwei anderen Lappen liegt, war auch lange Zeit nicht klar, was sie denn so alles macht. Sie ist vor allem relevant für die Wahrnehmung von Schmerz, Geschmack und Geruch.

Die Entwicklung des Gehirns über das Leben hinweg geht in kleinen Schritten voran, und unterschiedliche Bereiche des Gehirns sind zu unterschiedlichen Lebensphasen ausgereift. Zu dieser Ausreifung gehört die Bildung und Ausdünnung von Verbindungen zwischen Nervenzellen und auch die Isolation von Nervenzellen gegenüber Störeinflüssen von außen. Der Teil des Gehirns, der zuletzt ausreift, ist der Frontallappen, der erst mit Ende der Pubertät vollständig ausgereift ist. Da der Frontallappen vor allem wichtig ist für die Handlungssteuerung und Impulskontrolle, könnte dies eine Erklärung für das teils unüberlegte und impulsive Verhalten von Jugendlichen sein.

Das Kleinhirn

Das *Kleinhirn* (lateinisch *Cerebellum*) sieht auf den ersten Blick wie ein recht unscheinbares und vielleicht gar nicht so wichtiges Anhängsel hinten am Großhirn aus. Tatsächlich ist das Kleinhirn aber ein ungemein wichtiger Teil unseres Gehirns, und hier liegen dicht gepackt etwa 80 Prozent der Nervenzellen des ZNS. Es bedeckt auf beiden Seiten Teile des Hirnstammes und des *Pons*, einer Verbindung zwischen Hirnstamm, Kleinhirn und Großhirn. Wie das Großhirn besteht das Kleinhirn aus einer gefurchten Rinde mit Nervenzellen, der grauen Substanz, und den darunterliegenden Faserverbindungen, der weißen Substanz. Im Gegensatz zur Großhirnrinde besteht die graue Substanz im Kleinhirn nur aus drei Schichten mit insgesamt einer Dicke von einem Millimeter. Auch das Kleinhirn besteht aus zwei Hemisphären und besitzt zahlreiche Verbindungen zu den sensorischen und motorischen Bereichen des Großhirns.

- **Sensorische Verbindungen aus dem Rückenmark** liefern Informationen über die Bewegung des Körpers und die Aktivität der Skelettmuskulatur.
- **Sensorische Verbindungen aus den Gleichgewichtsorganen** liefern Informationen über die Lage des Körpers.
- **Motorische Verbindungen aus dem motorischen Kortex** liefern Informationen über die geplanten Bewegungen.

Eine wichtige Funktion des Kleinhirns ist die Integration dieser sensorischen und motorischen Informationen, um Bewegungen sehr präzise, vor allem zeitlich, zu steuern. Außerdem ist es zentral beteiligt am Lernen von Bewegungen und Bewegungsabfolgen. Einschränkungen in der Funktion des Kleinhirns zeigen sich vor allem in Fehlern bei zielgerichteten Handlungen oder schnellen Bewegungen, insbesondere beim Gehen.

Der Hirnstamm

Der *Hirnstamm* stellt den Übergang zwischen Gehirn und Rückenmark dar. Er ist aber nicht nur eine reine Durchgangsstation für Nervenfasern, sondern er enthält zahlreiche Kerngebiete, die für die Steuerung der lebenserhaltenden vegetativen Funktionen wichtig sind (Abbildung 4.4).

- ✔ Die *Medulla oblongata* ist der unterste Teil des Hirnstammes und stellt die Verbindung zum Rückenmark dar. In ihr kreuzen sich die wichtigsten motorischen Bahnen in der *Pyramidenkreuzung*. Außerdem liegen hier Kerngebiete, die Atmung, Herzschlag und Blutkreislauf steuern. Auf dieser Ebene verlassen außerdem viele Hirnnerven das Gehirn.

- ✔ Die *Brücke (Pons)* liegt oberhalb der Medulla oblongata. Hier verlaufen zahlreiche Fasern, die die beiden Kleinhirnhemisphären und das Großhirn verbinden. Außerdem befinden sich hier zahlreiche Kerngebiete der Hirnnerven. Funktionseinschränkungen der Pons können sich daher negativ auf die Zielgebiete der Hirnnerven wie Augen- und Kiefermuskulatur auswirken.

- ✔ Die *Formatio reticularis* ist der innere Teil des Hirnstammes und wird von einer stark vernetzen Ansammlung von Nervenkernen durchzogen. Ihre Hauptfunktion ist die Integration von aufsteigenden Informationen aus dem PNS und absteigenden Informationen aus dem ZNS. Sie ist beteiligt an der Steuerung der Atmung und des Kreislaufes und der Steuerung von Aktivierung und Erregung. Die unterschiedlichen Kerne produzieren zahlreiche Botenstoffe, die die Aktivität des Großhirns und der Kerngebiete im Inneren des Gehirns beeinflussen, wie zum Beispiel Serotonin und Noradrenalin.

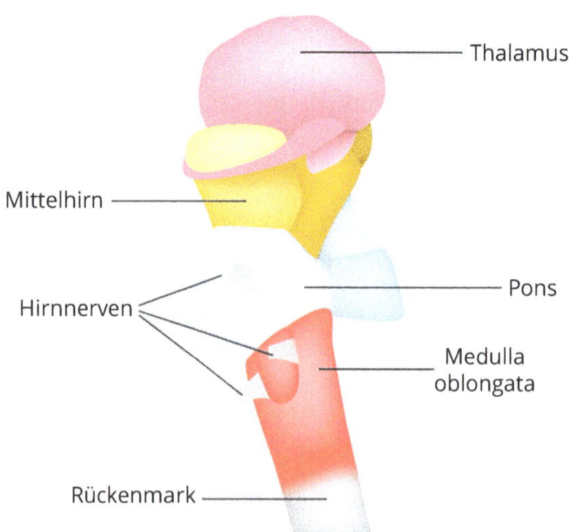

Abbildung 4.4: Der Hirnstamm (©gritsalak, stock.adobe.com)

- Das *Mittelhirn* ist der oberste Teil des Hirnstammes. Wie die übrigen Teile des Hirnstammes wird das Mittelhirn von zahlreichen efferenten und afferenten Nervenfasern durchzogen. Auch hier liegen zahlreiche Kerngebiete, die unterschiedliche Nervenbahnen miteinander integrieren, um so grundlegende Funktionen des Körpers aufrechtzuerhalten. So werden hier zum Beispiel aufsteigende Informationen aus dem Seh- und Hörsinn für reflexartige Kopf- und Augenbewegungen hin zu einem Geräusch gesteuert. Und auch hier liegen Nervenkerne, die Botenstoffe wie zum Beispiel Dopamin für die Steuerung der Aktivität des Großhirns und der Kerngebiete im Inneren des Gehirns produzieren.

Strukturen im Inneren des Gehirns

Im Inneren des Gehirns, unterhalb des Kortex (*subkortikal*), liegen die Faserverbindungen, die in den Nervenzellen der Großhirnrinde entspringen und dort enden. Diese Faserverbindungen haben, je nach Richtung und Länge, unterschiedliche Namen und Funktionen.

- Die *Projektionsfasern* (von lateinisch »abbilden«) ziehen von der Großhirnrinde zu subkortikalen Kernen und zum Rückenmark.

- Die *Kommissurenfasern* verbinden die beiden Großhirnhälften, sie laufen fast alle durch den *Balken* (lateinisch *Corpus callosum*) oder die anterioren oder posterioren Kommissuren.

- Die *Assoziationsfasern* sind die kürzesten Verbindungen, nehmen aber den größten Anteil der weißen Substanz ein. Sie verlaufen zwischen benachbarten Bereichen der Großhirnrinde, aber auch zwischen weit entfernten Bereichen sowie zwischen subkortikalen Kernen und der Großhirnrinde.

Das Innere des Gehirns (Abbildung 4.5) ist aber nicht nur ein besserer Kabelkanal, sondern hier liegen einige der wichtigsten Bereiche zur Steuerung unserer allgemeinen kognitiven, sensorischen und motorischen Funktionen. Das Großhirn ist das Ende und der Anfang aller sensorischen und motorischen Funktionen, und der Hirnstamm ist die Verbindung zum Rückenmark. Die Kerngebiete im Inneren des Gehirns stellen äußerst wichtige Verbindungen und Vermittlungsstellen auf dem Weg dazwischen und zwischen den sensorischen und motorischen Verbindungen dar. In der Regel liegen die Strukturen im ZNS paarig vor, also jeweils einmal pro Hemisphäre. Ausnahmen bestätigen hier die Regel: Die Hypophyse und die Epiphyse gibt es nur einmal.

- Der *Gyrus cinguli* liegt oberhalb des Balkens. Funktionell lässt er sich in einen anterioren und einen posterioren Teil gliedern, wobei beide Teile wichtige Funktionen in der Steuerung von *Gedächtnis* und *Emotionen* übernehmen. Im anterioren Teil werden insbesondere Fehler und negative Bewertungen verarbeitet.

- Der *Thalamus* liegt unterhalb des Balkens, in der Mitte des Gehirns. Er ist die wichtigste Schaltstelle für Informationen, die aus den unterschiedlichen Sinnen in das Gehirn einlaufen, und alle sensorischen Informationen werden hier verschaltet und dabei je nach Stärke des Signals gefiltert. Er wird daher auch als »Tor zum Bewusstsein« bezeichnet. Die einzige Sinnesinformation, die nicht im Thalamus verschaltet wird, ist die Geruchsinformation. Dies könnte erklären, warum Gerüche sehr schnell und direkt Erinnerungen auslösen können.

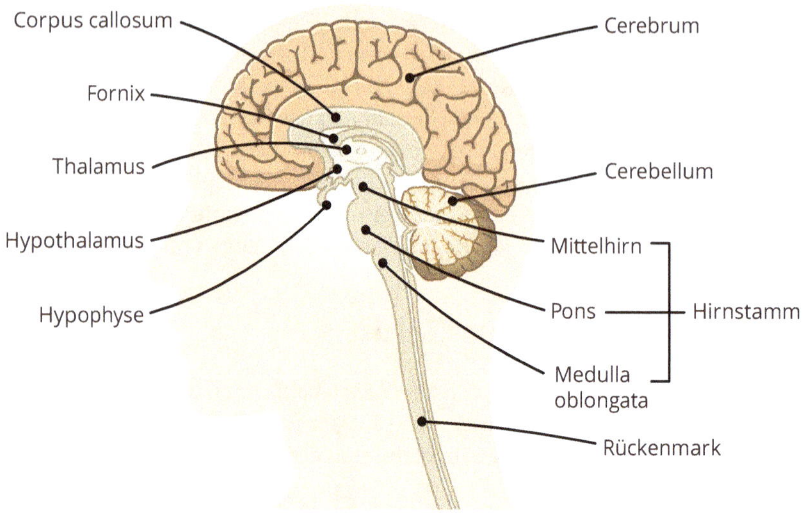

Abbildung 4.5: Der Sagittalschnitt entlang der Mittellinie zeigt die Strukturen im Inneren des Gehirns (©川本ま, stock.adobe.com)

- *Der Hippocampus* liegt links und rechts lateral zum Thalamus. Er sieht ein wenig so aus wie ein Seepferdchen und ist vor allem für unser Gedächtnis relevant. Dabei wirkt der Hippocampus wie ein Bibliothekar, der selbst nicht viele Informationen speichert, aber weiß, wo Gedächtnisinhalte in der Großhirnrinde abgespeichert sind. Störungen der Funktion des Hippocampus führen daher zu Schwierigkeiten beim Lernen und Abrufen von Gedächtnisinhalten, wie sie zum Beispiel im Kontext der *Alzheimer*-Demenz auftreten.

- Die *Amygdala* (der Mandelkern) befindet sich im linken und rechten Temporallappen, vor dem jeweiligen Hippocampus. Wie der Hippocampus ist auch die Amygdala am Gedächtnis beteiligt, insbesondere in Verbindung mit Emotionen, Bewertungen und Belohnungen.

- Der *Hypothalamus* liegt, wie der Name schon sagt, unterhalb des Thalamus. Er ist eine der wichtigsten Steuerungszentralen für die Funktion der inneren Organe und zur Aufrechterhaltung der vegetativen Funktionen. Er ist eingebunden in vielfältige Steuerungskreisläufe, deren Aufgabe es ist, vegetative Vorgänge an emotionale und motivationale Prozesse anzupassen. Wenn Sie beim Gedanken an eine mögliche Prüfung in Biologischer Psychologie Herzrasen und Schweißausbrüche bekommen, dann ist dies das Resultat der Aktivierung einer Signalkaskade, die im Hypothalamus ihren Ausgangspunkt hat.

- Die *Hypophyse* (Hirnanhangdrüse) ist ein Fortsatz unten am Hypothalamus. Die Hypophyse ist in erster Linie ein Organ, das Botenstoffe entweder selbst produziert und freisetzt oder im Hypothalamus produzierte Botenstoffe weiterleitet und freisetzt.

- Die *Epiphyse* (*Zirbeldrüse*) liegt hinter dem Hypothalamus. Auch hierbei handelt es sich um ein Organ, das Botenstoffe produziert und in den Blutkreislauf freisetzt. Interessanterweise sind die Zellen, welche hier den Botenstoff *Melatonin* produzieren, veränderte lichtempfindliche Rezeptorzellen. Melatonin spielt eine wichtige Rolle in der Steuerung des Tag-Nacht-Rhythmus, und die Information über die Tageszeit bekommt die Epiphyse aus dem visuellen System. Bei niederen Wirbeltieren kann die Epiphyse auch direkt auf Lichteinfall durch die Schädeldecke reagieren.

✔ Die *Basalganglien* sind um den Thalamus herum gruppiert und bilden ein funktionelles Netzwerk. Die wichtigsten Kerne sind dabei das *Striatum*, der *Globus pallidus*, die *Substantia nigra* und der *Nucleus subthalamicus*. Die Basalganglien sind neben den Steuerungskreisläufen über das Kleinhirn der zweite wichtige Steuerungskreislauf im motorischen System. Sie sind vor allem beteiligt an der Steuerung von Handlungseinleitung und -beendigung. Zu diesem Zweck gibt es einen erregenden und einen hemmenden Pfad durch die Basalganglien. Störungen in diesen Pfaden führen zu Störungen der Handlungssteuerung und zu Zittern, wie sie im Kontext der Parkinson-Erkrankung vorkommen.

Die Anatomie des Rückenmarks

Neben dem Gehirn ist das *Rückenmark* der zweite wichtige Anteil des ZNS. Dieser etwa fingerdicke Nervenstrang liegt gut geschützt innerhalb der Wirbelsäule. Das Rückenmark steht in direkter Verbindung mit dem Gehirn, und der Übergang zur Medulla oblongata, dem verlängerten Rückenmark, ist fließend. Zum einen ist es eine Leitungsbahn für efferente und afferente Projektionsfasern, zum anderen findet in der Verschaltung zwischen sensorischen und motorischen Fasern eine erste, schnelle Informationsverarbeitung statt. Das Rückenmark selbst ist ganz ähnlich aufgebaut wie das Gehirn; eine Übersicht ist in Abbildung 4.6 gezeigt.

Die graue Substanz (Substantia grisea)

Während beim Großhirn die graue Substanz ganz außen in der Rinde liegt, ist dieser Aufbau beim Rückenmark umgekehrt: Hier liegt die graue Substanz im Inneren. Auch hier besteht sie zum großen Teil aus Zellkörpern der Nervenzellen. Im Horizontalschnitt sieht die graue Substanz in etwa aus wie ein Schmetterling, und es lassen sich auf der linken und rechten Seite jeweils spiegelbildlich zehn Schichten und mehrere Kerngebiete unterscheiden. Die Details dazu gibt es in den Kapiteln zum somatosensorischen und motorischen System.

✔ Im *Dorsalhorn* (lateinisch *Cornu posterius*), also dem Bereich der grauen Substanz, die zum Rücken hin zeigt, enden die afferenten Nervenfasern des PNS. Hier kommt also die Information an, die wir von den Sinneszellen in und an unserem Körper haben. Die Zellkörper dieser Nervenfasern selbst liegen außerhalb des Rückenmarkes in den *Hinterwurzelganglien* (*Spinalganglien*).

✔ Im *Ventralhorn* (lateinisch *Cornu anterius*), also dem Bereich der grauen Substanz, die zum Bauch hinzeigt, liegen die Zellkörper der efferenten Nervenfasern des PNS. Hier werden die absteigenden Informationen aus dem Gehirn auf die motorischen Nerven verschaltet, die diese Informationen dann zur Muskulatur tragen.

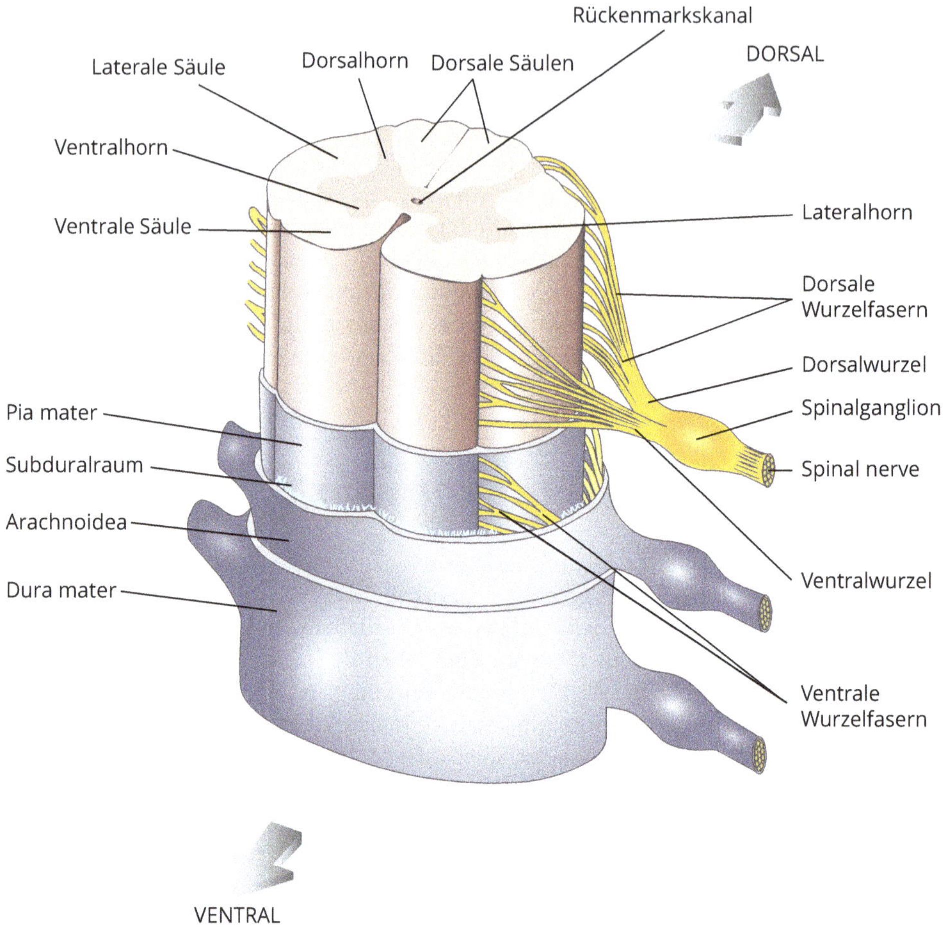

Abbildung 4.6: Der Horizontalschnitt zeigt den Aufbau des Rückenmarks (© vasilisatsoy, stock.adobe.com)

Die weiße Substanz (Substantia alba)

Im Rückenmark umgibt die weiße Substanz die graue Substanz. In der weißen Substanz liegen voneinander abgegrenzt mehrere Bündel von Projektionsfasern, die afferente und efferente Informationen transportieren. Sie können sich die weiße Substanz also ein bisschen wie ein dickes Bündel aus Kabeln vorstellen, die jeweils unterschiedliche Start- und Zielpunkte haben.

- ✔ **Absteigende Bahnen im Rückenmark transportieren motorische Befehle.** Diese Bahnen für die Steuerung der Muskeln verlaufen im lateralen und ventromedialen Bereich des Vorderhorns des Rückenmarkes. Die wichtigste und größte Bahn ist die Pyramidenbahn, daneben gibt es noch die extrapyramidalen Bahnen. Mehr zu den unterschiedlichen motorischen Bahnen im Rückenmark finden Sie in Kapitel 8.
- ✔ **Aufsteigende Bahnen im Rückenmark transportieren sensorische Informationen.** Diese Bahnen für die Empfindungen aus dem Körper verlaufen im Hinterstrang und Vorderseitenstrang des Rückenmarkes. Mehr zu den unterschiedlichen sensorischen Bahnen im Rückenmark finden Sie in Kapitel 9.

Alles im ZNS gut verpackt und versorgt!

Das ZNS ist der wohl wichtigste Teil unseres Körpers, da ohne die zentrale Steuerungseinheit selbst grundlegendste Funktionen wie Atmung, Herzschlag und Kreislauf nicht aufrechterhalten werden können. Daher ist es sehr gut, dass das ZNS gut und sicher im Inneren des Schädels beziehungsweise der Wirbelsäule verpackt ist. Darüber hinaus ist das ZNS noch in mehrere schützende, bindegewebsartige Hirnhäute (die Meningen) eingepackt, die das ZNS auch mit Nährstoffen und Sauerstoff versorgen und Abfall beseitigen. Abbildung 4.7 zeigt eine Übersicht über den komplexen Aufbau der Hirnhäute.

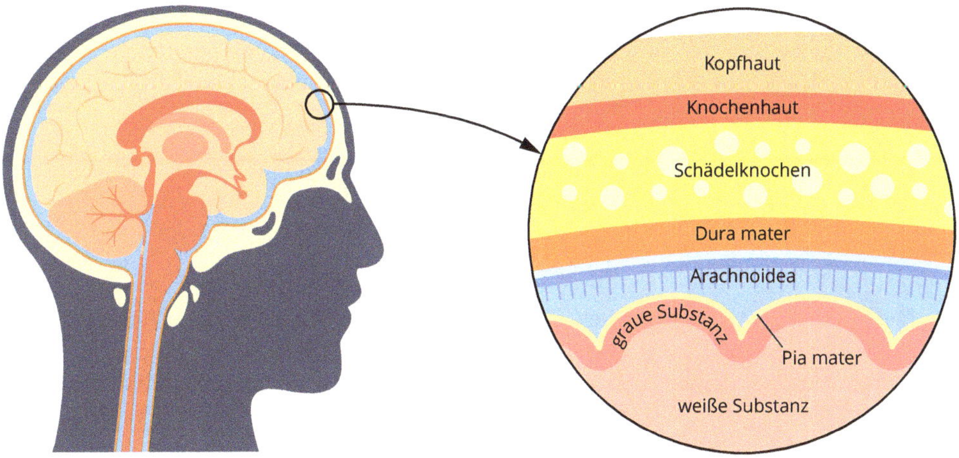

Abbildung 4.7: Die Schichten der Hirnhäute, dem Schutz- und Versorgungssystem des zentralen Nervensystems (© pikovit, stock.adobe.com)

Die Hirnhäute umhüllen das zentrale Nervensystem

Die *Hirnhäute* (*Meningen*) umschließen das ZNS, und auch wenn sie im Bereich des Rückenmarkes den Zusatz »*spinal*« bekommen, sind sie vom Aufbau her gleich. Wenn Sie von außen nach innen in Richtung Gehirn gehen, dann sehen Sie zuerst die Kopfhaut und darunter den *Schädel-* oder Wirbelknochen mit der den Knochen überziehenden *Knochenhaut* (*Periost*). Innerhalb des Knochens befinden sich dann drei Häute:

- **Die äußerste Hirnhaut** (*harte Hirnhaut* oder *Dura mater*) liegt direkt unterhalb des Knochens (sei es Schädel oder Wirbel). Wie ihr Name andeutet, besteht sie aus festem, straffem Bindegewebe, das das Nervensystem umschließt.

- **Die Spinngewebshaut** (*Arachnoidea*) liegt unter der Dura mater. Entsprechend ihres Namens ähnelt diese Hirnhaut einem feinen Netz aus Bindegewebsfasern. Der Raum unter diesem feinen Netz, der Subarachnoidalraum, ist teilweise mit Flüssigkeit gefüllt. Da diese Flüssigkeit sowohl das Gehirn als auch das Rückenmark umspült heißt sie *Cerebrospinalflüssigkeit* oder auch *Liquor cerebrospinalis*. Ausstülpungen der Arachnoidea in den superioren sagittalen Sinus, einem Hohlraum (dem *Subduralraum*) in der Dura mater, dienen dem Abtransport des Liquors. Innerhalb der Arachnoidea liegen auch die großen Blutgefäße zur Versorgung des Gehirns.

- **Die Pia mater** oder *weiche Hirnhaut* liegt unter der Arachnoidea und damit direkt der Oberfläche des Gehirns auf. Von hier ziehen feine Blutgefäße zum Nervensystem.

Die Ventrikel im Gehirn und Rückenmark

Im Inneren des Gehirns und im Rückenmark befinden sich Hohlräume. Keine Angst, diese Löcher gehören da hin. Der Begriff *Ventrikel* bezeichnet allgemein Hohlräume im Körper. Im zentralen Nervensystem dienen die Ventrikel der Stabilisierung und dem Zu- und Abtransport von Nähr- und Abfallstoffen.

- Im Gehirn werden vier *Ventrikel* unterschieden, im Rückenmark übernimmt diese Rolle der *Zentralkanal.* Das Gehirn und das Rückenmark werden von der Cerebrospinalflüssigkeit umspült, und auch die Ventrikel sind damit gefüllt. Der innere Liquorraum in den Ventrikeln und der äußere Liquorraum im Subarachnoidalraum sind im vierten Ventrikel miteinander verbunden.
- Die zwei Seitenventrikel liegen links und rechts in den beiden Großhirnhemisphären, der dritte, ungepaarte Ventrikel liegt unterhalb des Balkens zwischen den beiden Thalamushälften. Der vierte, ebenfalls nur einmal vorhandene Ventrikel liegt zwischen der Medulla oblongata und dem Cerebellum.
- Die Wände der Ventrikel bestehen aus *Ependymzellen.* Sie dienen dem Austausch von Stoffen zwischen dem ZNS und der Cerebrospinalflüssigkeit. In den *Plexus choroidei* in den Ventrikeln bilden sie kleine Knäuel, in denen die Cerebrospinalflüssigkeit produziert wird.

Die Blutversorgung des Nervensystems

Die Arbeit des Nervensystems ist sehr energieaufwendig, das Gehirn verbraucht etwa 20 Prozent der Gesamtenergie des Körpers. Um den dafür notwendigen Sauerstoff und weitere Nähr- und Botenstoffe in das Gehirn zu transportieren, ziehen drei paarige Hirnarterien in den Schädel, und das Gehirn umgibt ein feines Gewebe von Blutgefäßen. Abbildung 4.8 zeigt die wichtigsten Blutgefäße.

- Die rechte und linke inneren Halsschlagader *Arteria carotis interna* verzweigt sich in zwei Arterien: Die mittlere Hirnarterie (*Arteria cerebri media*) versorgt die lateralen Teile des Gehirns, die vordere Hirnarterie (*Arteria cerebri anterior*) versorgt die medialen Anteile. Sie sind durch die *Arteria communicans anterior* verbunden und bilden den vorderen Kreislauf.
- Aus der *Arteria basalis* entspringt die rechte und linke hintere Hirnarterie (*Arteria cerebri posterior*). Sie versorgt die posterioren Anteile des Gehirns und das Zwischenhirn. Sie bilden den hinteren Kreislauf, der über die *Arteria communicans posterior* mit dem vorderen Kreislauf verbunden ist. Gemeinsam bilden sie den Arterienring des Gehirns.
- Im Gehirn verzweigen sich die Arterien in kleinste Verästelungen (*Kapillaren).* Die größeren Blutgefäße liegen dabei unterhalb der Dura mater, die kleineren unterhalb der Arachnoidea.

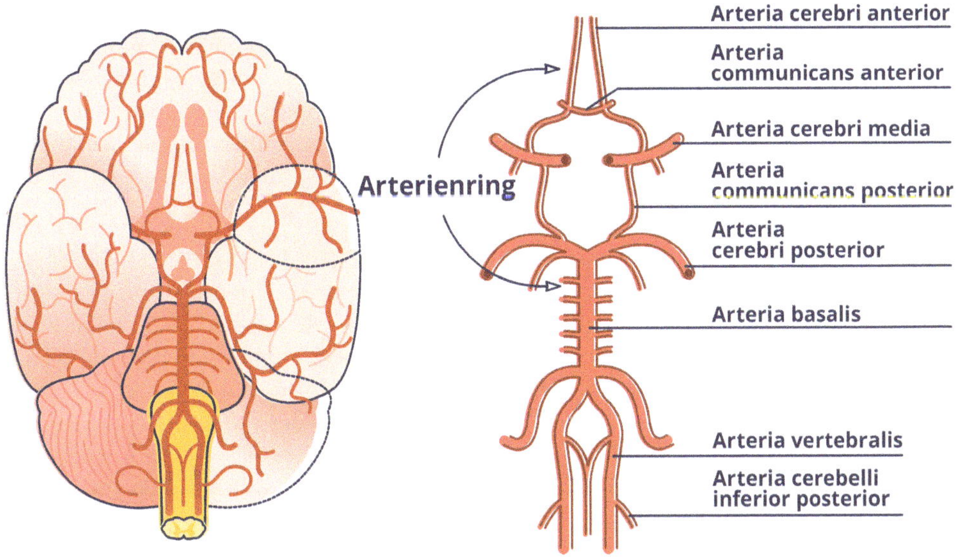

Abbildung 4.8: Die Blutversorgung des Gehirns (© VectorMine, stock.adobe.com)

- ✔ Es besteht kein direkter Kontakt zwischen den Blutgefäßen und dem Nervengewebe, sondern die Wände der Kapillaren werden von einer dichten Reihe *Endothelzellen* gebildet. An diese Zellen docken *Gliazellen*, die *Astrozyten*, an (siehe dazu auch Kapitel 5). Diese Unterstützerzellen haben die Aufgabe, den Sauerstoff und die Nährstoffe, die im Blut transportiert und von den Endothelzellen aufgenommen werden, an die Nervenzellen weiterzugeben.

- ✔ Die strikte Trennung zwischen Blut- und Nervensystem wird *Blut-Hirn-Schranke* genannt. Sie verhindert, dass Giftstoffe und Fremdkörper ins Gehirn gelangen. Einige Giftstoffe wie zum Beispiel Alkohol, Nikotin oder andere Drogen, können allerdings die Blut-Hirn-Schranke passieren und so die Aktivität von Nervenzellen beeinträchtigen.

Der Sauerstoffverbrauch im ZNS ist ein guter Indikator dafür, welcher Bereich des Gehirns oder Rückenmarks gerade viel Arbeit verrichtet. Besonders aktive Bereiche des Gehirns verbrauchen mehr Sauerstoff für die Produktion des Energieträgers *Adenosintriphosphat (ATP)* als ihre Umgebung. Diese Bereiche werden also stärker durchblutet, und damit ändert sich lokal das Verhältnis von sauerstoffarmem zu sauerstoffreichem Blut, die beide ein unterschiedliches Signal in der funktionellen Magnetresonanztomographie (fMRT) zeigen. Aus diesem Verhältnis können Sie den *Blood-Oxygenation-Level-Dependent (BOLD)*-Kontrast errechnen.

Die Müllabfuhr des Nervensystems

Wo gehobelt wird, da fallen Späne, und das gilt auch für das Nervensystem. Wenn Nervenzellen aktiv sind, entstehen etliche Abfallprodukte, die aus den Nervenzellen entfernt werden müssen. Teilweise können diese Abfallprodukte in den Gliazellen wieder in verwertbare Bestandteile umgebaut werden, aber teilweise müssen sie auch aus dem Nervensystem entfernt werden. Zu diesem Zweck sind die Arterien im Gehirn von einem engen Raum umgeben, dem *perivaskulären Raum*. In diesem Raum zirkuliert der *Liquor cerebrospinalis*, der von den Astrozyten aufgenommen und in den Raum zwischen den Nervenzellen abgegeben wird. Dort nimmt der Liquor Abbauprodukte auf und wird von den Astrozyten zurück in den perivaskulärem Raum transportiert. Der Liquor fließt von dort in die Lymphgefäße im *Subduralraum*. Dieses System des Zusammenspiels zwischen Gliazellen, Liquor und Lymphsystem wird als *glymphatisches System* bezeichnet.

Die Entsorgung von Abbauprodukten aus dem Nervensystem ist äußerst wichtig für die Aufrechterhaltung der Funktionen des Nervensystems. Wenn dieser Prozess nicht ausreichend gut funktioniert, können sich Abbauprodukte im Raum zwischen den Nervenzellen ansammeln und Verklumpungen (*Plaques*) bilden. Häufig sind diese Plaques neurotoxisch, also giftig für die Nervenzellen, was zu einer Degeneration und einem Absterben des Nervengewebes führt. Dies ist vermutlich bei der neurodegenerativen Erkrankung *Alzheimer-Demenz* der Fall, bei der das Protein *Beta-Amyloid* Plaques bildet.

IN DIESEM KAPITEL

Zellen des Nervensystems

Aufbau und Funktion der Nervenzelle

Gliazellen

Kapitel 5
Nervenzellen unter der Lupe

Einer der ersten Hochhausarchitekten, Louis Sullivan, prägte den Leitsatz »*Die Form folgt der Funktion*«, mit dem er beschrieb, dass in allen organischen Dingen die Funktion an erster Stelle steht und sich die äußere Form an dieser Funktion orientiert. Dieses Prinzip finden Sie auch im Nervensystem realisiert! Im letzten Kapitel haben Sie eine grobe »Landkarte« zur Orientierung an die Hand bekommen, mit der Sie sich in Ihrem Körper zurechtfinden. In diesem Kapitel geht es ins Detail, also um die Funktion und damit die Form der einzelnen Bestandteile des Nervensystems. Einige Bausteine sind dabei immer gleich, andere jedoch je nach ihrer Funktion spezialisiert.

Was uns die Evolution verrät

Die *Evolutionstheorie* von Charles Darwin besagt im Groben, dass über Generationen hinweg Eigenschaften von Lebewesen vererbt werden. Diejenigen Lebewesen, die aufgrund ihrer Eigenschaften besser an die Umwelt angepasst sind, werden eher überleben und auch mehr Nachkommen hervorbringen. Das Ergebnis davon ist, dass sich Gruppen von Lebewesen an ihre jeweilige Umwelt anpassen und somit unterschiedliche Arten (Spezies) entstehen.

Die Erde entstand vor etwa 4,5 Milliarden Jahren, und Leben begann vor etwa 3,8 Milliarden Jahren. Über diese lange Zeit hinweg haben sich Lebewesen an ihre jeweilige Umwelt angepasst und in unterschiedliche Arten und Unterarten aufgeteilt. Viele zelluläre Vorgänge, und auch viele Eigenschaften des Körpers lassen sich über diese evolutionäre Entwicklung nachverfolgen und finden sich in der gleichen Form sowohl in einfachen Einzellern als auch im menschlichen Körper. Dies ist das Forschungsfeld der Evolutionsbiologie. Ein Beispiel dafür ist das chemische Element Kalzium (Ca). Das elektrisch geladene Kalziumion (Ca^{2+}) dient in Pflanzenzellen der Signalübertragung, und die gleiche Funktion findet sich in menschlichen Zellen.

Alle gleich, und doch verschieden!

Das menschliche Nervensystem ist ein stark verzweigtes, hoch spezialisiertes System, dessen Aufgabe es ist, Informationen zu sammeln, zu verarbeiten und zu übertragen. Im letzten Kapitel haben Sie gelernt, dass das Nervensystem aus verschiedenen Bereichen besteht, die jeweils bestimmte Aufgaben übernehmen. Aber auch innerhalb eines Bereiches finden sich viele unterschiedliche Zellen mit speziellen Aufgaben im Gesamtgeschehen. Die beiden großen Zellklassen sind die *Nervenzellen* (*Neuronen*) und die *Gliazellen*. Zellen beider Klassen entstehen aus den gleichen Stammzellen, sind also in ihrem grundlegenden Aufbau gleich, erfüllen aber unterschiedliche Funktionen.

- ✔ *Nervenzellen* oder *Neuronen* bestehen in der Regel aus einem *Zellkörper*, der die Informationen sammelt und verarbeitet, und einem *Axon*, über das Informationen die Zelle verlassen. Die Zellkörper bilden im zentralen Nervensystem die graue Substanz (*Substantia grisea*, siehe dazu auch Kapitel 4). Je nach Funktion können die Nervenzellen sehr unterschiedlich aufgebaut und geformt sein.
- ✔ *Gliazellen* oder *Neuroglia* dienen dem Schutz und der Versorgung der Nervenzellen. Sie bestehen in der Regel aus einem Zellkörper und mehreren Fortsätzen, die in Verbindung mit Nervenzellen stehen. Je nach Funktion können die Gliazellen aber sehr unterschiedlich aufgebaut und geformt sein. Im zentralen Nervensystem sind die Fortsätze einer Art der Gliazellen, der Oligodendrozyten, um die Axone der Nervenzellen gewickelt, und diese so isolierten Axone bilden die weiße Substanz oder Substantia alba (siehe Kapitel 4).

Ein kleiner Rückblick in die Erforschung des Nervensystems

Bis etwa zum Ende des 19. Jahrhunderts war nicht klar, wie das Nervensystem eigentlich aufgebaut ist. Zwar waren die großen Nervenstränge und Bestandteile des zentralen und peripheren Nervensystems bekannt, aber die einzelnen Bestandteile und ihr funktioneller Zusammenhang sollten noch lange ein Rätsel bleiben. So ging zum Beispiel René Descartes davon aus, dass innerhalb der Nervenbahnen Flüssigkeiten zirkulieren, ähnlich zu den Blutgefäßen, deren Bewegung wie in einem hydraulischen System eine Reaktion hervorruft.

Der spanische Pathologe Santiago Ramón y Cajal war der Erste, der anhand von detaillierten mikroskopischen Untersuchungen feststellte, dass das Nervensystem kein kontinuierliches Gefäßsystem ist, sondern aus einzelnen Zellen besteht, die über Kontaktstellen miteinander verbunden sind. Die Grundlagen für diese Entdeckung waren Verfahren zum Einfärben von Nervengewebe, die aus der Fotografie übernommen worden waren. So entwickelte Franz Nissl die nach ihm benannte *Nissl-Färbung*, bei der ein blauer Farbstoff an die Zellkerne bindet und diese so sichtbar macht. Auch Camillo Golgi entwickelte eine nach ihm benannte Färbemethode, die *Golgi-Färbung*, bei der das Gewebe mit Kaliumdichromat und Silbernitrat behandelt wird, was dazu führt, dass Silberchromat an den Nervenzellen ausfällt. Mit dieser Methode war es nun erstmals möglich, einzelne Nervenzellen in ihrer Gesamtheit darzustellen.

Die Anatomie der Nervenzellen

Nervenzellen sind (abgesehen von einigen Besonderheiten wie Axon und Dendriten) prinzipiell so aufgebaut wie alle anderen Körperzellen. Sie übernehmen jedoch ganz unterschiedliche Aufgaben, von der Aufnahme von Informationen aus unserer Umwelt über die Verarbeitung dieser Informationen bis hin zur Erzeugung von Impulsen für Bewegungsvorgänge. Der Zellkörper (*Soma*) enthält die wichtigsten Organellen einer Zelle, und bei Nervenzellen ist er der Ort, an dem Informationen gesammelt und verarbeitet werden. Im Zellkörper besitzen Nervenzellen (wie jede eukaryotische Zelle) eine Reihe von Organellen, die bestimmte Aufgaben für die Funktion der Nervenzellen übernehmen. Eine Übersicht über den Aufbau einer Nervenzelle und ihre Organellen sehen Sie in Abbildung 5.1.

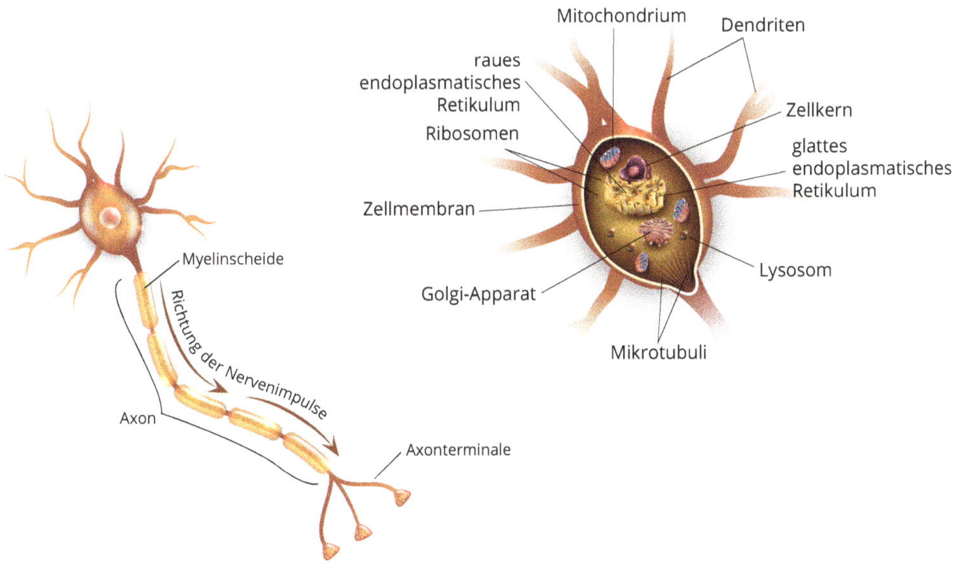

Abbildung 5.1: Form und Aufbau einer Nervenzelle (© reine, `stock.adobe.com`)

Das Allen Institute for Cell Science bietet im Internet eine sehr detaillierte Übersicht über den Aufbau einer Nervenzelle und die Funktion der einzelnen Organellen unter `https://www.allencell.org/visual-guide-to-human-cells.html`.

Die Zellmembran

Die *Zellmembran* umschließt das Zellinnere und gibt der Zelle ihre äußere Form.

- ✔ All das, was innerhalb der Zellmembran ist, also der flüssige Bestandteil (*Zytosol*) und die darin befindlichen Organellen, heißt *Zytoplasma*.
- ✔ Der Raum, der von der Zellmembran umschlossen wird, also das Innere der Zelle, wird als *intrazellulärer Raum* bezeichnet. Außerhalb der Zellmembran liegt der *extrazelluläre Raum*.

Wenn Sie noch nie eine Zellmembran gesehen haben, dann können Sie sich ihre Form in etwa wie ein Fettauge auf einer Suppe vorstellen. Die Zellmembran ist aus einer doppelten Schicht von *Phospholipiden* aufgebaut, die aus einem Glyceringrundgerüst, einem Phosphorsäurerest und zwei Kohlenwasserstoffschwänzen bestehen:

- ✔ Der geladene Kopf aus Glycerin und Phosphatgruppe ist *hydrophil*, also wasserlöslich.
- ✔ Die Kohlenwasserstoffschwänze sind *hydrophob* (fettlöslich) und lösen sich nicht in Wasser.

Aufgrund dieser Eigenschaften ordnen sich die Phospholipide in einer wässrigen Umgebung (wir bestehen nun einmal zu einem Großteil aus Wasser) zu einer doppelten Schicht so an, dass die hydrophilen Köpfe jeweils zum wässrigen Milieu nach außen zeigen und die hydrophoben Schwänze nach innen. Diese Membran ist undurchlässig für die meisten Stoffe (das heißt, sie ist *semipermeabel*), weshalb für den Transport bestimmter Stoffe in die Zelle hinein und aus der Zelle hinaus Kanal- und Transportproteine in die Membran eingebaut sind. Kanal- und Transportproteine befördern nur ganz bestimmte Stoffe durch die Membran, einige von ihnen sind also selektiv. Um die Membran elastisch und viskos zu halten, ist außerdem *Cholesterin* (auch *Cholesterol* genannt) in die Membran eingebaut. Die Cholesterinmenge in der Zellmembran beeinflusst die Durchlässigkeit der Membran und damit die Aufnahme von fettlöslichen Stoffen (zum Beispiel Steroidhormone) in die Zelle, und sie beeinflusst auch, wie stark benachbarte Zellen aneinander binden.

Stofftransport durch die Zellmembran

Da die Zellmembran für die meisten Stoffe undurchlässig ist, aber dennoch Stoffe in die Zelle hinein und aus ihr heraus gelangen müssen, gibt es in der Zellmembran eine Reihe von *Kanal- und Transportproteinen*, die diesen Transport übernehmen. Diese Proteine, oder besser gesagt funktionelle Einheiten mehrerer Proteine, können dabei entweder passiv oder aktiv am Transport beteiligt sein.

- ✔ *Ionenkanäle* sind funktionelle Einheiten aus mehreren Proteinen, die sich so zusammenschließen, dass sie einen Ring oder kurzen Schlauch bilden. Diese Kanäle bilden Öffnungen in der Zellmembran, durch die Stoffe **passiv** fließen können. Die Fließrichtung wird dabei zum einen durch den Unterschied in der Stoffkonzentration im Inneren und Äußeren der Zelle, dem *Konzentrationsgradienten*, bestimmt. Zum anderen wird sie durch den Unterschied in der elektrischen Ladung der Stoffe im Inneren und Äußeren der Zelle, dem elektrostatischen *Potentialgradienten*, bestimmt. Je nach Aufbau können die Kanäle durch die Ladungseigenschaften der Proteine undurchlässig für geladene Atome oder Moleküle, die *Ionen*, sein.
- ✔ *Carrier* sind funktionelle Einheiten, die ihre Form durch die Bindung eines Stoffes ändern und so den Stoff durch die Zellmembran transportieren. Da die Konformitätsänderung keine zusätzliche Energie benötigt, sondern rein aufgrund der Eigenschaften des gebundenen Stoffes erfolgt, ist dieser Transport **passiv**.
- ✔ *Pumpen* sind funktionelle Einheiten, die ihre Form durch die Bindung von Phosphat ändern. Das für die Konformitätsänderung notwendige Phosphat muss dafür von *Adenosintriphosphat* abgespalten werden und ist damit energieaufwendig.

Der Transport erfolgt also **aktiv**. Pumpen besitzen mehrere Bindungsstellen für Atome und Moleküle und können so mit jeder Konformitätsänderung mehrere Stoffe parallel von innen nach außen und umgekehrt transportieren.

Die Eigenschaften der Zellmembran sind eine der wichtigsten Voraussetzungen für die Weiterleitung von Informationen im Nervensystem über Veränderungen elektrischer Potentiale. Der Ursprung dieser elektrischen Potentiale liegt in der unterschiedlichen Konzentration elektrisch geladener Ionen und Proteine. Die semipermeable Zellmembran, in Kombination mit den verschiedenen Transportmechanismen, stellt eine ausreichende Potentialdifferenz sicher.

Der Zellkern

Der *Zellkern (Nucleus)* ist ein kugeliges Gebilde im Inneren der Zelle, der durch die *Kernmembran* vom Rest der Zelle abgetrennt ist. Innerhalb der Zellkernmembran befinden sich die DNA und das *Kernkörperchen*. Die Kernmembran ist durchlässig für eine Reihe von Stoffen.

- ✔ **In der DNA ist die Erbinformation gespeichert.** Wie Sie in Kapitel 3 genauer nachlesen können, besteht die DNA aus zwei miteinander verbundenen Strängen von Nukleotiden. Die Nukleotide bestehen jeweils aus einem Phosphat, einem Zucker und einer Base. Um die Erbinformation auszulesen, muss im Rahmen der Proteinbiosynthese die DNA aufgetrennt und dann durch die RNA abgelesen werden. Diese RNA wird dann zur Boten- (oder Messenger-)RNA verkürzt. Die *mRNA* kann durch die Poren der Kernmembran in das *Cytoplasma*, also die Flüssigkeit im Inneren der Zelle gelangen. Dort findet dann in den Ribosomen die Proteinbiosynthese statt.

- ✔ Das **Kernkörperchen** (lateinisch *Nucleolus*) ist ein kugeliger Bereich innerhalb des Zellkerns. Es ist wichtig für die Biosynthese der Vorstufen von *Ribosomen*. Bestimmte Bereiche der DNA, die *ribosomale DNA* (rDNA), enthalten die Informationen für den Aufbau der Ribosomen. Im Nucleolus wird entlang der rDNA die *ribosomale RNA* transkribiert und mit ribosomalen Proteinen zu Vorstufen der Ribosomen verknüpft. Diese Ribosomvorstufen werden dann ins Cytoplasma transportiert, um dort zu fertigen Ribosomen zu werden.

Der Austausch von unterschiedlichen Stoffen zwischen Zellkern und Zelle ist äußerst wichtig für die Proteinbiosynthese. Die mRNA enthält die von der DNA abgelesenen Anleitungen zum Aufbau neuer Proteine; die Vorstufen der dafür notwendigen Ribosomen werden im Kernkörperchen produziert. Sowohl mRNA als auch die Vorstufen der Ribosomen müssen in das Zytosol der Zelle wandern, um ihre Funktion zu erfüllen. Umgekehrt müssen regulatorische Proteine in den Zellkern gelangen, um das Ablesen der DNA (Genexpression) zu steuern.

Die Ribosomen

Die *Ribosomen* bestehen aus zwei Untereinheiten, zwischen denen die Proteinbiosynthese geschieht, also das Zusammensetzen von einzelnen Aminosäuren zu funktionalen Einheiten entsprechend der in der DNA codierten Erbinformation. Dazu sind drei Schritte notwendig, die Sie in Kapitel 3 genauer nachlesen können:

1. **Ribosomen wandern entlang der mRNA.** Normalerweise wandern mehrere Ribosomen gleichzeitig die mRNA entlang. Diese Ketten von Ribosomen werden auch *Polysomen* genannt.

2. **Im Zytosol liegen Aminosäuren frei vor.** Um die Aminosäuren zu den Ribosomen zu bringen, gibt es die kleinen Transport-RNAs (*tRNA)*, die je nach Anticodon mit einer bestimmten Aminosäure beladen werden können.

3. **In den Ribosomen bindet die beladene tRNA an die mRNA.** Passt das Anticodon der tRNA zum entsprechenden Codon der mRNA, dann kann sich die tRNA dort anlagern. Die herbeitransportierten Aminosäuren werden dann enzymatisch über Peptidbindungen zu einem Protein verknüpft (siehe auch Abbildung 3.3).

Ribosomen liegen entweder frei im Zytosol vor (*freie Ribosomen*) oder sind an das endoplasmatische Retikulum gebunden (*raues endoplasmatisches Retikulum*). Proteine, die in den freien Ribosomen synthetisiert werden, werden auch im Zytosol verwendet. Sie werden als zytosolische Proteine bezeichnet. Die an den Ribosomen des endoplasmatischen Retikulums gebildeten Proteine werden in andere Organellen in der Zelle transportiert, in die Zellmembran eingebaut oder aus der Zelle exportiert.

Das endoplasmatische Retikulum

Das *endoplasmatische Retikulum* (*ER*) ist ein weitverzweigtes Netzwerk von Hohlräumen, das von einer äußeren Membran umschlossen ist. Es kommt (so ähnlich wie Dackel), in zwei unterschiedlichen Ausführungen vor: glatt und rau.

- ✔ **Das glatte ER** dient der Synthese von Fettsäuren und Phospholipiden, die für den Aufbau der Zellmembran notwendig sind. Außerdem ist es wichtig für die Bildung von Steroidhormonen und den Abbau von Giftstoffen im Inneren der Zelle. In Muskelzellen ist das glatte ER auch ein Speicher für Kalzium (Ca^{2+}).

- ✔ **Am rauen ER (RER)** befinden sich Ribosomen, und es steht in direkter Verbindung mit der Zellkernmembran. Das RER ist wichtig für die Synthese von Proteinen für den Export aus der Zelle, die Verwendung in anderen Organellen oder der Zellmembran. Durch die innere Membran des rauen ER werden die Proteine an die Oberfläche des ER transportiert und von dort an den *Golgi-Apparat* weitergeleitet.

Der Golgi-Apparat

Wie das ER ist auch der *Golgi-Apparat* ein Zusammenschluss verbundener Hohlräume und Membranen. Hier werden die im rauen ER gebildeten Proteine in drei Schritten aufbereitet:

1. **Modifizierung** wie das Anhängen von Phosphat- oder Schwefelresten

2. **Sortierung** anhand ihrer Art und Verwendung

3. **Abschnürung kleiner Bläschen** mit Proteinen (*Vesikel*) zum Transport durch die Zelle

Aufbereitete Proteine, die für die Weitergabe an andere Nervenzellen gedacht sind, dienen als Botenstoffe für die Informationsübertragung zwischen Zellen. Diese Botenstoffe werden als *Neurotransmitter* bezeichnet. Eine weitere Klasse von Botenstoffen sind die *Hormone.* Sie wirken nicht auf Nervenzellen, sondern in der Regel auf andere Organe des Körpers.

Entsprechend der mRNA aus der DNA werden in den Ribosomen am rauen ER Proteine synthetisiert, die dann im Golgi-Apparat je nach ihrer Verwendung modifiziert, sortiert und in Vesikel verpackt werden. Die Membran der Golgi-Vesikel kann mit der Zellmembran verschmelzen, sodass die im Vesikel gespeicherten Proteine aus der Zelle freigesetzt werden (*Exozytose*).

Die Mitochondrien: Energielieferanten!

Nicht umsonst werden die *Mitochondrien* als »Kraftwerke der Zelle« bezeichnet. In ihnen läuft die *Atmungskette* ab, eine Sequenz von biochemischen Reaktionen, und das energiereiche Molekül Adenosintriphosphat wird aus Adenosindiphosphat regeneriert.

- Mitochondrien sind längliche Organellen aus einer äußeren und einer inneren Membran. Die äußere Membran ist ähnlich aufgebaut wie die Zellmembran, und auch sie enthält Kanäle für den Stofftransport. Die innere Membran ist vielfach gefaltet und enthält Proteine, die für den Elektronentransport der Atmungskette wichtig sind: Enzyme für die Synthese von ATP, Transportproteine sowie Proteine für die Veränderung von Form und Aufbau der Membran. Der Raum innerhalb der inneren Membran heißt *Matrix.* Er enthält den Großteil der Proteine eines Mitochondriums.
- In der Matrix der Mitochondrien läuft der der *Citratzyklus* (auch *TCA* oder *Krebs-Zyklus* genannt) ab. Kurz gesagt werden in diesem Kreislauf biochemischer Reaktionen Proteine, Zucker und Fett oxidativ zunächst zu Acetyl-CoA abgebaut, das dann zu CO_2, H^+ (gebunden an NAD und FAD) und Coenzym A abgebaut wird. Die Enzymkomplexe I bis IV in der inneren Membran nutzen NADH, um durch Oxidation H^+ freizusetzen, das dann mit O_2 zu Wasser (H_2O) wird. Dabei wird Energie in Form von Wärme frei. Das in der inneren Membran liegende Enzym ATP-Synthase nutzt die frei werdende Energie, um aus Adenosindiphosphat (ADP) und Phosphat Adenosintriphosphat (ATP) zu synthetisieren.
- Eine Besonderheit: Mitochondrien enthalten eine eigene, ringförmige DNA, die mitochondriale DNA. In ihr wird die Erbinformation für die Bildung einiger Enzyme für die Synthese von ATP sowie für die Bildung von Proteinen für den Aufbau von Mitochondrien gespeichert. Zudem besitzen Mitochondrien eigene Ribosomen, an denen einige für die Funktion und den Aufbau der Mitochondrien wichtige Proteine gebildet werden. Trotzdem wird der größte Teil der mitochondrialen Proteine im ER gebildet.

ATP dient in vielen zellulären Vorgängen als Energielieferant. Die Energie steckt in der Phosphatverbindung, wenn aus ATP einer oder zwei Phosphatreste abgespalten werden (Adenosintriphosphat wird dabei zu Adenosindiphosphat (*ADP*) beziehungsweise zu Adenosinmonophosphat (*AMP*). Diese frei werdende Energie dient der Umwandlung chemischer Stoffe im Metabolismus.

Lysosomen und Peroxisomen: Abfall muss raus!

Der Dreck muss weg, das gilt auch für Zellen. Bei den zahlreichen Stoffwechselprozessen innerhalb der Zelle entstehen viele Abbauprodukte an, die dann entfernt werden müssen. Zu diesem Zweck gibt es kleine, kugelige Organellen, die Abbauprodukte und schädliche Fremdstoffe in ihrer Membran aufsammeln, abbauen oder abtransportieren.

- ✔ *Peroxisomen* sind wichtig für den Abbau von Peroxidradikalen, Fett und Alkoholen.
- ✔ *Lysosomen* sind wichtig für den Abbau von Abfallprodukten oder schädlichen Fremdkörpern. In ihrer Membran findet ein aktiver Abbau von Substanzen durch Enzyme statt.

Das Zytoskelett gibt der Zelle ihre Form

Oben wurde die Zellmembran mit einem Fettauge auf einer Suppe verglichen, Zellen besitzen aber eine deutlich festere Gestalt als Fettaugen. Um diese Gestalt zu ermöglichen, durchziehen verschiedenste Proteinfäden die Zelle. Zusammen bilden diese Proteinfäden das *Zytoskelett*. Es gibt der Zelle ihre Form, dient aber auch der Bewegung der Zellen und dem Stofftransport im Inneren der Zelle. Je nach Größe lassen sich drei unterschiedliche Arten von Proteinfäden unterscheiden, die unterschiedliche Aufgaben übernehmen.

- ✔ *Mikrofilamente* sind die kleinsten Proteinfäden. Sie sind häufig mit der Zellmembran verbunden, geben der Zelle ihre stabile Form und können die Form der Zelle verändern. Diese fadenförmigen Strukturen mit einem Durchmesser von etwa fünf Nanometern bestehen aus dem Protein *Aktin*.
- ✔ *Intermediärfilamente* sind etwas größer als die Mikrofilamente; sie geben der Zelle ihre stabile Form und können Verbindungen zu anderen Zellen unterstützen. Sie sind röhrenförmig, mit einem Durchmesser von etwa zehn Nanometern, und bestehen aus unterschiedlichen Untereinheiten.
- ✔ *Mikrotubuli* sind die größten Proteinfäden. Sie dienen dem Transport von Stoffen innerhalb der Zelle, sie fixieren Organellen, und sie können die Zelle verformen. Diese ebenfalls röhrenförmigen Fäden mit einem Durchmesser von etwa 20 Nanometern bestehen aus dem Protein *Tubulin*.

Stofftransport innerhalb der Zelle

Im Golgi-Apparat werden Proteine in Vesikel verpackt, die dann durch die Zelle an ihren Verwendungsort transportiert werden können. Genauso müssen auch andere neu synthetisierte Organellen an ihren Bestimmungsort transportiert werden. Bei diesem Transport spielen die Mikrotubuli eine entscheidende Rolle. Die *Motorproteine* transportieren die Fracht dann entlang der Proteinfäden. Dabei laufen folgende Prozesse ab:

1. Das Motorprotein *Kinesin* bindet an die Vesikel oder Organellen und an die Mikrotubuli.
2. Durch die Abspaltung von Phosphat aus ATP verändert sich die Form von Kinesin. Dieser Prozess ist also energieaufwendig.

3. Durch die Formveränderung wandert das Kinesin gemeinsam mit seiner Fracht entlang der Mikrotubuli.

Die Mikrotubuli besitzen aufgrund ihrer Struktur eine elektrische Ladung mit einem Plus- und einem Minuspol. Kinesin wandert in Richtung des Pluspols, was als anterograder (also nach vorne gerichteter) Transport bezeichnet wird. In einer Zelle bedeutet das, dass die Organellen und Vesikel aus dem Zentrum der Zelle nach außen transportiert werden.

Die Dendriten empfangen Informationen

Der Zellkörper ist der Ort, an dem Informationen gesammelt und verarbeitet werden, und dafür müssen Informationen erst einmal dorthin kommen. Diese Aufgabe übernehmen die *Dendriten*, weitverzweigte Fortsätze, die aus dem Zellkörper entspringen. Je nach Funktion der Zelle kann es viele einzelne Dendriten geben, einen einzelnen Dendritenbaum, der sich dann weiter verzweigt, oder wenige bis gar keine Dendriten. Der Aufbau entspricht grundsätzlich dem des Zellkörpers, sie enthalten aber in der Regel keine Organellen.

Ihre Aufgabe ist die Weiterleitung von Informationen in Form elektrischer Potentiale, den *postsynaptischen Potentialen*. An den Dendriten bildet die Zellmembran kleine Ausstülpungen, die *dendritischen Dornen* (englisch *spines*). Sie dienen der Vergrößerung der Oberfläche, und hier finden sich die meisten Kontaktstellen zu anderen Zellen (Synapsen).

Sorgen für Verbindung: Elektrische und chemische Synapsen

Wie Santiago Ramón y Cajal zum Ende des 19. Jahrhunderts herausgefunden hat, besteht das Nervensystem nicht aus einem durchgängigen Gefäßsystem, sondern aus einzelnen Zellen, die über *Synapsen* miteinander verbunden sind. Diese Kontaktstellen dienen dem Informationsaustausch zwischen Zellen. Veränderungen an den Eigenschaften der Synapsen beeinflussen wie das Nervensystem funktioniert und bilden damit eine der wichtigsten Funktionen für die dynamische Informationsverarbeitung im Nervensystem. An den Dendriten (und teilweise auch am Zellkörper und am Axon) befindet sich die Seite der Synapse, die Informationen aufnimmt, und dieser Teil der Synapse wird als *Postsynapse* bezeichnet. Grundsätzlich gibt es zwei unterschiedliche Klassen von Synapsen, die aber jeweils in sehr vielen Ausprägungen vorkommen.

- ✔ Bei **elektrischen Synapsen** kommt es zu einem sehr engen Kontakt zwischen den Zellmembranen zweier Nervenzellen (etwa vier Nanometer Abstand). Ionenkanäle beider Zellen gehen dann eine direkte Verbindung ein und bilden damit durchgängige Übergänge von einer Zelle zur anderen. Durch diese Kanäle können Ionen in beide Richtungen wandern.
- ✔ Bei **chemischen Synapsen** gibt es keinen direkten Kontakt zwischen den Zellmembranen: Botenstoffe müssen hier den synaptischen Spalt überbrücken (etwa 20 Nanometer Abstand). Die Botenstoffe (*Neurotransmitter*) werden von der *Präsynapse* abgegeben und binden an Rezeptoren der Postsynapse, wo sie dann eine Öffnung von Ionenkanälen bewirken können. Diese Übertragung erfolgt immer nur in eine Richtung, also von der Prä- zur Postsynapse.

Das Axon sendet Informationen

Wenn Informationen an den Dendriten ankommen und im Zellkörper verarbeitet werden, dann benötigen Nervenzellen auch noch einen Weg, um diese gesammelten und verarbeiteten Informationen wieder loszuwerden. Hier kommt das *Axon* ins Spiel.

- ✔ Jede Nervenzelle besitzt ein einzelnes Axon, über das Informationen an andere Nervenzellen, aber auch an Muskeln oder Organe weitergegeben werden können. Die Informationsleitung geht dabei nur in eine Richtung: vom Zellkörper weg durch das Axon.
- ✔ Das Axon entspringt am *Axonhügel* des Zellkörpers und endet in *Axonterminalen*. Jede Nervenzelle besitzt nur einen einzelnen Axonhügel, aber ein Axon kann mehrere Axonterminale haben.
- ✔ Das Axon ist durchzogen von parallel laufenden Mikrotubuli. Entlang dieser Proteinfäden werden die in Vesikeln verpackten Neurotransmitter vom Zellkörper zu den Axonterminalen transportiert.
- ✔ Die Zellmembran am Axon enthält sehr viele Ionenkanäle, die durch Änderungen des elektrischen Potentials geöffnet werden. Das Axon enthält zahlreiche Mitochondrien, aber keine weiteren Organellen.
- ✔ Je nach Funktion kann das Axon sehr unterschiedlich lang sein, von wenigen Mikrometern bis hin zu mehreren Metern. Auch der Durchmesser variiert von einem bis zu 25 Mikrometern. Dabei gilt, dass dickere Axone schneller leiten.
- ✔ Das einzelne Axon einer Nervenzelle kann sich in mehrere Äste, die *Axonkollateralen*, aufspalten. So kann eine einzelne Nervenzelle die gleiche Information an viele nachfolgende Zellen weitergeben.

Eine Nervenzelle kann zahlreiche Dendriten besitzen, an denen Informationen von unterschiedlichen Bereichen des Nervensystems ankommen. Das Zusammenlaufen von vielen Informationen an einem Ort heißt *Konvergenz*. Über Axonkollaterale kann eine Nervenzelle die gleiche Information an mehrere Ziele weiterleiten. Die Verteilung von Informationen an viele Orte wird als *Divergenz* bezeichnet.

Das Axonterminale (Synapsen-Endknöpfchen)

Am Ende jedes Axons liegt das *Axonterminale* (auch präsynaptische Endigung oder *Synapsen-Endknöpfchen* genannt). Wie das Terminal am Flughafen ist das Axonterminale ein Ort, an dem sich viele Dinge stauen und darauf warten, an die nächste Station ihrer Reise entlassen zu werden. Im Axonterminale sind diese Reisenden die *Neurotransmitter*, also die Botenstoffe an der chemischen Synapse. Die Neurotransmitter werden im rauen ER zusammengesetzt, im Golgi-Apparat aufbereitet, in Vesikel verpackt und dann entlang der Mikrotubuli durch den Zellkörper und das Axon bis zur präsynaptischen Endigung transportiert. An den Axonterminalen befindet sich die Seite der Synapse, die Informationen abgibt, und dieser Teil der Synapse wird als *Präsynapse* bezeichnet. Dabei passiert Folgendes:

- ✔ Durch eine Veränderung des elektrischen Potentials am Axonterminal öffnen sich Ionenkanäle, durch die Kalzium (Ca^{2+}) in das Axonterminale einströmt.

- Durch die veränderte Ca^{2+}-Konzentration werden Proteine aktiviert, die dafür sorgen, dass die Membran der Vesikel mit der Zellmembran verschmilzt.
- Nach der Fusion der Vesikel- mit der Zellmembran kommt es zur *Exozytose*. Das bedeutet, dass die Neurotransmitter nun aus den Vesikeln in den synaptischen Spalt zwischen Prä- und Postsynapse freigesetzt werden.
- Jetzt können die Neurotransmitter an Rezeptoren der Postsynapse binden und dort eine Öffnung von Ionenkanälen bewirken.

Das Axon einer Nervenzelle kann sich in zahlreiche Axonkollateralen aufteilen, und auch die Axonterminale können sich in mehrere Bereiche ausfächern, um so die Anzahl an Synapsen zu erhöhen. Die Menge der freigesetzten Neurotransmitter bestimmt dabei die Stärke der Informationsübertragung, und je mehr Synapsen vorhanden sind, desto leichter können Informationen von einer Zelle an die nächste weitergegeben werden. Einmal freigesetzte Neurotransmitter können über spezialisierte Pumpen wieder in die Axonterminale aufgenommen und dort wieder in Vesikel verpackt werden. Das Freisetzen und Aufnehmen der Neurotransmitter ist sehr energieaufwendig, daher befinden sich in den Axonterminalen sehr viele Mitochondrien. Das Zusammenspiel zwischen Prä- und Postsynapse sehen Sie in Abbildung 5.2.

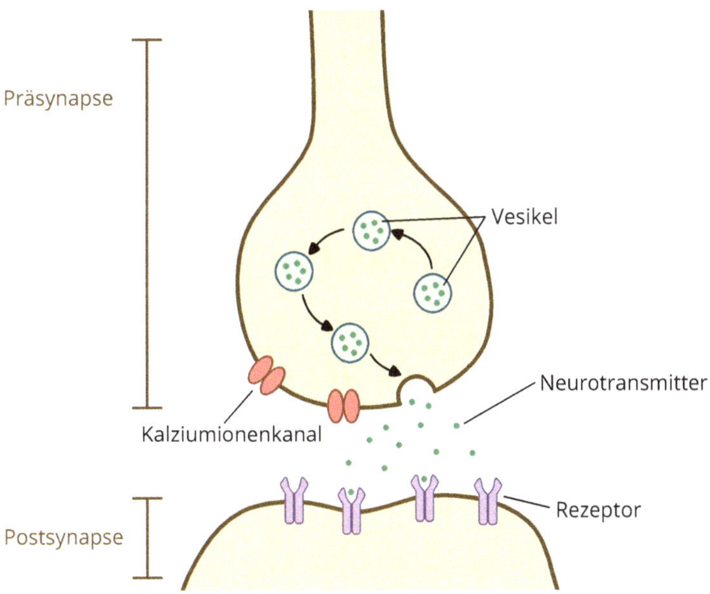

Abbildung 5.2: Schema einer chemischen Synapse. Oben: Axon mit dem Axonterminale (Präsynapse). Unten: Dendrit mit einem dendritischen Dorn (Postsynapse) (© AlexandraDaryl, stock.adobe.com)

Das »Who's who« der Nervenzellen

In Abbildung 5.1 weiter vorn in diesem Kapitel ist ein Neuron mit den Dendriten, dem Zellkörper und dem Axon gezeigt, welches sich in mehrere Axonkollateralen aufteilt, um dann in den Axonterminalen zu enden. Der gleiche Aufbau findet sich im Grunde in allen

Nervenzellen wieder, aber je nach Funktion können die einzelnen Bereiche unterschiedlich geformt sein, unterschiedliche Botenstoffe abgeben oder unterschiedliche Funktionen haben, was jeweils zu einer etwas anderen *Klassifikation* führt (eine noch differenziertere Einteilung der Nervenzellen können Sie in Kapitel 7 nachlesen, aber das führt an dieser Stelle zu sehr ins Detail). Sehen wir uns die unterschiedlichen Arten der Klassifikation nun im Detail an:

Klassifizierung der Neuronen anhand der Form

Unterschiedliche Nervenzellen lassen sich zum Beispiel anhand ihrer Form einordnen:

- ✔ Je nachdem, ob das Neuron viele Informationen aufnehmen muss, oder nicht, können die Dendriten entweder kurz und mit wenigen Dornen versehen sein, oder sehr weit verzweigt und mit zahlreichen Dornen ausgestattet sein. Besitzt ein Neuron mehrere unabhängige Dendriten, wird es als *multipolar* bezeichnet. Besitzt es neben dem einen Axon nur einen einzelnen Dendriten, wird es als *bipolar* bezeichnet.
- ✔ Je nachdem, ob das Neuron Informationen über weite Strecken transportieren muss, oder Informationen an direkte Nachbarn weitergibt, kann das Axon sehr lang oder nur sehr kurz sein. Eine Besonderheit sind sensorische Neurone, mit denen wir Informationen aus unserer Umwelt aufnehmen. Sie haben ein Axon, das sich direkt nach dem Zellkörper aufteilt; ein Ende des Axons wirkt als Dendrit, um Reize aufzunehmen, und das andere Ende des Axons gibt die Informationen dann an das zentrale Nervensystem weiter. Sie werden als *pseudo-unipolar* bezeichnet.

Klassifizierung der Neuronen anhand der Botenstoffe

In den Vesikeln der Nervenzellen befinden sich die Botenstoffe für die chemischen Synapsen, die Neurotransmitter. Jede Nervenzelle produziert in der Regel nur eine Art Neurotransmitter. Es besteht also auch die Möglichkeit, unterschiedliche Nervenzellen nach ihren Botenstoffen einzuordnen:

- ✔ Neuronen, die andere Neuronen erregen, benutzen häufig den Neurotransmitter *Glutamat*. Sie heißen daher *glutamaterge* Neurone.
- ✔ Neuronen, die andere Neuronen hemmen, benutzen häufig den Neurotransmitter *Gamma-Aminobuttersäure* (kurz *GABA*). Sie heißen entsprechend *GABAerge* Neuronen.
- ✔ Neuronen, die die Funktion anderer Neuronen beeinflussen, werden als *neuromodulatorische* Neuronen bezeichnet. Es gibt zahlreiche Stoffe wie zum Beispiel *Serotonin*, *Dopamin* oder *Noradrenalin*, die diese Funktion erfüllen, und auch hier wird bei der Benennung der Neuronen einfach die Nachsilbe »*-erg*« angefügt.
- ✔ Neurone, die ihre Botenstoffe an andere Organe oder das Blut abgeben, werden als *neuroendokrine* Neuronen bezeichnet. Das *endokrine* System ist das Hormonsystem.

Klassifizierung der Neuronen anhand der Funktion

Zu guter Letzt lassen sich Neuronen auch noch nach ihrer Funktion einordnen. Zellen, die Informationen zum zentralen Nervensystem hin beziehungsweise davon weg transportieren, haben Sie schon kennengelernt. Daneben gibt es noch Zellen, die der Weitergabe von Informationen im Nervensystem dienen.

- ✔ *Sensorische Neuronen* bilden den Start der afferenten Nervenbahnen. Sie nehmen Informationen von unseren Sinnesorganen auf und leiten sie an das ZNS weiter. Sie sind *pseudo-unipolare* Neuronen, mit einem Axon, das sich direkt nach dem Zellkörper teilt. Ein Ende des Axons dient als Dendrit, um Informationen aufzunehmen, das andere Ende gibt diese Informationen an das ZNS weiter. Der Zellkörper dient dazu, das eingehende Signal zu verstärken.
- ✔ *Motorische Neuronen* bilden das Ende der efferenten Nervenbahnen. Sie geben Informationen aus dem ZNS an die Muskeln weiter.
- ✔ *Interneuronen* geben Informationen innerhalb des Nervensystems weiter. *Lokale Interneuronen* überbrücken kurze Distanzen, und *Projektionsneuronen* überbrücken lange Distanzen.

Gliazellen: Sichern volle Unterstützung im Nervensystem

Die neben den Neuronen zweite wichtige Art von Zellen im Nervensystem sind die *Gliazellen*, auch *Neuroglia* genannt. Sie dienen in erster Linie dem Schutz und der Versorgung von Nervenzellen. Auch sie kommen in sehr unterschiedlichen Ausführungen vor, je nachdem welche Aufgabe sie übernehmen. Im zentralen Nervensystem gibt es vier Arten von Gliazellen: die Astrozyten, die Oligodendrozyten, die Ependymzellen und die Mikroglia. Im peripheren Nervensystem gibt es die Satellitenzellen und die Schwann-Zellen. Abbildung 5.3 zeigt eine Übersicht über die unterschiedlichen Arten von Gliazellen, die alle noch genauer erklärt werden.

Ependymzellen: Regulieren die Cerebrospinalflüsigkeit

Die *Ependymzellen* befinden sich an der Grenze zwischen dem Nervengewebe und den flüssigkeitsgefüllten Räumen im Nervensystem, den Ventrikeln.

- ✔ Sie bilden das *Neuroepithel*, eine dünne Zellschicht, die das gesamte ZNS umgibt.
- ✔ Ependymzellen produzieren und regulieren die *Cerebrospinalflüssigkeit*.
- ✔ Auf der Außenseite besitzen sie zahlreiche kleine Fortsätze (Mikrovilli) und Härchen, die *Zilien*, mit denen sie die Cerebrospinalflüssigkeit bewegen und so Stoffe zwischen dem Nervengewebe und der Cerebrospinalflüssigkeit austauschen. Sie übernehmen daher eine ähnliche Aufgabe wie die Endothelzellen bei der Blut-Hirn-Schranke.

- ✔ Auf der Innenseite haben Ependymzellen tentakelartige Fortsätze, die Verbindungen zu den Astrozyten aufnehmen. Über diese Verbindung können Stoffe von den Neuronen weg oder zu ihnen hin transportiert werden.

- ✔ Sie können außerdem zu Nervenzellen umgebaut werden. Das Neuroepithel ist also ein Lager, aus dem Nervenzellen rekrutiert werden können, um Verletzungen oder einen Verlust von Nervengewebe auszugleichen. Dabei werden aber keine neuen Zellen gebildet, sondern nur bestehende Zellen umgebaut.

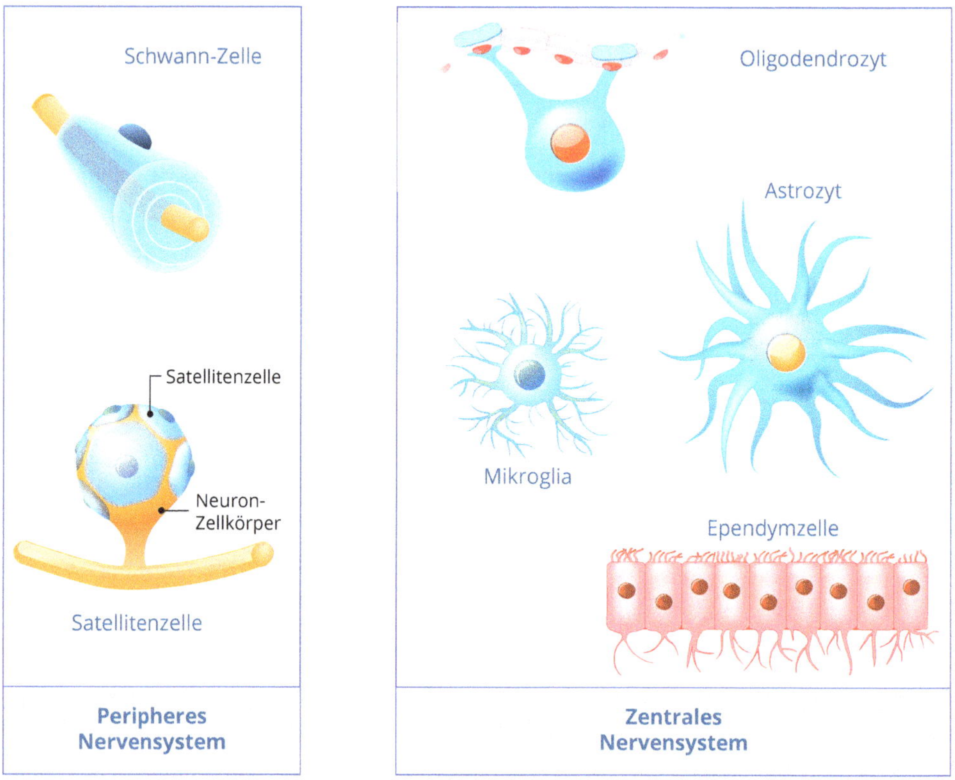

Abbildung 5.3: Gliazellen im peripheren und zentralen Nervensystem dienen dem Schutz und der Versorgung der Neuronen (© designua, stock.adobe.com)

Astrozyten: Wichtiger Teil des glymphatischen Systems

Die weitverzweigten *Astrozyten* stehen in direktem Kontakt zu vielen Neuronen, aber auch zu vielen anderen Gliazellen. Durch ihre Verbindungen zu anderen Zellen stützen sie das Nervengewebe und geben ihm Struktur. Sie sind die häufigste Art der Gliazellen im ZNS.

- ✔ Sie stehen in Kontakt zu den Endothelzellen an den Blutgefäßen und zu den Ependymzellen an den Ventrikeln. Dort nehmen sie Nährstoffe auf und geben Abbauprodukte ab. Damit sind sie ein zentraler Bestandteil der Blut-Hirn-Schranke und des glymphatischen Systems, das der Abfallentsorgung im ZNS dient.

- ✔ Sie speichern Kaliumionen (K^+) und Nährstoffe, um sie an die Neuronen abzugeben. Damit regulieren sie den pH-Haushalt in der extrazellulären Flüssigkeit und sorgen dafür, dass das elektrische Potential entlang der Nervenzellen aufrechterhalten und je nach Bedarf zwischen Nervenzellen ausgetauscht wird.
- ✔ Sie nehmen Neurotransmitter aus dem synaptischen Spalt auf und geben sie bei Bedarf an die Neuronen ab. Damit spielen sie eine wichtige Rolle bei der Regulation der Informationsübertragung an chemischen Synapsen.

Mikroglia: Verbindung zwischen Nerven- und Immunsystem

Die *Mikroglia* sind, wie der Name schon sagt, die kleinsten Gliazellen im ZNS. Diese sehr mobilen Zellen bewegen sich frei im ZNS und bilden die Verbindung zwischen dem Nervensystem und dem Immunsystem. Im ZNS spüren sie Reste abgestorbener Zellen oder aus den Zellen ausgeschiedene Abbauprodukte auf und nehmen sie über Phagozytose in sich auf.

- ✔ Bei Infektionen oder Verletzungen können sie Reaktionen des Immunsystems auslösen und die Entzündungsreaktion hemmen.
- ✔ Nach einer Verletzung oder dem Absterben von Neuronen füllen sie den freien Raum aus.
- ✔ Sie unterstützen die Neubildung von Synapsen, leiten das Wachstum von synaptischen Dornen hin zu benachbarten Axonen und spielen damit eine große Rolle für die dynamische Anpassung des Nervensystems, die *neuronale Plastizität.*

Oligodendrozyten: Sorgen für Isolation im ZNS

- ✔ Die *Oligodendrozyten* bilden die fetthaltige Isolation der Axone von Nervenzellen im ZNS, das *Myelin.* Ihr Name kommt von der griechischen Vorsilbe »oligo« (wenig). Ein Oligodendrozyt besitzt wenige tentakelartige Fortsätze, mit denen er die Axone mehrerer Neuronen umwickeln kann.
- ✔ Diese fetthaltige Umwicklung wirkt als Isolation vor störenden Einflüssen, insbesondere bei eng beieinanderliegenden Axonen. Außerdem schützt sie das Axon vor Verletzungen.
- ✔ Kurze Unterbrechungen in der Myelinisierung werden als *Ranvier'sche Schnürringe* bezeichnet, sie führen zu einer schnelleren Leitung elektrischer Potentiale entlang des Axons.

Die myelinisierten Axone überbrücken in der Regel längere Distanzen und bilden die weiße Substanz im ZNS.

Schwann-Zellen: Isolation der peripheren Nervenzellen

Was im zentralen Nervensystem die Oligodendrozyten sind, sind im *peripheren Nervensystem* die *Schwann-Zellen.* Sie übernehmen die gleichen Aufgaben, sind aber etwas anders aufgebaut.

- ✔ Eine Schwann-Zelle umwickelt immer nur einen kurzen Abschnitt eines Axons. Dabei legt sie sich wie eine Rolle um das Axon und bildet so mehrere Lagen Myelin. Ein Axon ist also von einer Reihe von Schwann-Zellen umgeben.
- ✔ Lücken zwischen den einzelnen Schwann-Zellen werden *Ranvier'sche Schnürringe* genannt.
- ✔ Nicht alle Neuronen im PNS sind *myelinisiert,* und die nicht myelinisierten Axone leiten elektrische Potentiale deutlich langsamer als die myelinisierten Axone.

Satellitenzellen: Versorgung des peripheren Nervensystems

Auch die Nervenzellen im peripheren Nervensystem müssen mit Nährstoffen versorgt werden, und diese Aufgabe übernehmen die *Satellitenzellen.* Damit haben sie eine ähnliche Aufgabe wie die Astrozyten im zentralen Nervensystem, abgesehen von einigen Unterschieden:

- ✔ Ein Zellkörper einer Nervenzelle im PNS wird von mehreren Satellitenzellen versorgt. Sie schützen die Zellkörper vor äußeren Einflüssen und geben ihnen Struktur.
- ✔ Satellitenzellen regulieren, welche Stoffe mit der Nervenzelle in Kontakt kommen. Sie können Neurotransmitter aufnehmen oder an die Nervenzelle abgeben.

IN DIESEM KAPITEL

Elektrische Potentiale

Informationsübertragung der Nerven

Botenstoffe: Neurotransmitter und Hormone

Kapitel 6
Kommunikationswege im Körper

Vielleicht kennen Sie die Verfilmung des Romans »Frankenstein or The Modern Prometheus«, in dem einer aus Leichenteilen zusammengesetzten Kreatur mittels elektrischer Ströme wieder Leben eingehaucht wird. Die Idee der Wiederbelegung toter Körper lag damals nicht so fern: Bereits im 18. Jahrhundert hatte der italienische Arzt Luigi Galvani mit Versuchen an Froschschenkeln gezeigt, dass die Aktivität von Muskeln mit elektrischer Aktivität zusammenhängt, und die Autorin Mary Shelley nutzte diese Experimente als Inspiration für ihren 1818 veröffentlichten Roman. Gut, ganz so einfach ist es zwar nicht mit der elektrischen Aktivität und dem Leben, aber tatsächlich sind spannungsabhängige Prozesse für das Überleben von Organismen unverzichtbar.

Die Entdeckung der elektrischen Potentiale im Körper

Werfen wir hier kurz einen Blick zurück in die Geschichte: Luigi Galvani führte am Ende des 18. Jahrhunderts Experimente mit elektrischen Strömen durch. Dabei entdeckte er durch Zufall, dass sich die Muskeln eines abgetrennten Froschschenkels zusammenzogen, wenn er sie mit einem Messer berührte und gleichzeitig von einer Hochspannungs-Elektrisiermaschine ein Funken übersprang. In weiteren Versuchen entdeckte er, dass sich die Muskeln auch zusammenzogen, wenn er den Muskel mit einem Zinkstift und das Rückenmark mit einem Kupferstift berührte und beide Stifte in Kontakt kamen. Aus diesen Experimenten zog er allerdings den falschen Schluss, dass eine dem Frosch eigene »animalische Elektrizität« für diese Bewegungen verantwortlich wäre.

Galvanis Zeitgenosse Alessandro Volta kam zu einer anderen Interpretation der Ergebnisse: Er erkannte, dass ein elektrischer Strom, also ein Fluss von geladenen Teilchen, zwischen den unterschiedlichen Metallen durch den Körper des Frosches für die

Bewegungen verantwortlich war. Damit war klar, dass für eine Muskelbewegung eine unterschiedliche Verteilung von elektrisch geladenen Ionen an unterschiedlichen Orten im Körper notwendig ist.

In diesem Kapitel lernen Sie die Informationsübertragung in Form elektrischer Potentiale, die biologische Grundlage dieser Potentiale und noch andere Möglichkeiten der Informationsübertragung im Körper durch Botenstoffe kennen.

Von der Ionenverteilung zur Signalübertragung

Wie Sie in Kapitel 5 nachlesen können, besteht die Zellmembran einer Nervenzelle aus einer Phospholipid-Doppelschicht, die von Kanal- und Transportproteinen durchzogen ist, um den Transport bestimmter Stoffe zu ermöglichen. Diese Lipidschicht ist semipermeabel, also teilweise durchlässig für bestimmte chemische Elemente, Moleküle und Proteine. Im Umkehrschluss bedeutet das auch, dass im Inneren der Zelle (dem Zytosol, siehe dazu auch Kapitel 5) und außerhalb der Zelle (der Extrazellularflüssigkeit) Stoffe in unterschiedlicher Konzentration vorliegen können. Diese Konzentrationsunterschiede von Stoffen zwischen dem Inneren und dem Äußeren der Zelle sind die Grundlage für die elektrischen Potentiale der Nervenzellen. Präziser gesagt sind es die Ionen (geladene Atome oder Moleküle), die für zahlreiche zelluläre Vorgänge der Signalübertragung relevant sind.

Atome und die *Moleküle*, die aus zwei oder auch sehr vielen Atomen bestehen, sind die Bausteine aller Stoffe. Der Begriff *Atom* stammt aus dem Griechischen und bedeutet »unteilbar«. Allerdings sind Atome schon, anders als ihr Name vermuten lässt, teilbar, denn sie bestehen aus noch kleineren subatomaren Teilchen (aus negativ geladenen Elektronen, positiv geladenen Protonen und den ungeladenen Neutronen). Elektronen, Protonen und Neutronen bestehen wiederum aus noch kleineren Elementarteilchen, die nach dem heutigen Stand des Wissens wirklich nicht mehr teilbar sind und die Grundbausteine der Materie darstellen.

In der Regel haben Atome gleich viele Protonen und Elektronen und sind damit elektrisch neutral. Hat ein Atom jedoch eine ungleiche Anzahl an Protonen und Neutronen, besitzt es eine elektrische (positive oder negative) Ladung und wird als *Ion* bezeichnet: es ist entweder ein *Anion* (negativ geladen) oder ein *Kation* (positiv geladen). Auch Proteine können aufgrund ihrer geladenen atomaren Bestandteile eine elektrische Ladung besitzen.

Potentialdifferenz: Wenn Ionen innen und außen unterschiedlich konzentriert sind

Im Körper kommen zahlreiche chemische Elemente (Atome) oder Verbindungen von Atomen (Moleküle) vor. Die jeweilige Anzahl von Protonen und Elektronen bestimmt dabei die elektrische Ladung eines Atoms oder Moleküls. Je nachdem, wie viele Stoffe mit einer ganz bestimmten Ladung an einem Ort wie zum Beispiel im Zellinneren vorliegen, herrscht dort ein ganz bestimmtes elektrisches Potential. Wenn innerhalb und außerhalb der Zelle eine unterschiedliche Verteilung von Ionen und Proteinen (also ein unterschiedliches elektrisches Potential) vorliegt, ergibt sich daraus eine *Potentialdifferenz*. Diese Potentialdifferenz ist die Grundlage für die Signalübertragung an Nervenzellen. In Abbildung 6.1 ist diese Verteilung schematisch dargestellt.

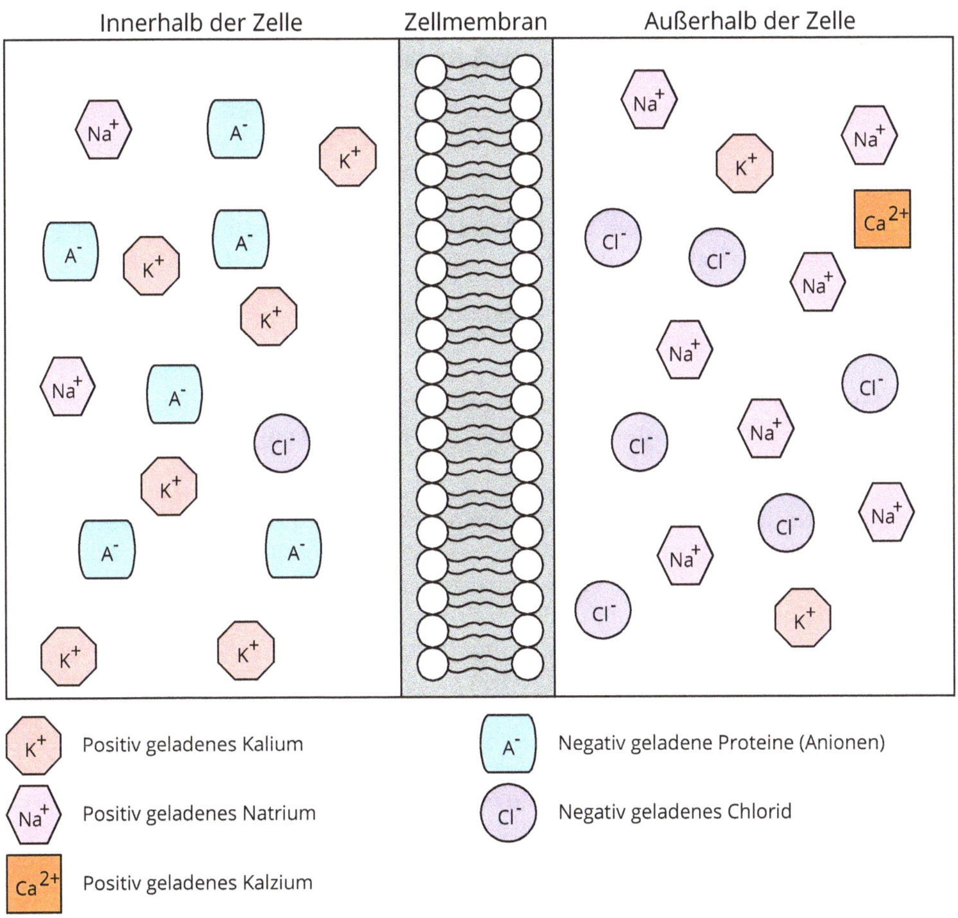

Abbildung 6.1: Verteilung unterschiedlich geladener Atome und Proteine innerhalb und außerhalb einer Nervenzelle im Ruhezustand (© Julian Keil)

- ✔ **Im Inneren der Zelle** liegen viele negativ geladene Proteine (Anionen, A^-), wenig negativ geladenes Chlorid (Cl^-), viel positiv geladenes Kalium (K^+) und wenig positiv geladenes Natrium (Na^+) vor. Insgesamt ist die Ladung **negativ**.

- ✔ **Außerhalb der Zelle** liegt viel positiv geladenes Natrium (Na^+), wenig positiv geladenes Kalium (K^+) und positiv geladenes Kalzium (Ca^{2+}) vor. Außerdem liegt viel negativ geladenes Chlorid (Cl^-) vor. Insgesamt ist die Ladung **positiv**.

- ✔ **Die Potentialdifferenz zwischen dem Zellinneren und dem Zelläußeren von etwa −70 mV** entsteht durch die unterschiedliche elektrische Ladung innerhalb und außerhalb der Zelle und wird als *Ruhemembranpotential* oder einfach Ruhepotential bezeichnet. Der Wert kann je nach Eigenschaften der Nervenzellen auch etwas schwanken, aber −70 mV ist ein grober Wert, der in etwa an allen Nervenzellen mehr oder weniger gut passt.

Kräftemessen: Permeabilität und Potentialgradient

Die unterschiedliche Verteilung der Ionen innerhalb und außerhalb der Zelle entsteht durch die unterschiedliche Durchlässigkeit (*Permeabilität*) der Zellmembran für geladene, nicht lipophile Teilchen. Die Zellmembran ist:

- ✔ **hoch permeabel für Kalium und Chlorid**, sodass diese Stoffe frei durch dafür geeignete Ionenkanäle wandern können.

- ✔ **wenig permeabel für Natrium und Kalzium**, da die für diese Ionen geeigneten Kanäle in der Regel geschlossen sind.

- ✔ **ist fast vollständig undurchlässig für große Proteine**. Sie müssen durch andere Vorgänge wie etwa die Exo-/Endozytose freigesetzt beziehungsweise aufgenommen werden.

Durch die unterschiedliche Verteilung der Ionen innerhalb und außerhalb der Zelle wirken zwei gegeneinander arbeitende Kräfte auf die Ionen: Die elektrostatische Kraft und der osmotische Druck. Die Richtung dieser Kräfte wird dabei zum einen durch den Unterschied in der Stoffkonzentration im Inneren und Äußeren der Zelle, dem *Konzentrationsgradienten*, bestimmt. Zum anderen wird sie durch den Unterschied in der elektrischen Ladung der Stoffe im Inneren und Äußeren der Zelle, dem elektrostatischen *Potentialgradienten*, bestimmt.

- ✔ *Die elektrostatische Kraft* beschreibt die Anziehung und Abstoßung zwischen Ionen aufgrund ihrer elektrischen Ladung. Gleich geladene Teilchen stoßen sich ab, und unterschiedlich geladene Teilchen ziehen sich an. Die Stärke dieser Kraft ist dabei proportional zur Summe der jeweiligen Ladungen und umgekehrt proportional zum Abstand zwischen den Teilchen. Dieser Zusammenhang wird auch als *Coulomb-Gesetz* bezeichnet.

- ✔ *Der osmotische Druck* beschreibt die Verteilung von Ionen in einer Flüssigkeit aufgrund ihrer jeweiligen Konzentration. Teilchen sind ständig in Bewegung, was als *Brown'sche Molekularbewegung* bezeichnet wird. Sind in einer Flüssigkeit sehr viele gleiche Teilchen vorhanden, dann stoßen sich diese Teilchen durch ihre Eigenbewegung ab, was dazu führt, dass sie sich gleichmäßig im Raum verteilen. Diese Verteilung im Raum funktioniert auch durch die semipermeable Zellmembran hindurch.

Aufgrund dieser beiden Kräfte werden die Ionen zwischen dem Inneren und dem Äußeren der Zelle verteilt. Am Beispiel von Natrium und Kalium lässt sich dieses Zusammenspiel gut zeigen.

- ✔ **Im Inneren der Zelle** liegt viel Kalium vor, sodass es entsprechend des Konzentrationsunterschiedes zwischen dem Inneren und dem Äußeren der Zelle aus der Zelle hinausgetrieben wird. Gleichzeitig herrscht aber eine negative Potentialdifferenz zwischen dem Zellinneren und -äußeren, so dass Kalium entsprechend des Potentialunterschiedes im Inneren der Zelle gehalten wird.
- ✔ **Außerhalb der Zelle** liegt viel Natrium vor, sodass Na^{+} durch das Konzentrationsgefälle und die Potentialdifferenz bestrebt ist, ins Zellinnere zu wandern. Diese Bewegung wird aber verhindert, da die für den Einstrom von Natrium notwendigen Ionenkanäle in der Regel geschlossen sind.

Aktion und Reaktion: Aktionspotential und postsynaptisches Potential

Wenn umgangssprachlich die Aktivität einer Nervenzelle beschrieben wird, dann ist häufig die Rede vom »Feuern« eines Neurons. Gemeint ist damit, dass die Nervenzelle schnell nacheinander einzelne Impulse abgibt. Diese Impulse sind kurze Veränderungen des elektrischen Potentials an der Ausgangsstruktur einer Nervenzelle, und sie werden als *Aktionspotential* bezeichnet (siehe Abbildung 6.2). Die Aktionspotentiale lösen am Axonterminale die Freisetzung von Neurotransmittern aus. Diese sorgen an der nachfolgenden Zelle für eine Veränderung des Membranpotentials, das als *postsynaptisches Potential* bezeichnet wird.

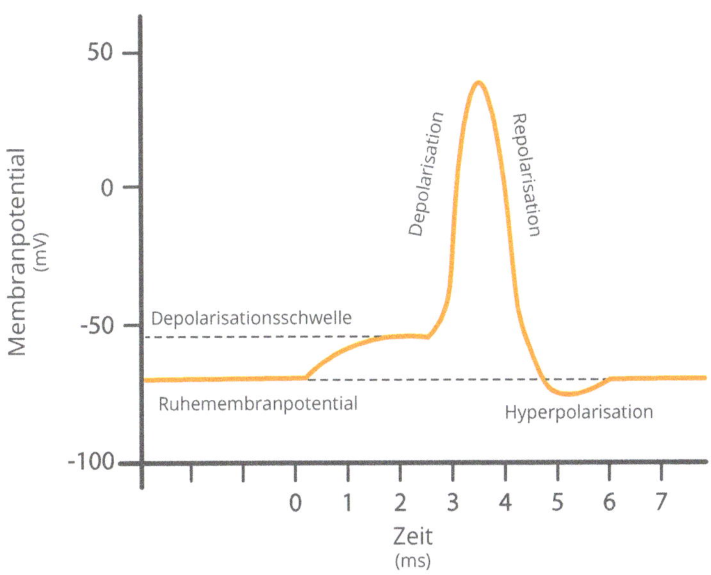

Abbildung 6.2: Der zeitliche Ablauf eines Aktionspotentials (© JFontan, stock.adobe.com)

- ✔ **Das Axon ist die Ausgangsstruktur einer Nervenzelle.** Hier werden Informationen, die im Zellkörper gesammelt wurden, weitergeleitet.
- ✔ **Das Axon entspringt am Axonhügel der Nervenzelle.** Hier befinden sich sehr viele Natrium-Ionenkanäle, die sich nur dann öffnen, wenn das Membranpotential der Nervenzelle einen bestimmten Schwellenwert überschreitet – erst dann wird ein Aktionspotential ausgelöst. Hier gilt das *Alles-oder-nichts-Gesetz.*
- ✔ **Die Anzahl der Aktionspotentiale codiert die Aktivität der Nervenzelle.** Je aktiver die Nervenzelle ist, desto mehr Aktionspotentiale werden produziert. Dieser Zusammenhang zwischen der Stärke der Zellaktivität und der Anzahl von Aktionspotentialen heißt *Code-Rate* (englisch »rate code«). Wichtig dabei ist, dass die Amplitude des Aktionspotentials immer gleich ist, denn sie beruht auf dem Zusammenspiel von Natrium und Kalium. Nur die Anzahl der einzelnen Impulse pro Zeiteinheit verändert sich.

Die fünf Schritte des Aktionspotentials

1. **Am Anfang steht die Veränderung des Membranpotentials der Nervenzelle** vom negativen Ruhemembranpotential hin zu einer *Depolarisationsschwelle.*
2. **Sobald am Axonhügel die Depolarisationsschwelle erreicht ist, öffnen sich spannungsabhängige Na^+-Ionenkanäle.** Dadurch kommt es schlagartig zu einem starken Einstrom von Na^+ entsprechend des Konzentrations- und Polarisationsunterschiedes vom Äußeren der Zelle nach Innen. Damit verändert sich das Membranpotential sehr schnell von einem negativen Potential hin zu einem positiven Potential, der *Depolarisation.*
3. **Nach weniger als einer Millisekunde** schließen sich **die Na^+-Kanäle.**
4. **Da das Membranpotential nun positiv ist, wird K^+ entsprechend des Konzentrations- und Polarisationsunterschiedes vom Inneren der Zelle nach außen getrieben.** Damit verändert sich das Membranpotential wieder vom Positiven zum Negativen, es kommt zur *Repolarisation.* Der Ausstrom von K^+ ist relativ träge, und es strömt mehr K^+ aus der Zelle, als vorher Na^+ in die Zelle hineingekommen ist. Dadurch verschiebt sich das Membranpotential zu weit ins Negative, und es kommt zur *Hyperpolarisation.*
5. **Diese Hyperpolarisation muss durch den aktiven Austausch von Na^+ und K^+ über die Natrium-Kalium-Pumpe ausgeglichen werden.** Erst wenn das Ruhemembranpotential wieder hergestellt wurde, kann das nächste Aktionspotential ausgelöst werden. Diese Zeit wird als *Refraktärphase* bezeichnet.

Das postsynaptische Potential

Eine Frage bleibt noch: Wie und warum verändert sich denn das Membranpotential an der Nervenzelle? Die Dendriten sind die Eingangsstrukturen der Nervenzelle. Hier kommen die Informationen an, die dazu führen, dass sich das Membranpotential der Nervenzelle verändert. An den Dendriten, und teilweise auch direkt auf dem Zellkörper und am Axonterminale, sitzen die Synapsen, und an den Synapsen sitzen die Rezeptoren. Diese Rezeptoren können durch Botenstoffe aktiviert werden, und je nach Rezeptor können dann unterschiedliche Ionen in die Zelle einströmen.

- ✔ **Strömen positiv geladene Ionen in die Zelle ein**, so verschiebt sich das Membranpotential ins Positive, und damit hin zur Depolarisationsschwelle. Dieser Einstrom positiv geladener Ionen (zum Beispiel Na^+ oder Ca^{2+}) führt damit zu einem *erregenden postsynaptischen Potential* (*EPSP*), da die Zelle langsam dazu angeregt wird, ein Aktionspotential auszulösen.
- ✔ **Strömen negativ geladene Ionen in die Zelle ein**, so verschiebt sich das Membranpotential ins Negative und damit weg von der Depolarisationsschwelle. Dieser Einstrom negativ geladener Ionen (zum Beispiel Cl^-) führt damit zu einem *inhibitorischen postsynaptischen Potential* (*IPSP*), da die Zelle langsam daran gehindert wird, ein Aktionspotential auszulösen.

Potentiale werden zeitlich und räumlich summiert

Während das Aktionspotential innerhalb weniger Millisekunden abläuft, dauern die postsynaptischen Potentiale mit etwa zehn Millisekunden deutlich länger. Dies führt dazu, dass sich die postsynaptischen Potentiale am Zellkörper überlagen und so aufsummiert werden. Je mehr gleiche Ionen einströmen, desto größer ist die Amplitude der postsynaptischen Potentiale. Postsynaptische Potentiale codieren Informationen also in der summierten Amplitude der Potentialveränderung.

- ✔ *Räumliche Summation*: Kommt es an mehreren Synapsen einer Zelle zu einem Ioneneinstrom, summieren sich die gleichzeitigen Potentiale an unterschiedlichen Orten an der Zelloberfläche auf.
- ✔ *Zeitliche Summation*: Kommt es an einer Synapse sehr schnell nacheinander zu einem Ioneneinstrom, summiert sich auch hier das Potential lokal auf.

Somit schließt sich ein Kreislauf: Postsynaptische Potentiale werden am Zellkörper aufsummiert, und je größer die Amplitude der erregenden postsynaptischen Potentiale ist, desto größer ist die Anzahl der Aktionspotentiale. Mehr Aktionspotentiale führen dann zu einer stärkeren Freisetzung von Neurotransmittern an der Präsynapse, was dann wiederum eine stärkere Aktivierung der Rezeptoren an der Postsynapse und damit einen stärkeren Ioneneinstrom nach sich zieht.

Die Ausbreitung elektrischer Potentiale

Bei Gewitter sollten Sie nicht im Meer baden gehen, da sich der Strom eines einschlagenden Blitzes im Salzwasser des Meeres sehr weit ausbreiten kann. Das gleiche Prinzip funktioniert im Kleinen auch an den Neuronen. Aktionspotentiale und postsynaptische Potentiale sind, wie Blitze, Veränderungen des Membranpotentials der Nervenzelle. Sie entstehen, wenn Ionen in die Zelle einfließen und somit die Potentialdifferenz zwischen dem Inneren und Äußeren der Zelle verschieben. Damit diese Veränderungen des Membranpotentials sinnvoll für die Informationsweiterleitung genutzt werden können, müssen sie über die Nervenzelle wandern.

- ✔ **Postsynaptische Potentiale breiten sich entlang der Zellmembran in alle Richtungen aus.** Bei dieser *elektrischen Leitung* wird die elektrische Ladung innerhalb der Zelle zwischen Ionen weitergegeben. Das geht sehr schnell, aber funktioniert nur über kurze Distanzen, da Ionen durch die lokalen Potentialveränderungen vom Inneren der Zelle nach außen getrieben werden (das wird als *Leckstrom* bezeichnet) und die Potentialdifferenz damit wieder zum Ruhemembranpotential zurückkehrt.

- ✔ **Aktionspotentiale breiten sich entlang des Axons nur in Richtung des Axonterminales aus.** Das Aktionspotential beruht auf der Aktivierung spannungsabhängiger Natriumkanäle. Diese Kanäle haben eine Refraktärzeit, das heißt sie müssen sich nach einer Öffnung erst wieder erholen, bevor sie das nächste Mal geöffnet werden können. Damit ist der Weg des Aktionspotentials in eine Richtung versperrt: Da wo es herkommt, gibt es keine verfügbaren Natriumkanäle, die das Aktionspotential weiterleiten könnten. Stattdessen führt die Ausbreitung des elektrischen Potentials im Axon während des Aktionspotentials dazu, dass sich im weiteren Verlauf des Axons Natriumkanäle öffnen, und das Aktionspotential so Stück für Stück das Axon entlangwandern kann. Diese Ausbreitung wird *anterograd*, nach vorne gerichtet, genannt.

Die *Ausbreitungsgeschwindigkeit* eines Aktionspotentials entlang des Axons wird begrenzt durch die Geschwindigkeit, mit der sich Natriumkanäle öffnen können, und auch durch die Menge von Ionen im Axon. Dabei gilt: Je dicker ein Axon, desto schneller kann sich das Aktionspotential ausbreiten. Da in einem dicken Axon mehr Ionen Platz haben, kann sich die Potentialveränderung über längere Strecken ausbreiten, bevor sie erneut durch die Aktivierung von Natriumkanälen verstärkt werden muss. Um die Übertragungsgeschwindigkeit zu erhöhen, sind viele Axone myelinisiert. Diese Myelinisolierung (stellen Sie sich das in etwa so vor wie bei einem Stromkabel) reduziert den Leckstrom, und das elektrische Potential kann sich über weitere Strecken ausbreiten, bevor es erneut durch die Aktivierung von Natriumkanälen verstärkt werden muss. Im ZNS werden die Axone durch Oligodendrozyten, im PNS durch Schwann-Zellen isoliert.

Für die Verstärkung gibt es Lücken in der Isolierung, die *Ranvier'schen Schnürringe*, an denen besonders viele Natriumkanäle sitzen. Als Resultat »springt« das Aktionspotential nun von Schnürring zu Schnürring – daher wird diese Art der Signalübertragung als *saltatorische Erregungsleitung* bezeichnet. So kann die Leitungsgeschwindigkeit von circa 0,5 m/s auf bis zu 120 m/s erhöht werden.

Kanäle und Rezeptoren

Die Zellmembran einer Nervenzelle ist für die meisten Stoffe undurchlässig, aber trotzdem müssen Ionen zwischen dem Äußeren und dem Inneren der Zelle ausgetauscht werden, um postsynaptische Potentiale oder Aktionspotentiale auszulösen und damit Informationen an der Zelle zu verarbeiten. Zu diesem Zweck gibt es an der Zellmembran *Ionenkanäle*. Wenn diese Ionenkanäle durch zum Beispiel einen Neurotransmitter geöffnet werden, handelt es sich um *ionotrope Rezeptoren*. Wenn die Bindung der Stoffe nicht direkt zu einer Öffnung eines Ionenkanals führt, sondern erst noch ein paar Zwischenschritte im Inneren der Zelle erfolgen müssen, dann handelt es sich um *metabotrope Rezeptoren*.

Ionotrope Rezeptoren

Ionotrope Rezeptoren sind Ionenkanäle, die sich auf ein Signal hin öffnen; sie werden daher auch als *direkte Rezeptoren* oder *Typ-I-Rezeptoren* bezeichnet. Erinnern Sie sich: Ionenkanäle sind ein Zusammenschluss mehrerer Proteine, die einen Schlauch bilden. Je nach Ladungseigenschaften der Proteine können die Ionenkanäle durchlässig oder undurchlässig für Ionen mit einer bestimmten Ladung sein. Die Öffnung der Ionenkanäle kann dann entweder durch eine Änderung der Form der Proteine erfolgen, oder dadurch, dass ein blockierender Stoff aus dem Kanal entfernt wird. Abbildung 6.3 gibt einen Überblick über die unterschiedlichen Arten der ionotropen Rezeptoren.

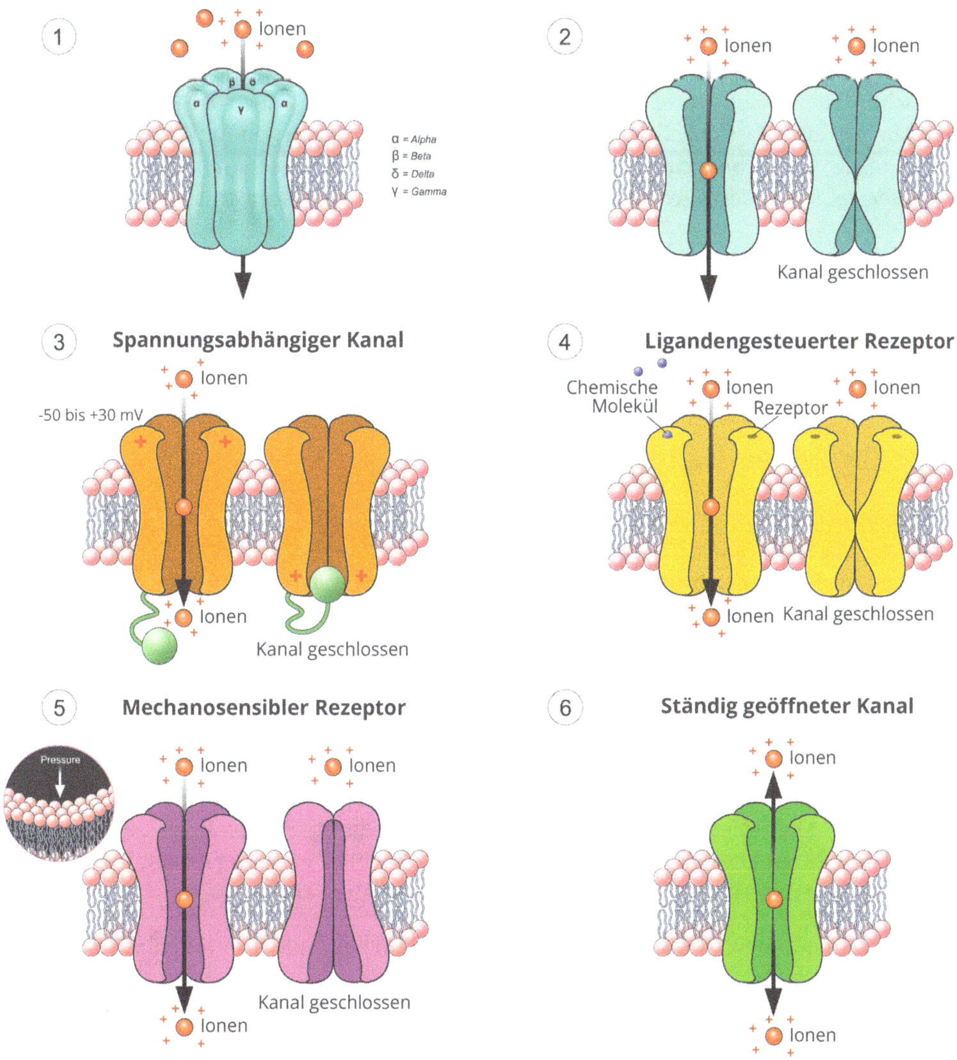

Abbildung 6.3: Unterschiedliche Arten von ionotropen Rezeptoren (© PATTARAWIT, stock.adobe.com)

- **Die Übertragung eines Phosphatrestes** von ATP auf das Kanalprotein kann zu einer Konformitätsänderung führen, sodass sich der Ionenkanal öffnet. Dieser Rezeptor signalisiert also Veränderungen im Inneren der Zelle.

- **Veränderungen am Membranpotential der Zelle** können zwei Auswirkungen haben. Durch die Potentialveränderung kann es zu einer Konformitätsänderung an den Kanalproteinen kommen, sodass sich ein Tor öffnet und Ionen durch den Kanal wandern können. Einige *spannungsabhängige Ionenkanäle* werden auch durch ein Ion blockiert, das bei einer Veränderung des Membranpotentials aus dem Kanal geschubst wird. Dieser Rezeptor signalisiert also Veränderungen an der elektrischen Spannung der Zellmembran.

- **Botenstoffe** können an spezialisierte Bindungsstellen von Ionenkanälen binden und dann eine Konformitätsänderung an den Kanalproteinen auslösen. Diese Liganden können Neurotransmitter aus dem Axonterminale eines benachbarten Neurons sein, aber auch chemische Stoffe aus der Umwelt, oder Hormone. Die Botenstoffe können dabei sowohl die Öffnung als auch das Schließen eines Ionenkanals bewirken. Im ersten Fall wird der Botenstoff dann als *Agonist* bezeichnet, im zweiten Fall als *Antagonist.* Dieser *ligandengesteuerte Rezeptor* signalisiert also das Vorhandensein eines Botenstoffes außerhalb der Zelle.

- **Auch mechanische Verformungen an der Zellmembran** können Ionenkanäle öffnen. Bei diesen *mechanosensiblen Rezeptoren* führt eine Verformung der Zelle dazu, dass feine Proteinfäden an den Kanalproteinen ziehen und so eine Öffnung herbeiführen. Diese Rezeptoren signalisieren also Veränderungen an der Form der Zelle.

Metabotrope Rezeptoren

Metabotrope Rezeptoren sind ligandengesteuerte Rezeptoren, die aber selbst keinen Ionenkanal bilden. Sie werden daher auch als *indirekte Rezeptoren* oder *Typ-II-Rezeptoren* bezeichnet. Im Allgemeinen entfalten sie ihre Wirkung, indem eine Bindung eines Botenstoffes eine Signalkaskade im Inneren der Zelle auslöst, die dann einen benachbarten Ionenkanal aktiviert. Wichtig für diese Signalkaskade sind G-Proteine im Inneren der Zelle, und daher werden diese Rezeptoren auch als *G-Protein-gekoppelt* bezeichnet. Abbildung 6.4 gibt einen Überblick über den Ablauf der Aktivierung eines metabotropen Rezeptors.

G-Proteine bestehen aus drei Untereinheiten (Alpha, Beta und Gamma), und infolge der Bindung eines Botenstoffes an den Rezeptor wird die Alpha-Untereinheit vom G-Protein abgespalten. Auch dieser Abspaltungsprozess erfolgt durch Phosphat, in dem Fall wird Guanosindiphosphat (*GDP*) durch Guanosintriphosphat (*GTP*) ausgetauscht, was dann ein Enzym aktiviert, das die Abspaltung der Alpha-Untereinheit auslöst.

- Die Alpha-Untereinheit kann jetzt direkt an einem benachbarten Ionenkanal binden und dort eine Konformitätsänderung hervorrufen.

- Die Alpha-Untereinheit kann aber auch ein Effektor-Protein aktivieren, das die Bildung eines weiteren Botenstoffes, des *Second Messengers* auslöst, der dann an einen Ionenkanal bindet und dort eine Konformitätsänderung hervorruft. Die Aktivierung des Second Messengers kann auch weitere Stoffwechselvorgänge im Inneren der Zelle auslösen, wie zum Beispiel die Proteinbiosynthese, die dann die Aktivität der Zelle beeinflussen.

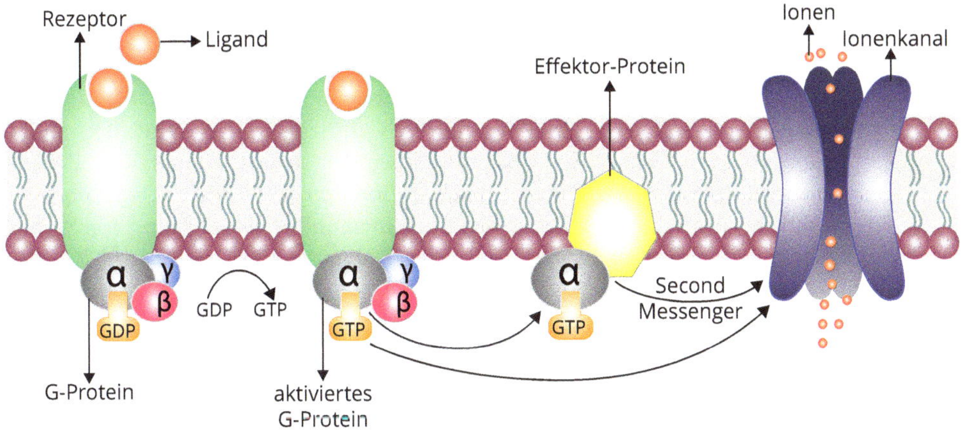

Abbildung 6.4: Ablauf der Aktivierung eines metabotropen Rezeptors (© PH-HY, stock.adobe.com)

Transiente Rezeptorpotentialkanäle

Eine weitere, noch weniger erforschte Gruppe von Rezeptoren sind die *transienten Rezeptorpotentialkanäle* (*TRP-Kanäle*). Diese Ionenkanäle finden sich in vielen tierischen Zellen, und sie können durch ganz unterschiedliche Stoffe aktiviert werden. Sie sind unter anderem sensibel für Temperaturunterschiede und signalisieren, ob ein kaltes oder heißes Objekt in Kontakt mit dem Körper ist, und sie signalisieren auch Schmerz oder Druck. TRP-Kanäle, die durch chemische Stoffe aktiviert werden, sind unter anderem an der Geschmacksverarbeitung beteiligt. Interessanterweise kann der gleiche Rezeptor zum Beispiel sowohl durch Hitze als auch durch das in Chilis vorhandene Capsaicin oder ein anderer Rezeptor sowohl durch Kälte als auch durch das in Minze enthaltene Menthol aktiviert werden.

Neurotransmitter und Neuromodulatoren

Die Signalübertragung an chemischen Synapsen erfolgt über die Exozytose von Botenstoffen aus der Präsynapse und die Bindung dieser Botenstoffe an ligandengesteuerte ionotrope oder metabotrope Rezeptoren. Werden direkt Informationen von einer Nervenzelle zur nächsten weitergegeben, dann heißen diese Botenstoffe *Neurotransmitter*. Bewirken die Botenstoffe zwar eine Veränderung der Aktivität einer Nervenzelle, geben aber nicht direkt Informationen weiter, heißen sie *Neuromodulatoren*. Rezeptoren für Neurotransmitter befinden sich an den Dendriten; Rezeptoren für Neuromodulatoren befinden sich in der Regel am Zellkörper oder auch am Axonterminale der Präsynapse. Die Unterscheidung ist im Detail schwierig, aber sie kann eine grobe Orientierung geben.

Botenstoffe werden nicht nur freigesetzt, sondern sie müssen auch wieder aus dem synaptischen Spalt entfernt werden, um so ihre Wirkung zu beenden oder zeitlich zu begrenzen. Zu diesem Zweck können sie entweder abgebaut werden, zum Beispiel durch Enzyme (Esterasen), welche die Proteine in ihre Bestandteile aufspalten, oder sie können wieder aufgenommen und recycelt werden. Dieses Recycling findet sowohl in der Präsynapse als auch in den benachbarten

Astrozyten statt, und für jeden Stoff gibt es spezialisierte Transporterproteine, die selektiv nur eine bestimmte Klasse von Stoffen aus dem synaptischen Spalt abtransportieren.

Die Transporter sind wichtige Ziele für pharmakologische Therapien oder auch Medikamente, mit denen die Wirkung von Neurotransmittern und Neuromodulatoren im synaptischen Spalt beeinflusst werden soll. So können zum Beispiel die *selektiven Serotonin-Wiederaufnahme-Inhibitoren* (*SSRI*) den Transport von Serotonin aus dem synaptischen Spalt hemmen und so die Wirkung von Serotonin verlängern, was auch zur Therapie der Depression verwendet wird.

Direkte Informationsübertragung: Die Neurotransmitter

Im zentralen Nervensystem gibt es mehrere wichtige Neurotransmitter, das erregende Glutamat, die hemmende Gamma-Aminobuttersäure und das sowohl hemmende als auch erregende Glycin. Im peripheren Nervensystem gibt es außerdem bei der Übertragung von Nervenzellen an Muskelzellen das erregende Acetylcholin. Diese Aminosäuren beziehungsweise Aminosäurederivate sind die häufigsten Botenstoffe im Nervensystem und dienen der schnellen und direkten Informationsübertragung zwischen Zellen.

- ✔ **Die Aminosäure Glutamat** ist der erregende Neurotransmitter im zentralen Nervensystem. Nervenzellen, die ihn produzieren, werden als *glutamaterge Nervenzellen* bezeichnet (siehe auch Kapitel 5). Nach der Freisetzung bindet Glutamat an ionotrope *AMPA-*, *Kainat-* oder *NMDA-Rezeptoren* oder an die metabotropen Rezeptoren *mGlu* 1 bis 8. Die ionotropen Rezeptoren bilden Ca^{2+}-Ionenkanäle, deren Aktivierung zu einem EPSP führt. Der NMDA-Rezeptor wird im Ruhezustand durch Magnesium (Mg^{+}) blockiert, für dessen Entfernung auch eine Veränderung des Membranpotentials notwendig ist. Eine Aktivierung der metabotropen Rezeptoren kann zahlreiche intrazelluläre Stoffwechselprozesse in Gang setzen, wie die Freisetzung von gespeichertem Ca^{2+}, die Hemmung von Enzymen oder die Öffnung von Ionenkanälen.

- ✔ **Gamma-Aminobuttersäure (GABA)** ist der wichtigste hemmende Neurotransmitter im zentralen Nervensystem. Nervenzellen, die GABA produzieren, werden als *GABAerg* bezeichnet. Er bindet an die ionotropen *GABA-A*-Rezeptoren oder an die metabotropen *GABA-B*-Rezeptoren. Die ionotropen Rezeptoren bilden Cl^{-}-Ionenkanäle, die metabotropen Rezeptoren führen zur Öffnung von K^{+}-Kanälen, was beides zu einem IPSP führt. Die metabotropen Rezeptoren befinden sich sowohl auf der Post- als auch auf der Präsynapse, sie können also auch die weitere Freisetzung von GABA hemmen.

- ✔ **Die Aminosäure Glycin** ist ein weiterer Neurotransmitter im zentralen Nervensystem, vor allem im Hirnstamm und Rückenmark. Je nach Rezeptor kann sie entweder hemmend oder erregend wirken. Der ionotrope *Glycin-Rezeptor* aktiviert Cl^{-}-Ionenkanäle und löst damit ein IPSP aus. Außerdem kann Glycin den NMDA-Rezeptor aktivieren und dort einen Ca^{2+}-Einstrom und damit ein EPSP auslösen.

- ✔ **Acetylcholin** (ACh) ist der Neurotransmitter, der Informationen aus dem zentralen Nervensystem an die Skelettmuskulatur überträgt. Er wird am Axonterminale von Motorneuronen freigesetzt und bindet an nikotinerge, ionotrope Rezeptoren, die positiv geladene Ionen passieren lassen (Na^+, Ca^{2+}) und so im Muskel ein EPSP auslösen, was dann zur Kontraktion des Muskels führt. Außerdem ist ACh an der Informationsübertragung zwischen dem zentralen Nervensystem und dem parasympathischen Teil des peripheren Nervensystems beteiligt. Hier befinden sich muskarinerge, metabotrope ACh-Rezeptoren, die K^+-Ionenkanäle aktivieren und so hemmend auf das periphere Nervensystem einwirken.

Veränderung der Zellaktivität: Die Neuromodulatoren

Zahlreiche Botenstoffe beeinflussen, wie unser Nervensystem arbeitet. Während Neurotransmitter vor allem für die Informationsübertragung zwischen einzelnen Zellen verantwortlich sind, können *Neuromodulatoren* weite Teile des Nervensystems gleichzeitig steuern. Im zentralen Nervensystem wirkt ACh als Neuromodulator. Eine weitere Klasse sind die *Katecholamine*, zu denen Dopamin, Noradrenalin und Adrenalin gehören. Außerdem gibt es im zentralen Nervensystem noch das Monoamin Serotonin.

- ✔ **Acetylcholin** dient neben der Signalübertragung im peripheren Nervensystem und an den Muskeln auch als Neuromodulator im zentralen Nervensystem. Es wird im Pons sowie im medialen Septum und im Nucleus basalis gebildet, und die Axone der ACh-produzierenden Nervenzellen ziehen zum Hippocampus, zum Thalamus und zum Neokortex. Damit ist ACh ein zentraler Modulator für Aufmerksamkeit und Gedächtnis.

- ✔ **Dopamin** (**DA**) ist ein Katecholamin, das je nach Rezeptor erregend oder hemmend wirken kann. Gebildet wird Dopamin aus der Aminosäure *Tyrosin* über die Zwischenstufe L-Dihydroxyphenylalanin, was auch unter *L-Dopa* bekannt ist und als Medikation bei Dopaminmangel verabreicht wird. Es bindet an eine Reihe unterschiedlicher metabotroper Rezeptoren, deren Funktion je nach Ort variiert. Die Rezeptoren D2, D3 und D4 wirken dabei eher hemmend, die Rezeptoren D1 und D5 eher erregend. Der D2-Rezeptor befindet sich auch an der Präsynapse und kann dort als *Autorezeptor* wirken, also durch die Aktivierung des aus der Präsynapse ausgeschütteten Dopamins hemmend auf die weitere Ausschüttung am gleichen Axonterminale einwirken. Gebildet wird Dopamin vor allem im ventralen Tegmentum. Von dort ziehen die Axone in den Frontallappen und spielen hier eine große Rolle für die Signalisierung von Belohnungen, Erwartungen und auch das Verletzen von Erwartungen. Außerdem wird es gebildet in der Substantia nigra. Von dort ziehen die Axone ins Striatum im Mittelhirn, und Dopamin spielt hier eine große Rolle in der Feinsteuerung von Bewegungen in den Basalganglien. Im Hypothalamus gebildetes DA kann außerdem als Hormon auf die Hypophyse wirken.

- ✔ **Noradrenalin** (NA) ist ein weiteres Katecholamin, das vor allem erregend wirkt. Noradrenalin wird aus Dopamin gebildet, teilweise in der Nebenniere synthetisiert und wirkt als Hormon im peripheren Nervensystem. Die Vorsilbe »nor« zeigt an, dass Noradrenalin im Vergleich zum verwandten Adrenalin keine Methylgruppe trägt. Es bindet an zwei Klassen von metabotropen Rezeptoren, die Alpha 1- und 2- sowie die Beta 1- und 2-Rezeptoren. Bis auf den Alpha-2-Rezeptor, der als präsynaptischer Autorezeptor hemmend auf die Freisetzung von weiterem NA wirkt, wirken alle anderen Rezeptoren erregend. Im zentralen Nervensystem wird NA im *Locus coeruleus* (»blauer Kern«) im Pons gebildet. Über Axone, die in alle Bereiche des Gehirns ziehen, ist es zentral beteiligt an der Steuerung von Wachheit, Aufmerksamkeit und Erregung. Im peripheren Nervensystem ist es der Übertragungsstoff im sympathischen Nervensystem und steuert auch hier die Erregungsreaktion, wie zum Beispiel die Beschleunigung des Herzschlages und der Atmung und die Freisetzung von Glukose als Energieträger.

- ✔ **Adrenalin** (A) wird wie NA vor allem in der Nebenniere gebildet und bindet an die gleichen Rezeptoren wie NA. Im zentralen Nervensystem spielt Adrenalin nur eine untergeordnete Rolle: Es ist als Botenstoff im Hirnstamm an der erregungsabhängigen Blutdruckregulation beteiligt. Die wichtigere Funktion übt Adrenalin im peripheren Nervensystem aus, indem es die Stressreaktion des Körpers übermittelt, was zur Beschleunigung des Herzschlages sowie der Atmung und der Freisetzung von Glukose als Energieträger führt. Sollten Sie statt Noradrenalin oder Adrenalin einmal die Begriffe *Norepinephrin* und *Epinephrin* hören, dann lassen Sie sich nicht verwirren: Das sind die gleichen Stoffe, aber aus Patentrechtsgründen werden in Nordamerika die letzteren Bezeichnungen verwendet.

- ✔ **Serotonin** (**5-Hydroxytryptamin** oder **5-HT**) ist ein Monoamin und hat zahlreiche sehr unterschiedliche Funktionen im Körper. Es wird aus Tryptophan gebildet und kommt im ganzen Körper vor, weshalb es so etwas wie das Schweizer Taschenmesser unter den Botenstoffen ist. Es gibt zahlreiche unterschiedliche 5-HT-Rezeptoren, die alle metabotrope Rezeptoren sind. Die einzige Ausnahme ist der ionotrope 5-HT3-Rezeptor, der für positiv geladene Ionen permeabel ist. Im zentralen Nervensystem wird 5-HT in den *Raphé-Kernen* in der Formatio reticularis im Hirnstamm gebildet. Die Axone der weiter unten liegenden Kerne ziehen in das Cerebellum, die der weiter oben liegenden Kerne in den gesamten Rest des Gehirns.

  Die Wirkung von 5-HT hängt sehr stark von der Zielregion und den beteiligten Rezeptoren ab. Generell ist es beteiligt an der Steuerung homöostatischer Prozesse wie Schlaf und Appetit, aber auch an der Regulation emotionaler oder motivationaler Prozesse und dem Gedächtnis. So wirkt zum Beispiel eine Aktivierung des 5-HT-1_A-Rezeptors beruhigend und stimmungshebend, kann aber auch wahnhaftes Erleben auslösen. Ein Großteil des Serotonins im Körper kommt im Verdauungstrakt vor, wo es die Bewegung der Darmmuskulatur steuert.

Viele Rezeptoren für Neurotransmitter und Neuromodulatoren wurden entdeckt, indem körperfremde, also exogene Botenstoffe verwendet wurden, um die Aktivität an Nervenzellen zu beeinflussen. Das hat dazu geführt, dass die Rezeptoren nach den verwendeten Drogen benannt wurden, weshalb es *nikotinerge* oder *muskarinerge* Rezeptoren gibt, die durch Nikotin aus der Tabakpflanze oder Muskarin aus dem Fliegenpilz aktiviert werden können.

Hormone – Signalübertragung im ganzen Körper

Wie Neurotransmitter und Neuromodulatoren sind auch die *Hormone* an der Signalübertragung im Körper beteiligt. Die hormonelle Signalübertragung erfolgt dabei aber langsamer und weniger gezielt, hat aber den großen Vorteil, dass große Teile des Körpers gleichzeitig aktiviert oder gehemmt werden können. Einige Neuromodulatoren wirken auch als Hormone, sodass auch hier die genaue Trennung manchmal etwas schwer ist. Das Hormonsystem wird auch als *endokrines System* bezeichnet, und wenn die produzierende Zelle eine Nervenzelle ist, dann wird dies weiter unterteilt in das *neuroendokrine System.* Wirken Hormone lokal an benachbarten Zellen, dann handelt es sich um eine *parakrine* Signalübertragung, und wenn die Hormone direkt auf das produzierende Gewebe selbst wirken, dann handelt es sich um eine *autokrine* Signalübertragung.

Freisetzung und Wirkung

Hormone entfalten ihre Wirkung in der Regel nicht in ihrem Ursprungsorgan, sondern werden relativ weit über das Blut durch den Körper an ihren Wirkungsort transportiert. Je nachdem, ob die Hormone wasserlöslich (*hydrophil*) oder wasserabweisend (*hydrophob*) sind, gibt es unterschiedliche Mechanismen für den Transport und die Wirkung.

✔ **Hydrophile Hormone** können die Zellmembran der produzierenden und der aufnehmenden Zellen nicht selbstständig passieren. Hier kommen also die gleichen Prozesse zum Tragen, wie bei den Neuromodulatoren: Hormone werden über Exozytose aus der Zelle freigesetzt. Sie können sich im Blut lösen und werden so an ihren Zielort transportiert. Dort binden sie an metabotrope Rezeptoren, was dann intrazelluläre Signalkaskaden auslöst. Teilweise können die Hormone auch direkt auf das Zielgewebe wirken, das heißt dann *neurokrine Signalübertragung* und entspricht im Grunde der Signalübertragung von Neuromodulatoren.

✔ **Hydrophobe Hormone** können durch das Cholesterol in der Zellmembran direkt aus der produzierenden Zelle austreten. Auch zum Transport im Blut benötigen sie Trägerstoffe wie Cholesterol. Am Ziel angekommen können sie wiederum direkt in die Zelle wandern, binden dort an freien Rezeptoren im Zellkern und können so die Transkription beeinflussen. Vor allem Steroidhormone wie Cortisol nehmen diesen Weg.

Woher stammen die Hormone?

Hormone können entweder in spezialisierten Organen, den Drüsen, gebildet werden (*glandulär*), oder sie werden in hormonproduzierenden Zellen im Zielgewebe selbst gebildet (*aglandulär*). Je nach Bildungsort gibt es zahlreiche unterschiedliche Hormone, die oftmals in eine ganze Signalübertragungskette eingebunden sind und so weite Teile des Körpers beeinflussen. Manche Hormone entfalten ihre Wirkung vor allem in bestimmten Entwicklungsphasen des Körpers, oder ihre Ausprägung unterscheidet sich zwischen den Geschlechtern.

Was genau sind Drüsen?

Für die glanduläre Produktion von Hormonen gibt es im Körper zahlreiche spezialisierte Organe, die als *Drüsen* bezeichnet werden (englisch »gland«). Sie liegen im Körper verteilt und werden teils direkt vom Nervensystem aktiviert.

✔ *Die Epiphyse* oder *Zirbeldrüse* liegt hinter dem Thalamus und besteht zum großen Teil aus neuroendokrinen Zellen, also Nervenzellen, die Hormone produzieren.

Auch wenn sie nur sehr klein ist, spielt sie doch eine große Rolle für das Verhalten. Sie produziert das Hormon *Melatonin*, das den Tag-Nacht-Rhythmus steuert. Bei Dunkelheit wird Melatonin gebildet und freigesetzt und wirkt so schlaffördernd. Außerdem wirkt Melatonin hemmend auf die Entwicklung und Funktion der Keimdrüsen und kann so das Sexualverhalten beeinflussen. Interessanterweise sind die hormonproduzierenden Zellen veränderte lichtempfindliche Rezeptorzellen. Bei Fischen, Amphibien, Reptilien und vielen Vögeln liegt die Epiphyse dicht unter dem Schädel und kann direkt auf Licht reagieren. Bei Säugetieren erfolgt die Aktivierung über das visuelle System und den *Nucleus suprachiasmaticus*, den wichtigsten Taktgeber für zeitabhängige Veränderungen von Körperfunktionen.

✔ *Der Hypothalamus* liegt unterhalb des Thalamus und ist eine der wichtigsten Steuerungszentralen für die Funktion der inneren Organe und zur Aufrechterhaltung der vegetativen Funktionen. Anatomisch gesehen ist er eine Ansammlung vieler kleinerer Kerngebiete, die unterschiedliche Funktionen erfüllen. Er ist eingebunden in zahlreiche Regelkreisläufe und erhält Informationen sowohl aus den sensorischen Bereichen des Nervensystems als auch aus den höheren Verarbeitungszentren des Gehirns, und damit Informationen über psychische Vorgänge, wie Emotionen oder Motivation. Seine Funktion übt der Hypothalamus vor allem über unterschiedliche Hormone aus. So produziert er zahlreiche *Releasing-Hormone*, welche die Freisetzung weiterer Hormone auslösen, oder *Inhibiting-Hormone*, welche den gegenteiligen Effekt haben. Die Wirkung auf andere Drüsen wird als *glandotrop* bezeichnet. Tabelle 6.1 gibt eine Übersicht über diese Hormone.

Hormon	Wirkungsort	Wirkung
Thyreoliberin (Thyreotropin-Releasing-Hormon, TRH)	Hypophyse	Fördert die Freisetzung von *Thyreotropin*, das die Schilddrüse aktiviert
Corticoliberin (Corticotropin-Releasing-Hormon, CRH	Hypophyse	Fördert die Freisetzung von *ACTH*, was dann die Freisetzung von Cortisol fördert
Gonadoliberin (Gonadotropin-Releasing-Hormon, GnRH)	Gonaden	Fördert die Freisetzung der *Gonadotropine*, welche die Gonaden aktivieren
Somatoliberin (Growth-Hormon-Releasing-Hormon, GHRH)	Hypophyse	Fördert die Freisetzung von *Somatotropin*, welches das Wachstum fördert
Somatostatin (Growth-Hormon-Inhibiting-Hormon, GHIH)	Hypophyse	Hemmt die Freisetzung von *Somatotropin*
Dopamin	Hypophyse	Hemmt die Freisetzung von *Prolaktin*, wodurch die Milchausschüttung reduziert wird

Tabelle 6.1: Übersicht über die glandotrop wirkenden Hormone des Hypothalamus

Wenn die Hormone eine direkte Wirkung auslösen, werden sie als *effektorisch* bezeichnet. Der Hypothalamus produziert unter anderem das effektorische Hormon *Vasopressin*, auch *antidiuretisches Hormon (ADH)*, welches durch die Hypophyse ins Blut gelangt und die Wasserausschüttung aus dem Körper reduziert sowie den Blutdruck erhöht. Das zweite wichtige effektorische Hormon ist *Oxytocin*, das Kontraktionen der Gebärmuttermuskulatur und die Milchausschüttung steuert, aber auch blutdrucksenkend und schmerzstillend wirken kann. Über das Hormon *Leptin* kann die Wirkung zweier weiterer Hormone gesteuert werden: Das *Neuropeptid Y* fördert das Hungergefühl, und alpha-MSH (*alpha-Melanozyten-stimulierendes Hormon*) signalisiert ein Sättigungsgefühl.

- ✔ **Die Hypophyse** (englisch »pituitary«) ist das Ausführungsorgan des Hypothalamus und besteht aus zwei getrennten Bereichen mit unterschiedlichen Aufgaben. Der *Hypophysenhinterlappen* (*Neurohypophyse*) ist im Grunde nur eine Durchgangsstation für die Peptidhormone Oxytocin und Vasopressin. Sie werden im Hypothalamus gebildet, in Vesikeln verpackt in den Axonen der neuroendokrinen Zellen bis in die Neurohypophyse transportiert und dort ins Blut freigesetzt. Der *Hypophysenvorderlappen* (*Adenohypophyse*) wird vom Hypothalamus über das Pfortadersystem aktiviert. Dazu entlässt der Hypothalamus die oben genannten Releasing- oder Inhibiting-Hormone in feine Blutgefäße, über die sie zu den endokrinen Zellen der Hypophyse transportiert werden. Dort beeinflussen sie die Freisetzung weiterer gonadotroper oder effektorischer Hormone. Abbildung 6.5 gibt eine Übersicht über die Hormone der Adenohypophyse.

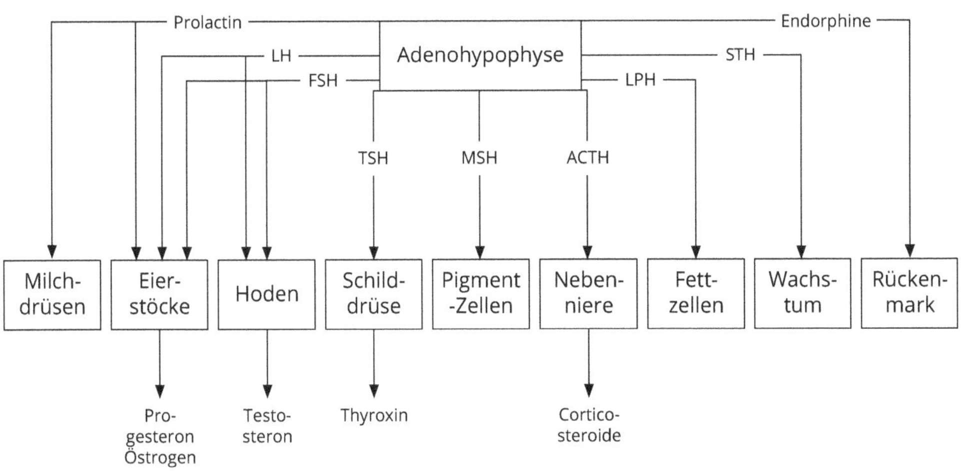

Abbildung 6.5: Die Hormone der Adenohypophyse und ihre Wirkungsorte. LH: luteinisierendes Hormon, FSH: follikelstimulierendes Hormon, TSH: Thyreotropin, MSH: Melanotropin, ACTH: Adrenocorticotropin, LPH: Lipotropin, STH: Somatotropin (© Julian Keil)

- ✔ **Die Schilddrüse** liegt unterhalb des Kehlkopfes und ist die nächste Verschaltungsstation der Hormonkaskade von Hypothalamus und Hypophyse. Hier werden die iodhaltigen Hormone *Triiodthyronin* (T_3) und *Thyroxin* (T_4) gebildet. Beide Hormone spielen eine wichtige Rolle für den Energiehaushalt im Körper und sind im *thyreotropen Regelkreis* organisiert: Der Hypothalamus schüttet TRH aus, was die Hypophyse zur Ausschüttung von TSH anregt. Dies führt zur Bildung und Freisetzung von T_3 und T_4, welche dann über das Blut zu ihren Zielzellen gelangen. Gleichzeitig gelangen T_3 und T_4 über das Blut auch zurück zum Hypothalamus und zur Hypophyse, und mit zunehmendem T_3- und T_4-Spiegel wird die Freisetzung von TRH und TSH gehemmt. Die Schilddrüsenhormone selbst beeinflussen den Stoffwechsel, unter anderem indem sie den Einbau von Adrenalin-Rezeptoren oder die Funktion anderer Drüsen wie der Bauchspeicheldrüse oder der Nebennieren beeinflussen, die dann wiederum die Freisetzung von Glukose oder Insulin steuern.

- **Innerhalb der Schilddrüse** gibt es kleinere Drüsen, die *Nebenschilddrüsen*, welche über das *Parathormon* (*PTH*) unter anderem den Ca^{2+}-Spiegel im Blut regulieren.

- **Die Nebennieren** liegen neben den Nieren und bestehen ebenfalls aus zwei funktionellen Bereichen: dem *Nebennierenmark* und der *Nebennierenrinde*. Ihr lateinischer Name ist *Glandulae adrenales*, was ihren genauen Ort bezeichnet: »ad« heißt neben, und »ren« ist die Niere. Das Nebennierenmark ist ein wichtiger Teil des sympathischen Nervensystems, da es *Adrenalin* und *Noradrenalin* bildet. Sie wirken hier nicht als Neuromodulatoren, sondern als Hormone, da ihr Ziel keine Nervenzellen, sondern Gewebezellen sind. Beide Hormone sind wichtig für die Stressreaktion des Körpers und führen zur Beschleunigung des Herzschlages sowie zur Freisetzung von Glukose als Energieträger. Die hormonproduzierenden Zellen entstehen während der Entwicklung aus den gleichen Zellen wie die Zellen des Grenzstranges im sympathischen Nervensystem. Die Nebennierenrinde (das lateinische Wort für Rinde ist Cortex) besteht aus drei Zellschichten, die jeweils unterschiedliche *Corticosteroide*, also Steroidhormone, bilden, die alle aus *Cholesterol* hergestellt werden:

  - Die äußerste Schicht bildet vor allem *Aldosteron*, das die Konzentration von Na^+ und K^+ im Blut reguliert.

  - Die zweite Schicht bildet *Glucocorticoide*, die den Zuckerstoffwechsel fördern, vor allem *Cortisol*. Sie wirken außerdem entzündungshemmend und reduzieren die Immunreaktion des Körpers.

  - Die innerste Schicht produziert vor allem Geschlechtshormone (*Androgene*), welche die Entwicklung sekundärer Geschlechtsmerkmale steuern.

Kurz zusammengefasst lässt sich die Funktion der drei Schichten der Nebennieren über den Spruch »Mineralwasser mit Zucker ist sexy« merken.

- **Die Bauchspeicheldrüse** produziert vor allem Verdauungsenzyme, aber auch Hormone für die Regulation des Kohlenhydratstoffwechsels. In den *Langerhans-Inseln* werden *Insulin* und *Glukagon* gebildet und in Abhängigkeit des Blutzuckerspiegels ausgeschüttet: Steigt der Blutzuckerspiegel an, wird über Insulin die Aufnahme von Zucker in die Leber und das Fettgewebe angeregt, fällt er ab, wird über Glukagon die Freisetzung von Zucker aus diesen Speichern ausgelöst. Außerdem bildet die Bauchspeicheldrüse *Somatostatin*, das die Freisetzung des Wachstumshormons Somatotropin im Hypothalamus hemmt.

- **Die Eierstöcke und die Hoden** bilden die *Keimdrüsen*, welche die kurz- und langfristige Entwicklung der Geschlechtsorgane steuern. Neben ihrer Hauptaufgabe, der

Produktion der Keimzellen (Eizellen und Spermien), ist ihre zweite wichtige Aufgabe die Produktion der Sexualhormone *Östrogen* und *Gestagen* beziehungsweise von *Androgenen*, hier vor allem *Testosteron*. Östrogen steuert die Entwicklung der weiblichen sekundären Geschlechtsmerkmale, und gemeinsam mit Gestagenen (vor allem *Progesteron*) steuert es das Wachstum der Gebärmutterschleimhaut. Androgene steuern die Entwicklung der männlichen sekundären Geschlechtsmerkmale und fördern die Spermienbildung. Alle Sexualhormone sind Steroidhormone, und sie kommen in allen Geschlechtern vor, es gibt also keine geschlechtsspezifischen Hormone. Allerdings unterscheiden sich die individuelle Menge produzierter Hormone sowie die Antwort des Körpers auf diese Hormone zwischen den Geschlechtern stark.

Hormonproduzierendes Gewebe

Nicht alle Hormone werden in spezialisierten Drüsen gebildet; teilweise werden Hormone auch von Geweben synthetisiert, die eigentlich andere Aufgaben haben. Die aglanduläre Produktion von Hormonen ist also nur ein Nebenprodukt der eigentlichen Arbeit der jeweiligen Organe, spielt aber dennoch eine wichtige Rolle in der Regulation dieser Arbeit.

- ✔ **Im Magen-Darm-Trakt** werden die *gastrointestinalen Hormone* gebildet, welche die Verdauung und Aufnahme von Nährstoffen steuern. Über das Blut können sie auch zum Hypothalamus gelangen und dort Hunger oder ein Sättigungsgefühl signalisieren.
- ✔ **Auch die Niere** produziert Hormone, vor allem *Erythropoetin* (*EPO*). Dieses Hormon ist ein Wachstumsfaktor für die Bildung roter Blutkörperchen, zum Beispiel zur Anpassung an einen reduzierten Sauerstoffgehalt in der Luft in den Bergen. Berühmt geworden ist EPO vor allem als Dopingmittel.
- ✔ **Im übrigen Gewebe des Körpers,** zum Beispiel in der Haut, werden in spezialisierten, im Gewebe verteilten Zellen Hormone gebildet. Diese *Gewebshormone* haben vor allem lokale Wirkungen auf die Durchblutung des Gewebes, Entzündungsreaktionen, die Reaktion des Immunsystems oder die Schmerzleitung. Dazu zählen zum Beispiel *Histamin,* das an der Abwehr körperfremder Stoffe beteiligt ist, oder *Bradykinin,* das die Schmerzempfindlichkeit steigert und die Muskelspannung an der Muskulatur der inneren Organe beeinflusst.

Signalübertragung im Hormonsystem

Die Signalübertragung im Hormonsystem hängt zum einen vom Ursprung der Hormone (siehe weiter oben, glandulär oder aglandulär) und zum anderen von ihrem Ziel ab. Die Ziele der Hormone können entweder andere hormonproduzierende Organe sein (*glandotrop*), oder die Hormone können direkt eine Wirkung auf das Zielorgan ausüben (*effektorisch*).

- ✔ **Bei der glandotropen Signalübertragung** bewirkt die Freisetzung eines Hormons die Freisetzung weiterer Hormone im Zielorgan. Dabei kann der Weg entweder direkt von der produzierenden Zelle auf das Zielorgan erfolgen, oder die Hormone können über das Blut transportiert werden.

Ein Beispiel für diese Signalübertragung ist die *Hypothalamus-Hypophysen-Nebennierenachse* (*HPA-Achse*, vom englischen hypothalamus-pituitary-adrenal axis). In dieser Signalkaskade löst die Freisetzung des *Corticotropin-Releasing-Hormons* (*CRH*) aus dem Hypothalamus in der Hypophyse die Freisetzung des Hormons *Adrenocorticotropin* (*ACTH)* aus, welches dann auf die Nebenniere wirkt und dort die Freisetzung des Steroidhormons *Cortisol* bewirkt.

✔ **Bei der effektorischen Signalübertragung** bewirkt die Freisetzung eines Hormons eine direkte Funktionsänderung im Zielorgan. Auch hier kann der Weg entweder direkt von der produzierenden Zelle auf das Zielorgan erfolgen, oder die Hormone können über das Blut transportiert werden. Ein Beispiel für effektorische Signalübertragung ist die Wirkung des Hormons *Parathormon* (*PTH),* das von der *Nebenschilddrüse* gebildet wird, die auf Veränderungen des Ca^{2+}-Spiegels im Blut reagiert. Ein Absinken des Ca^{2+}-Spiegels im Blut bewirkt die Freisetzung von PTH, was dazu führt, dass Ca^{2+} aus den intrazellulären Speichern oder der Knochensubstanz freigesetzt wird.

IN DIESEM KAPITEL

Was Nervenzellen unterscheidet

Interaktion verschiedener Nervenzellen

Zusammenspiel zwischen ZNS und Körper

Kapitel 7
Netzwerke im Nervensystem und Körper

In komplexen Systemen ist die gemeinsame Funktion oft wichtiger als die Funktion der einzelnen Teile – dieses Prinzip wird auch *Emergenzprinzip* genannt und bezeichnet das Herausbilden von neuen Eigenschaften des Gesamtsystems, die über die Möglichkeiten und Funktionen der einzelnen Teile hinausgehen. Denken Sie an Musik: Sie besteht aus einzelnen Tönen, aber erst aus dem Zusammenspiel vieler Töne unterschiedlicher Instrumente entsteht eine Symphonie. Auch das Zusammenspiel der einzelnen Teile des Körpers und des Nervensystems ist mehr als die Summe seiner Teile. Erst aus der Kooperation zwischen Zellen entsteht ein funktionierender Körper mit seinen scheinbar unendlichen Möglichkeiten, auf Reize zu reagieren. Charles Scott Sherrington war einer der ersten Forscher, die das Zusammenspiel zwischen Nervenzellen zum Beispiel bei der Ausführung von Reflexen beschrieb. Viele seiner Bezeichnungen für unterschiedliche Arten von Nervenzellen werden auch heute noch verwendet.

Wie lässt sich Bewusstsein definieren?

Aus dem Zusammenspiel der einzelnen Teile des Nervensystems entstehen geistige Prozesse und Zustände wie Wahrnehmung und Bewusstsein. Die *Philosophie des Geistes* beschäftigt sich mit den Eigenschaften und den Ursachen und Wirkungen geistiger Zustände. Der Begriff »Geist« schließt hier alle psychischen Prozesse ein, und die Psychologie kann als der empirische Arm der Philosophie des Geistes angesehen werden. In der Philosophie des Geistes geht es also um das Verhältnis von körperlichen Zuständen und geistigen Prozessen und die Frage, wie eine höhere Funktion wie zum Beispiel das Bewusstsein, aus dem Zusammenspiel neuronaler Prozesse entstehen kann.

Neben den Grundlagen der Emergenz geistiger Funktionen aus dem Zusammenspiel einzelner Zellen befasst sich die Philosophie des Geistes mit der Frage, wie subjektive geistige Prozesse erkannt werden können. Kurz gesagt umfasst dies die Frage, ab wann von außen eingeschätzt werden kann, ob einer Handlung ein Bewusstsein zugrunde liegt. Aktuell besonders relevant sind diese Fragen im Kontext der künstlichen Intelligenz (KI). In diesem Fall existiert ein Computersystem, dessen einzelne Funktionen nur schwer erklärbar sind und bei dem aus dem Zusammenspiel der einzelnen Komponenten neues Verhalten entsteht. Hier stellt sich nun die Frage: Besitzt dieses System ein Bewusstsein? Dies wird aktuell sehr heiß debattiert und mit Nachdruck erforscht.

Wie sich Nerven unterscheiden lassen

Die Form der Nervenzellen folgt einem mehr oder weniger gleichen Bauplan, wie Sie in Kapitel 5 nachlesen können; allerdings können die Funktionen der Nervenzellen sehr unterschiedlich sein. Im Speziellen unterscheiden sich Nervenzellen in ihren Neurotransmittern, in der Richtung der Informationsweitergabe und in der Länge und dem Durchmesser der Axone. Für ein Verständnis der Zusammenarbeit des Nervensystems ist es daher wichtig zu wissen, welche Nervenzellen welche Aufgaben übernehmen und wie sie in komplexen Netzwerken zusammenarbeiten.

Klassifizierung von Nervenzellen im zentralen Nervensystem

Im zentralen Nervensystem (ZNS) werden Nervenzellen vor allem danach unterschieden, ob sie in Abhängigkeit der produzierten Neurotransmitter erregend oder hemmend sind und in welche Richtung sie Informationen weiterleiten.

- ✔ *Pyramidenzellen* sind die wichtigsten erregenden Nervenzellen des ZNS; diese Nervenzellen im Gehirn mit einer pyramidenartigen Form der Zellkörper machen etwa zwei Drittel der Nervenzellen aus. Sie produzieren den Neurotransmitter Glutamat (siehe dazu auch Kapitel 6) und können damit erregende postsynaptische Potentiale an den nachfolgenden Nervenzellen auslösen. Wenn sie Informationen zum zentralen Nervensystem hinleiten oder von frühen Verarbeitungsstufen zu späteren Stufen weitergeben, dann werden sie als *afferent* bezeichnet: In Richtung des Informationsflusses ist das *bottom-up*. Umgekehrt, wenn sie Informationen von höheren Verarbeitungsstufen aussenden oder sogar in Richtung des peripheren Nervensystems leiten, dann werden sie als *efferent* oder *top-down* bezeichnet. Pyramidenzellen mit sehr langen Axonen werden auch *Projektionsneuronen* genannt, da sie Informationen über weite Strecken projizieren, also übertragen.

- ✔ *Interneuronen* sind die wichtigsten hemmenden Nervenzellen im zentralen Nervensystem. Ihr Name kommt von ihrer Funktion, denn sie leiten Informationen zwischen Pyramidenzellen weiter und können deren Arbeit beeinflussen. Sie produzieren vor allem den Neurotransmitter *GABA* (siehe Kapitel 6), mit dem sie inhibitorische postsynaptische Potentiale auslösen. Es gibt aber auch, wenngleich deutlich weniger, erregende Interneuronen, die den Neurotransmitter Glutamat nutzen. Je nach Länge ihrer Axone werden sie entweder als *lokale Interneuronen* oder als *Schaltneuronen* bezeichnet.

Bereits vor dem Aufkommen moderner Computer gab es die ersten Überlegungen zu künstlichen neuronalen Netzwerken. Diese simulieren das Verhalten von erregenden und hemmenden Nervenzellen, aus deren Zusammenspiel dann komplexes Verhalten wie zum Beispiel eine Entscheidung aufgrund der gewichteten Summe der erregenden bottom-up-Eingangssignale und den dazwischen liegenden hemmenden Einflüssen, entsteht. Das Zusammenspiel von Erregung und Hemmung wird als *E/I-Balance* (englisch für »excitation/inhibition balance«) bezeichnet. Forschung an natürlichen und künstlichen neuronalen Netzwerken hat gezeigt, dass Netzwerke, die sich an der Grenze zwischen Erregung und Hemmung befinden, optimal auf neue Informationen reagieren können. Diese Grenze wird als *Kritikalität* (englisch »criticality«) bezeichnet und ist ein zentrales Merkmal biologischer Systeme. Auch künstliche neuronale Netze wie GPT arbeiten nach dem gleichen Prinzip und nutzen zusätzlich zum bottom-up-Einfluss auch die zurückfließende top-down-Information.

Klassifizierung von Nervenzellen im peripheren Nervensystem

Charles Scott Sherrington klassifizierte Nervenzellen in Abhängigkeit ihrer Rezeptoren. Seine beiden US-amerikanischen Kollegen Joseph Erlanger und Herbert Gasser haben gemeinsam 1944 den Nobelpreis für ihre Entdeckung der unterschiedlichen Funktionen von Nervenzellen bekommen. Sie teilten Nervenzellen im peripheren Nervensystem vor allem nach der Form der Axone und der Myelinisierung, also der Isolation mit Gliazellen, ein. Insbesondere in der efferenten und afferenten Kommunikation zwischen zentralem und peripherem Nervensystem liegen viele einzelne Axone dicht beieinander, in dicken Faserbündeln, die auch als *Nerven* bezeichnet werden. Ihre Klassifikation umfasst dabei nicht nur die sensorischen, sondern auch die motorischen Nerven.

Als Referenzwert für die Dicke eines Axons kann ein menschliches Haar dienen: Ein Haar hat in etwa einen Durchmesser von 90 Mikrometer (µm), eine Seidenfaser etwa einen Durchmesser von 10 µm. Die dicksten Axone haben in etwa den Durchmesser einer solchen Seidenfaser.

Efferente (motorische) Nerven nach Erlanger und Gasser

Die *efferenten Nerven* sind die motorischen Nerven, also die Nerven, über die Bewegungsbefehle vom zentralen zum peripheren Nervensystem gelangen. Je nach Dicke der Axone, dem Grad der Myelinisierung und der Leitungsgeschwindigkeit der Axone werden nach Erlanger und Gasser folgende Nerven unterschieden:

- ✔ *Alpha-Motorneuronen* (*A-Alpha*) sind 13 bis 20 µm dicke, mit Myelin ummantelte Nervenfasern mit einer Leitungsgeschwindigkeit von 80 bis 120 m/s, welche die Muskelfasern der Skelettmuskulatur ansteuern.

- ✔ *Gamma-Motorneuronen* (*A-Gamma*) sind 5 bis 8 µm dünne, ebenfalls mit Myelin ummantelte Nervenfasern mit einer geringeren Leitungsgeschwindigkeit von 4 bis 24 m/s, welche die Muskelfasern im Inneren der Skelettmuskelbündel ansteuern.

- ✔ *B-Fasern* sind sowohl für die Motorik als auch für die Sensorik der inneren Organe wichtig. Diese nur wenig myelinisierten Fasern leiten Informationen deutlich langsamer (3 bis 14 m/s) und spielen vor allem eine Rolle bei der Informationsleitung in beide Richtungen zwischen dem zentralen Nervensystem und den Ganglien im autonomen Nervensystem.

Afferente (sensorische) Nerven nach Erlanger und Gasser

Die afferenten Nerven sind die sensorischen Nerven, also die Nerven, über die Informationen von den Rezeptoren im peripheren Nervensystem ans zentrale Nervensystem herangetragen werden. Auch hier können die unterschiedlichen Nerven anhand des Durchmessers der Axone nach Erlanger und Gasser wie folgt klassifiziert werden (Sherrington verwendete für die gleichen Nerven römische Zahlen und Buchstaben):

- ✔ *Ia-Nerven* (*A-Alpha-Nerv*) sind dicke (13 bis 20 µm), mit Myelin ummantelte Nervenfasern mit einer Leitungsgeschwindigkeit von 80 bis 120 m/s. Sie nehmen Informationen über die mechanische Spannung der Muskelfasern der Skelettmuskulatur auf. *Ib-Nerven* haben die gleichen Eigenschaften, nehmen aber die Information über die mechanische Spannung der Sehnen auf.

- ✔ *II-Nerven* (*A-Beta-Nerv*) sind dünnere (6 bis 12 µm), ebenfalls mit Myelin ummantelte Nervenfasern mit einer geringeren Leitungsgeschwindigkeit von 33 bis 75 m/s, die Informationen über die Berührungen aus der Haut aufnehmen.

- ✔ *III-Nerven* (*A-Delta-Nerv*) sind noch dünnere (1 bis 5 µm), nur dünn mit Myelin ummantelte Nervenfasern mit einer geringeren Leitungsgeschwindigkeit von 3 bis 30 m/s, die Informationen über schmerzhafte Berührungen, Druck oder Kälte aus der Haut aufnehmen.

- ✔ *IV-Nerven* (*C-Faser*) sind die dünnsten (0,2 bis 1,5 µm) Nervenfasern. Sie sind nicht mit Myelin ummantelt und leiten Informationen am langsamsten (0,5 bis 2 m/s). Sie nehmen Informationen über Schmerz, Juckreiz oder Wärme auf. Teilweise reagieren sie auf Bewegungen einer ganz bestimmten Geschwindigkeit und können damit auch positive affektive Informationen, wie zum Beispiel über das Streicheln, transportieren.

Der Zusammenfluss von Informationen

Eine einzelne Nervenzelle macht noch kein Gehirn, und erst das Zusammenspiel vieler Nervenzellen erlaubt komplexes Verhalten. Abbildung 7.1 gibt eine schematische Übersicht über das Zusammenspiel erregender und hemmender Neuronen in einem einfachen Nervensystem. Nervenzellen erhalten üblicherweise Informationen von vielen benachbarten Nervenzellen, dieser Zusammenfluss von Informationen an einer Nervenzelle wird als *Konvergenz* bezeichnet. Gleichzeitig gibt eine Nervenzelle ihre Information an viele nachgeschaltete Nervenzellen weiter; die Aufteilung der Information von einer Zelle auf viele weitere Zellen wird als *Divergenz* bezeichnet. Konvergenz und Divergenz sind die Grundprinzipien, wie Informationen in neuronalen Netzwerken weitergegeben werden.

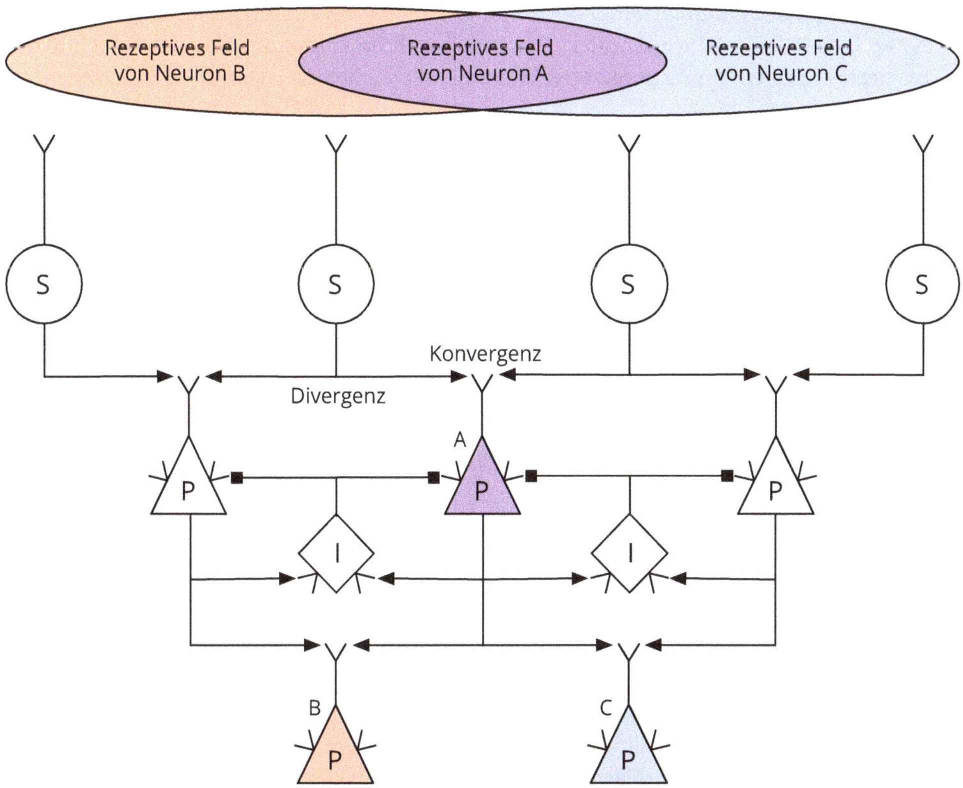

Abbildung 7.1: Schematische Übersicht über das Zusammenspiel von sensorischen Neuronen (S), erregenden Pyramidenzellen (P) und hemmenden Interneuronen (I) in einem einfachen Nervensystem. Erregende Einflüsse sind mit Pfeilen markiert, hemmende Einflüsse mit Kästchen (© Julian Keil)

Informationsverarbeitung: Das »Integrate-and-Fire«-Modell

Einzelne Nervenzellen, egal ob Pyramidenzellen oder Interneuronen, sammeln Informationen und reagieren auf die Summe der eingehenden Informationen. Mathematisch beschrieben wird dies im *Integrate-and-Fire-Modell* von Alan Hodgkin und Andrew Huxley, die für ihre Arbeit 1952 einen Nobelpreis bekommen haben. Biologisch umgesetzt wird dies im Aktionspotential: Um ein Aktionspotential auszulösen, muss das Membranpotential einen bestimmten Schwellenwert übersteigen. Dazu müssen die einlaufenden postsynaptischen Potentiale über die Zeit integriert werden. Dann öffnen sich spannungsabhängige Natriumkanäle, Natrium kann schlagartig in die Zelle einströmen, bis die Kanäle ermüden und die Zelle »feuert«. Kalium strömt aus der Zelle aus, das Membranpotential repolarisiert, und die Natrium-Kalium-Pumpe stellt das Ruhemembranpotential wieder her. Aus diesem Modell lassen sich zwei wichtige Erkenntnisse über das Zusammenspiel von Nervenzellen ableiten.

1. **Einzelne Zellen treffen Entscheidungen:** Eine Zelle summiert die Stärke der vielen gleichzeitig oder kurz nacheinander ankommenden erregenden und hemmenden postsynaptischen Potentiale auf, und erst, wenn die Aktionspotentialschwelle erreicht ist, reagiert sie mit einem Aktionspotential und leitet so die verarbeitete Information weiter.

2. **Informationsleitung im Nervensystem braucht Zeit:** Je nach Stärke der ankommenden postsynaptischen Potentiale dauert es unterschiedlich lange, bis die Aktionspotentialschwelle erreicht ist. Die Bildung dieser Summe über die Zeit wird *Integration* genannt (siehe dazu auch Kapitel 6).

Rezeptive Felder

Nervenzellen sammeln Informationen, und irgendwo müssen diese Informationen herkommen. Der Bereich des Nervensystems oder des Körpers, aus dem eine einzelne Nervenzelle Informationen sammelt, wird als *rezeptives Feld* dieser Nervenzelle bezeichnet. Das rezeptive Feld ist also immer von der Nervenzelle her definiert. Auf der Ebene der sensorischen Neuronen ist das noch recht einfach, doch bei späteren Verarbeitungsstufen ist es etwas komplizierter, denn diese Neuronen haben in der Regel komplexe rezeptive Felder, da sie bereits zusammengefasste Informationen der vorgeschalteten Neuronen erhalten.

- *Sensorische Neuronen*: Das rezeptive Feld einer afferenten sensorischen Faser ist der Bereich des sensorischen Organs, an dem ein Reiz eine Reaktion an der Nervenzelle hervorruft. Benachbarte Bereiche des sensorischen Organs aktivieren benachbarte sensorische Neuronen. Sollte der Reiz größer sein als das rezeptive Feld eines einzelnen Neurons, dann kann dieser Reiz auch mehrere benachbarte Neuronen aktivieren. Die Größe der rezeptiven Felder bestimmt die räumliche Auflösung der sensorischen Information: Je kleiner die rezeptiven Felder, desto feinere Unterschiede in der Aktivierung benachbarter Neuronen können erkannt werden.

Achtung, sensorische Nervenzellen werden oft auch als *Rezeptoren* bezeichnet, achten Sie also immer auf den Kontext, ob mit diesem Begriff der Mechanismus in der Zellmembran oder das gesamte Gebilde gemeint ist.

- *Nachgeschaltete Neuronen*: Die rezeptiven Felder nachgeschalteter Neuronen sind meistens komplexer, da sie nicht nur die Aktivierung eines Bereiches des sensorischen Organs, sondern durch die Summe der Einflüsse der sensorischen Neuronen und der benachbarten erregenden und hemmenden Neuronen integrieren.

  - Die Axone sensorischer Rezeptoren können zum Beispiel mehrere nachgeschaltete Pyramidenzellen gleichzeitig aktivieren (*Divergenz*).

  - Diese wiederum können hemmende Interneuronen aktivieren, sodass die Reaktion der nachgeschalteten Pyramidenzellen die Summe der Aktivierung der vorher aktivierten Neuronen ist (*Konvergenz*).

- Das führt dazu, dass komplexe rezeptive Felder entstehen, bei denen zum Beispiel ein Reiz im Zentrum des rezeptiven Feldes die Nervenzelle erregt, aber ein Reiz in der Peripherie des rezeptiven Feldes die Nervenzelle hemmt. Je höher ein Neuron in der sensorischen Verarbeitungshierarchie liegt, desto komplexer ist das rezeptive Feld des Neurons (siehe Abbildung 7.1).

✔ *Interneuronen:* An einem Neuron hängt die Aktivierung also nicht nur vom direkten erregenden und hemmenden Einfluss der vorherigen Neuronen ab, sondern auch vom Einfluss der benachbarten Nervenzellen und dazwischenliegenden Interneuronen.

- Über die Aktivierung der hemmenden Interneuronen kann eine Pyramidenzelle gleichzeitig direkt nachgeschaltete Pyramidenzellen aktivieren und benachbarte Pyramidenzellen hemmen. Dieses Prinzip wird als *laterale Hemmung* bezeichnet, da die Hemmung seitlich auf der gleichen Verarbeitungsebene geschieht.

- Die laterale Hemmung dient vor allem der Kontrastverstärkung bei der Wahrnehmung. So können auch kleine Kontraste, also Helligkeitsunterschiede zwischen benachbarten Flächen, Tonhöhenunterschiede zwischen aufeinanderfolgenden Tönen oder Unterschiede in der Festigkeit von Oberflächen verstärkt und damit deutlich erkannt werden. Teilweise führt dies zu Illusionen, also Wahrnehmungstäuschungen, wie der Illusion, dass die Kanten zwischen den schwarzen und weißen Feldern eines Schachbrettes dunkler beziehungsweise heller aussehen als das Innere der Felder.

Die Zweipunktschwelle

Die *Zweipunktschwelle* ist eine einfache Methode der Psychophysik, um die Größe und Funktion rezeptiver Felder zu untersuchen. Kurz gesagt messen Sie mit dieser Methode, welche nah beieinanderliegenden Reize Sie gerade noch unterscheiden können beziehungsweise wann zwei Reize zu einer Wahrnehmung verschmelzen. Dies ist für die Diagnostik sensorischer Verarbeitungsstörungen wichtig.

✔ Die rezeptiven Felder der sensorischen Neuronen in der Haut sind die Bereiche der Haut, an denen eine Berührung eine Reaktion eines Neurons hervorrufen kann.

✔ Benachbarte Neuronen haben nah beieinanderliegende rezeptive Felder, und die subjektive Einschätzung, welche nah beieinanderliegenden Berührungen Sie noch unterscheiden können, gibt Ihnen ein Bild von der Größe der rezeptiven Felder.

✔ Die Zweipunktschwelle der sensorischen Neuronen in der Haut ist besonders niedrig in den Bereichen, in denen viele sensorische Neuronen liegen, also den Fingerspitzen, den Lippen oder der Zungenspitze. Sie ist am größten am Rücken, Bauch oder den Oberschenkeln.

Um die Zweipunktschwelle der Haut zu testen, benötigen Sie zwei Nadeln, mit denen Sie gleichzeitig nah beieinanderliegende Bereiche der Haut berühren. Wenn Sie die beiden Nadeln als zwei Reize wahrnehmen, dann haben Sie unterschiedliche rezeptive Felder aktiviert, nehmen Sie die beiden Nadeln als einen Reiz wahr, dann ist der Abstand der Nadeln unterhalb der Zweipunktschwelle, und Sie haben nur ein einzelnes rezeptives Feld aktiviert.

Die komplexe Landschaft des Nervensystems

Die grobe Einteilung des Nervensystems in ein zentrales sowie ein peripheres Nervensystem und afferente sowie efferente Nerven lässt sich noch weiter auffächern, wenn die Funktionen einzelner Bereiche des Nervensystems genauer untersucht werden. So lassen sich detaillierte funktionelle Karten des Nervensystems erstellen, die zeigen, welche Information in welchem Teil des Systems verarbeitet wird, in welcher hierarchischen Beziehung ein Teil zu seinen räumlichen Nachbarn steht und welche Information welchen Weg durch das System nimmt.

Die topische Ordnung der sensorischen Systeme

Benachbarte Bereiche eines sensorischen Organs aktivieren benachbarte sensorische Neuronen. Diese leiten die Information wiederum an benachbarte Neuronen im zentralen Nervensystem und im Gehirn weiter. Dieses Prinzip der räumlichen Anordnung wird als *topische Ordnung* bezeichnet. Die Art der Ordnung hängt vom sensorischen System ab. Dabei ist zu beachten, dass die Größe der Repräsentation im zentralen Nervensystem der Anzahl sensorischer Neuronen entspricht und nicht mit der Größe des sensorischen Organs korreliert. Die Fingerspitzen enthalten sehr viele sensorische Neuronen und nehmen im Gehirn sehr viel Raum ein, obwohl sie nur ein sehr kleiner Teil des Körpers sind.

Abbildung 7.2: Darstellung des Homunculus des somatosensorischen und motorischen Systems. Der Körper wird entsprechend der Größe der Repräsentation des Körpers im Gehirn verzerrt dargestellt (© shumpc, stock.adobe.com)

Abbildung 7.2 zeigt dieses Verhältnis an einem sogenannten *Homunculus*: Bereiche des Körpers, die besonders prominent im Gehirn repräsentiert werden, sind auch im Homunculus sehr groß.

- **Die Somatosensorik,** also alle Empfindungen aus dem Körper, und die **Motorik**, also die Steuerung der Bewegungen, folgen einer Ordnung entsprechend der Körperoberfläche, der *Somatotopie*. Das heißt, dass benachbarte Bereiche des Körpers benachbarte sensorische Neuronen aktivieren, die wiederum benachbarte Neuronen im Rückenmark und im Thalamus und schlussendlich auch benachbarte Bereiche im Parietallappen des Gehirns aktivieren. Das geht so weit, dass es möglich ist, die Repräsentation der unterschiedlichen Bereiche eines Fingergliedes im somatosensorischen Bereich des Gehirns nachzuweisen.
- **Die Chemosensorik,** also die Informationen, die wir über die Nase und Zunge bekommen, folgt einer *Chemotopie*. Das heißt, dass die Ordnung entsprechend der sensorischen Neuronen aufgebaut ist, die spezifisch für chemische Stoffe sind, und wiederum Neuronen im zentralen Nervensystem entsprechend dieser chemischen Information aktiviert werden. Die genaue Organisation dieser Chemotopie ist nach wie vor umstritten.
- **Das Sehen,** also alle Informationen, die wir über das Auge bekommen, folgt einer Ordnung entsprechend der Retina des Auges, der *Retinotopie*. Das heißt, benachbarte Bereiche der Retina aktivieren benachbarte Photorezeptoren, die wiederum benachbarte Ganglien und Neuronen im Thalamus und schlussendlich im Okzipitallappen des Gehirns aktivieren. Der Bereich des scharfen Sehens, die Fovea, nimmt dabei den größten Raum ein.
- **Das Hören,** also alle Informationen, die wir über das Ohr bekommen, folgt einer Ordnung entsprechend der Tonhöhe, der *Tonotopie*. Das heißt, benachbarte Frequenzen einer Schallquelle aktivieren benachbarte Hörsinneszellen im Innenohr, die wiederum benachbarte Ganglien und Neuronen im Thalamus und schließlich im Temporallappen des Gehirns aktiveren. Die Ordnung folgt dabei grob der umgekehrten Frequenz: Tiefe Töne nehmen den größten Raum ein, hohe Töne den geringsten.

Neuronale Netzwerke: Serielle und parallele Verschaltung

Neuronale Netzwerke unterscheiden sich darin, wie sehr die Informationen zwischen benachbarten Zellen einer Verarbeitungsstufe verschaltet werden. Grundsätzlich läuft der Informationsfluss im Nervensystem seriell auf parallelen Bahnen ab. Innerhalb und zwischen den sensorischen und motorischen Systemen werden auf diesen Bahnen Informationen transportiert und ausgetauscht.

- *Serielle Verschaltung* bedeutet, dass die Aktivierung eines Neurons und die Informationsweitergabe von einem zum nächsten Neuron vor allem in eine Richtung abläuft und Schritt für Schritt unterschiedliche Verarbeitungsstufen erreicht werden. Dieser Weg wird, wie oben bereits erwähnt, als aufsteigend oder *bottom-up* bezeichnet. Allerdings gibt es auch rekurrente Einflüsse, also die Informationsweitergabe von späteren Stufen zurück auf frühe Stufen, was als absteigend oder *top-down* bezeichnet wird.

✔ *Parallele Verschaltung* bedeutet, dass die Aktivierung benachbarter Neuronen auf parallelen Signalpfaden weitergegeben wird. Zum einen wird Information von sensorischen Neuronen in benachbarte Nervenfasern transportiert, um so die jeweilige topische Ordnung des sensorischen Systems aufrechtzuerhalten. Zum anderen wird unterschiedliche Information aus dem gleichen Bereich des sensorischen Organs auf parallelen Signalpfaden transportiert, wie zum Beispiel Druck- und Schmerzreize aus dem gleichen Bereich des Körpers über unterschiedliche (zum Beispiel A-Delta-Nerven für Druck und C-Fasern für Schmerz) Signalpfade laufen. Auch wenn die Signalpfade parallel angeordnet sind, gibt es zahlreiche gegenseitige Einflüsse zwischen benachbarten Signalpfaden. So kann eine Information in unterschiedliche Anteile zerlegt werden, um dann in spezialisierten Bereichen des Gehirns verarbeitet zu werden, bis sie dann am Ende zu einer einheitlichen Information zusammengefügt wird.

Ein kleiner Exkurs in die Topologie

Die mathematische Disziplin der *Topologie* untersucht die Eigenschaften eines geometrischen Objektes. Sie geht zurück auf den Schweizer Mathematiker Leonhard Euler, der einen Weg suchte, so über die sieben Brücken von Königsberg zu spazieren, dass er jede Brücke nur ein einziges Mal überqueren muss. Zwar scheiterte er mit seinem Spaziergang, aber er erfand eine neue Art und Weise mathematische Strukturen als Eigenschaften von Objekten und ihren Verhältnissen zueinander zu beschreiben. Letzteres wird auch als Graphentheorie bezeichnet und beschreibt die Zusammenhänge in einem Netzwerk anhand der Knoten und Verbindungen (oder Kanten) des Netzwerkes.

Genau wie bei Euler in Königsberg lassen sich auch komplexe Netzwerke anhand der Eigenschaften der Verbindungen und Knoten beschreiben und untersuchen. Dabei ist vor allem interessant, wie zentral einzelne Knoten und Verbindungen für das Netzwerk sind und welchen Weg Information durch das Netzwerk nimmt. Wie genau das Netzwerk aussieht, ist dabei nicht von Bedeutung. Die gleichen Prinzipien gelten für Gehirne oder soziale Netzwerke: Bestimmte Bereiche stehen im Zentrum, bekommen viele Informationen und geben diese an zahlreiche andere Knoten weiter, und andere Bereiche stehen eher am Rand, bekommen nur wenige Informationen oder geben Informationen nur an sehr ausgewählte Knoten weiter.

Gehirn und Körper beeinflussen sich gegenseitig

Für die Aufrechterhaltung der vollständigen Funktion des Körpers ist es notwendig, dass alle Teile sinnvoll zusammenarbeiten. Abgesehen von den funktionellen Netzwerken des zentralen Nervensystems müssen also weitere Netzwerke die vegetativen Funktionen des

Körpers aufrechterhalten. Zu diesen Funktionen zählt zum einen die Aufrechterhaltung der *Homöostase*, also des stabilen Grundzustandes, und zum anderen die Abweichung von diesem Grundzustand, um auf neue Situationen zu reagieren. Im zentralen Nervensystem arbeitet der Hypothalamus als wichtiger Knotenpunkt zwischen dem Neokortex, dem Hirnstamm und dem Körper. Die hier erzeugten Befehle gelangen über das Rückenmark zu drei Teilen des peripheren Nervensystems, dem *Sympathikus*, dem *Parasympathikus* und zum *Darmnervensystem*. Zusammen bilden diese drei Teile das *vegetative Nervensystem* (auch *viszerales Nervensystem* genannt).

Von »Fight or Flight« zu »Rest and Digest«

Das Zusammenspiel der unterschiedlichen Bereiche des Körpers zur Aufrechterhaltung der vollständigen Funktion, und damit das Konzept der Homöostase, wurde das erste Mal vom Physiologen Walter B. Cannon beschrieben. Er war es auch, der die *Fight-or-Flight*-Reaktion beschrieb, also die Alarmreaktion des Körpers auf ein neues Signal, die uns in die Lage versetzt, schnell entweder wegzurennen oder uns zu wehren. Neuere Forschung hat das Verhaltensrepertoire um das Erstarren im Angesicht einer Bedrohung zur *Fight-or-Flight-or-Freeze*-Reaktion erweitert und im Gegensatz dazu den *Rest-and-Digest*-Zustand in Ruhephasen etabliert.

Sympathikus, Parasympathikus und Darmnervensystem

Diese drei Teile des vegetativen Nervensystems werden vor allem aufgrund von anatomischen und funktionellen Eigenschaften unterschieden. Während das *Darmnervensystem* anatomisch sehr eng auf den Darmtrakt bezogen ist (wie der Name schon sagt), versorgen der *Sympathikus* und der *Parasympathikus* beide mit wenigen Ausnahmen alle vegetativen Organe. Sie unterscheiden sich aber in ihren Aufgaben und bilden in ihrer komplementären Wirkung einen *funktionellen Synergismus*. Das bedeutet, dass die beiden Systeme nicht gegeneinander arbeiten, sondern für jede Situation die optimale Balance aus Erregung und Hemmung gefunden wird (siehe Abbildung 7.3).

Die Wirkung des vegetativen Nervensystems auf die Zielorgane hängt neben der efferenten Information auch von der Anzahl und Art der Rezeptoren am Zielorgan ab. So kann die Anzahl und Art der adrenergen Rezeptoren beeinflussen, wie stark Noradrenalin und Adrenalin das Zielorgan beeinflussen. Über den Ein- und Ausbau von Rezeptoren am Zielorgan kann dann die Reaktion über die Zeit an bestimmte Anforderungen angepasst werden. Zum Beispiel kann bei einer dauerhaften Aktivierung des Sympathikus die Anzahl der adrenergen Rezeptoren reduziert werden, um so eine dauerhafte Übererregung zu vermeiden.

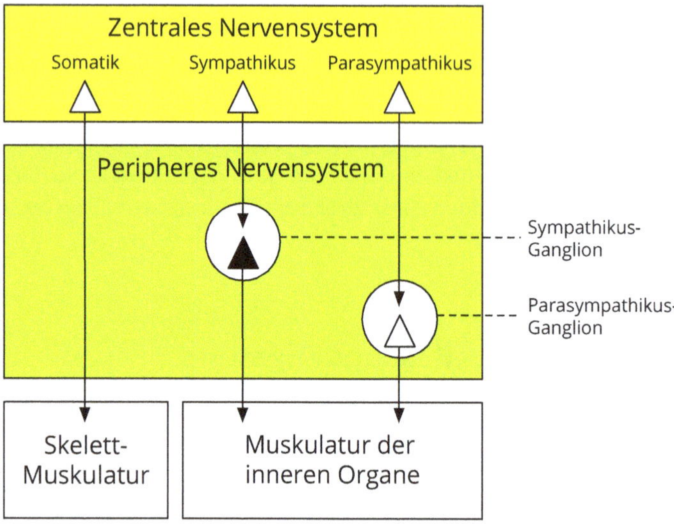

Abbildung 7.3: Schematische Übersicht über die Verschaltung von zentralem Nervensystem und den unterschiedlichen Anteilen des peripheren Nervensystems (© Julian Keil)

Der Sympathikus

Eine Aktivierung des *Sympathikus* führt zu einer *ergotropen Reaktionslage*, also zu einer Leistungssteigerung. Mit dieser *Fight-or-Flight*-Reaktion kann unter anderem mit einem Anstieg des Pulses, des Blutdruckes, der Erweiterung der Pupillen und der Produktion von Schweiß auf mögliche Gefahren, Stress, oder Belastungen reagiert werden. Neben der Aktivierung der Zielorgane über Neurotransmitter kann es hier auch zu einer hormonellen Aktivierung über Adrenalin aus der Nebenniere kommen.

- ✔ Die ersten Neuronen des Sympathikus entspringen im zentralen Nervensystem entlang des Rückenmarkes. Von der Vorderwurzel des Rückenmarkes nehmen die Axone nur einen kurzen Weg bis zu einer links und rechts der Wirbelsäule gelegenen Reihe von Ganglien, dem *Grenzstrang*. Diese Neuronen werden auch als *präganglionär* bezeichnet. Alle sympathischen Verbindungen durchlaufen diesen Grenzstrang. Der Neurotransmitter dieses ersten Neurons ist Acetylcholin (ACh).

- ✔ Bei den weiter oben im Körper liegenden Zielorganen (zum Beispiel Pupillen, Speicheldrüsen, Lungen oder dem Herz) kommt es in den Ganglien im Grenzstrang zur Verschaltung auf ein zweites Neuron, das dann die sympathische Information zum Zielorgan transportiert. Dieses zweite Neuron wird als *postganglionär* bezeichnet. Der Neurotransmitter dieses zweiten Neurons ist Noradrenalin (NA).

- ✔ Bei den weiter unten im Körper liegenden Zielorganen (zum Beispiel bei der Leber, den Nebennieren oder dem Darm) findet die Verschaltung auf das zweite Neuron in Ganglien außerhalb des Grenzstranges statt. Auch hier ist NA der Neurotransmitter. Die Schweißdrüsen, die Haarfollikelmuskulatur, die Blutgefäße sowie die Leber und Nebenniere werden nur vom Sympathikus, nicht aber vom Parasympathikus versorgt.

Der Parasympathikus

Eine Aktivierung des *Parasympathikus* führt zu einer *trophotropen Reaktionslage*, also einer Wirkung auf den Ernährungs- und Wachstumszustand. Mit dieser *Rest-and-Digest*-Reaktion kann unter anderem mit einer Reduktion des Pulses und des Blutdruckes, einer Verengung der Bronchien und einer Zunahme der Darmbewegung eine Erholungsphase eingeläutet werden. Im Parasympathikus ist ACh der Neurotransmitter an den Ganglien und am Zielorgan.

- ✔ Die ersten Neuronen des Parasympathikus entspringen entweder im Hirnstamm oder in den unteren Segmenten des Rückenmarkes. Die Axone der präganglionären Neuronen nehmen einen relativ langen Weg bis kurz vor oder sogar in die Wand des Zielorganes und werden hier auf das meist sehr kurze postganglionäre zweite Neuron verschaltet.
- ✔ Die parasympathische Versorgung des Kopfbereiches erfolgt über den dritten (Nervus oculomotorius), siebten (Nervus facialis) und neunten (Nervus glossopharyngeus) Hirnnerv.
- ✔ Die Versorgung der meisten inneren Organe erfolgt über den zehnten Hirnnerv, den weitverzweigten Nervus vagus. Die Versorgung der Organe im Beckenbereich erfolgt dann über Neurone, die das Rückenmark im untersten Bereich, dem Sakralbereich, verlassen.

Das Darmnervensystem

Dieses weitverzweigte System dient zur Koordination der Darmmuskulatur und arbeitet weitgehend autonom.

- ✔ Es bildet lokale Netze aus sensorischen Neuronen, Interneuronen sowie motorischen Neuronen und ist in einem Netz aus Ganglien mit weitverzweigten Axonen organisiert.
- ✔ Efferente Information erhält das Darmnervensystem von Sympathikus und Parasympathikus, die hier aber gegenläufige Effekte haben als im Rest des Körpers: Sympathische Aktivierung führt zu einer Hemmung, parasympathische Aktivierung zu einem Anstieg der Darmaktivität.
- ✔ Das Darmnervensystem sendet etwa viermal mehr afferente Informationen, als es efferente Informationen erhält. So kann es die Arbeit des ZNS stark beeinflussen.

Zentrale Vernetzung des autonomen Netzwerks

Das Zusammenspiel zwischen zentralem und peripherem Nervensystem zur Aufrechterhaltung der Funktionen des Körpers lässt sich unter anderem am Beispiel des *zentralen autonomen Netzwerkes* zeigen. Kurz gesagt gibt es nicht **den** einen Dirigenten, der top-down die vegetativen Funktionen des Körpers steuert, sondern zahleiche Regelkreise, die zusammenarbeiten müssen, um das innere Milieu in Balance zu halten.

Das zentrale autonome Netzwerk steuert körperliche Erregung über präganglionäre sympathische und parasympathische Neurone sowie den Hypothalamus und erhält Rückmeldung über körperliche Zustände, die dann verarbeitet werden, um entsprechende Handlungen einzuleiten. Es besteht aus mehreren Komponenten: End- und Zwischenhirn, Hirnstamm und Hypothalamus sowie dem vegetativen Nervensystem, die über Feedbackschleifen miteinander verbunden sind.

✔ **End- und Zwischenhirn** sind sowohl Start- als auch Endpunkte im zentralen autonomen Netzwerk. Die *Insula* (Inselrinde) ist der primäre *interozeptive Kortex*; hier werden die wichtigsten afferenten Informationen aus dem Inneren des Körpers verarbeitet. Der *anteriore cinguläre Kortex* (*ACC*, auch anteriores Cingulum genannt) verarbeitet für das Verhalten relevante Informationen, passt das Verhalten an diese Informationen an und sendet entsprechende Informationen an den Hirnstamm und den Hypothalamus. Die *Amygdala* (Mandelkern) verarbeitet vor allem emotionale Informationen und Hinweise auf Gefahren. Sowohl ACC als auch Amygdala sind auf Rückmeldungen aus dem vegetativen Nervensystem angewiesen. Diese Rückmeldungen beeinflussen die Wahrnehmung beziehungsweise Bewertung von Emotionen und Gefahrsituationen und lösen dann eine entsprechende Reaktion aus (mehr dazu gibt es in Kapitel 15).

✔ **Hirnstamm und Hypothalamus** integrieren die Top-down-Information aus dem End- und Zwischenhirn und aktivieren das sympathische und parasympathische Nervensystem entsprechend. Das *periaquäduktale Grau* (Substantia grisea periaqueductali) im Hirnstamm ist für die Initiierung der Fight-or-Flight-Reaktion verantwortlich und moduliert die Schmerzwahrnehmung. Der *Locus coeruleus* ist zentral an der Weiterleitung aktivierender Bottom-up Informationen an das End- und Zwischenhirn beteiligt. Der Hypothalamus ist als Ausgangspunkt der Hypothalamus-Hypophysen-Nebennierenachse zentraler Bestandteil der hormonellen Regulation des Körpers.

✔ **Das vegetative Nervensystem** ist sowohl End- als auch Startpunkt im zentralen autonomen Netzwerk. Über das sympathische und parasympathische Nervensystem erreichen Informationen über Erregung und Hemmung viszeraler Aktivität den Körper, und der hormonelle Einfluss reguliert die Reaktion des Körpers auf Erregung. Gleichzeitig sendet das vegetative Nervensystem viszerale Informationen als interozeptives Feedback aus dem Körper zurück; entweder über den Hirnstamm, über den Nervus vagus oder als hormonelles Signal.

Teil II
Sensorische und motorische Systeme

IN DIESEM TEIL ...

Lernen Sie den Aufbau der Muskelzellen kennen und verstehen, wie Muskeln kontrahieren.

Machen Sie Bekanntschaft mit dem somatosensorischen System, das Empfindungen aus der Haut und den Organen vermittelt, und der komplexen Welt des Schmerzes.

Nehmen Sie die Anatomie und Funktionsweise der Sinnesorgane unter die Lupe.

Verfolgen Sie den Weg vom Reiz bis zur Wahrnehmung und das Zusammenspiel der unterschiedlichen Sinne dabei.

Werfen Sie einen Blick auf Leistungen, Fehlleistungen und Erkrankungen dieser Systeme.

IN DIESEM KAPITEL

Aufbau und Funktion der Muskelzellen

Reflexe

Steuerung der Bewegungsvorgänge

Bewegungsstörungen

Kapitel 8
Bewegung: Das motorische System

Egal in welcher Lage Sie dieses Buch lesen, ob im Sitzen, Liegen, Stehen oder Gehen, Ihr *motorisches System* ist immer aktiv, und Muskeln in Ihrem Körper arbeiten ständig. Das gilt nicht nur für die Skelettmuskeln, die Ihren Körper stabilisieren und bewegen, sondern auch für die Muskulatur Ihrer inneren Organe. Der britische Neurowissenschaftler Daniel Wolpert geht sogar so weit zu sagen, dass die einzige Aufgabe des Gehirns die Steuerung der Bewegung ist und alles andere nur eine Folge davon. Tatsächlich haben auch sehr einfach aufgebaute Einzeller die Fähigkeit zur gezielten Bewegung, ohne die sie nicht überleben könnten. Dieses Kapitel gibt einen Überblick, wie Bewegungen in mehrzelligen Lebewesen wie dem Menschen geplant, gesteuert und ausgeführt werden.

Bereits Einzeller wie das Bakterium *Escherichia* (*E.*) *coli* zeigen Verhalten in dem Sinne, dass sie Informationen aufnehmen und als Reaktion entsprechende Bewegungen ausführen können. In der Zellmembran dieser Bakterien sind Rezeptoren, die den Rezeptoren in unseren Nervenzellen ähnlich sind. Dazu besitzen viele Bakterien *Flagellen* (gewundene Fäden aus dem Protein Flagellin), mit denen sie sich aktiv bewegen können. Diese Flagellen werden durch einen Konzentrationsgradienten von Ionen in eine propellerähnliche Drehbewegung versetzt. Die Fähigkeit zur Bewegung ermöglicht Bakterien wie *E. coli* eine positive *Chemotaxis,* das heißt sie bewegen sich auf einen chemischen Lockstoff zu, und eine negative Chemotaxis, nach der sie sich von Schadstoffen wegbewegen.

Muskelzellen sorgen für Bewegung

Die Grundlage unserer Bewegungen sind die Muskelzellen als kleinste funktionelle Einheiten des motorischen Systems. Im Inneren der Muskelzellen liegen Proteinfäden (auch

Muskelfilamente genannt), die durch die Aktivierung mit Ca^{2+} gegeneinander verschoben werden und damit zu einer Formveränderung der Zelle führen. Anatomisch werden Muskelzellen unterschieden in Herzmuskelzellen, glatte oder quergestreifte Muskelzellen (dazu komme ich gleich noch genauer), aber der Bewegungsmechanismus ist bei allen Muskelzellen gleich. Die *Muskelkontraktion* läuft in vier Schritten ab, wie Sie in Abbildung 8.1 sehen: Durch die Bindung von Ca^{2+} an das Aktinfilament wird eine Bindungsstelle für die Köpfe des Myosinfilaments frei. Nach der Bindung der Myosinköpfe an das Aktinfilament verändert sich die Form der Myosinköpfe, was die beiden Filamente gegeneinander verschiebt. Um die Bindung wieder aufzulösen, ist ATP notwendig.

- ✔ Im Ruhezustand liegen die dünnen *Aktin*filamente und die dicken *Myosin*filamente nebeneinander
- ✔ Bei einer Aktivierung des Muskels bindet Ca^{2+} an den Proteinkomplex *Troponin* des dünnen Aktinfilaments. Diese Bindung führt zu einer Konformitätsveränderung von Troponin, die am dünnen Aktinfilament eine Bindungsstelle für die Myosinköpfe des dicken Myosinfilaments freigibt.
- ✔ Die Myosinköpfe binden an das Aktinfilament, und diese Bindung verursacht einer Konformitätsänderung der Myosinköpfe, was zu einer Verschiebung der Aktin- und Myosinfilamente gegeneinander führt. Der Muskel wird damit verkürzt.
- ✔ Um Myosin und Aktin wieder voneinander zu trennen, ist ATP notwendig, das die Form der Myosinköpfe wieder in den Ausgangszustand zurückversetzt. Ist kein ATP vorhanden, bleibt der Muskel dauerhaft verkürzt.

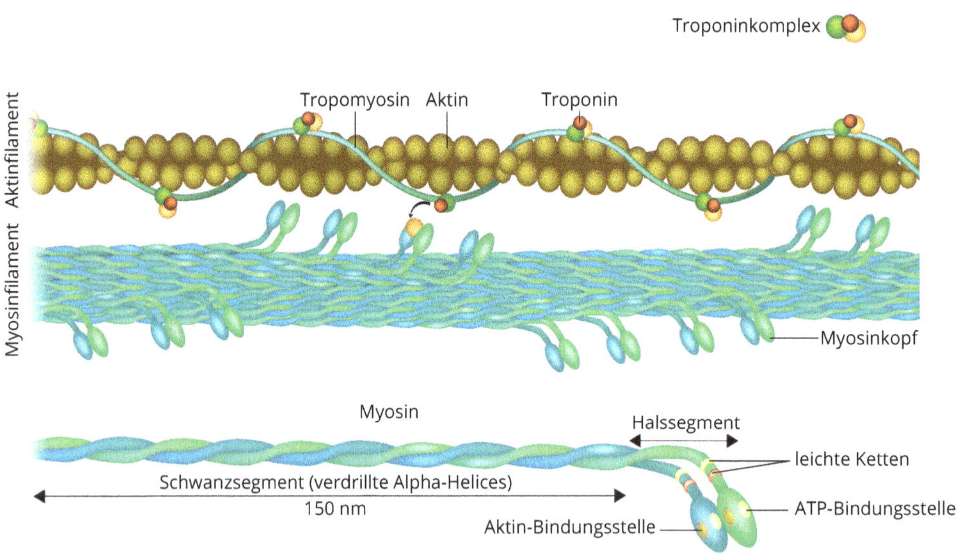

Abbildung 8.1: Aktin und Myosin im Inneren der Muskelzellen (© sakurra, stock.adobe.com)

Selbst wenn der Grundmechanismus der Kontraktion bei allen Muskelzellen der gleiche ist, gibt es Unterschiede zwischen gestreifter oder glatter Muskulatur und der Herzmuskulatur hinsichtlich des Aufbaus der Zellen und der Ansteuerung durch die Nerven.

Glatte Muskulatur bewegt die inneren Organe

Die *glatte Muskulatur* der inneren Organe besteht aus kurzen, spindelförmigen Zellen, in deren Inneren ein dichtes Netz aus Aktin- und Myosinfilamenten liegt. Durch dieses Netz lassen sich die Zellen der glatten Muskulatur in viele unterschiedliche Richtungen verformen, aber das nur mit einer geringen Kraft und über recht kurze Strecken.

- ✔ Mit einer Länge von 0,05–0,4 Millimetern und einem Durchmesser von 0,005–0,01 Millimetern sind die Zellen der glatten Muskulatur sehr klein.
- ✔ Die einzelnen Zellen der glatten Muskulatur liegen dicht beieinander und sind miteinander über elektrische Synapsen (*Gap Junctions*), also direkt aneinanderbindende Ionenkanäle, verbunden. Über diese elektrischen Synapsen kann sich die Erregung einer Muskelzelle schnell auf die benachbarten Muskelzellen ausbreiten.
- ✔ Einige Zellen der glatten Muskulatur wirken als *Schrittmacherzellen*, die über sich regelmäßig öffnende und schließende Ca^{2+}-Kanäle eine spontane Eigenrhythmizität entwickeln. Diese Aktivität kann sich über die elektrischen Synapsen auf die gesamte Muskulatur des Organs ausbreiten, sodass zum Beispiel der Darm oder die Blase selbstständig in Bewegung sind. Dieser *myogene Tonus* wird dann durch sympathische oder parasympathische Aktivierung moduliert.
- ✔ Andere Zellen der glatten Muskulatur besitzen mechanosensible Ca^{2+}-Kanäle, die sich durch eine Dehnung der Zellmembran öffnen. Dies kann eine reflexartige Anspannung, den *reflektorischen Tonus*, auslösen. Dadurch lässt sich zum Beispiel bei einer stärkeren Durchblutung und damit einem Anstieg des Blutvolumens in den Blutgefäßen der Blutfluss regulieren.
- ✔ Glatte Muskelzellen können auch durch Hormone oder Neurotransmitter wie Noradrenalin aktiviert werden, was den *neurogenen Tonus* auslöst. Die Bindung von diesen Transmittern an Rezeptoren führt zu einer Ca^{2+}-Freisetzung aus intrazellulären Speichern und damit zu einer gezielten Kontraktion, zum Beispiel an der Muskulatur der Pupille. Im vegetativen Nervensystem werden diese Neurotransmitter in der Regel aus Verdickungen der Axone (*Varikositäten*) freigesetzt. Der Abstand zwischen Varikositäten und Muskelzellen ist dabei größer als der übliche Abstand zwischen chemischen Synapsen, wodurch die Neurotransmitter weniger gezielt ausgeschüttet werden und eher diffus wirken.

Quergestreifte Muskulatur bewegt das Skelett

Die *quergestreifte Muskulatur* verrichtet die größte Bewegungsarbeit im Körper. Sie dient vor allem der Bewegung des Skeletts, weshalb sie auch *Skelettmuskulatur* genannt wird. Wie der Name schon sagt, sind die länglichen Zellen hier durch Querstreifen strukturiert. Dieser Aufbau ermöglicht es den Zellen der quergestreiften Muskulatur, sich über lange Strecken mit großer Kraft, aber nur in eine Richtung zu verformen.

- ✔ Mit 0,01–0,1 mm Millimetern und einer Länge von bis zu 40 Zentimetern sind die Zellen der quergestreiften Muskulatur sehr groß. Sie sind mit die längsten Zellen des Körpers.

✔ Die Zellen sind von einer Muskelzellmembran, dem *Sarkolemm* umschlossen, und viele Zellen der quergestreiften Muskulatur liegen nebeneinander in Faserbündeln, die dann gemeinsam den Muskel bilden (siehe Abbildung 8.2).

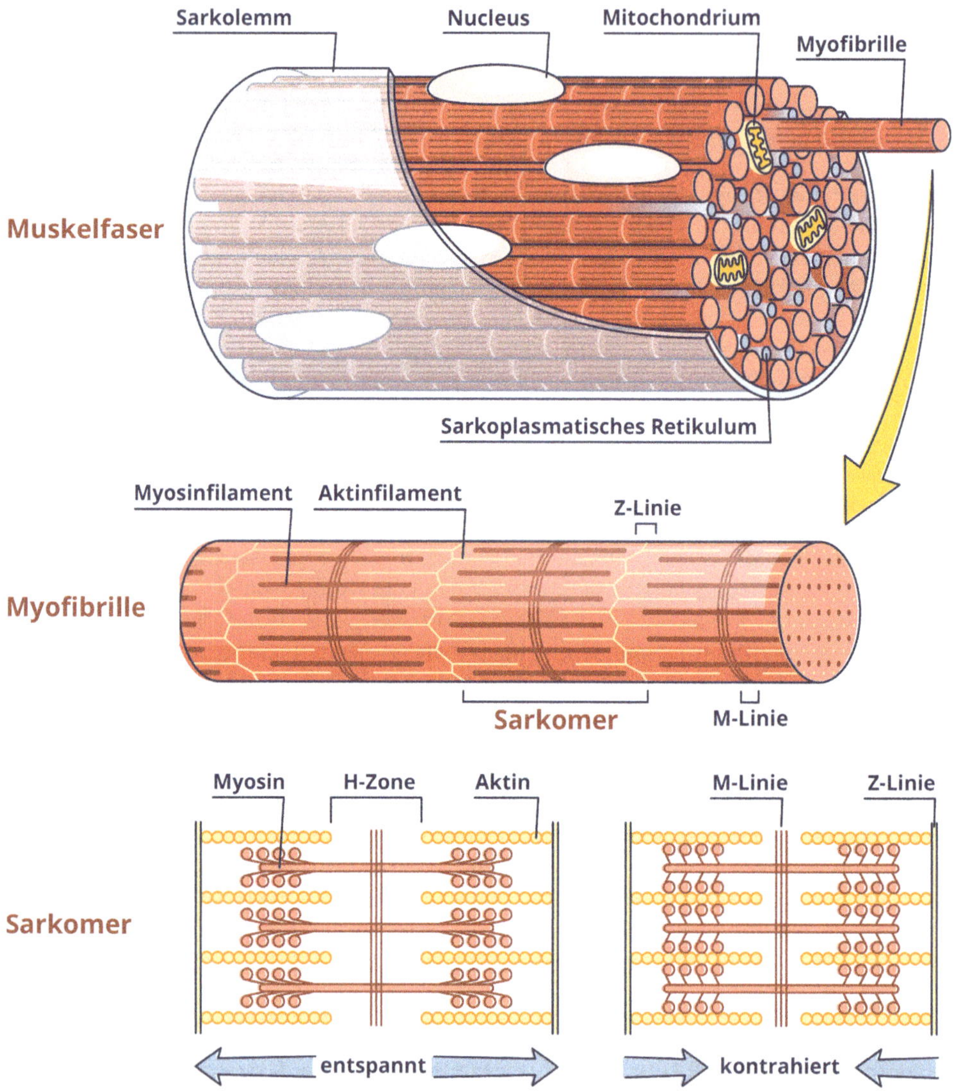

Abbildung 8.2: Aufbau und Struktur einer Skelettmuskelzelle (© VectorMine, stock.adobe.com)

✔ Innerhalb jeder Muskelzelle liegen die kontraktilen Myofibrillen aus vielen, parallel angeordneten Aktin- und Myosinfilamenten. Die Enden der Aktinfibrillen binden an die *Z-Linie*; die Enden der Myosinfilamente binden an die *M-Linie*, die quer zu den Filamenten verläuft. Durch diese Struktur entstehen die Querstreifen mit gut sichtbaren Bereichen innerhalb des Teils der Myofibrille, der sich zusammenzieht (*A-Bande*), und dem Teil dazwischen (*I-Bande*).

- Der Teil der Myofibrille von Z-Linie zu Z-Linie, der sich zusammenzieht, heißt *Sarkomer*, und in der Mitte des Sarkomers liegt die *H-Zone* mit der M-Linie. In diesem Sarkomer liegen alle Bausteine, die für ein Zusammenziehen der Muskelfaser notwendig sind.

- Skelettmuskelzellen werden durch den Neurotransmitter *Acetylcholin* (*ACh*) aktiviert, der an einen nikotinergen Rezeptor bindet. Die Bindung führt zu einem Einstrom von Ca^{2+}-Ionen, die dann zur Aktivierung des Muskels führen. Die funktionelle Einheit aus aktivierendem Neuron und der zugehörigen Muskelzelle wird als *motorische Einheit* bezeichnet.

- Jede Muskelzelle hat nur eine Bindungsstelle zu einem efferenten Neuron, die *motorische Endplatte*. Das heißt sie wird nur von einer einzelnen motorischen Nervenzelle aktiviert. Ein motorisches Neuron kann aber durch eine Aufspaltung des Axons mehrere Muskelzellen gleichzeitig aktivieren. Die Stärke der Kontraktion des Muskels hängt davon ab, wie viele Muskelzellen jeweils aktiviert werden. Je mehr motorische Nervenzellen aktiv sind, desto schneller und stärker zieht sich der Muskel zusammen. Sind nur wenige motorische Nervenzellen aktiv, werden nur wenige Muskelzellen aktiviert und die Bewegung kann präziser gesteuert werden. Auch die Reihenfolge der Aktivierung der Nervenzellen kann die Reihenfolge der Aktivierung der Muskelzellen beeinflussen und damit eine präzise Steuerung der Muskeln ermöglichen.

Herzmuskulatur sorgt für den Herzschlag

Herzmuskelzellen sind eine Besonderheit im motorischen System, da ihr Aufbau dem der quergestreiften Muskelzelle ähnelt, ihre Funktion und Ansteuerung aber der glatten Muskulatur. Sie sind für die Bewegung des Herzmuskels zuständig, und ihr Aufbau mit sehr vielen Mitochondrien ist für eine Dauerbelastung optimiert.

- In der Herzmuskulatur lassen sich zwei Arten der Muskelzellen unterscheiden, die jeweils unterschiedliche Aufgaben übernehmen. Die meisten Zellen gehören zur Arbeitsmuskulatur, die aus kurzen Zellen mit vielen Filamenten besteht. Zwischen dieser Arbeitsmuskulatur liegen Bänder mit dickeren und längeren Erregungsfasern, die nur wenige Filamente enthalten.

- Zwischen den Herzmuskelzellen liegen, wie bei der quergestreiften Muskulatur, gut sichtbar quer verlaufende *Glanzstreifen*, an die die Filamente binden.

- Die einzelnen Zellen sind, wie bei der glatten Muskulatur, untereinander über elektrische Synapsen verbunden, über die sich die Erregung einer Muskelzelle auf die benachbarten Muskelzellen ausbreiten kann.

- Die einzelnen Herzmuskelzellen werden nicht direkt vom ZNS aus angesteuert. Ihre Kontraktion erfolgt automatisch durch eine endogen erzeugte Erregung mit einem durch die lange Refraktärzeit der Muskelzellen bestimmten Grundrhythmus. Durch die sympathische und parasympathische Innervation der *Sinus-* und *Atrioventrikularknoten* kann der Herzrhythmus gesteigert oder reduziert und so an die aktuellen Anforderungen angepasst werden.

Und … Action! Die Steuerung der Muskelaktivität

Die Steuerung der *Muskelaktivität* im Körper kann entweder auf lokaler Ebene geschehen oder über eine zentrale Steuerung »top-down« erfolgen. Der erste Fall umfasst die Reflexe, bei denen ohne viel Zutun des Gehirns oder einer bewussten Steuerung eine Anpassung des Verhaltens an die Umwelt geschieht. Im zweiten Fall starten die Befehle zur Muskelaktivität im Gehirn, laufen das Rückenmark entlang und aktivieren dann die Zielmuskulatur. In Abbildung 7.3. haben Sie bereits eine Übersicht über diese Verschaltung gesehen.

- ✔ **Im vegetativen Nervensystem** erfolgt die Steuerung der *glatten Muskulatur* der inneren Organe über Regelkreisläufe, wie das zentrale autonome Netzwerk. Entsprechend der Rückmeldung aus dem Körper werden im vegetativen Nervensystem efferente motorische Befehle über die Aktivierung oder den Parasympathikus ausgesendet. Ausgangspunkte der Befehle sind vor allem die *viszeromotorischen Kerne* im Hypothalamus. Von dort wird die Information im sympathischen Nervensystem über das Rückenmark weitergegeben, wo das erste Neuron entspringt.

- ✔ **Im somatischen Nervensystem** erfolgt die Steuerung der *quergestreiften Muskulatur* des Skeletts über »top-down«-Information aus dem motorischen Kortex des Neokortex. Aus dem motorischen Kortex werden Informationen über die langen Axone der *Projektionsfasern* entweder bis in den Hirnstamm oder bis ins Rückenmark geleitet. Im ersten Fall kommt es in den motorischen Kernen des Hirnstammes zur Verschaltung auf die jeweiligen Hirnnerven, die dann motorische Befehle zum Beispiel an die Zunge, Lippen oder Augen weiterleiten. Im zweiten Fall kommt es im Vorderhorn des Rückenmarks in den motorischen Kernen des Rückenmarkes zur Verschaltung auf die Alpha- und Gamma-Motorneuronen mehr dazu auch in Kapitel 7), die dann die Muskeln aktivieren. In Abbildung 8.3. sehen Sie eine Übersicht über diese Verschaltung.

Ist mehr immer besser? Was Ihnen die Innervationszahl sagt

Eine Muskelzelle wird immer nur von einem einzelnen Motorneuron aktiviert. Umgekehrt kann ein einzelnes Motorneuron eine große Anzahl von Muskelzellen aktivieren. Im Falle der glatten Muskulatur des vegetativen Nervensystems erfolgt die Aktivierung der Muskelzellen über Neurotransmitter, die relativ ungezielt aus den Verdickungen der Axone (*Varikositäten*) ausgeschüttet werden. Im Falle der quergestreiften Muskulatur der Skelettmuskulatur spalten sich die Axone der Motorneuronen in Axonkollateralen auf, die dann an die motorischen Endplatten der Muskelzellen binden. Jede Muskelzelle, die durch das gleiche Motorneuron aktiviert wird, bekommt dann die gleiche Information. Das Verhältnis zwischen der Anzahl von Motorneuronen je Muskel und der Anzahl der aktivierten Muskelzellen wird als *Innervationszahl* bezeichnet. Diese Zahl gibt an, wie exakt und genau ein Muskel angesteuert werden kann.

- ✔ **Eine hohe Innervationszahl** bedeutet, dass viele Muskelzellen durch wenige Motorneuronen gesteuert werden. Jedes Motorneuron aktiviert also gleichzeitig viele

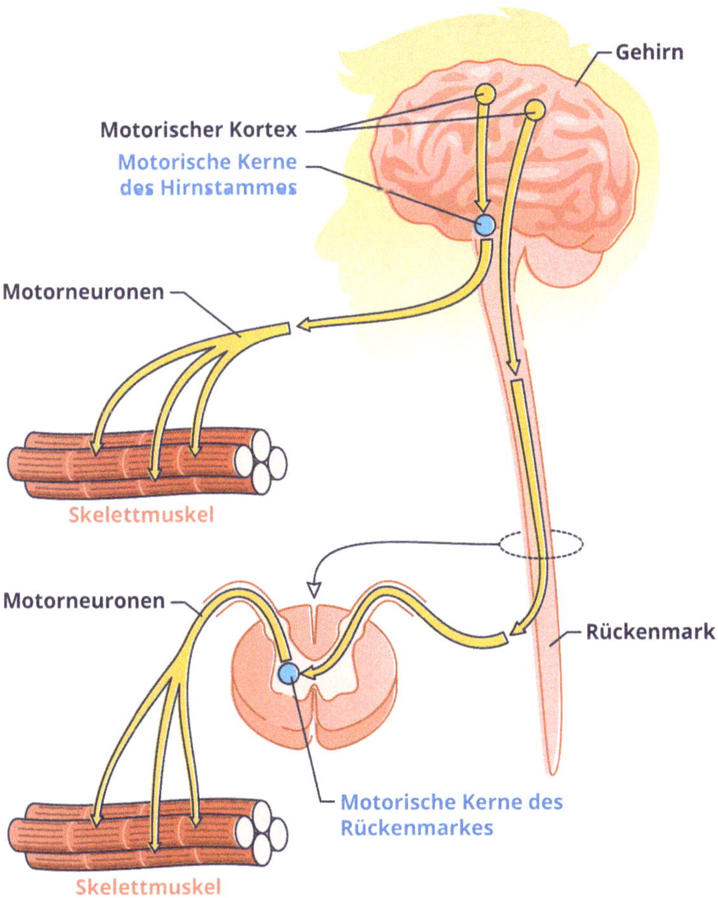

Abbildung 8.3: Der Weg aus dem Gehirn zum Muskel (© VectorMine, stock.adobe.com)

Muskelzellen. Mit einem einzelnen Nervenimpuls kann somit eine starke Bewegung ausgeführt werden, aber der Muskel kann nicht besonders präzise gesteuert werden. Ein Beispiel dafür ist der Musculus gastrocnemius, der Wadenmuskel mit einer Innervationszahl von 1800: Hier versorgen etwa 600 Alpha-Motorneuronen über eine Million Muskelfasern.

✔ **Eine niedrige Innervationszahl** bedeutet, dass wenige Muskelzellen durch viele Motorneuronen gesteuert werden. Jedes Motorneuron aktiviert also nur wenige Muskelzellen. Mit einem einzelnen Nervenimpuls kann eine sehr präzise und kleine Bewegung ausgehführt werden, die aber nicht viel Kraft aufbringt. Ein Beispiel dafür ist der Musculus rectus lateralis, der das Auge seitlich bewegt. Er hat eine Innervationszahl von 5: Hier versorgen etwa 4000 Alpha-Motorneuronen nur 22.000 Muskelfasern.

Rückmeldungen aus den Muskeln sind wichtig

Damit die »rohen Kräfte« der Muskeln nicht »sinnlos walten«, müssen Informationen über die Stellung und Anspannung der Muskeln zurück an das zentrale Nervensystem gesendet werden. Diese afferente Wahrnehmung aus dem Körper ist Teil der Somatosensorik und wird *Interozeption* genannt (mehr dazu gibt es in Kapitel 9). Sie wird weiter in die Wahrnehmung aus dem vegetativen Nervensystem, die *Viszerozeption*, und die Wahrnehmung aus den Muskeln und Gelenken, die *Propriozeption*, unterteilt.

- ✔ **Die Viszerozeption** erfolgt vor allem über A-Beta-Nervenfasern (II-Fasern), die Informationen über die Dehnung des Gewebes transportieren.

- ✔ **Die Propriozeption** erfolgt über zwei unterschiedliche A-Alpha-Nervenfasern. Die *Ia-Fasern* nehmen Informationen über die mechanische Spannung der Muskelfasern der Skelettmuskulatur auf. *Ib-Fasern* nehmen die Information über die mechanische Spannung der Sehnen auf.

Sensorik und Motorik arbeiten zusammen

Sowohl innerhalb der Muskeln als auch an den Verbindungen zwischen Muskeln und Skelett sitzen mechanosensible Rezeptoren, die Informationen über die Stellung und Anspannung der Muskeln aufnehmen. Für das Verständnis des Zusammenspiels von Empfindung und Aktivierung des Muskels ist es wichtig, im Kopf zu behalten, dass ein Muskel sich nur in eine Richtung bewegen kann: Er kann sich nur aus einem Ruhezustand verkürzen oder in den Ruhezustand zurückkehren, aber nicht aktiv ausdehnen.

- ✔ **Informationen über die Stärke der Anspannung des Muskels:** Im Inneren der Muskeln sitzen kleine Bündel von bis zu zehn Muskelzellen, deren Aufgabe nicht das Zusammenziehen des Muskels ist, sondern die in erster Linie Informationen über die Anspannung des Muskels liefern. In diesen *Muskelspindeln*, auch *intrafusale Muskelfasern* genannt, winden sich Ia-Nerven um die Muskelzellen, und Gamma-Motorneuronen enden hier. Wenn der Muskel entspannt ist, dann sind diese Muskelspindeln leicht angespannt und es herrscht ein mechanischer Druck auf die Ia-Faser. Eine Ia-Faser ist im Ruhezustand spontan aktiv, das heißt hier werden Aktionspotentiale ausgelöst, wenn die Muskelspindel gerade nichts tut.

- ✔ **Informationen über die Kraft, mit der der Muskel am Knochen zieht:** Innerhalb der Sehnen, verwoben mit den Kollagenfasern der Sehne, liegt ein feines Netz aus Ib-Fasern, die zusammen das *Golgi-Sehnenorgan* bilden. Es liefert Informationen über den mechanischen Zug an den Sehnen. Im Gegensatz zur Muskelspindel ist die Ib-Faser spontan inaktiv, das heißt hier werden im Ruhezustand keine Aktionspotentiale ausgelöst, sondern erst, wenn ein mechanischer Zug an der Sehne auftritt.

Gemeinsam liefern die *Dehnungsrezeptoren* Muskelspindeln und Golgi-Sehnenapparat die notwendigen Informationen über die Stärke der Anspannung des Muskels und die Kraft, mit der der Muskel am Knochen zieht.

- ✔ Im **Ruhezustand** produziert die Ia-Nervenfaser eine konstant gleichbleibende Serie von Aktionspotentialen, die das Zentralnervensystem darüber informieren, dass die Muskelspindel gerade im Ruhezustand ist. Da auf die Sehne kein mechanischer Zug ausgeübt wird, ist das Golgi-Sehnenorgan nicht aktiv und die Ib-Faser produziert keine Aktionspotentiale. Bei einem passiven Zug auf den Muskel würde sowohl die Rate der Aktionspotentiale aus der Ia- als auch aus der Ib-Faser ansteigen.
- ✔ Kommen am Alpha-Motorneuron **Aktionspotentiale** an, aktiviert die Freisetzung von ACh den Muskel, der daraufhin kontrahiert, sich also zusammenzieht. Dadurch erhöht sich der mechanische Zug an den Sehnen, was das Golgi-Sehnenorgan aktiviert, welches über die Ib-Faser eine Serie von Aktionspotentialen generiert. Je stärker der mechanische Zug, desto mehr Aktionspotentiale werden dabei losgeschickt. Gleichzeitig verliert die Muskelspindel ihre leichte Anspannung und hört auf, über die Ia-Faser Aktionspotentiale zu generieren.
- ✔ Um aus der Muskelspindel wieder Informationen über die Aktivität des Muskels zu bekommen, muss die Muskelspindel **kontrahiert werden**. Zu diesem Zweck wird das Gamma-Motorneuron aktiviert. Durch ein Ausbleiben von Aktionspotentialen aus der Ia-Faser werden am Gamma-Motorneuron Aktionspotentiale generiert, die dazu führen, dass die Muskelzellen im Inneren der Muskelspindel aktiviert werden. Damit wird die Muskelspindel wieder »online« geschaltet und kann erneut Informationen über die Anspannung des Muskels liefern.
- ✔ Sobald die Aktivierung des Muskels über das Alpha- und das Gamma-Motorneuron nachlässt, entspannt sich der Muskel wieder in seinen **Ruhezustand**, die Muskelspindel liefert wieder Informationen über die mechanische Spannung im Muskel, und das Golgi-Sehnenorgan hört auf, Informationen über die mechanische Spannung der Sehnen zu liefern.

Reflexe und das Rückenmark

Das enge Zusammenspiel von afferenten und efferenten Nerven ist die Grundlage des automatischen Auslösens und der Korrektur von Bewegungen, den *Reflexen*. Reflexe werden zwar im zentralen Nervensystem verschaltet, benötigen aber keine Kontrolle aus dem Gehirn, sondern laufen auf lokaler Ebene im Rückenmark oder im Hirnstamm ab. Für die Reflexe sind mindestens ein afferentes sensorisches Neuron und ein efferentes motorisches Neuron notwendig, aber häufig sind auch noch zusätzliche Verschaltungen über (meist hemmende) Interneuronen wichtig. Reflexe werden in Eigen- und Fremdreflexe unterteilt.

Monosynaptischer Eigenreflex

Der monosynaptische Eigenreflex ist die einfachste Form des Reflexes – er heißt *monosynaptisch*, weil in diesem Fall nur eine einzige Synapse zwischen sensorischem und motorischem

Neuron liegt, und es ist ein *Eigenreflex*, weil die sensorische Information aus dem gleichen Muskel stammt, auf den auch die motorische Information einwirkt. Ein prominentes Beispiel für einen solchen Reflex ist der *Kniesehnenreflex*, der in zwei Schritten abläuft:

1. Wird die Kniesehne gedehnt, zum Beispiel weil Ihnen jemand mit einem Gummihammer unter das Knie klopft, werden auch die Muskelspindeln im Musculus quadriceps des Oberschenkels gedehnt, und der Ia-Nerv wird aktiviert. Dadurch werden mehr Aktionspotentiale als im Ruhezustand in Richtung Rückenmark gesendet.

2. Im Vorderhorn des Rückenmarks wird die afferente sensorische Information auf ein Alpha-Motorneuron verschaltet, welches dann den gleichen Muskel aktiviert. Durch das Zusammenziehen des Extensor-Muskels schnellt der Unterschenkel nach vorne.

Der Kniesehnenreflex ist nicht nur wichtig für die Diagnostik der Rückenmarksfunktion, sondern er verhindert auch, dass Sie stürzen, wenn Ihr Fuß beim Gehen an einem Hindernis hängenbleibt. Abbildung 8.4 zeigt diesen Reflexbogen.

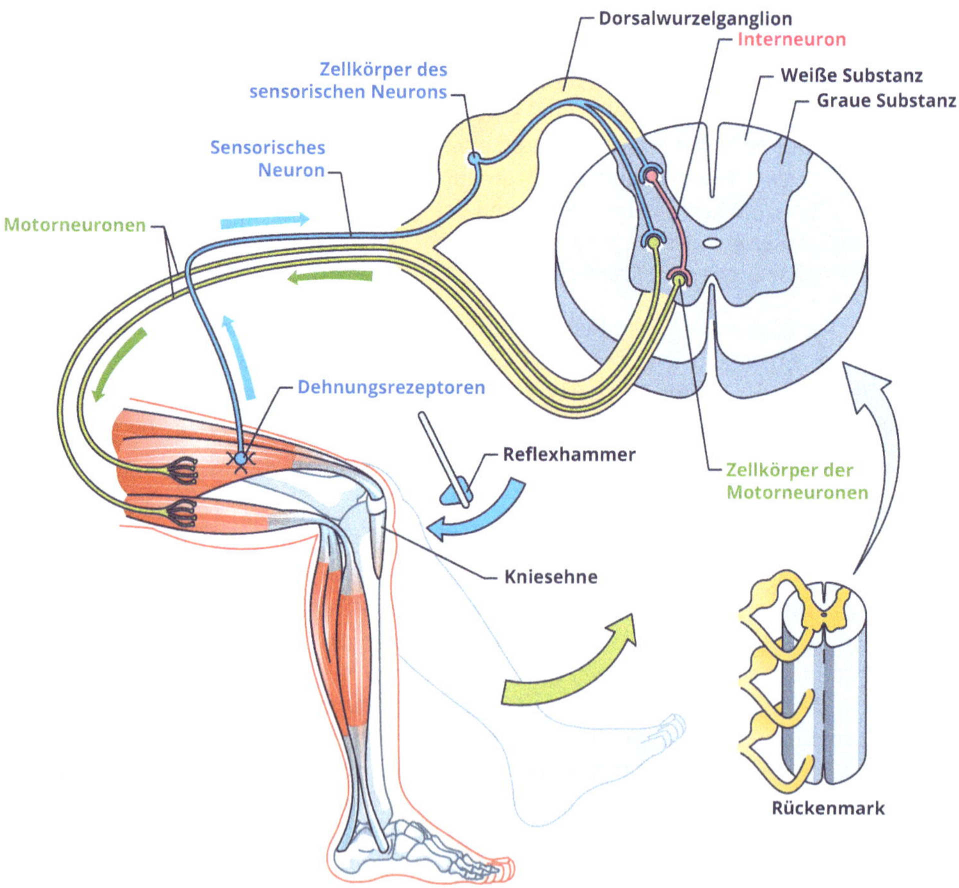

Abbildung 8.4: Der Reflexbogen am Beispiel des Kniesehnenreflexes (© VectorMine, stock.adobe.com)

Polysynaptische Fremdreflexe

Eine etwas komplexere Form des Reflexes ist der *polysynaptische Fremdreflex.* Wie der Name schon sagt, umfasst dieser Reflex mehrere Synapsen, und in diesem Fall wird nicht nur der Ursprung der sensorischen Information, sondern mindestens ein weiterer Muskel aktiviert oder gehemmt. Ein Beispiel für einen solchen Reflex ist der *Flexor-Reflex,* der in drei Schritten abläuft:

1. Aktiviert ein schmerzhafter Reiz (zum Beispiel ein Nagel, auf den Sie treten) einen A-Delta-Nerv, dann wird diese afferente Information im Hinterhorn des Rückenmarkes auf Interneuronen verschaltet.

2. Diese Interneuronen können entweder aktivierend oder hemmend sein und so die Motorneuronen der beiden antagonistisch arbeitenden Muskeln in einem Körperteil aktivieren und hemmen.

3. Beim Flexor-Reflex wird das Alpha-Neuron des Flexor-Muskels aktiviert und das Alpha-Neuron des Extensor-Muskels gehemmt. Dadurch wird das Körperteil (zum Beispiel der Unterschenkel) vom schmerzhaften Reiz zurückgezogen. Häufig umfassen diese polysynaptischen Fremdreflexe auch gegenläufige Muskelaktivitäten auf der kontralateralen, also gegenüberliegenden, Körperhälfte, um den Körper bei plötzlichen Bewegungen zu stabilisieren.

Die Hemmung der Reflexe

Zusätzliche hemmende Interneuronen können die Aktivierung der Alpha-Neuronen begrenzen. Dies dient dem Schutz der Muskeln und ermöglicht eine elastische Beweglichkeit.

- ✔ Hemmende Interneuronen, die den antagonistischen Muskel im Fall der polysynaptischen Fremdreflexe hemmen, schützen die Muskeln vor einer zu starken Kontraktion und ermöglichen eine Bewegung der Gliedmaßen in eine Richtung. Diese Funktion wird als *reziproke Hemmung* bezeichnet.

- ✔ Eine spezielle Klasse der hemmenden Interneuronen wirkt sowohl direkt zurück auf die Alpha-Motorneuronen des aktivierten als auch auf die Alpha-Motorneuronen des gehemmten Muskels. Die Aufgabe dieser *Renshaw-Zellen* ist es, beide Alpha-Motorneuronen kurz nach einer Aktivierung wieder zu hemmen, um so die Muskelaktivität zu begrenzen. Dies dient vor allem der elastischen Beweglichkeit.

- ✔ Die hemmenden Interneuronen können nicht nur direkt durch die einlaufende afferente Aktivität oder zurücklaufende Aktivität der Motorneuronen aktiviert werden, sondern können auch durch absteigende Informationen aus dem Gehirn gesteuert werden und so Bewegungen fein abstimmen.

Die Datenautobahnen für Bewegungsvorgänge

Der Transport von motorischen Befehlen ist die Grundlage des gesteuerten Auslösens von Bewegungen. Je nachdem, was Sie gerade vorhaben, gibt es unterschiedliche Wege, um die Befehle zur Muskelbewegung durch das zentrale Nervensystem zu befördern. Grob lassen sich diese Wege anhand ihrer Verschaltung im Rückenmark in die *lateralen* und die *ventromedialen Pfade* einteilen (Abbildung 8.5):

- ✔ Die *lateralen Pfade* werden lateral, also außen auf beiden Seiten des Rückenmarkes verschaltet.
- ✔ Die *ventromedialen Pfade* werden im mittleren, vorderen Bereich des Rückenmarkes verschaltet.

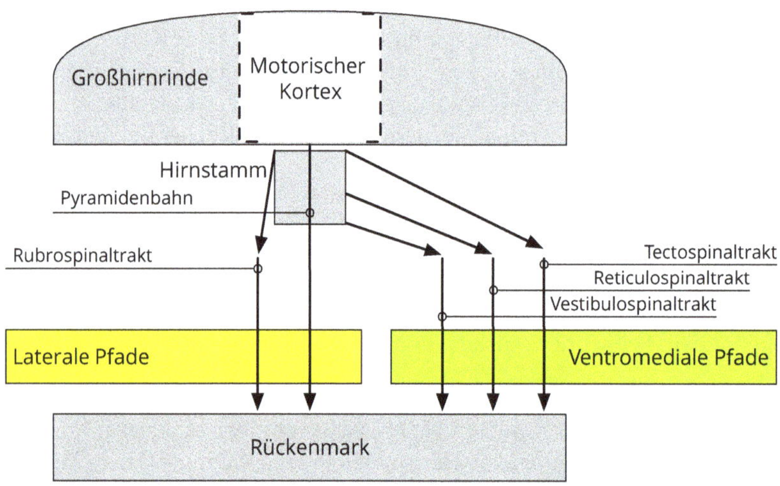

Abbildung 8.5: Schematische Übersicht über die lateralen und ventromedialen Pfade, die Bewegungsbefehle vom Gehirn zum Rückenmark transportieren (© Julian Keil)

Im Vorderhorn des Rückenmarkes werden diese vom Gehirn absteigenden Nervenbahnen auf die Alpha- und Gamma-Motorneuronen verschaltet.

Als grobe Orientierung können Sie sich merken, dass die Muskelgruppen, die nah an der Mitte des Körpers liegen, auch nah an der Mitte der grauen Substanz des Rückenmarkes verschaltet werden, während die Muskelgruppen der distalen Extremitäten eher am Rand der grauen Substanz des Rückenmarkes verschaltet werden.

Laterale Pfade übertragen willkürliche Bewegungen

Die lateralen Pfade sind die wichtigsten Pfade für die Willkürbewegungen, also die Bewegungen, die Sie planen und bewusst ausführen. Sie haben ihren Ursprung entweder im motorischen Kortex der Großhirnrinde oder oben im *Tectum*, dem Dach des Mittelhirnes. Sie umfassen die Pyramidenbahnen und den Rubrospinaltrakt:

- Die *Pyramidenbahnen* sind die wichtigsten Signalbahnen im motorischen System. Ihre Aufgabe ist vor allem die präzise Steuerung der Extremitäten, also der Arme, Beine, Finger und Zehen. Ihre Zellkörper, und damit ihr Ursprung, liegen im motorischen Kortex der Großhirnrinde. Von dort ziehen die Projektionsfasern in dicken Bündeln von Axonen vertikal durch das Gehirn zum Rückenmark.

  In der Medulla oblongata bilden diese Fasern Teile der *Hirnschenkel*, die grob die Form einer Pyramide haben. In dieser *Pyramidenkreuzung* kreuzen etwa 85 Prozent der Axone auf die kontralaterale Seite des Rückenmarkes, sodass die Axone aus dem rechten motorischen Kortex jetzt auf der linken Seite des Rückenmarkes nach unten ziehen und umgekehrt. Im Zielsegment des Rückenmarkes angekommen treten diese Fasern seitlich ins Vorderhorn. Die übrigen etwa 15 Prozent der Axone bleiben auf der ipsilateralen, also der gleichen Seite des Rückenmarkes und wechseln erst in ihrem Zielsegment die Seite. Im Vorderhorn des Rückenmarkes nehmen 5 Prozent der Axone direkt Kontakt zu Alpha-Motorneuronen auf. Über diesen Weg können Informationen aus dem Gehirn über nur eine einzige synaptische Verschaltung im Rückenmark extrem schnell und direkt an die Muskeln weitergegeben werden. Der Großteil der Axone verschaltet aber auf erregende oder hemmende Interneuronen, um so größere Muskelgruppen gleichzeitig zu aktivieren.

- Die Aufgabe des *Rubrospinaltraktes* ist die gezielte Steuerung größerer Muskelgruppen, und er spielt eine wichtige Rolle für die Steuerung der Körperhaltung. Er entspringt, wie der Name schon sagt, im Nucleus ruber des Tectums. Bei der Namensgebung des *Nucleus ruber* waren die Neuroanatomen wieder sehr kreativ: Im Hirnschnitt sieht dieser Kern rot aus, da die Zellen sehr viel Eisen enthalten. Von hier kreuzen die Axone direkt auf die kontralaterale Seite und ziehen ins Zielsegment des Rückenmarkes, wo sie seitlich ins Vorderhorn der grauen Substanz eintreten. Dort verschalten sie auf Interneuronen, mit denen sie gleichzeitig die antagonistisch wirkenden Muskelgruppen aktivieren beziehungsweise hemmen können. Der Nucleus ruber spielt außerdem eine wichtige Rolle im Informationsaustausch der motorischen Information aus dem motorischen Kortex und dem Kleinhirn, wodurch eine präzise Anpassung der Bewegungen möglich ist.

Der Babinski-Reflex

Die Pyramidenbahn ist beim Menschen zu Beginn des Lebens noch nicht vollständig ausgebildet. Wenn Sie schon einmal ein Kleinkind »in Aktion« gesehen haben, wissen Sie, was ich meine: Babys können noch keine willkürlichen, präzisen Bewegungen der Extremitäten, sondern nur grobe Willkürbewegungen ausführen, zeigen aber unter anderem bereits evolutionär sinnvolle Greifreflexe. Über die vollständig ausgebildeten Pyramidenbahnen können zahlreiche Reflexe bewusst unterdrückt werden. Fehlt diese Hemmung zu Beginn des Lebens oder durch Schädigungen der Pyramidenbahnen, lassen sich die Reflexe auch nicht unterdrücken.

Ein Beispiel dafür ist der *Babinski-Reflex*, mit dem die Funktion und Entwicklung der Pyramidenbahnen getestet werden kann. Dazu müssen Sie bei einer Person einen Gegenstand an der äußeren Seite der Fußsohle von der Ferse zu den Zehen bewegen. Bei einer noch nicht vollständig ausgebildeten oder geschädigten Pyramidenbahn sollten die Zehen ausgefächert abgespreizt werden, ähnlich wie beim Beginn des Greifens. Bei einer intakten Pyramidenbahn sollten sich die Zehen in Richtung der Fußsohle zusammenziehen (und besonders kitzelige Personen lachen vielleicht).

Ventromediale Pfade sorgen für Haltung

Die *ventromedialen Pfade* sind die wichtigsten Pfade für die Stabilisierung der Körperhaltung. Die drei Bahnen haben ihren Ursprung an unterschiedlichen Stellen des Hirnstammes.

- ✔ Der *Tectospinaltrakt* entspringt im Tectum, genauer gesagt in den Colliculi superiores. Er empfängt Informationen aus dem visuellen und auditorischen System und ist wichtig für die unwillkürliche seitliche Bewegung der Augen (die Sakkaden) sowie die Steuerung und Stabilisierung der Kopf- und Nackenmuskulatur. Die Axone kreuzen direkt im Tectum auf die kontralaterale Seite und ziehen nah der Mitte des Rückenmarkes zum Zielsegment, wo sie von vorne ins Vorderhorn eintreten.

- ✔ Der *Reticulospinaltrakt* umfasst eigentlich mehrere Pfade, die auf Ebene des Pons und der Medulla oblongata in der Formatio reticularis entspringen. Sie ziehen ohne Kreuzung auf der gleichen Seite ins Rückenmark. Sie dienen vor allem der Steuerung und Anpassung der Körperhaltung entsprechend der Erregung der Formatio reticularis, zum Beispiel um reflexhaft auf einen plötzlichen Reiz zu reagieren.

- ✔ Der *Vestibulospinaltrakt* entspringt am Ende der Medulla oblongata in den Nuclei vestibulares, die zum Kerngebiet des VIII. Hirnnervs (Nervus vestibulocochlearis) gehören. Hier werden Informationen aus den Gleichgewichtsorganen verarbeitet, und entsprechend diesen Informationen werden die Augenmuskeln, die Kopf- und Nackenmuskulatur und die Rumpfmuskulatur angesteuert. Die Nervenbahn teilt sich dabei in zwei Stränge, mit denen gleichzeitig beide Körperhälften gesteuert werden. Dank des Vestibulospinaltrakts können Sie Ihren Kopf in einer festen Position halten, auch wenn Ihr Körper sich bewegt.

Alles nach Plan: Bewegungssteuerung im Gehirn

Die Steuerung der Muskulatur ist eine wichtige Funktion des Gehirns, und so ist es nicht verwunderlich, dass große Teile der Großhirnrinde dieser Aufgabe gewidmet sind. Im engeren Sinne umfassen die motorischen Areale des Neokortex den primären motorischen Kortex, den prämotorischen Kortex und den supplementär-motorischen Kortex. All diese Areale liegen im Frontallappen des Gehirns, anterior der *Zentralfurche*. Grob gesagt sind sie alle *somatotop* organisiert, das heißt benachbarte Bereiche des Gehirns steuern benachbarte Bereiche des Körpers, und Muskelgruppen mit einer hohen Innervationszahl sind besonders prominent repräsentiert. Zusätzlich spielt der *präfrontale Kortex*, der Bereich des Frontallappens vor den motorischen Bereichen, als Ort der abstrakten Intentions- und Handlungsplanung eine wichtige Rolle für die Bewegung.

Der primäre motorische Kortex

Der *primäre motorische Kortex* (M1, Brodmann-Areal 4) liegt im Gyrus präcentralis direkt anterior zur Zentralfurche und zieht vom Scheitel bis zur Grenze zum Temporallappen. Sie können seinen Verlauf bei sich grob nachzeichnen, wenn Sie eine Linie von der Mitte Ihres Kopfes zur Spitze Ihrer Ohren ziehen.

- ✔ Hier werden abstrakte Bewegungspläne in die konkrete Aktivierung von Muskeln übersetzt und die Muskeln direkt angesteuert. Der primäre motorische Kortex ist also nicht an der Planung von Handlungen beteiligt.
- ✔ Er ist streng somatotop organisiert; die Bereiche der Muskulatur, die wir besonders fein steuern, nehmen den größten Raum ein (denken Sie an den Homunculus aus Abbildung 7.2). An der Grenze zum Temporallappen umfasst er auch das *Broca-Sprachzentrum*, das für die Steuerung der für das Sprechen wichtigen Muskulatur von zentraler Bedeutung ist.
- ✔ Aus dem primären motorischen Kortex entspringen die Pyramidenbahnen, und von hier werden die meisten motorischen Befehle ans Rückenmark gesendet. Er ist kontralateral organisiert, das heißt der rechte motorische Kortex steuert die linke Körperhälfte und umgekehrt.

Der prämotorische Kortex

Der *prämotorische Kortex* (*PMA*, Brodmann-Areal 6) liegt anterior des primären motorischen Kortex.

- ✔ Seine Aufgabe ist das Erzeugen von komplexen Bewegungsmustern, die dann an den primären motorischen Kortex weitergegeben werden. Außerdem werden hier größere Muskelgruppen der Rumpfmuskulatur gesteuert.
- ✔ Er ist insbesondere wichtig für die Bewegungsinitiierung sowie die Integration von visuellen und somatosensorischen Informationen in die Bewegungsplanung.

Der supplementärmotorische Kortex

Der *supplementärmotorische Kortex* (*SMA*, Brodmann-Areal 8) liegt superior zum prämotorischen Kortex und reicht bis zur medialen Oberfläche des Kortex.

- ✔ Seine Aufgabe ist – wie auch beim prämotorischen Kortex – die Steuerung und vor allem das Erlernen und Automatisieren von komplexen Bewegungsfolgen. Außerdem koordiniert er die Bewegungen beider Körperhälften, und hier liegt auch das *frontale Augenfeld*, das die präzise Steuerung der Augenmuskulatur plant.

- Im Gegensatz zum prämotorischen Kortex ist er vor allem für die Bewegungsplanung der distalen Extremitäten relevant. Wenn Sie ein Instrument und dabei Schritt für Schritt die Abfolge von Noten als eine zusammenhängende Bewegungsfolge lernen, dann ist das eine Leistung des SMA.

Basalganglien und Kleinhirn koordinieren Bewegungen

Geplante Bewegungen werden durch absteigende efferente Informationen aus dem Neokortex und Hirnstamm initiiert. Dabei ist eine genaue Koordination der Muskelaktivität wichtig, um präzise und gezielte Bewegungen auszuführen. Diese Koordination von Muskelaktivität erfolgt über zwei Feedbackschleifen: über das *Kleinhirn* (*Cerebellum*) und über die *Basalganglien*.

In beiden Feedbackschleifen ist das wesentliche Funktionsprinzip, dass Kopien der motorischen Befehle aus den motorischen Kortex-Arealen mit Rückmeldungen aus den sensorischen Organen abgeglichen werden. Eine zentrale Schaltstelle in diesen Feedbackschleifen ist der *Thalamus*, über den die sensorischen und motorischen Informationen zwischen den unterschiedlichen beteiligten Strukturen ausgetauscht werden. Abbildung 8.6 gibt eine Übersicht über die Verschaltung dieser Feedbackschleifen.

- Informationen zur Planung von Bewegungen werden in der Großhirnrinde zwischen sensorischen Arealen, dem präfrontalen Kortex und den motorischen Bereichen ausgetauscht.
- Kopien der motorischen Befehle werden an das Striatum gesendet. Der direkte Pfad läuft über den *Globus pallidus internus* (GPi), der indirekte Pfad über den *Globus pallidus externus* (GPe).
- Ebenso werden Kopien der motorischen Befehle über den Pons an das Cerebellum gesendet und mit Rückmeldung aus den Muskeln und Sehnen verknüpft.

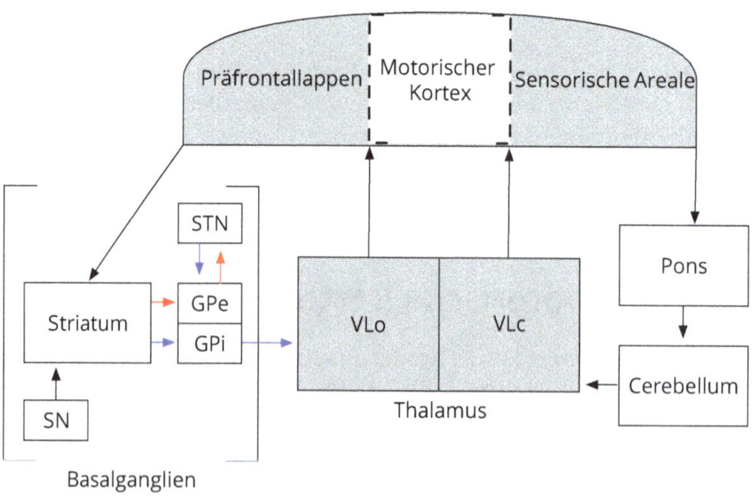

Abbildung 8.6: Die Verschaltung der Feedbackschleifen zur Bewegungskoordination über die Basalganglien und das Cerebellum (© Julian Keil)

Das Kleinhirn sorgt für Feinabstimmung

Das *Kleinhirn* besteht wie das Großhirn aus zwei Hemisphären und liegt im hinteren Bereich des Schädels, unterhalb des Großhirns. Am Pons steht das Kleinhirn in Verbindung mit dem Hirnstamm. Selbst wenn das Kleinhirn nur etwa 10 Prozent des Hirnvolumens ausmacht, besitzt es mit etwa 69 Milliarden Neuronen etwa viermal so viele Neuronen wie die Großhirnrinde. Diese enorme Anzahl von Nervenzellen ist in einer Vielzahl von engen Furchen der dreischichtigen Kleinhirnrinde organisiert. Die wichtigsten Zellen im Kleinhirn sind die erregenden Purkinje-Zellen und Körnerzellen sowie die hemmenden Interneuronen, Sternzellen und Korbzellen.

Das Kleinhirn spielt eine wichtige Rolle bei der Feinabstimmung von Bewegungen und dem Lernen von Bewegungsabläufen. Zu diesem Zweck integriert es Informationen aus drei Eingängen, die alle über den Pons verschaltet werden und auf den Purkinje-Zellen konvergieren:

- ✔ Kopien der vom motorischen Kortex der Großhirnrinde ausgesandten efferenten Befehle werden über die Olivenkerne im Hirnstamm verschaltet, und über die erregenden *Kletterfasern* direkt auf die *Purkinje-Zellen*. Jede Kletterfaser steht dabei nur in Kontakt mit einer einzigen Purkinje-Zelle, wobei bereits ein einziges Aktionspotential der Kletterfasern ausreicht, um eine Purkinje-Zelle zu aktivieren.

- ✔ Aus den Hirnstammkernen erreichen afferente Informationen aus den Gleichgewichtsorganen über die Lage und Bewegung des Kopfes das Kleinhirn über die *Moosfasern* und die *Parallelfasern*. Die Moosfasern ziehen dabei aus dem Hirnstamm bis in die *Körnerschicht*. Hier werden sie auf die Körnerzellen umgeschaltet, deren Axone (die Parallelfasern) dann auf die Purkinje-Zellen verschalten. Im Gegensatz zur Kletterfaser konvergieren etwa 100.000 Parallelfasern auf einer Purkinje-Zelle, und jede einzelne kann die Purkinje-Zelle nur sehr schwach erregen.

- ✔ Auch afferente Informationen aus den Muskelspindeln und den Golgi-Sehnenorganen aus der Peripherie erreichen das Kleinhirn über Moos- und Parallelfasern. An den Purkinje-Zellen konvergieren also Informationen über Bewegungspläne, die Veränderung der Lage des Körpers durch die Bewegung, und Rückmeldungen aus den Muskeln und Sehnen, wie sehr der Körper bewegt wurde. Entsprechend dieser Informationen kann das Kleinhirn hemmend auf die Bewegungen einwirken und so eine möglichst präzise Ausführung der Bewegungen unterstützen.

Basalganglien starten und beenden Bewegungen

Die *Basalganglien* sind eine Ansammlung von Nervenkernen, die im subkortikalen Bereich des Großhirns liegen, also im Bereich unterhalb der Großhirnrinde. Die wichtigsten Kerne sind das *Striatum*, das den *Nucleus caudatus* und das *Putamen* umfasst, der *Globus pallidus*, die *Substantia nigra* und der *Nucleus subthalamicus*. Auch bei den Basalganglien waren die Neuroanatominnen und Neuroanatomen wieder kreativ in der Namensgebung: Im Striatum bildet die Anordnung von Putamen und Globus pallidus Streifen, und die Substantia nigra sieht im Hirnschnitt schwarz aus. Diese Kerne stehen in einer komplexen Interaktion, die bislang noch nicht bis ins letzte Detail ergründet ist. Grob umfasst die Basalganglienschleife einen *direkten* und einen *indirekten Pfad*, die verstärkend oder hemmend auf die Initiierung von Bewegungen wirken. Zentral beteiligt an dieser Funktion ist der Neuromodulator *Dopamin*, der entweder an erregende D1- oder an hemmende D2-Rezeptoren bindet.

- ✔ **Der direkte Pfad durch die Basalganglien** umfasst die glutamaterge Aktivierung des Striatums aus unterschiedlichen Bereichen des Neokortex. Das Striatum wirkt hemmend auf den *Globus pallidus internus* (GPi) ein. Normalerweise hemmt der GPi den Thalamus. Wird der GPi jetzt aber durch das Striatum gehemmt, fällt diese Hemmung weg, und der Thalamus wird aktiviert. Bildlich lässt sich die Funktion des direkten Pfades also wie das Lösen einer Bremse vorstellen: Sobald dieser Pfad aktiviert wird, geht eine Bewegung los.

- ✔ **Der indirekte Pfad durch die Basalganglien** beginnt ebenfalls mit der glutamatergen Aktivierung des Striatums. Das Striatum wirkt hemmend auf den *Globus pallidus externus* (GPe) ein, der wiederum hemmend auf den Nucleus subthalamicus wirkt. In diesem Fall wirkt eine Hemmung der Hemmung aktivierend auf den Nucleus subthalamicus (STN), der wiederum den GPi aktiviert, damit hemmend auf den Thalamus einwirkt und so Bewegungen stoppt oder begrenzt.

Die *Substantia nigra* wirkt mit dopaminergen Projektionen modulierend auf die Funktion des Striatums ein und kann, je nach aktiviertem Rezeptor, den Input aus dem Neokortex über das Striatum an den Globus pallidus verstärkend oder hemmend modulieren.

Die Koordination von Efferenz und Afferenz: Das Reafferenzprinzip

Die Funktion der Feedbackschleifen über das Kleinhirn und die Basalganglien lässt sich am *Reafferenzprinzip* illustrieren. Es beschreibt das Zusammenspiel zwischen efferenten und afferenten Signalen bei der Bewegungssteuerung und besteht aus drei Schritten:

1. Motorische Areale (zum Beispiel der prämotorische Kortex) erzeugen efferente Befehle für Bewegungsmuster, die top-down an die tiefer in der Hierarchie liegenden Areale weitergegeben werden.

2. Auf jeder darunterliegenden Ebene des zentralen Nervensystems, zum Beispiel im primären motorischen Kortex und im Rückenmark, wird eine Kopie dieses efferenten Befehls abgelegt, die *Efferenzkopie*. Sie bildet den Soll-Zustand einer Bewegung ab, also das gewünschte Ergebnis.

3. Die efferenten Befehle werden dann an die Muskeln weitergegeben, und afferente Signale aus den Muskeln melden das Ergebnis der Befehle zurück ans ZNS. Jetzt wird der Ist-Zustand aus den afferenten Signalen mit dem Soll-Zustand aus der Efferenzkopie verglichen. Stimmen beide überein, dann war die Erwartung des Ergebnisses der Bewegung korrekt, und keine Informationen müssen weiter zurück ans ZNS gesendet werden. Ist dies nicht der Fall, dann muss ein Fehlersignal in der Verarbeitungshierarchie weiter nach oben geleitet werden, um eine korrigierende Bewegung auszulösen.

Ein Ergebnis dieses Reafferenzprinzips ist, dass vor allem Fehler oder unerwartete Informationen an das ZNS geleitet werden. Alles, was Sie korrekt vorhersagen können, wird hingegen nicht weiterverarbeitet. Dies bildet die Grundlage der *Predictive-Coding*-Theorie (mehr dazu in Kapitel 13). Auf diese Weise können Sie auch Bewegungen, die Sie selbst erzeugen, und Bewegungen, die aus der Umwelt stammen, unterscheiden. Anhand von TMS-Studien konnten Kolleginnen und Kollegen von der Universität Leipzig und ich zeigen, dass der Ursprung der Efferenzkopie der prämotorische Kortex ist.

Bewegungsstörungen durch Verletzungen des Gehirns oder der Nervenbahnen

Wie Sie in diesem Kapitel gesehen haben, ist die Steuerung der Bewegungen in multiplen parallelen Systemen organisiert und wird durch mehrere Feedbackschleifen moduliert. Störungen des motorischen Systems äußern sich daher nur sehr selten und im Fall der Durchtrennung größerer Nervenbahnen in vollständigen Lähmungen, sondern häufiger in Problemen mit der Feinsteuerung der Bewegungen. Gleichzeitig lassen sich auch Ausfälle einzelner Bereiche des motorischen Systems durch andere Signalbahnen kompensieren; gerade die Steuerung der lebenswichtigen Muskelgruppen, die Atmung und Kreislauf regulieren, sind sehr robust gegenüber Störungen.

- ✔ Bei *Schlaganfällen*, bei denen durch eine Sauerstoffunterversorgung Teile des motorischen Systems verletzt wurden, kommt es zu Störungen der Ansteuerung einzelner Muskelgruppen. Je nachdem, welche Bereiche des Gehirns vom Schlaganfall betroffen sind, können so eng umgrenzte oder großflächige Ausfälle auftreten. Der Ort und der Umfang dieser Ausfälle lassen dann entsprechend der somatotopischen Organisation des motorischen Systems Rückschlüsse auf den Ort der Schädigung des Gehirns zu. Durch frühzeitige Rehabilitationsmaßnahmen lassen sich parallele Signalbahnen (mehr dazu weiter vorn in diesem Abschnitt) etablieren, oder durch eine plastische Reorganisation der motorischen Bereiche die Ausfälle teilweise kompensieren.

Zu den bekanntesten Erkrankungen der Basalganglien gehören Morbus Parkinson und Chorea Huntington. Beide Störungen gehen zurück auf das *Striatum*:

- ✔ Bei der *Parkinson-Erkrankung* sterben dopaminerge Neuronen im Bereich des Pars compacta in der Substantia nigra ab, was dazu führt, dass der hemmende Einfluss auf das Striatum fehlt und damit der indirekte Pfad durch die Basalganglien überaktiviert wird. Dies führt dazu, dass die Patientinnen und Patienten Schwierigkeiten haben, Bewegungen zu initiieren (*Akinesie*), die rhythmische Abfolge von Bewegungen zum Beispiel beim Gehen zu synchronisieren oder Bewegungen nur sehr langsam ausführen können (*Bradykinesie*). Außerdem zeigen sich häufig eine Versteifung der Muskulatur und ein Zittern (*Tremor*) im Ruhezustand.

- ✔ Bei der *Huntington-Erkrankung* sterben das Putamen und der Nucleus caudatus des Striatums ab, was dazu führt, dass der hemmende Einfluss des Striatums auf die Basalganglien fehlt und damit der direkte Pfad durch die Basalganglien überaktiviert wird. Dies führt bei den Patientinnen und Patienten zu überschießenden und unwillkürlichen Bewegungen, die den gesamten Körper betreffen. Aufgrund dieser spontanen und unkontrollierbaren Bewegungen wurde die Huntington-Erkrankung auch als *Veitstanz* bezeichnet.

IN DIESEM KAPITEL

Empfindungen aus Haut und Körper

Signalbahnen aus dem Körper zum Gehirn

Besonderheiten des Schmerzes

Kapitel 9
Tastsinn und Schmerz

Sie können über den *Tastsinn* nur Reize wahrnehmen, die direkt in Kontakt mit dem Körper stehen, denn der Tastsinn ist ein *Nahsinn*. Ertasten können Sie ziemlich viele Reize, die Ihnen vermutlich nur zu einem kleinen Teil bewusst werden. Je nachdem, in welcher Lage Sie dieses Buch lesen, bekommen Sie Informationen aus Ihrer Haut und Ihrem Körper. Wenn Sie sitzen, melden Rezeptoren in der Haut der Oberschenkel, wo Sie mit wie viel Druck Kontakt zu Ihrem Stuhl haben. Die Rezeptoren aus den Muskeln Ihres Rückens melden, wie stark Sie Ihre Rumpfmuskulatur für das aufrechte Sitzen anspannen, und die Finger, die über die Oberfläche der Buchseite streifen, registrieren die Beschaffenheit der Oberfläche des Papiers. Streifen Sie an der Kante einer Buchseite entlang, kann es passieren, dass Sie sich am Papier schneiden, und in diesem Fall signalisieren Schmerzrezeptoren eine mehr oder weniger starke Verletzung. Sie sehen bereits, dass eine ganze Menge Rezeptoren beteiligt sein können, wenn Sie lediglich ein Buch lesen!

In diesem Kapitel werden Sie lernen, welche Sensoren diese Signale aufnehmen und auf welchen Wegen die Reizweiterleitung im Körper verläuft. Aber zunächst gebe ich einen Überblick über das somatosensorische System zur Orientierung.

Somatosensorik im Überblick

Alle anfangs beschriebenen Empfindungen fallen unter die *Somatosensorik*, also die Empfindung aus und über den Körper. Somatosensorische Sinneswahrnehmungen können laut C.S. Sherrington in drei Kategorien aufgeteilt werden:

- ✔ Die *Ekterozeption* (auch *Exterozeption* genannt) beschreibt die Empfindungen aus der Haut, mit der wir in Kontakt mit der Umwelt stehen. Alle Sinneseindrücke, die von außen auf unseren Körper treffen, werden als *taktile* Reize bezeichnet. In der Haut gibt es unterschiedliche Rezeptoren für die unterschiedlichen Eigenschaften dieser Reize.

- ✔ Die *Propriozeption* beschreibt die Empfindungen des Körpers, also die Informationen, die wir aus den Muskeln, Sehnen und Gelenken bekommen. Alle Sinneseindrücke, die sich auf die Lage und Position des Körpers beziehen, werden als *propriozeptive* Reize bezeichnet.
- ✔ Die *Entereozeption* (*Viszerozeption*) beschreibt die Empfindungen aus dem Inneren des Körpers, die wir aus den inneren Organen bekommen. Diese Empfindungen umfassen zum Beispiel sehr deutlich bewusste Informationen wie Hunger, Durst oder Harndrang, aber auch Informationen über Blutdruck oder Gaskonzentrationen im Blut, die nur schwer oder auch gar nicht bewusst wahrnehmbar sind.

Propriozeption und Enterozeption werden auch unter dem Begriff *Interozeption* zusammengefasst, um so eine klare Trennung zwischen den Signalen von außerhalb und innerhalb des Körpers abzugrenzen. In der Psychologie kann dieser Begriff aber auch die Wahrnehmung der eigenen psychischen Vorgänge bezeichnen, achten Sie also immer auf den Kontext.

Die Rezeptoren des somatosensorischen Systems

Die Rezeptoren, mit denen Informationen aus dem Körper registriert werden, haben gemein, dass sie auf den unmyelinisierten Enden von afferenten Nerven liegen. Die Zellkörper dieser Nerven liegen in den *Dorsalwurzelganglien* des Rückenmarkes, und die Nervenzellen sind pseudounipolare Nervenzellen. Bei ihnen teilt sich das Axon nahe des Zellkörpers; eine Hälfte zieht zum Rückenmark, während auf der anderen Hälfte die sensorischen Rezeptoren liegen. Eine große Klasse von Rezeptoren besteht aus *mechanosensiblen* Ionenkanälen, die auf eine mechanische Verformung der Zellmembran hin einen Ionenstrom zulassen.

Eine weitere Klasse umfasst *thermosensible* Rezeptoren, die durch Temperaturveränderungen, aber auch chemische Stoffe, aktiviert werden können. Diese *chemosensiblen* Rezeptoren bilden einen Übergang zur Chemosensation (siehe dazu auch Kapitel 12). Wenn Sie schon einmal Chilis geschnitten und sich anschließend die Augen gerieben haben, können Sie sicher nachvollziehen, dass chemische Rezeptoren auch bei der Schmerzwahrnehmung eine große Rolle spielen.

- ✔ **Mechanosensible Ionenkanäle** bilden die wichtigste Klasse der Rezeptoren im somatosensorischen System. Sie können durch eine mechanische Verformung der Zellmembran aktiviert werden. Diese mechanische Verformung kann dann entweder direkt den Ionenkanal öffnen oder über den Zug an Proteinfäden oder eine Second-Messenger-Kaskade auslösen. In der Haut liegen unterschiedlich spezialisierte freie Nervenendigungen, mit denen *ekterozeptive* Reize aus der Umwelt registriert werden können. In den Muskelspindeln und im Golgi-Sehnenorgan liegen Nervenendigungen, die *propriozeptive* Informationen über die Stellung der Gliedmaßen registrieren. Um die inneren Organe liegen freie Nervenendigungen, die *enterozeptive* Informationen über die Vorgänge aus dem Körperinneren zum zentralen Nervensystem tragen.

- **TRP-Kanäle** sind komplexe Ionenkanäle und bilden die zweite wichtige Klasse von Rezeptoren im somatosensorischen System. Diese können zum großen Teil nicht nur durch einen einzigen Reiz, sondern zum Beispiel sowohl durch bestimmte Temperaturbereiche als auch durch chemische Stoffe aktiviert werden. Ein Beispiel für einen solchen TRP-Ionenkanal ist der TRPV1-Rezeptor, der durch Hitze (etwa 45 bis 65 °C) und durch das in Chilis vorkommende Capsaicin aktiviert wird und ein Gefühl von Wärme, Schärfe und Schmerz vermittelt.
- **Chemosensible Rezeptoren** spielen bei der Schmerzwahrnehmung eine große Rolle, da bei Verletzungen chemische Botenstoffe wie zum Beispiel Bradykinin freigesetzt werden, die an metabotrope Rezeptoren binden und so ein andauerndes Gefühl von Schmerz vermitteln.

An sich ist die somatosensorische Wahrnehmung ein Nahsinn, das heißt es werden nur Reize wahrgenommen, die in direktem Kontakt mit dem Körper stehen. Die *Thermosensation*, also die Wahrnehmung von Temperaturveränderungen, sprengt dieses System zum Teil. Thermische Reize umfassen auch einen Bereich der elektromagnetischen Wellen, die Infrarotstrahlung. Warme Objekte senden diese Infrarotstrahlung aus, und Thermorezeptoren in der Haut registrieren die Veränderung der Temperatur der Haut durch das Einwirken der Infrarotstrahlung. So kann das somatosensorische System auch als *Fernsinn* funktionieren, wie Sie vielleicht an einem sonnigen Tag schon einmal bemerkt haben.

Rezeptoren in der Haut: Druck, Berührung und Vibration

Die *Haut* hat nicht nur die Aufgabe, die inneren Organe an einem Ort zu halten und vor schädlichen Umwelteinflüssen zu schützen, sondern sie ist mit einer Oberfläche von etwa zwei Quadratmetern auch das größte sensorische Organ des Menschen. In ihr liegen eine Reihe unterschiedlicher Rezeptoren, die unterschiedliche Aspekte der Berührung abbilden und damit ein komplexes Bild von der uns direkt umgebenden Umwelt liefern, also der Ekterozeption dienen. Außerdem ist die Haut von zentraler Bedeutung für die Regulation der Körpertemperatur, deren Empfindung wiederum Teil der Enterozeption ist. Die Haut ist aus zwei unterschiedlichen Schichten aufgebaut, der äußeren *Epidermis* und der darunterliegenden *Dermis* mit dem Unterhautfettgewebe. Während die Epidermis eher dünn ist und je nach Beanspruchung einen harten Schutz gegen äußere Einflüsse bildet, ist die Dermis relativ dick, stark durchblutet und Heimat von Haarfollikeln, Schweißdrüsen und kleineren Muskeln.

Der größte Teil der Haut ist behaart und besitzt entsprechend auch Haarfollikel. Um diese winden sich freie Nervenendigungen, die Berührungen an den Haaren registrieren und so Informationen sowohl über nahe Reize als auch weiter entfernt liegende Reize wie Luftbewegungen liefern. Im Bereich der Lippen, Hand- und Fußinnenflächen und im Genitalbereich ist die Haut unbehaart und enthält keine Haarfollikel.

In der Haut liegen neben Temperatur- und Schmerzrezeptoren (die gleich noch genauer erklärt werden) vier unterschiedliche Arten von taktilen Rezeptoren, die sich in Hinblick auf ihre Lage in der Haut, ihre Form, die Form ihrer rezeptiven Felder und die Art und Weise, wie sie auf welche Reize reagieren, unterscheiden. Teilweise kommen sie auch nicht in allen Hautbereichen vor. Grundsätzlich gilt dabei, dass Rezeptoren, die tiefer in der Haut liegen, größere und weniger scharf umgrenzte rezeptive Felder haben, und dass langsam adaptierende Rezeptoren konstanten Druck codieren, während schnell adaptierende Rezeptoren schnelle Reizveränderungen wie Vibrationen verarbeiten. Abbildung 9.1 gibt eine Übersicht über die unterschiedlichen Rezeptoren in der Haut.

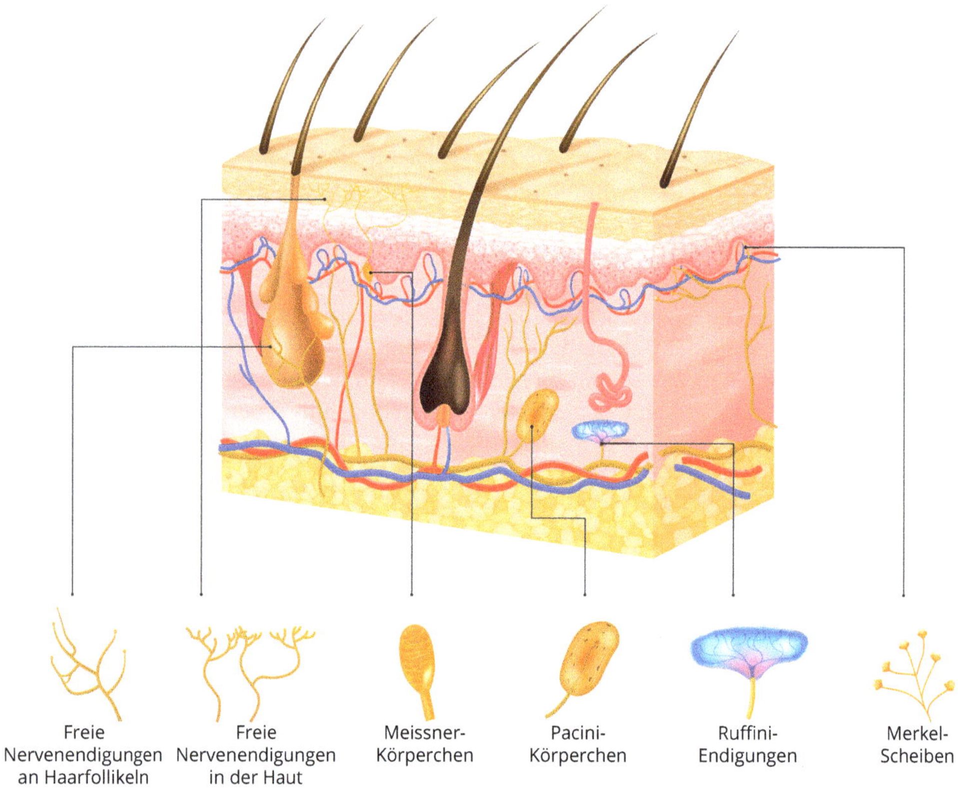

Abbildung 9.1: Die unterschiedlichen Rezeptoren in der Haut (© Macrovector, `stock.adobe.com`)

- ✔ Die *Meissner-Körperchen* kommen nur in der unbehaarten Haut vor und liegen weit oben in der Haut, vor allem an der Grenze zwischen Dermis und Epidermis. Besonders dicht liegen sie im Bereich der Finger und der Hand- und Fußinnenflächen. Ihre ovale Form bekommen sie durch das schraubenförmige Aufwinden der Nervenendigungen. Sie besitzen ein eng umgrenztes rezeptives Feld und adaptieren schnell auf Veränderungen des mechanischen Druckes. Meissner-Körperchen werden daher als *»rapid adapting« 1-Fasern (RA1)* bezeichnet und registrieren vor allem seitliche Bewegungen.

- ✔ Die *Pacini-Körperchen* liegen weiter unten in der Dermis der Haut und bestehen aus großen, lamellenartig angeordneten Schichten von Bindegewebe um die freien Nervenendigungen. Sie besitzen ein großes, diffuses rezeptives Feld, adaptieren ebenfalls schnell auf Veränderungen des mechanischen Druckes und werden daher als *»rapid adapting« 2-Fasern (RA2)* bezeichnet. Sie registrieren unter anderem Vibrationen mit einer höchsten Empfindlichkeit bei etwa 300 Hz, und bereits Veränderungen um 0,01 µm reichen aus, um ein Aktionspotential auszulösen.

- ✔ Die *Merkel-Scheiben* liegen wieder weit oben in der Haut in der Epidermis. Diese ovalen Verdickungen aufgefächerter freier Nervenendigungen besitzen ein eng umgrenztes rezeptives Feld und reagieren relativ langsam auf Druckveränderungen. Sie werden daher als *»slow adapting« 1-Fasern (SA1)* bezeichnet. Während sie im Ruhezustand inaktiv sind, reagieren sie bei konstantem Druck mit einem konstanten Feuern von Aktionspotentialen; so etwa bei einem Stoß an Ecken, Kanten und spitzen Punktberührungen.
- ✔ Die *Ruffini-Endigungen* liegen tief in der Dermis und auch in den Gelenkkapseln und haben eine zylindrische Form. Durch diesen Zylinder ziehen Kollagenfasern, mit denen die freien Nervenendigungen verwoben sind. Ruffini-Endigungen besitzen ein großes, diffuses rezeptives Feld und reagieren ebenfalls relativ langsam auf Druck- und Dehnungsreize, daher werden sie als *»slow adapting« 2-Fasern (SA2)* bezeichnet. Sie sind im Ruhezustand aktiv und reagieren bei konstanten Reizen mit einer konstanten Rate von Aktionspotentialen.

Warum Bässe uns vibrieren lassen

Wenn Sie schon einmal auf einem Konzert oder in einem lauten Club waren, dann kennen Sie vielleicht das Gefühl, dass Sie besonders tiefe Töne kaum hören, aber in Ihrem Körper fühlen können. Dieses Gefühl entsteht durch die unterschiedliche Sensibilität des somatosensorischen und auditorischen Systems für tiefe Frequenzen. Einerseits können wir Frequenzen im Bereich von etwa 20 Hz bis 20.000 Hz hören, aber besonders tiefe Frequenzen unter 300 Hz und besonders hohe Frequenzen über 8000 Hz sind nur schwer wahrzunehmen. Andererseits reagieren die *Pacini-Körperchen* besonders gut auf Vibrationen mit einer Frequenz um 300 Hz und *Meissner-Körperchen* auf etwa 50 Hz. Einen sehr tiefen Ton mit einer Frequenz von 55 Hz (das tiefe A) sollten Sie also eher spüren als hören.

Der Informationsfluss vom Rezeptor zum Rückenmark

Die *afferenten Nerven* im somatosensorischen System stellen die Verbindung zwischen den Rezeptoren und dem Rückenmark her. Wie bereits erwähnt, liegen ihre Zellkörper in den *Dorsalwurzelganglien* des Rückenmarkes, und die Nervenzellen sind pseudounipolare Nervenzellen, bei denen sich das Axon nahe des Zellkörpers teilt und eine Hälfte zum Rückenmark zieht, während auf der anderen Hälfte die sensorischen Rezeptoren liegen. Beide Anteile des Axons sind gleich aufgebaut, aber es gibt unterschiedliche Klassen von Nervenzellen, die sich in Bezug auf Myelinisierung und Dicke der Axone unterscheiden und damit unterschiedliche Leitungseigenschaften haben (siehe auch Kapitel 7).

Dies bedeutet, dass verschiedene Informationen wie zum Beispiel Druck und Schmerz aus dem gleichen Körperteil auf unterschiedlichen Wegen mit unterschiedlichen Geschwindigkeiten transportiert werden.

Name	Axondicke	Myelinisierung	Verschaltung
A-Alpha-Nervenzellen (Ia- und Ib-Nerven)	13–20 µm	Ja	Ohne Verschaltung zur Medulla oblongata oder Schicht 4 und Schicht 6 im mittleren und inneren Bereich des Dorsalhorns
A-Beta-Nervenzellen (II-Nerven)	6–12 µm	Ja	Schicht 4 und Schicht 6 im mittleren und inneren Bereich des Dorsalhorns
A-Delta-Nervenzellen (III-Nerven)	1–5 µm	Dünn	Schicht 1 und 2 und Schicht 5 im medialen und mittleren Bereich des Dorsalhorns
C-Nervenzellen (IV-Nerven)	0,2–0,5 µm	Nein	Schicht 1 und 2 im lateralen Bereich des Dorsalhorns

Tabelle 9.1: Die unterschiedlichen afferenten Nerven im somatosensorischen System

- ✔ Informationen über die **mechanische Spannung** aus den Muskelspindeln beziehungsweise den Golgi-Sehnenorganen werden über die A-Alpha-Nervenzellen transportiert. Die Rezeptoren sind vor allem mechanosensible Ionenkanäle.
- ✔ Informationen über **sanften Druck oder Berührungen** aus den unterschiedlichen Rezeptoren in der Haut werden über A-Beta-Nervenzellen transportiert. Auch hier sind die Rezeptoren vor allem mechanosensible Ionenkanäle
- ✔ Informationen über **starken Druck, schmerzhafte Berührungen oder Kälte** werden über A-Delta-Nervenzellen transportiert. Auf ihnen befinden sich mechanosensible und chemosensible Rezeptoren, und ihre Erregungsschwelle ist höher als bei den A-Beta-Nervenzellen.
- ✔ Informationen über **Schmerz, Juckreiz oder Wärme** werden über C-Fasern transportiert. Auf ihnen befinden sich mechanosensible und chemosensible Rezeptoren, und sie haben die höchste Erregungsschwelle. Spezialisierte C-Fasern transportieren großflächige Bewegungen über die Haut, wie zum Beispiel Streicheln, das eine positive affektive Wirkung haben kann.

Die afferenten Nerven treten über das Dorsalhorn in das Rückenmark ein, und da erfolgt die Verschaltung der afferenten Nerven direkt auf motorische Nerven, auf Interneurone oder auf die aufsteigenden Signalbahnen zum Gehirn. Diese Verschaltung folgt einer *somatotopen Ordnung*, und die unterschiedlichen Nerven aus dem gleichen Bereich des Körpers werden in unterschiedlichen Bereichen des gleichen Rückenmarksegments verschaltet. Wenn Sie von oben auf das Rückenmark schauen, gilt folgende Ordnung:

- ✔ **Dorsale Bereiche** des Körpers werden im lateralen Bereich des Dorsalhorns verschaltet.
- ✔ **Ventrale Bereiche** und die distalen Extremitäten werden im medialen Bereich des Dorsalhorns verschaltet.

Entlang des Rückenmarkes erreichen afferente Fasern aus dem Körper das zentrale Nervensystem. Generell gilt, dass die oberen Bereiche des Körpers auch an den oberen Bereichen des Rückenmarkes ankommen. In Bezug auf die Haut lassen sich daher die *Dermatome* abgrenzen, also die Bereiche der Haut, die an einem Rückenmarkssegment ankommen. Allerdings kommen an so einem Rückenmarkssegment nicht nur die Informationen aus der Haut an, sondern auch alle anderen afferenten somatosensorischen Empfindungen. Dies kann dazu führen, dass Sie Empfindungen verwechseln. Im Falle des *übertragenen Schmerzes* kann sich zum Beispiel ein Schmerzreiz aus einem inneren Organ anfühlen wie ein großflächiger Schmerz auf der Haut. Gerade bei unspezifischen Schmerzempfindungen ist es daher wichtig, immer auch organische Ursachen aus den inneren Organen zu überprüfen.

Der Informationsfluss vom Rückenmark zum Gehirn

Wenn die somatosensorischen Informationen das Rückenmark erreicht haben, können sie entweder direkt auf Interneuronen oder Motorneuronen umgeschaltet werden und die lokalen Reflexe auslösen. Der größere Teil der afferenten Information wird aber auf aufsteigende Bahnen verschaltet, welche die Informationen zum Gehirn transportieren. Die Bahnen wechseln entweder direkt im Rückenmark oder im Hirnstamm auf die kontralaterale Seite, sodass die linke Seite des Körpers auf der rechten Seite des Gehirns repräsentiert ist und umgekehrt. Im somatosensorischen System läuft der afferente Informationstransport über drei parallele Nervenbahnen ab, die in Abbildung 9.2 gezeigt sind.

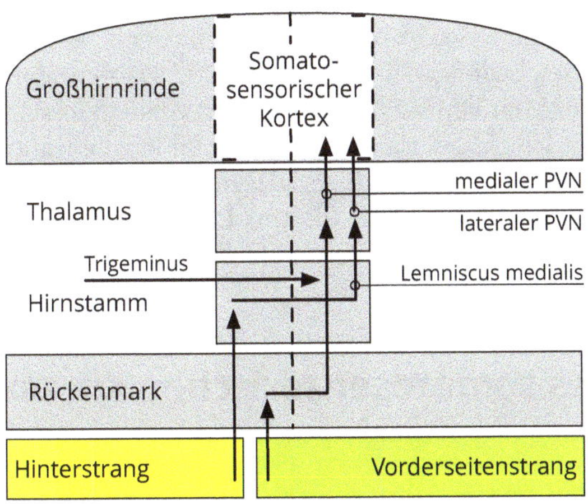

Abbildung 9.2: Übersicht über die drei Leitungsbahnen im somatosensorischen System (© Julian Keil)

- **Informationen aus den A-Alpha- und A-Beta-Fasern** laufen über das *Hinterstrangsystem* (*lemniskales System*) zum Gehirn. Dieses System dient vor allem dem Transport von Berührungsreizen, Druck und Spannung aus den Muskeln, Sehnen und der Haut. Die afferenten Fasern treten dazu in das Dorsalhorn des Rückenmarkes ein und werden entweder lokal für Reflexe verschaltet oder steigen ohne Verschaltung im dorsalen

Bereich des Rückenmarkes auf bis in die Medulla oblongata. Dort findet in den Hinterstrangkernen die Verschaltung auf die nächste Nervenzelle statt, wobei bereits eine erste einfache Signalverarbeitung, wie zum Beispiel eine laterale Hemmung, stattfindet. Das Axon des zweiten Neurons kreuzt in der *medialen Schleife* (Lemniscus medialis) auf die kontralaterale Seite und zieht zum Thalamus. Dort kommt es im posterioren ventralen lateralen Nucleus zur Verschaltung auf das dritte Neuron, dessen Axon dann zum somatosensorischen Kortex im postzentralen Gyrus im Neokortex zieht.

- ✔ **Informationen aus den A-Delta- und C-Fasern** laufen über das *Vorderseitenstrangsystem* (*spinothalamischer Trakt*) zum Gehirn. Dieses System dient vor allem dem Transport von Schmerz- und Temperaturreizen. Die afferenten Fasern treten auch hier in das Dorsalhorn des Rückenmarkes ein, werden aber direkt im Dorsalhorn auf das zweite Neuron verschaltet. Das Axon des zweiten Neurons kreuzt dann auf die kontralaterale Seite und zieht ohne weitere Verschaltung bis in den Thalamus. Dort kommt es im posterioren ventralen medialen Nucleus zur Verschaltung auf das dritte Neuron, dessen Axon dann ebenfalls zum somatosensorischen Kortex im postzentralen Gyrus im Neokortex zieht.
- ✔ **Informationen aus allen afferenten Nerven im Gesicht, der Mundhöhle, dem Kopf, dem Schädel und der Hirnhäute** werden über den Nervus trigeminus (dem fünften Hirnnerv) transportiert. Die Verschaltung ähnelt dem Hinterstrangsystem. Hier erfolgt die Verschaltung auf das zweite Neuron auf Höhe des Pons. Das Axon des zweiten Neurons kreuzt auf die kontralaterale Seite und zieht dann zum Thalamus. Dort kommt es im posterioren ventralen medialen Nucleus zur Verschaltung auf das dritte Neuron, dessen Axon dann ebenfalls zum somatosensorischen Kortex im postzentralen Gyrus im Neokortex zieht.

Unterschiedliche Informationen werden über verschiedene Leitungsbahnen mit unterschiedlichen Geschwindigkeiten transportiert. Diese unterschiedlichen Leitungsgeschwindigkeiten können dazu führen, dass Sie unterschiedliche Signalanteile aus dem gleichen Reiz als getrennte Empfindungen wahrnehmen. Bei einer Verletzung (stellen Sie sich vor, Sie schlagen mit einem Hammer auf Ihre Finger) kommt zum Beispiel zuerst die Information über die mechanische Verformung der Haut in Ihrem Gehirn an, bevor die Information über den Schmerz ankommt (siehe dazu auch Abbildung 9.4).

Die Organisation des somatosensorischen Kortex im Gehirn

Einmal im Gehirn angekommen, werden die somatosensorischen Informationen vor allem im *Gyrus postcentralis* verarbeitet. Hier liegt der *primäre somatosensorische Kortex* in den Brodmann-Arealen 3a und 3b, 1 und 2. Von dort werden die Informationen an den *sekundären somatosensorischen Kortex* im posterioren Parietallappen und die Insula weitergegeben. Weiter wird die Information auf zwei unterschiedlichen Wegen prozessiert (siehe Abbildung 9.3):

- ✔ über den **ventralen Strom** zur Insula und zum Temporallappen und
- ✔ über den **dorsalen Strom** zum Frontallappen.

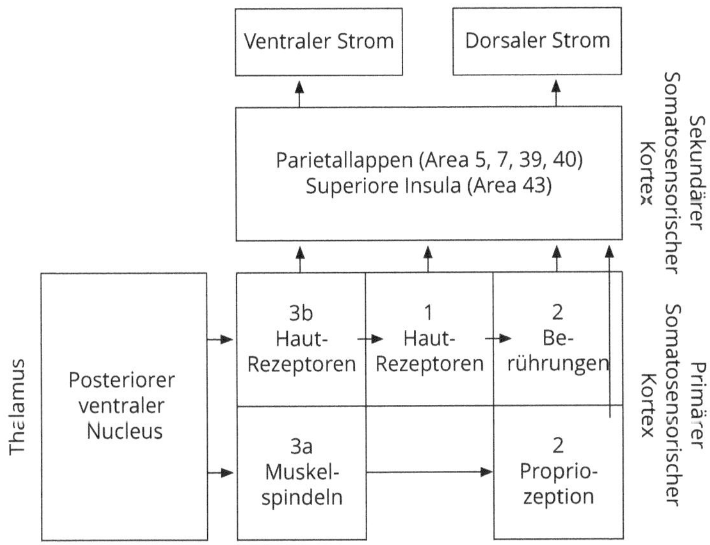

Abbildung 9.3: Die wichtigsten Stationen im somatosensorischen System (© Julian Keil)

- ✔ **Der primäre somatosensorische Kortex (S-I)** liegt im Gyrus postzentralis, direkt posterior zur Zentralfurche, und zieht vom Scheitel bis zur Grenze zum Temporallappen. Hier findet die erste Signalverarbeitung der afferenten Informationen aus dem Körper statt. Der S-I ist *somatotop* organisiert, das heißt, dass benachbarte Bereiche des Körpers auch an benachbarten Bereichen des S-I verarbeitet werden. Dabei sind Bereiche des Körpers, an denen besonders viele somatosensorische Rezeptoren sitzen (zum Beispiel die Fingerspitzen oder Lippen), besonders groß repräsentiert. Innerhalb dieser Repräsentationen eines Körperteils findet sich eine Säulenstruktur: Benachbarte Säulen verarbeiten Informationen aus den unterschiedlichen Rezeptoren.

- ✔ **Propriozeptive Informationen aus den Muskelspindeln, den Gelenken und Sehnen** erreichen den S-I des Brodmann-Areals 3a tief in der Zentralfurche. Von dort werden diese Signale an das Brodmann-Areal 2 im postzentralen Gyrus weitergegeben. **Somatosensorische Informationen aus der Haut und den freien Nervenendigungen** erreichen den S-I des Brodmann-Areals 3b. Von dort werden sie an das Brodmann-Areal 1 und dann an das Brodmann-Areal 2 im postzentralen Gyrus weitergegeben.

- ✔ **Der sekundäre somatosensorische Kortex (S-II)** liegt posterior zum Gyrus postzentralis im Parietallappen. Er umfasst die Brodmann-Areale 5, 7, 39 und 40 sowie das Brodmann-Areal 43 im oberen Bereich der Insula. Hier werden die Informationen aus den einzelnen Bereichen des Körpers zu komplexen Wahrnehmungen kombiniert. Hier erfolgt auch eine Kombination der Informationen aus den beiden Körperhälften.

Nach der Informationsverarbeitung im S-II verlaufen zwei unterschiedliche Informationsströme durch den Parietallappen und den Temporallappen zum Frontallappen. Im *ventralen Strom*, der über den inferioren Temporallappen läuft, werden Informationen aus dem somatosensorischen, dem visuellen und dem auditorischen System integriert, um die Eigenschaften eines Objektes zu erfassen. Dies ist also der *»Was«-Strom.*

Im *dorsalen Strom*, der über den Parietallappen läuft, werden Informationen aus dem somatosensorischen, dem visuellen und dem motorischen System kombiniert, um den Ort und die Bewegung eines Objektes zu erfassen und entsprechende Bewegungen zu planen (*»Wo«-Strom*).

Es tut weh: Das nozizeptive System

Der *Schmerz* nimmt eine Sonderstellung im somatosensorischen System ein, da schmerzhafte Informationen aus allen Bereichen der Somatosensorik kommen können, aber schmerzhafte Reize zumindest zum Teil auf eine besondere Art und Weise verarbeitet werden und neben der rein sensorischen Komponente auch eine stark affektive Komponente besitzen.

Schmerz kann gleichzeitig aus einer sensorischen und einer affektiven Komponente bestehen. Die reine Sensorik des Schmerzes wird als *Nozizeption* bezeichnet. Gleichzeitig können wir subjektiv die affektive Komponente des Schmerzes empfinden, ohne einem physischen Reiz ausgesetzt zu sein. Während die Frage, ob andere Lebewesen die affektive Komponente des Schmerzes empfinden können, umstritten ist, wurden Rezeptoren für noxische Reize bereits in relativ einfachen Tieren wie Fruchtfliegen, Würmern oder Blutegeln nachgewiesen. Auch die einfachsten einzelligen Lebewesen zeigen Vermeidungsverhalten gegenüber schädlichen Reizen.

Das *Schmerzempfinden* ist ein ziemlich komplexes Geschehen, denn es umfasst eine affektive Komponente (die subjektive und emotionale Bewertung eines Reizes) und eine sensorische Komponente (die Empfindung und Leitung des schädlichen nozizeptiven Reizes). Affektiven Schmerz können Sie auch ohne eine physische Verletzung empfinden, zum Beispiel durch soziale Zurückweisung oder Ablehnung. Die *Nozizeption*, also die Empfindung und Leitung eines schädlichen Reizes, benötigt hingehen immer einen tatsächlichen Reiz und erfüllt eine wichtige Warnfunktion. Nozizeptive Rezeptoren finden sich überall im Körper. In der Regel sind diese Rezeptoren im Ruhezustand inaktiv und erzeugen erst dann Aktionspotentiale, wenn eine bestimmte Aktivierungsschwelle überschritten ist.

Im Körper lassen sich vier Klassen von *Nozizeptoren* unterscheiden, wobei sich die Art und Weise, wie diese Rezeptoren aktiviert werden, teils überschneiden, sodass die meisten Rezeptoren *polymodal* sind – sie erhalten also Informationen von mehreren Sinnesmodalitäten:

- ✔ **Thermische Schmerzrezeptoren** werden durch Temperaturen über 45 °C oder unter 5 °C aktiviert. Sie befinden sich an den rezeptiven Enden von C-Fasern und umfassen komplexe Ionenkanäle, die *transienten Rezeptorpotential-Kanäle* (TRP). Unterschiedliche Klassen dieser TRP-Kanäle reagieren dabei auf unterschiedliche Temperaturen. Einige TRP-Kanäle können auch durch chemische Substanzen aktiviert werden.
- ✔ **Mechanische Schmerzrezeptoren** umfassen Rezeptoren, die auf die mechanische Verformung des Körpers, zum Beispiel durch Druck, aber auch durch Verletzungen wie Schnitte oder Stiche reagieren. Sie befinden sich vor allem an den rezeptiven Enden von A-Delta-Fasern. Oftmals können sie auch durch thermische Reize aktiviert werden, die zu einer Verformung des Gewebes führen, oder durch chemische Reize, die an bestimmte Bindungsstellen der Rezeptoren binden.

- ✔ **Chemische Schmerzrezeptoren** werden durch körperfremde oder körpereigene chemische Stoffe aktiviert. Sie können zum Beispiel durch das Capsaicin der Chili oder durch bei Verletzungen des Körpers freigesetztes *Histamin* oder *Bradykinin* aktiviert werden. Körperfremde Stoffe aktivieren vor allem die bereits erwähnten TRP-Kanäle. Körpereigene Substanzen lösen vor allem eine G-Protein-gekoppelte Signalkaskade aus, die dann die TRP-Kanäle aktiviert. Spezialisierte Ionenkanäle sind außerdem an der Wahrnehmung von Säure beteiligt.

- ✔ **Stumme Nozizeptoren** haben eine besonders hohe Aktivierungsschwelle und reagieren nicht auf eine direkte Stimulation, sondern erst wenn bereits eine Verletzung vorliegt. Bei einer Verletzung oder Entzündung werden Entzündungsmediatoren wie Histamin oder Bradykinin freigesetzt, die an spezifische Rezeptoren binden, wodurch die Erregungsschwelle der stummen Nozizeptoren verringert wird. Sie sind also an der Veränderung der Empfindlichkeit auf nozizeptive Reize beteiligt, die vor allem im Verlauf von Entzündungen auftritt. Diese Sensibilisierung wird als *primäre Hyperalgesie* bezeichnet.

Die nozizeptiven Rezeptoren befinden sich überall im Körper auf den rezeptiven Enden von A-Delta- oder C-Fasern. Diese Fasern haben durch ihre unterschiedliche Dicke und Myelinisierung unterschiedliche Leitungsgeschwindigkeiten, was die subjektive Empfindung des Schmerzes erklären kann. Bei einer Verletzung tritt in der Regel zunächst eine sehr schnelle Wahrnehmung der Berührung über die taktilen A-Alpha- und A-Beta-Fasern auf. Auf diese Berührungswahrnehmung erfolgt der *erste Schmerz*, eine schnelle Wahrnehmung der schmerzhaften mechanischen Verformung, die über die A-Delta-Fasern transportiert wird. Im Anschluss kommt es zum *zweiten Schmerz*, einer andauernden, lang anhaltenden, dumpfen Schmerzwahrnehmung, die durch die Aktivierung von chemischen Rezeptoren ausgelöst und über die C-Fasern transportiert wird. Abbildung 9.4 illustriert diesen Zusammenhang.

Wenn Sie schon einmal von einer Mücke gestochen wurden, dann haben Sie sicher auch schon erlebt, dass Sie den Stich selbst kaum spüren, aber das anschließende Jucken dafür umso mehr. Auch dieser *Juckreiz* ist eine Form des Schmerzes, denn er wird über den chemosensitiven TRPV1-Rezeptor verarbeitet, der auf besonders langsam leitenden C-Fasern sitzt. Die Leitungseigenschaften sind auch die Erklärung für die Empfindung: Der Stich selbst ist so schwach, dass er keine nozizeptiven Rezeptoren aktiviert, aber der von der Mücke abgegebene Speichel reizt die C-Fasern, die diese Information sehr langsam, aber dauerhaft transportieren. Aber keine Sorge, es gibt eine einfache Hilfe gegen den Juckreiz. Da die C-Fasern nicht durch Myelin isoliert sind, lässt sich ihre Funktion besonders leicht von außen beeinflussen. Kühlen des Stiches reduziert die Funktion der C-Fasern, sodass sie keine weiteren Informationen leiten.

Entzündungen machen empfindlich

Verletzungen sind nicht nur schmerzhaft, sie setzen auch eine ganze Kaskade weiterer Prozesse in Gang, die zu einer *Entzündung* führen. Eine Entzündung führt dazu, dass das betroffene Gewebe schmerzempfindlicher wird, um so einer weiteren Belastung des Gewebes

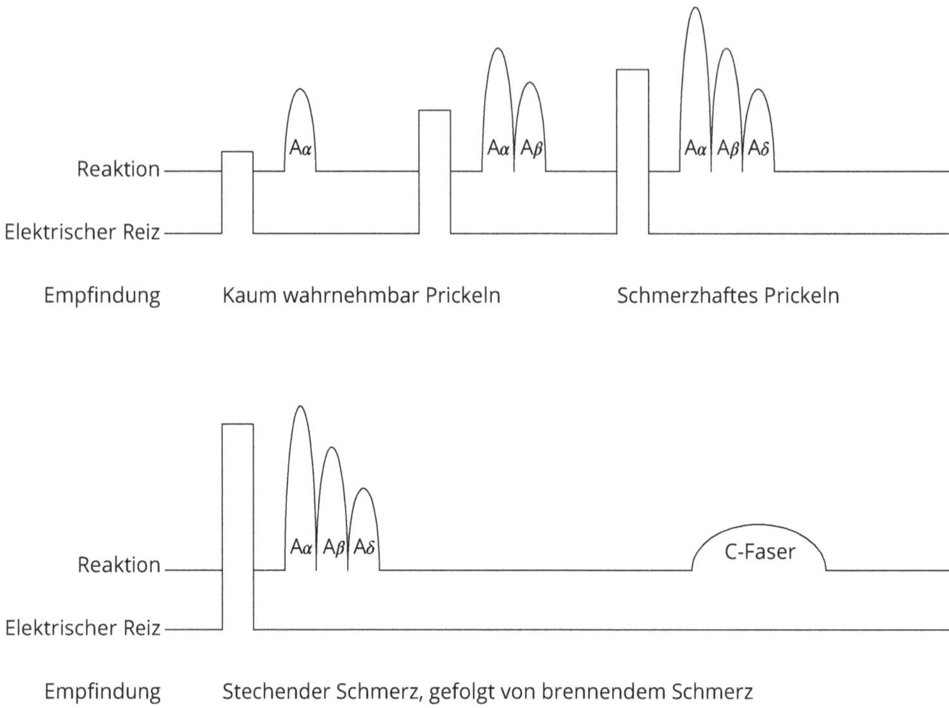

Abbildung 9.4: Neuronale Reaktion auf unterschiedlich starke elektrische Reize; je stärker der Reiz, desto mehr afferente Nerven werden aktiviert (© Julian Keil)

vorzubeugen. Entzündungen haben also, so unangenehm sie auch sind, eine wichtige Funktion. Kurz gesagt entstehen sie in drei Schritten.

1. **Eine Verletzung** führt zur Freisetzung des Gewebshormons *Bradykinin* und von *Prostaglandinen* aus dem Gewebe. Sie aktivieren Nozizeptoren, welche das Signal des schmerzhaften Reizes ans Rückenmark schicken.

2. **Die Aktivierung von Nozizeptoren** führt zur Freisetzung des Neurotransmitters *Substanz P* und des Peptides CGRP. Substanz P führt dann zur Freisetzung von Histamin aus den Mastzellen im Gewebe, welches die Nozizeptoren weiter erregt und die stummen Nozizeptoren aktiviert. Gleichzeitig führt Substanz P zur Freisetzung von Zellflüssigkeit ins Gewebe und CGRP zur Erweiterung der Blutgefäße. Dadurch schwillt das Gewebe an und wird sichtbar rot.

3. **Die Schwellung des Gewebes** setzt weiteres Bradykinin frei, wodurch die Schmerzempfindlichkeit auch des umliegenden Gewebes erhöht wird und damit zu einer Hyperalgesie führt.

Die *Substanz P* kommt beinahe überall im Körper vor und ist an zahlreichen unterschiedlichen Prozessen beteiligt, von Entzündungsreaktionen, über Schmerz, bis hin zur Steuerung von Stimmung und Erregung. Sie war einer der ersten identifizierten Neurotransmitter: 1930 isolierte der spätere Nobelpreisträger Ulf Svante von Euler eine unbekannte Substanz aus dem Darm und bezeichnete diese Substanz als »stabiles, trockenes Pulver« – daher der Name »Substanz P«.

Schmerzverarbeitung vom Rückenmark zum Gehirn

Auch die *Schmerzverarbeitung* ist ziemlich komplex, was Sie nicht überraschen wird. Afferente Informationen aus den A-Delta- und C-Fasern laufen über das Vorderseitenstrangsystem zum Gehirn. Innerhalb dieses Systems lassen sich für den Transport nozizeptiver Informationen drei weitere Subsysteme identifizieren, welche unterschiedliche Reaktionen des zentralen Nervensystems auf nozizeptive Reize auslösen. Die Namen dieser Subsysteme geben an, wo die Bahnen hauptsächlich enden.

- ✔ Der *spinothalamische Trakt* dient vor allem dem Transport von Schmerz- und Temperaturreizen, wie Sie oben beim somatosensorischen System bereits gelesen haben. Die afferenten Fasern treten in das Dorsalhorn des Rückenmarkes ein und werden direkt im Dorsalhorn auf das zweite Neuron verschaltet. Das Axon des zweiten Neurons kreuzt dann auf die kontralaterale Seite und zieht ohne weitere Verschaltung bis in den Thalamus. Dort kommt es im posterioren ventralen medialen Nucleus zur Verschaltung auf das dritte Neuron, dessen Axon ebenfalls zum somatosensorischen Kortex im postzentralen Gyrus im Neokortex zieht.

- ✔ Der *spinoretikuläre Trakt* dient vor allem der Modulation von Erregung über eine Aktivierung der Formatio reticularis im Pons. In diesem Trakt zweigen einzelne Axone des spinothalamischen Traktes auf Höhe der Medulla oblongata und des Pons ab in die Kerngebiete der Formatio reticularis. Teils werden sie im Pons auf ein zweites Neuron verschaltet, das dann den Thalamus erregt und so im Weiteren dann den somatosensorischen Kortex und weitere neokortikale Areale erregen kann.

- ✔ Der *spinomesenzephale Trakt* spielt eine wichtige Rolle bei der absteigenden Schmerzhemmung. Auch in diesem Trakt zweigen einzelne Axone des spinothalamischen Traktes ab, in diesem Fall in das periaquäduktale Grau im Mittelhirn. Dieser Kernkomplex ist wichtig für die Unterdrückung der weiteren Schmerzleitung über körpereigene Opioide. Außerdem steht er in Verbindung mit dem Hypothalamus und der Amygdala und ist darüber beteiligt an der Verarbeitung von Angst und Furchtreaktionen.

Wo der Schmerz im Gehirn selbst verarbeitet wird, ist aufgrund des Zusammenspiels von somatosensorischer Empfindung, Nozizeption und affektiver Wahrnehmung nicht so einfach herauszufinden.

- ✔ Die Fasern des spinothalamischen und des spinoretikulären Traktes enden im *somatosensorischen Kortex*, und nozizeptive Reize aus unterschiedlichen Bereichen des Körpers werden entlang des somatotop organisierten primären somatosensorischen Kortexes verarbeitet.

- ✔ Die affektive und motivationale Komponente des Schmerzes, also die Informationen, die mit der emotionalen Bewertung des Schmerzes einhergehen, und die eine vermeidende oder abwehrende Handlung auslösen, werden in unterschiedlichen kortikalen und subkortikalen Arealen verarbeitet. Dazu gehören der anteriore Gyrus cinguli, der Hypothalamus und die Amygdala.

- ✔ Durch die Aktivierung der Formatio reticularis kommt es im gesamten Gehirn zu einem Anstieg der Aktivität.

Die bewusste Schmerzwahrnehmung schließt also vermutlich ein größeres Netzwerk aus unterschiedlich kortikalen und subkortikalen Bereichen ein. Teilweise wird argumentiert, dass auch sozialer Schmerz, also zum Beispiel das Erleben von Zurückweisung oder Ausschluss, die gleichen neuronalen Reaktionen hervorruft wie »echter« Schmerz, aber dies hat vor allem mit der Aktivierung der Bereiche der affektiven und motivationalen Informationsverarbeitung zu tun.

Das Gehirn ist für die Verarbeitung von nozizeptiven Reizen von zentraler Bedeutung. Zwar können Reflexe als Schutz vor schädlichen Einflüssen auch auf Ebene des Rückenmarkes verarbeitet werden, aber um schädliche Reize gezielt zu vermeiden, oder zu lernen, schädlichen Reizen in Zukunft aus dem Weg zu gehen, brauchen Sie Ihr Gehirn. Das Gehirn ist selbst nicht schmerzempfindlich, da sich hier keine sensorischen Rezeptoren befinden.

Das ist von großem Vorteil für die Neurochirurgie: Eine gängige Therapie der medikamentenresistenten Epilepsie ist es, den Bereich des Gehirns zu entfernen, der für die epileptischen Anfälle verantwortlich ist. Um bei so einer Operation nicht aus Versehen noch gesunde und intakte Bereiche des Gehirns zu verletzen oder zu entfernen, müssen die Patientinnen und Patienten bei Bewusstsein sein. Da dieser Eingriff am Gehirn an sich nicht schmerzhaft ist, können während der Operation ständig Fragen gestellt werden und die Funktion des Gehirns kann überwacht werden, ohne dass eine Vollnarkose notwendig ist. Lediglich die schmerzempfindliche Haut, Blutgefäße und Hirnhäute müssen lokal betäubt werden.

Schmerz lass nach: Die Schmerzhemmung

Die Zeit heilt alle Wunden, aber wenn Sie nicht so lange warten möchten, hat Ihr Körper einige Wege, um Schmerzen zu lindern. Zum einen wird der Schmerz durch körpereigene Opioide gehemmt, und zum anderen lässt er sich durch eine Aktivierung hemmender Interneuronen im Rückenmark schwächen.

Absteigende Bahnen hemmen die Leitung

Die afferente Informationsleitung über den spinomesenzephalen Trakt endet im periaquäduktalen Grau. Diese aufsteigende Aktivierung ist der Ausgangspunkt der absteigenden Schmerzhemmung. Erregende Neuronen ziehen von hier auf zwei Bahnen zum Pons und zur Medulla oblongata.

- ✔ Das **noradrenerge System** der Schmerzhemmung entspringt im Locus coeruleus im Pons.
- ✔ Das **serotonerge System** der Schmerzhemmung entspringt im Nucleus raphe magnus in der Medulla oblongata.

Beide Systeme enden in den äußeren Schichten des Dorsalhorns des Rückenmarkes, wo sie entweder direkt inhibitorisch auf den Zellkörper der Projektionsneuronen wirken, auf die präsynaptische Endigung der A-Delta- und C-Fasern einwirken oder hemmende Interneurone aktivieren. Auch diese hemmenden Interneurone wirken auf die präsynaptischen Endigungen, haben aber körpereigene *Opioide* als Neurotransmitter. Zu diesen körpereigenen Opioiden gehören auch die *Endorphine*. Über dieses System wird die afferente Informationsleitung aus der Peripherie an das zentrale Nervensystem begrenzt. Auch in Stress- oder Erregungssituationen, dem Fight-or-Flight-Zustand wird dieses System aktiviert.

Die lokale Verschaltung blockiert die Leitung

Haben Sie sich schon einmal an einer Kante angestoßen und dann die betroffene Stelle des Körpers gerieben? Dieser Vorgang hat durchaus seinen berechtigten Sinn, um die Stärke des wahrgenommenen Schmerzes zu begrenzen. In den 1960er-Jahren wurde die *Gate-Control-Theorie* von Ronald Melzak und Patrick Wall vorgeschlagen, um dieses Verhalten zu erklären. Diese Theorie postuliert die Schmerzhemmung durch die Konvergenz von C-Fasern, A-Beta-Fasern und spontan aktiven, inhibitorischen Interneuronen im Rückenmark, die ein »Tor« bilden, welches die Schmerzleitung begrenzt. Das Modell ist in Abbildung 9.5 dargestellt, und es umfasst das Zusammenspiel von vier Neuronen im Dorsalhorn des Rückenmarkes.

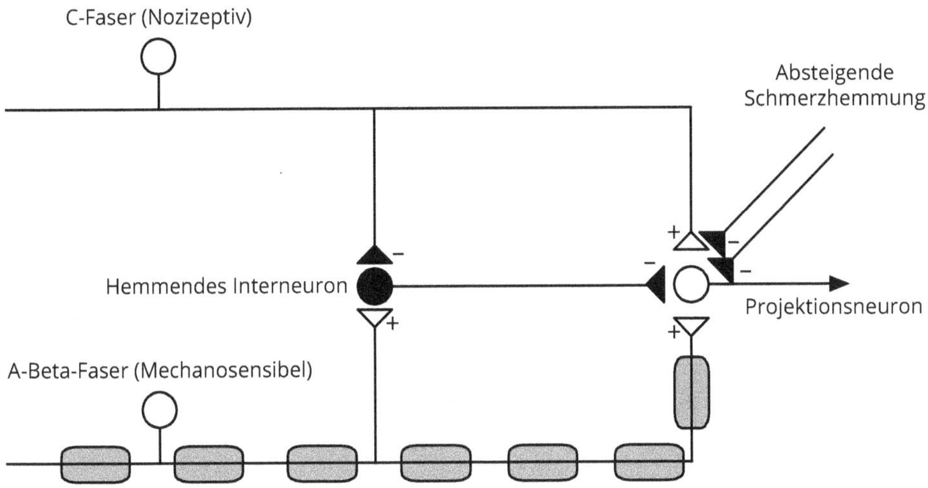

Abbildung 9.5: Das Zusammenspiel von C-Fasern, A-Beta-Fasern, hemmenden Interneuronen, Projektionsneuronen und der absteigenden Schmerzhemmung bei der Hemmung schmerzhafter Empfindungen (© Julian Keil)

- ✔ **Ein schmerzhafter Reiz** erregt eine nozizeptive C-Faser, die auf ein Projektionsneuron verschaltet, welches die nozizeptive Information über den spinothalamischen Trakt zum Gehirn leitet. Gleichzeitig hemmt die C-Faser das spontan aktive, inhibitorische Interneuron, was die Aktivität des Projektionsneurons weiter steigert.

- ✔ **Ein taktiler Reiz**, zum Beispiel das Reiben der betroffenen Hautstelle, erregt eine mechanosensible A-Beta-Faser, die auf das gleiche Projektionsneuron verschaltet, sodass hier nun zusätzlich die somatosensorische Information geleitet wird. Gleichzeitig aktiviert die A-Beta-Faser das inhibitorische Interneuron, was die Aktivität des Projektionsneurons reduziert.

- ✔ Da die Leitungsgeschwindigkeit der A-Beta-Faser höher ist als die der C-Faser, überwiegt der erregende Einfluss auf das hemmende Interneuron, wodurch das Projektionsneuron gehemmt und das »Tor« für die Schmerzleitung geschlossen wird. Auch die oben erwähnte absteigende Schmerzhemmung trägt weiter zur Hemmung der Aktivität der Projektionsneuronen bei.

Get high on your own supply: Das Runner's High

Ausdauersportlerinnen und Ausdauersportler berichten über zeitweilige euphorische Zustände, oder tranceähnliches Erleben, was umgangssprachlich als *Runner's High* bezeichnet wird. Dieser Zustand wird vermutlich durch die Aktivierung der körpereigenen endogenen Opioide hervorgerufen. Ausdauernde körperliche Anstrengung kann Schmerzen verursachen, zum Beispiel durch die Überlastung der Gelenke oder der Muskeln. Diese schmerzhaften Reize aktivieren dann die absteigende Schmerzhemmung. Die dabei freigesetzten *Beta-Endorphine* wirken nicht nur lokal im Rückenmark, sondern überall im zentralen Nervensystem sowie durch eine Übertragung über das Blut wie ein Hormon überall im Körper. Im zentralen Nervensystem hemmt es zum Beispiel die Freisetzung von GABA, welches normalerweise die Dopaminausschüttung hemmt. Die so verstärkte Dopaminausschüttung aus dem ventralen Tegmentum und dem Nucleus accumbens aktiviert unter anderem das Belohnungssystem im präfrontalen Kortex.

IN DIESEM KAPITEL

Aufbau und Funktion des Auges

Der Weg vom Auge zum Sehen

Wie aus einfachen Formen komplette Bilder werden

Kapitel 10
Das Sehen

Im vorherigen Kapitel habe ich einen Nahsinn vorgestellt, das Tasten. Das *Sehen* ist hingegen ein *Fernsinn*, das heißt auch weit entfernte Objekte können wahrgenommen werden, und zwar über das von ihnen reflektierte oder ausgesandte Licht. Für Menschen ist der *Sehsinn* von enormer Bedeutung, und ein entsprechend großer Teil des Gehirns ist der Verarbeitung visueller Informationen gewidmet. Das *visuelle System* vollbringt enorme Leistungen, um Ihnen ein detailliertes Bild Ihrer Umgebung zu vermitteln. So werden zum Beispiel aus den schwarz-weißen Kontrasten auf dieser Seite und den daraus entstehenden Linien und Kreisen Wörter, die eine Bedeutung tragen und bei Ihnen eine bestimmte subjektive Erfahrung auslösen. Wie Sie im Laufe dieses Kapitels sehen, werden in diesem Prozess viele Informationen zusammengefasst und auch Lücken in der Wahrnehmung ausgefüllt.

Das innere Auge

Was geht in Ihnen vor, wenn Sie das Wort »Apfel« lesen? Vermutlich haben Sie eine subjektive Vorstellung des Konzeptes »Apfel«, an die Sie schon Ihr ganzes Leben gewöhnt sind. Allerdings unterscheidet sich diese subjektive Vorstellung deutlich zwischen einzelnen Menschen. Manche Menschen sehen einen abstrakten Apfel mit nur wenigen Details, während andere Menschen einen sehr lebhaften, plastischen Apfel vor ihrem inneren Auge sehen oder lediglich das geschriebene Wort »Apfel« erkennen. In diesem Fall handelt es sich um *Aphantasie*, also um eine fehlende visuelle Vorstellung eines Objektes.

Der Anfang des visuellen Systems: Das Auge

Die Rezeptoren, mit denen von Objekten ausgesandte oder reflektierte Lichtwellen registriert werden, sitzen in der *Retina* (*Netzhaut*) des Auges. Das *Auge* ist also der Startpunkt der visuellen Wahrnehmung. Das Auge ist ein komplexes Gebilde, das vor allem die Aufgabe hat, die Menge des einfallenden Lichtes zu steuern und die einfallenden Lichtwellen an geeignete Orte der Retina zu leiten. In der Regel haben Menschen zwei Augen, die in die gleiche Richtung zeigen. Beide Augen bilden das Gesichtsfeld ab, also den Bereich der Umwelt, aus dem Licht ins Auge fallen kann. Da die beiden Augen leicht seitlich versetzt sind (rechts und links von der Nase) erhalten sie etwas unterschiedliche Informationen. Abbildung 10.1 gibt einen Überblick über den Aufbau des Auges.

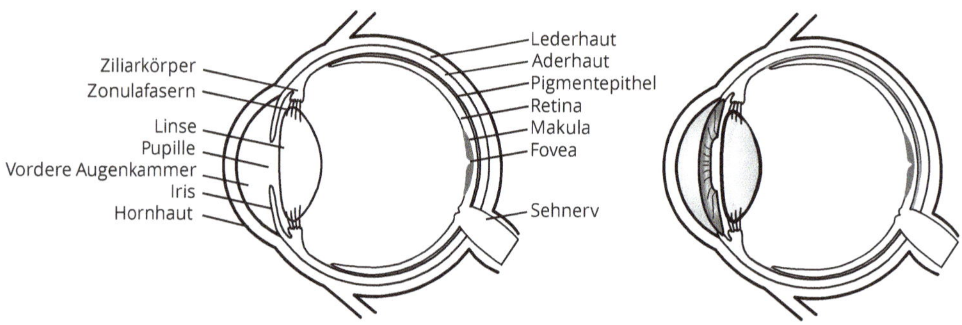

Abbildung 10.1: Querschnitt durch das Auge (© yumiimage, stock.adobe.com)

Aufbau und Funktion des Auges

Das Auge als Organ des Sehsinnes umfasst den kugelförmigen Augapfel, der das Licht auffängt, es bündelt und so umlenkt, dass es auf die lichtsensitiven Rezeptoren in der Retina treffen kann, um dort eine Reaktion auszulösen (siehe Abbildung 10.1). Die Augen liegen im Schädel in den Augenhöhlen und werden jeweils von sechs Muskeln gehalten und bewegt. Die zahlreich vorhandenen motorischen Nerven der Augenmuskulatur ermöglichen eine sehr präzise Bewegung des Auges. Das Auge selbst besteht aus mehreren Anteilen:

- ✔ Der **Glaskörper** im Inneren des Auges macht dessen größten Anteil aus. Er besteht zu etwa 98 Prozent aus Wasser und behält seine Form durch ein stabilisierendes Gerüst aus Proteinfäden.
- ✔ Der Glaskörper wird umschlossen von der **inneren Augenhaut.** Sie besteht aus einem vorderen, lichtunempfindlichen Bereich und der *Retina*, dem hinteren, lichtempfindlichen Bereich. In der Retina sitzen die *Photorezeptoren.*
- ✔ An der Vorderseite des Glaskörpers sitzt die **Augenlinse.** Sie besteht zum Großteil aus langen, elastischen Linsenfaserzellen, die es erlauben, die Linse zu verformen und so die Brechkraft der Linse zu verändern.

- ✔ Um die innere Augenhaut herum liegt die **mittlere Augenhaut.** Sie besteht aus drei unterschiedlichen Anteilen: Die *Aderhaut* (lateinisch *Choroidea*) versorgt das Auge mit Nährstoffen und Sauerstoff. Der kreisförmige *Ziliarkörper* dient der Positionierung und Verformung der Linse, die über die *Zonulafasern* daran aufgehängt ist. Die *Iris* schließt an den Ziliarkörper an und liegt vor der Linse. Sie bildet einen Ring um die Linse, dessen Mitte die *Pupille* darstellt. Die Öffnung der Pupille kann durch zwei Muskeln verändert werden, und die Iris dient der Regulation des Lichteinfalles ins Auge.
- ✔ Die **äußere Augenhaut** bildet die äußerste Schicht des Auges, und sie umfasst die schützende *Lederhaut* (lateinisch *Sklera*) und die transparente *Hornhaut* (lateinisch *Cornea*). Die Lederhaut ist lichtundurchlässig und wird von der Bindehaut bedeckt. Die Hornhaut besteht aus geometrisch angeordneten Bindegewebsfasern und ist lichtdurchlässig. Sie wird durch die Tränenflüssigkeit mit Nährstoffen versorgt. Die Hornhaut enthält zahlreiche sensorische Fasern, sodass sie sehr berührungsempfindlich ist. Bereits leichte Berührungen oder Luftbewegungen lösen den schützenden *Lidschlussreflex* aus.

Was ist Licht, Teilchen oder Welle?

Das visuelle System ist empfindlich für *Licht.* Aber was ist Licht eigentlich? Physikalisch gesehen ist das, was als »Licht« bezeichnet wird, ein Teil des elektromagnetischen Spektrums. Der Mensch sieht nur einen sehr kleinen Teil dieses Spektrums, nämlich den Bereich von Wellenlängen zwischen 400 und 700 Nanometern (nm). Kürzere Wellenlängen umfassen zum Beispiel das ultraviolette Licht, die Röntgenstrahlung oder die radioaktive Gammastrahlung; längere Wellenlängen umfassen zum Beispiel Radiowellen mit Wellenlängen zwischen einem und zehn Metern. Einige dieser langen Wellen, die Infrarotstrahlung, sind zwar nicht sichtbar, können aber vom Menschen über die Thermorezeptoren in der Haut als Wärme wahrgenommen werden.

Licht hat Eigenschaften einer Welle: Die Wellenlänge bestimmt die Farbe, und die Amplitude bestimmt die Helligkeit des Lichtes. Gleichzeitig hat Licht aber auch Eigenschaften eines Teilchens: Lichtteilchen, die Elementarteilchen *Photonen*, interagieren mit den Rezeptoren im Auge und in der Haut, sie prallen von reflektierenden Oberflächen ab und werden durch transparente Objekte umgelenkt. Was ist also Licht? Angefangen mit Isaac Newton, der meinte, Licht seien Teilchen, und Christiaan Huygens, der Licht für eine Welle hielt, stritten sich Physiker lange um diese Frage, und erst im 20. Jahrhundert konnte Arthur Compton diesen Streit beilegen, indem er zeigte, dass Licht je nach Betrachtung Eigenschaften einer Welle oder eines Teilchens hat.

Aufbau und Funktion der Retina

Der hintere Teil der inneren Augenhaut bildet die *Retina.* Sie ist der lichtempfindliche Teil des Auges, und hier wird Licht in neuronale Signale umgewandelt. Die Retina besteht aus mehreren Schichten von unterschiedlichen Photorezeptoren, Interneuronen sowie

Projektionsneuronen und ist umgekehrt aufgebaut, als man es erwarten würde: Die lichtempfindlichen Photorezeptoren sind auf der lichtabgewandten Seite, und die leitenden Nervenzellen liegen in mehreren Schichten darüber. Dies wird als *Inversion der Retina* bezeichnet. In Abbildung 10.2 ist der Aufbau der Retina zu sehen.

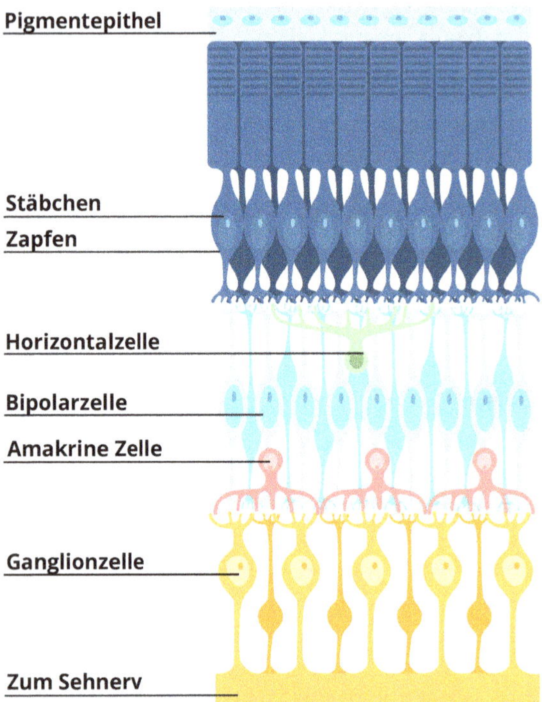

Abbildung 10.2: Querschnitt durch die Retina (© inspiring.team, stock.adobe.com)

- ✔ Direkt auf der Aderhaut liegt eine Schicht aus Pigmentepithelzellen. Ihre Aufgabe ist die Versorgung der Photorezeptoren mit Sauerstoff und Nährstoffen, die sie aus dem Blut aufnehmen. Sie sind vor allem wichtig für die Regeneration des durch Licht gebleichten *Retinals* im Sehfarbstoff. Die schwarze Pigmentierung dient außerdem als Lichtfilter und Reflektor.

- ✔ In die Pigmentepithelzellen eingebettet liegen die *Photorezeptoren*. Sie bilden den lichtempfindlichen Anteil des Auges. Das menschliche Auge enthält zwei unterschiedliche Klassen von Photorezeptoren: Stäbchen und Zapfen. Die Stäbchen bilden Hell-Dunkel-Kontraste ab und sind besonders wichtig bei wenig Lichteinfall, zum Beispiel in der Dämmerung. Der Sehfarbstoff der Stäbchen heißt *Rhodopsin*. Bei Tageslicht werden sie aktiv durch laterale Hemmung von den Zapfen gehemmt. Die Zapfen sind für die Farbwahrnehmung bei viel Licht wichtig. Der Sehfarbstoff der Zapfen heißt *Iodopsin*, und je nachdem, welche Form des Iodopsins in den Zapfen vorliegt, sind sie für blaues, grünes oder rotes Licht sensitiv. Die Photorezeptoren sind sekundäre Sinneszellen, das heißt sie erzeugen selbst kein Aktionspotential, sondern die Änderung des Membranpotentials bildet das Rezeptorpotential, wodurch der

Neurotransmitter Glutamat ausgeschüttet wird, der dann die nachfolgenden Bipolarzellen aktiviert.

- Die *Photorezeptoren* verschalten auf die *Bipolarzellen*, die wichtigsten Interneuronen in der Retina. Ihre Aufgabe ist es, das Rezeptorpotential der Photorezeptoren in ein Aktionspotential umzuwandeln und dieses Signal dann an die Ganglienzellen des Sehnervs weiterzugeben. Je nach Art der Glutamatrezeptoren wird entweder ein erregendes oder ein hemmendes postsynaptisches Potential an den Bipolarzellen erzeugt.
- Die *Horizontalzellen* beeinflussen die Verschaltung zwischen Photorezeptoren und Bipolarzellen. Sie bilden eine weitere Klasse von Interneuronen, die vor allem für die laterale Hemmung zwischen benachbarten Photorezeptoren verantwortlich sind. Damit spielen sie eine wichtige Rolle für die Wahrnehmung von lokalen Kontrasten, wie Ecken und Kanten, oder feinen Farbunterschieden.
- *Amakrine Zellen* haben eine ähnliche Aufgabe wie die Horizontalzellen, aber sie beeinflussen die Verschaltung zwischen Bipolarzellen und Ganglienzellen. Diese Interneuronen modulieren damit die Weitergabe des Signals der Bipolarzellen an den Sehnerv und schließen mehrere Ganglienzellen zu funktionellen Einheiten zusammen. Dies hat den Vorteil, dass so auch mehrere sehr schwache Signale der Photorezeptoren zusammengefasst werden können und ein ausreichend starkes Signal ans Gehirn gesendet werden kann.
- Die *Ganglienzellen* bilden die äußerste Zellschicht der Retina. Sie sind der Ausgangspunkt des Sehnervs, und von hier gelangen die Informationen aus der Retina zum zentralen Nervensystem. Im menschlichen Auge gibt es unterschiedliche Arten von Ganglienzellen, deren Funktion noch nicht vollständig erforscht ist. Die drei wichtigsten Klassen sind die kleinen *parvozellulären* Ganglien, die Farbinformationen aus den Zapfen transportieren, die großen *magnozellulären* Ganglien, die Hell-Dunkel-Kontraste aus den Stäbchen transportieren, und die sehr kleinen *koniozellulären* Ganglien, die Informationen aus Stäbchen und Zapfen transportieren und vor allem für die Wahrnehmung sehr kurzer Lichtwellen, und damit der Farbe Blau, relevant sind. Außerdem gibt es Ganglienzellen, die selbst lichtempfindlich sind und vor allem Informationen über den Tag-Nacht-Rhythmus an das Gehirn weitergeben sowie den Pupillenreflex steuern.

Der inverse Aufbau der Retina

Die Retina ist umgekehrt aufgebaut, als man das erwarten könnte, also *invers*: Die lichtsensitiven Photorezeptoren liegen eingebettet in die Epithelzellen, und davor liegen mehrere Schichten von Nervenzellen. Die Axone dieser Nervenzellen sind allerdings nicht myelinisiert, sodass sie nur sehr dünn und damit lichtdurchlässig sind. Ein weiterer Trick hilft bei der Lichtleitung zu den Photorezeptoren: Gliazellen wirken als Lichtleiter.

Der neben den Nervenzellen zweithäufigste Zelltyp in der Retina sind die *Müller-Zellen*, die Gliazellen in der Retina. Ganz ähnlich wie die Astrozyten im Nervensystem versorgen sie die Nervenzellen mit Nährstoffen. Müller-Zellen sind lang gestreckt und ziehen quer durch die ganze Retina. Auf der Seite des Glaskörpers sind sie breiter und werden in Richtung Photorezeptoren immer schmaler. Durch diese Trichterform wirken sie ähnlich wie ein Glasfaserkabel und können Photonen gezielt zu den Photorezeptoren transportieren.

Photorezeptoren: Nur hell/dunkel oder doch bunt?

Die *Photorezeptoren* (Abbildung 10.2) bilden den lichtempfindlichen Teil der Retina. Photorezeptoren sind sekundäre Sinneszellen, das heißt sie erzeugen selbst kein Aktionspotential, sondern schütten den Neurotransmitter *Glutamat* aus. Je stärker sie erregt werden, desto mehr Glutamat wird dabei freigesetzt. Wenn ein Photon auf den Sehfarbstoff trifft, werden die Photorezeptoren erregt, was eine Kaskade von intrazellulären Prozessen auslöst. Im menschlichen Auge gibt es zwei Kategorien von Photorezeptoren: die Stäbchen und die Zapfen.

✔ *Stäbchen* (englisch »rod«) sind für das *skotopische* Sehen verantwortlich. Bei starkem Lichteinfall werden sie durch die Aktivierung der Zapfen gehemmt, weshalb sie vor allem für das Sehen bei schwachem Licht verantwortlich sind. Sie sind nicht farbsensitiv, sondern bilden nur Hell-Dunkel-Kontraste ab. Im Vergleich zu den Zapfen sind sie schmaler, aber länger. Sie befinden sich überall in der Retina, vor allem aber in der Peripherie. Der Sehfarbstoff der Stäbchen ist *Rhodopsin*.

✔ *Zapfen* (englisch »cone«) sind für das *photopische* Sehen verantwortlich, also die Wahrnehmung von Farben. Zapfen befinden sich vor allem in der *Fovea*, dem Bereich des schärfsten Sehens in der *Makula*, der Mitte der Retina. Der Sehfarbstoff der Zapfen ist *Iodopsin*, das im menschlichen Auge in drei Unterformen vorkommt:

- Das rotsensitive Iodopsin der *L-Zapfen* absorbiert langwelliges Licht. Der Gipfel der Absorption liegt bei einer Wellenlänge von 564 nm.
- Das grünsensitive Iodopsin der *M-Zapfen* absorbiert Licht mit einer mittleren Wellenlänge. Hier liegt der Gipfel der Absorption bei 534 nm.
- Das blausensitive Iodopsin der *S-Zapfen* absorbiert kurzwelliges Licht. Der Gipfel der Absorption liegt bei 420 nm.

Die jeweiligen Sensitivitätskurven der drei Iodopsine überlappen sich stark, sodass durch natürliches Licht in der Regel alle drei Zapfentypen aktiviert werden, aber in unterschiedlicher Stärke. Der Farbeindruck entsteht dann durch das Muster der Zapfenaktivität.

Das äußere Segment der Photorezeptoren liegt eingebettet in die Pigmentepithelschicht der Retina und ist vielfach eingefaltet, sodass die Zellmembran der Zapfen Scheiben bildet, während die Membranscheiben der Stäbchen innerhalb der Zellmembran liegen. In diesen

Scheiben befindet sich der lichtsensitive Sehfarbstoff. Die Signaltransduktion passiert im visuellen System nicht nach dem Alles-oder-nichts-Prinzip, sondern die jeweilige Aktivierung der Photorezeptoren wird durch die Menge an freigesetztem Glutamat codiert. Die Signaltransduktion an Photorezeptoren erfolgt in drei Schritten.

1. **Im Ruhezustand sind Photorezeptoren depolarisiert** und haben ein Ruhemembranpotential von etwa –30 mV; damit verhalten sie sich anders als andere Nervenzellen, die im Ruhezustand polarisiert sind. In diesem Zustand hält der Second Messenger *cGMP* (cyclisches Guanosinmonophosphat) Na^+-Kanäle offen, durch die ständig Na^+ und Ca^{2+} in den Photorezeptor einströmen. Durch diese Depolarisierung wird fortlaufend Glutamat aus dem Rezeptor freigesetzt.

2. **Trifft ein Photon auf den Sehfarbstoff, so wird es vom Retinalanteil des Rhodopsins (bei den Stäbchen) oder des Iodopsins (bei den Zapfen) absorbiert** und es kommt zur Konformitätsänderung des Retinals von 11-cis-Retinal zu all-trans-Retinal. Dies löst eine G-Protein-gekoppelte Signalkaskade aus, durch die das Enzym Phosphodiesterase das cGMP zu 5'-GMP abbaut, wodurch sich die Na^+-Kanäle schließen. Ein einzelnes Photon kann so das Schließen vieler Hundert Na^+-Kanäle bewirken, sodass es sehr schnell (innerhalb von etwa 10 Millisekunden) zu einer Hyperpolarisation des Photorezeptors kommt. Je nach Stärke der Aktivierung des Rezeptors wird die Glutamatausschüttung reduziert.

3. **Nach der Aktivierung des Photorezeptors oder bei Dunkelheit wird Ca^{2+} über eine Pumpe aus dem Rezeptor herausgepumpt.** Da Ca^{2+} die Bildung von cGMP hemmt, erlaubt der Abtransport von Ca^{2+} die Bildung von cGMP, wodurch dann die Na^+-Kanäle geöffnet werden und der Rezeptor wieder depolarisiert. Dieser Vorgang dauert bei Zapfen etwa 0,2 Sekunden, bei Stäbchen etwa 2 Sekunden, weshalb es etwas Zeit braucht, bis Sie beim Betreten eines dunklen Raumes im schwachen Licht wieder etwas sehen können.

Das Zusammenspiel von Photorezeptoren und Interneuronen

Photorezeptoren aktivieren eine Reihe von unterschiedlichen Interneuronen, die das Signal dann an die Ganglienzellen und damit den Sehnerv weitergeben. In der Retina gibt es drei unterschiedliche Klassen von Interneuronen, deren Zusammenspiel bereits eine wichtige Aufgabe bei der Informationsverarbeitung im visuellen System übernimmt. Wichtig ist, dass die Interneuronen selbst keine Aktionspotentiale erzeugen, sondern Neurotransmitter entsprechend ihrer De- oder Hyperpolarisierung ausschütten.

1. *Die Bipolarzellen* werden direkt von den Photorezeptoren aktiviert und geben das Signal an die Ganglienzellen weiter. Die Synapsen zwischen Photorezeptoren und Bipolarzellen beeinflussen, wie das Signal der Photorezeptoren weitergegeben wird. Die *invaginierenden* Synapsen bilden kleine Vertiefungen an der Präsynapse, und hier bewirkt Glutamat an metabotropen Rezeptoren eine Hemmung. In der Dunkelheit setzen Photorezeptoren viel Glutamat frei, und dieses Glutamat hemmt die Bipolarzellen. Bei Helligkeit wird die Glutamatreisetzung reduziert, und die Hemmung der

Bipolarzellen fällt weg, es kommt also zur Depolarisierung. Die flachen Synapsen bilden einen (wie der Name schon sagt) flachen synaptischen Kontakt zwischen Prä- und Postsynapse, und hier wirkt Glutamat erregend über ionotrope AMPA-Rezeptoren. In der Dunkelheit erregt das Glutamat diese Bipolarzellen. Bei Helligkeit nimmt diese Erregung ab, und es kommt zur Hyperpolarisierung. Kurz gesagt: Invaginierende Synapsen kehren die Erregung in ein hemmendes postsynaptisches Potential um (»invertieren«), die flachen Synapsen geben ein erregendes postsynaptisches Potential weiter.

2. *Die Horizontalzellen* werden ebenfalls direkt von den Photorezeptoren aktiviert, und sie beeinflussen benachbarte Photorezeptoren über die laterale Hemmung. Bei Dunkelheit wirkt das von den Photorezeptoren freigesetzte Glutamat erregend auf die Horizontalzellen, die wiederum hemmend und damit hyperpolarisierend auf die benachbarten Photorezeptoren einwirken, wodurch diese weniger Glutamat freisetzen. Bei Helligkeit fällt die Erregung der Horizontalzellen weg, wodurch die benachbarten Photorezeptoren depolarisiert werden und damit mehr Glutamat freisetzen. Die Horizontalzellen bewirken also ein negatives Feedback von einem Photorezeptor zu seinen Nachbarn.

3. *Die amakrinen Zellen* werden von den Bipolarzellen aktiviert, und sie beeinflussen die Ganglienzellen, aber auch andere Bipolarzellen. Wie die Horizontalzellen wirken auch die amakrinen Zellen hemmend auf ihre Ziele. Ihre wichtigste Aufgabe ist die Ordnung der Aktivierung benachbarter Bipolarzellen und Ganglienzellen, um die rezeptiven Felder der Ganglienzellen zu organisieren.

Insgesamt beeinflussen die unterschiedlichen Interneuronen also, wie das Signal der Photorezeptoren weitergegeben wird. Sie beeinflussen, ob die Glutamatausschüttung der Photorezeptoren zu einer Erregung (»On«) oder zu einer Hemmung (»Off«) der Ganglienzellen führt. Außerdem beeinflussen sie, wie die Aktivierung eines Photorezeptors die benachbarten Photorezeptoren hemmt. Sie beeinflussen außerdem, wie die Bipolarzellen ihre Informationen an die Ganglienzellen weitergeben und welche Informationen dabei wie gruppiert werden.

Der Weg vom Auge zum Gehirn

Die Fovea teilt die Retina in beiden Augen in je zwei Hälften: eine nasale (der Nase zugewandte) und eine temporale (dem Kopfrand zugewandte) Hälfte. Wenn Sie einen Punkt oder Gegenstand mit dem Blick fixieren, fällt Licht aus dem linken Bereich des Gesichtsfelds (relativ zur Fixation) auf die nasale Retina des linken Auges und auf die temporale Retina des rechten Auges. Für Licht aus dem rechten Bereich des Gesichtsfeldes ist es umgekehrt (linkes Auge: temporal; rechtes Auge: nasal). Information der nasalen Anteile der Retina beider Augen kreuzen im *Chiasma opticum* auf die Gegenseite (kontralateral), die temporalen Anteile verbleiben auf derselben Körperseite (ipsilateral). Das hat zur Folge, dass die Informationen aus dem linken Gesichtsfeld in der rechten Seite des Gehirns zu finden sind und die Informationen aus dem rechten Gesichtsfeld in der linken Seite.

Der Sehnerv verlässt das Auge im blinden Fleck, einem Bereich der Retina, an dem keine Photorezeptoren sitzen, sondern die gebündelten Axone der Ganglienzellen in Richtung Gehirn ziehen. Die Ganglienzellen bilden also den Start des Sehnervs.

Ganglienzellen sind der Start des Sehnervs

Im menschlichen Auge gibt es unterschiedliche Arten von Ganglienzellen. Sie erhalten Informationen von den Bipolarzellen, bilden den Sehnerv und leiten die Informationen aus der Retina weiter ans Gehirn. Diese Zellen sind spontan aktiv, das heißt, sie senden im Ruhezustand eine konstante Anzahl von Aktionspotentialen aus, deren Anzahl je nach Lichteinfall entweder erhöht oder reduziert werden kann. Teilweise sind sie selbst lichtempfindlich und spielen eine wichtige Rolle bei der Steuerung des Tag-Nacht-Rhythmus oder bei Augenreflexen. Für die Weitergabe von Informationen der Photorezeptoren sind drei Arten von Ganglienzellen relevant, die in Tabelle 10.1 beschrieben sind.

Art	Anteil	Zellkörper	Rezeptive Felder	Signalverarbeitung
Magnozelluläre Ganglienzellen	10 %	Groß	Groß	Viele Kontakte zu Bipolarzellen von Stäbchen Hell-Dunkel-Unterschiede Schnelle Reaktion
Parvozelluläre Ganglienzellen	80 %	Klein	Klein	Wenige Kontakte zu Bipolarzellen von Zapfen Farbinformationen Langsame Reaktion
Koniozelluläre Ganglienzellen	10 %	Sehr klein	Sehr groß	Wenige Kontakte zu Bipolarzellen von Zapfen Erhöhte Aktivität auf blausensitive Photorezeptoren, reduzierte Aktivität auf rot- und grünsensitive Photorezeptoren Langsame Reaktion

Tabelle 10.1: Für die Weitergabe der Information aus den Photorezeptoren relevante Ganglienzellen in der Retina

Rezeptive Felder bestimmen das Zusammenspiel der Rezeptoren

In der Fovea herrscht eine direkte Eins-zu-eins-Verschaltung von Photorezeptoren auf Bipolarzellen und Ganglienzellen. Die Regel ist es aber, dass die Information von vielen Photorezeptoren und vielen Bipolarzellen auf eine Ganglienzelle konvergieren. Je nachdem, wie die Information von den Photorezeptoren über invaginierende oder flache Synapsen an die Bipolarzellen weitergegeben werden, kann das *rezeptive Feld* der Ganglienzellen unterschiedliche Formen annehmen. Erinnern Sie sich: Das rezeptive Feld einer Nervenzelle ist der Bereich des sensorischen Organs, an dem ein Reiz eine Reaktion der Nervenzelle auslöst. Das rezeptive Feld der retinalen Ganglienzellen besteht in der Regel aus einem kreisförmigen Zentrum und einem ringförmigen Umfeld (Abbildung 10.3).

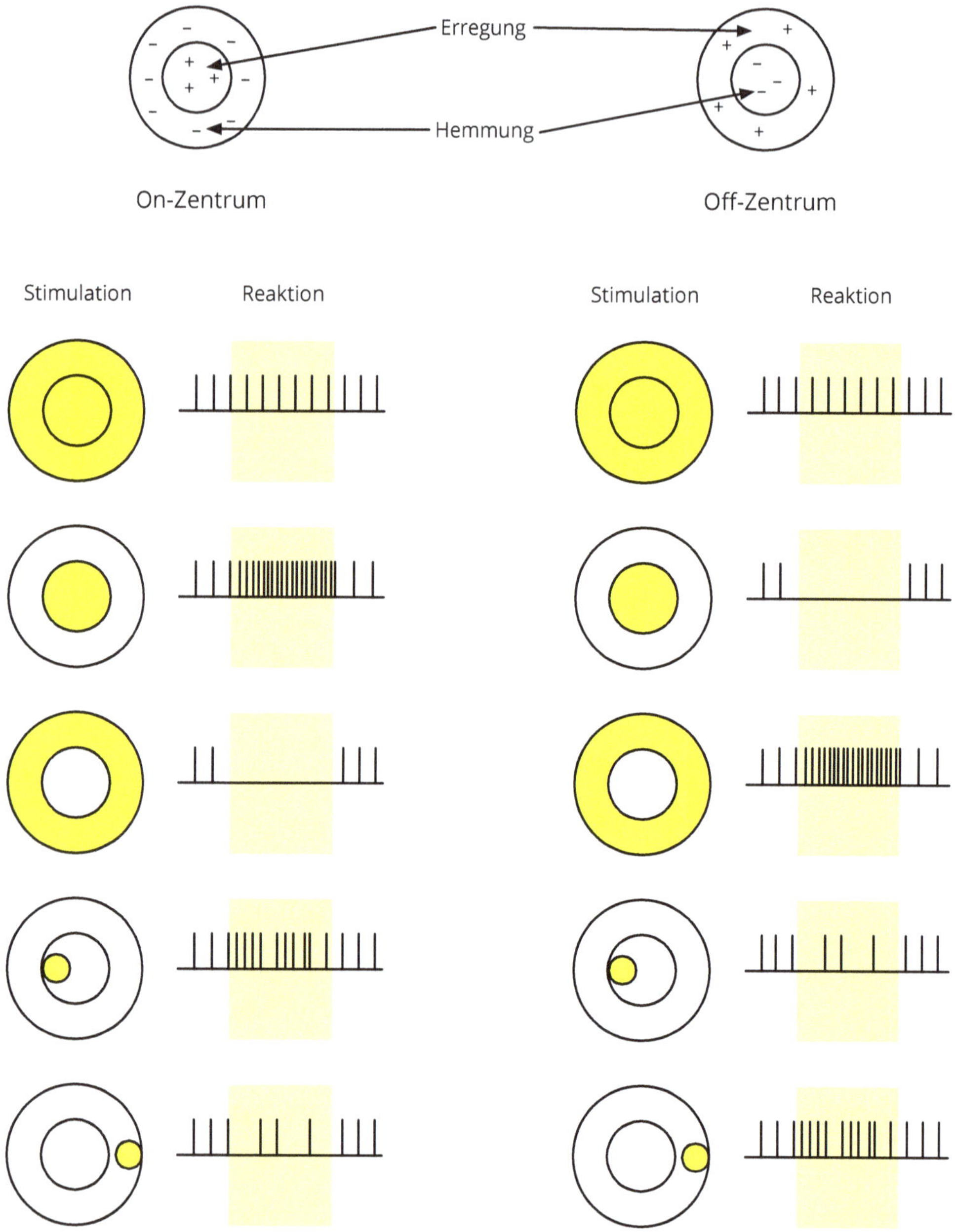

Abbildung 10.3: Die unterschiedlichen rezeptiven Felder der magnozellulären Ganglienzellen (© Julian Keil)

✔ Bewirkt ein Lichteinfall in der Mitte des Kreises eine Erhöhung der Anzahl der Aktionspotentiale und ein Lichteinfall im Umfeld eine Reduktion der Anzahl der Aktionspotentiale, dann hat das rezeptive Feld der retinalen Ganglienzelle ein »On«-Zentrum und einen »Off«-Ring. Bewirkt dagegen ein Lichteinfall in der Mitte des Kreises eine

Reduktion der Anzahl der Aktionspotentiale und ein Lichteinfall im Umfeld eine Erhöhung der Anzahl der Aktionspotentiale, dann hat sie ein »Off«-Zentrum und einen »On«-Ring.

- Eine flächige Beleuchtung des gesamten rezeptiven Feldes bewirkt bei beiden Arten der rezeptiven Felder keine Veränderung der Aktivität, da sich Erregung und Hemmung gegenseitig aufheben.

- Eine teilweise oder punktartige Beleuchtung des »On«-Bereiches des rezeptiven Feldes führt entsprechend der Stärke des Lichteinfalles zu einem geringeren Anstieg der Anzahl der Aktionspotentiale, und genauso führt eine teilweise oder punktartige Beleuchtung des »Off«-Bereiches des rezeptiven Feldes zu einer geringeren Reduktion der Anzahl der Aktionspotentiale.

Die unterschiedlichen Formen der rezeptiven Felder der Ganglienzellen und die Erregung oder Hemmung der Ganglienzellen je nach Lichteinfall beruhen auf dem Zusammenspiel von Photorezeptoren, Bipolarzellen und Horizontalzellen.

- **Der direkte Pfad** von den Photorezeptoren zur Ganglienzelle umfasst invaginierende Synapsen zwischen Photorezeptoren und Bipolarzellen. Hier bewirkt Lichteinfall auf einem Photorezeptor eine Hyperpolarisierung, die durch die Signalumkehr der invaginierenden Synapse zu einer Depolarisierung der Bipolarzelle führt, die dann an die Ganglienzelle weitergegeben wird, die dann mit einer erhöhten Anzahl von Aktionspotentialen reagiert. Lichteinfall direkt ins Zentrum des rezeptiven Feldes der Ganglienzellen führt in diesem Fall zu einer Aktivierung. Diese Ganglienzellen haben also ein »On«-Zentrum. Wenn der Lichteinfall von einem direkt verbundenen Photorezeptor wegbewegt wird, dann wird die Aktivität der Ganglienzelle reduziert: Sie haben also einen »Off«-Ring.

- **Der indirekte Pfad** von den Photorezeptoren zur Ganglienzelle umfasst flache Synapsen zwischen Photorezeptoren und Bipolarzellen und die laterale Hemmung durch Horizontalzellen. Hier bewirkt die Hyperpolarisierung des gleichen Photorezeptors wie oben durch einen Lichteinfall eine Hyperpolarisierung der Bipolarzellen und damit eine Reduktion der Aktivität der Ganglienzellen. Ein Lichteinfall auf den benachbarten Photorezeptor bewirkt zum einen durch die laterale Hemmung über die Horizontalzellen eine Hemmung des direkten Pfades und die gleichzeitige Aktivierung des direkten Pfades der benachbarten Zellen. Die Ganglienzellen haben also ein »Off«-Zentrum und einen »On«-Ring um das Zentrum herum.

Die Organisation der rezeptiven Felder der unterschiedlichen Ganglienzellen ist sehr ähnlich. Insgesamt reagieren die Ganglienzellen vor allem auf Kontraste. Die Art der Kontraste unterscheidet sich zwischen den Ganglienzellen.

- **Hell-Dunkel-Kontraste:** Auf den *magnozellulären Ganglienzellen* konvergieren vor allem Stäbchen, weshalb die Ganglienzellen sehr empfindlich für Hell-Dunkel-Kontraste zwischen dem Zentrum und dem Ring sind.

✔ **Farbkontraste:** Auf den *parvozellulären Ganglienzellen* konvergieren vor allem Zapfen, wobei durch farbsensitive Horizontalzellen entweder Informationen aus den rot- und grünsensitiven Zapfen oder aus den blausensitiven Zapfen und den rot- und grünsensitiven Zapfen (als Repräsentation der Farbe Gelb) konvergieren. Diese Organisation führt zu farbcodierenden Ganglienzellen, bei denen zum Beispiel rotes Licht im Zentrum und grünes Licht im Ring zu einer Aktivitätssteigerung führen. Sie sind also sehr empfindlich für Farbkontraste zwischen dem Zentrum und dem Ring.

BEISPIEL

Die durch den Physiologen Ewald Hering beschriebene *Gegenfarbentheorie* besagt, dass es drei getrennte Prozesse in der Netzhaut gibt, die jeweils zwei Farbgegensätze umfassen. Aufgrund der Beobachtung, dass es kein »gelbliches Blau« oder »rötliches Grün« gibt, vermutete er die beiden Gegenfarbpaare blau-gelb, rot-grün sowie hell-dunkel. Sie können diese Theorie selbst nachempfinden, wenn Sie lange auf eine farbige (zum Beispiel ein grünes Rechteck) Fläche schauen und anschließend auf eine weiße Fläche: Sie sehen dann ein rotes Nachbild, da die grünsensitiven Zapfen erschöpft sind und nur noch Informationen aus den rotsensitiven Zapfen an den Ganglienzellen ankommen.

Lichtempfindliche Ganglienzellen

Nicht alle Ganglienzellen erhalten Informationen aus den Photorezeptoren und sind direkt an der Weiterleitung des Seheindruckes beteiligt. Neben den Ganglienzellen, die über die Bipolarzellen Informationen aus den Photorezeptoren bekommen, gibt es im Auge auch Ganglienzellen, die selbst lichtempfindlich sind. Sie enthalten ein eigenes Photopigment, das *Melanopsin*. Ihre Axone laufen zum *Nucleus suprachiasmaticus*, wo sie die Steuerung des Tag-Nacht-Rhythmus beeinflussen. Außerdem ziehen ihre Axone zum Tectum im Mittelhirn, wo sie in den *Colliculi superiores* den Pupillenreflex und das Öffnen und Schließen der Pupille beeinflussen. Teilweise setzen sie innerhalb der Retina auch Dopamin frei, welches dann die Empfindlichkeit der amakrinen Zellen beeinflusst. Ob sie auch eine Rolle in der Verarbeitung visueller Informationen spielen, ist noch nicht abschließend geklärt. Zumindest genetisch veränderte Ratten, bei denen Zapfen und Stäbchen fehlen, können trotzdem lernen, sich anhand visueller Informationen zu orientieren, was für eine Rolle dieser lichtempfindlichen Ganglienzellen bei der visuellen Wahrnehmung spricht.

Im Thalamus werden Informationen gebündelt und weitergegeben

Nachdem der Sehnerv das Auge verlassen hat, ziehen die Axone zum *lateralen Kniehöcker* (lateinisch *Nucleus geniculatum laterale*, LGN) des Thalamus. Ein wesentliches Prinzip des visuellen Systems ist die Weitergabe der Information in streng geordneten, parallelen Bahnen. Im Thalamus werden die Informationen der beiden Augen miteinander verschaltet. Dabei bleibt die Trennung in Informationen aus den unterschiedlichen Ganglienzellen erhalten. Der LGN besteht aus sechs Schichten, die jeweils eine Form der Information aus der Retina verarbeiten. Der LGN ist *retinotop* organisiert, das heißt benachbarte Zellen verarbeiten die Informationen aus benachbarten Retinabereichen. Das heißt auch, dass Informationen aus der Fovea deutlich stärker repräsentiert sind, also Informationen aus der Peripherie des Auges. Grundsätzlich gilt:

- ✔ **Die Sehbahn vom Auge zum Thalamus ist teilweise gekreuzt.** Wie oben erwähnt, kreuzen Informationen der nasalen Anteile der Retina im *Chiasma opticum* auf die Gegenseite, die temporalen Anteile der Retina werden auf der gleichen Seite verarbeitet. Die teilweise *Kreuzung* der Sehbahn führt dazu, dass alle Informationen von einer Seite des Gesichtsfeldes (der Bereich der Umwelt, aus dem Licht ins Auge fällt) auf der anderen Seite des Thalamus gesammelt werden: Licht von links fällt im linken Auge auf die nasale Seite der Retina, im rechten Auge aber auf die temporale Seite.
- ✔ **Farbinformationen aus den parvozellulären Ganglienzellen** werden in den äußeren Schichten 3 bis 6 verarbeitet. Ipsilaterale und kontralaterale Informationen wechseln sich dabei ab. Im rechten LGN erhalten so die Schichten 3 und 5 die Information aus der temporalen Retina des ipsilateralen (also rechten) Auges, während die Schichten 4 und 6 die Informationen aus der nasalen Retina des kontralateralen (also linken) Auges erhalten. Die Zellen in diesen Schichten sind ebenfalls klein, weshalb sie auch als *parvozellulär* bezeichnet werden.
- ✔ **Hell-Dunkel-Information aus den magnozellulären Ganglienzellen** werden in den mittleren Schichten 1 und 2 verarbeitet. Auch hier wechseln sich ipsilaterale und kontralaterale Informationen ab: Schicht 1 bekommt die kontralateralen Informationen, Schicht 2 die ipsilateralen. Die Zellen in diesen Schichten sind ebenfalls groß, weshalb sie auch als *magnozellulär* bezeichnet werden.
- ✔ **Informationen aus den koniozellulären Ganglienzellen** werden in den Schichten K1 bis K6 verarbeitet. Sie liegen zwischen den sechs Schichten, jeweils ventral zu den Hauptschichten. Die Quelle der Informationen ist die gleiche wie bei der darüberliegenden Hauptschicht. Die Zellen in diesen Schichten sind ebenfalls sehr klein, weshalb sie auch als *koniozellulär* bezeichnet werden.

Der visuelle Kortex im Okzipitallappen

Licht wird in den Photorezeptoren registriert, über die Bipolarzellen an die retinalen Ganglien weitergegeben und die Ganglien im Thalamus verschaltet, bevor das Signal den visuellen Kortex im *Okzipitallappen* erreicht – das Ziel der Informationsverarbeitung im visuellen System. Der letzte Abschnitt vom Thalamus zum visuellen Kortex wird als *Radiato optica* oder *Sehstrahlung* bezeichnet. Abbildung 10.4 fasst diesen Weg zusammen.

1. Die erste Verarbeitung der visuellen Information im Neokortex erfolgt im Okzipitallappen, wo der **primäre visuelle Kortex** (V1) im Brodmann-Areal 17 liegt. Er ist, wie der Thalamus, retinotop organisiert, wobei die Fovea der Retina, die mit besonders vielen Ganglienzellen verbunden ist, eine deutlich größere Repräsentation hat als die Peripherie der Retina.

2. Der **sekundäre visuelle Kortex** (V2) liegt ringförmig um den V1 herum im Brodmann-Areal 18. Hier werden visuelle Informationen zu einfachen Formen und Farben kombiniert.

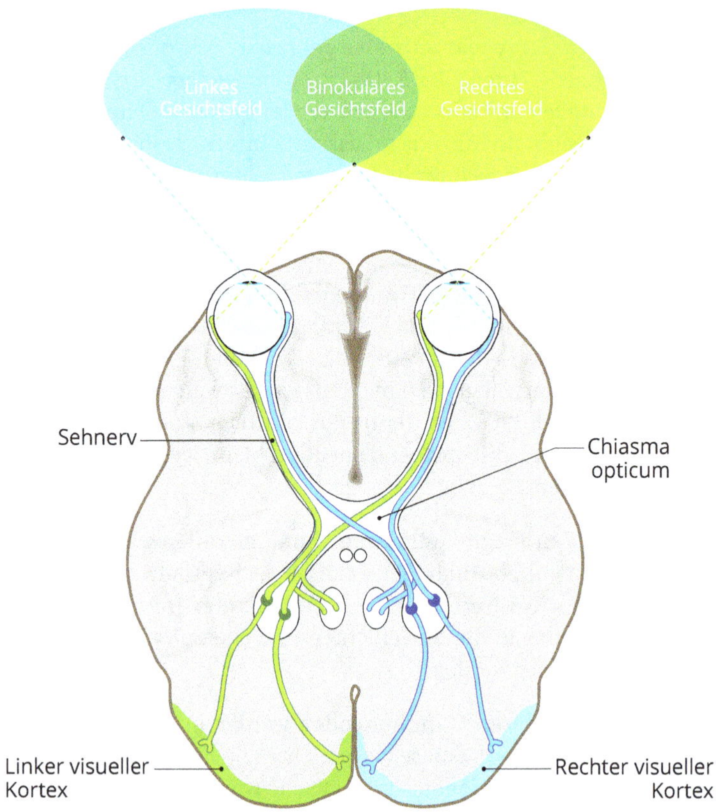

Abbildung 10.4: Der Verlauf der Sehbahn vom Gesichtsfeld bis hin zum visuellen Kortex (© designua, stock.adobe.com)

Einfache Signalverarbeitung im primären visuellen Kortex

Der primäre visuelle Kortex im Brodmann-Areal 17 des Okzipitallappens ist retinotop organisiert und umfasst eine komplexe Säulenstruktur. Informationen aus dem Thalamus erreichen ihn in Schicht IV. Quer über und unter dieser Schicht, parallel zur Oberfläche des Gehirns verlaufen Schichten stark myelinisierter Axone, über die zum einen die Informationen, die aus dem Thalamus ankommen, und zum anderen Informationen an andere Bereiche des visuellen Kortex weitergegeben werden. Diese Schichten sind im Hirnschnitt mit bloßem Auge zu erkennen, weshalb der primäre visuelle Kortex auch als *Area striata*, der gestreifte Bereich, bezeichnet wird. Die Informationen aus den magnozellulären Schichten des Thalamus kommen hier in Schicht IV-Cα und die aus den parvozellulären Schichten des Thalamus in Schicht IV-Cβ an. Das bedeutet, dass die Weitergabe der Information in streng geordneten, parallelen Bahnen auch im primären visuellen Kortex gilt und Hell-Dunkel-Kontraste und Farbinformationen getrennt voneinander verarbeitet werden.

Die Säulenstruktur des primären visuellen Kortex umfasst drei Komponenten: okuläre Dominanzsäulen, Orientierungssäulen und Blobs.

- ✔ *Okuläre Dominanzsäulen* verarbeiten Informationen entweder aus dem ipsi- oder kontralateralen Auge. Diese Informationen werden im Thalamus in unterschiedlichen Schichten des LGN verarbeitet. Von dort ziehen Axone in den V1, sodass sich diese Struktur auch dort wiederfindet.
- ✔ Innerhalb der okulären Dominanzsäulen befinden sich *Orientierungssäulen*, die Reize mit einer bestimmten räumlichen Orientierung verarbeiten. Die rezeptiven Felder der Ganglienzellen sind kreisförmig, und durch die Konvergenz im Thalamus und im V1 werden benachbarte rezeptive Felder zusammengefasst, sodass die Zellen im V1 längliche rezeptive Felder haben. Diese Zellen werden besonders stark durch Reize angeregt, die genau die gleiche Ausrichtung haben wie die rezeptiven Felder.
- ✔ Innerhalb der okulären Dominanzsäulen befinden sich die *Blobs*. Blobs sind diejenigen Bereiche, deren Zellen bestimmte Farben verarbeiten. Auch hier konvergieren die Informationen aus den retinalen Ganglienzellen, sodass die rezeptiven Felder der farbsensitiven Zellen in den Blobs Gegenfarben (Rot-Grün und Blau-Gelb) repräsentieren.

Die drei Komponenten werden in *Hypersäulen* zusammengefasst, sodass jede Hypersäule Informationen aus den Retinae beider Augen, allen Raumrichtungen und den drei Farben umfasst. Zudem bestehen sowohl zahlreiche Querverbindungen zwischen den einzelnen Bereichen innerhalb der Hypersäulen als auch zwischen benachbarten Hypersäulen, sodass bereits auf Ebene des V1 eine komplexe Verarbeitung visueller Informationen stattfindet. Für die Erforschung der Organisation des visuellen Systems haben Torsten Wiesel und David Hubel 1981 den Nobelpreis erhalten.

Komplexe Signalverarbeitung nach dem primären visuellen Kortex

Nachdem visuelle Informationen im V1 verarbeitet wurden, werden sie hierarchisch an höhere visuelle Areale, wie den sekundären (V2) und tertiären (V3) visuellen Kortex weitergegeben. Diese Areale, die vor allem in den Brodmann-Arealen 18 und 19 liegen, werden auch als *extrastriärer Kortex* bezeichnet, da sie hierarchisch über dem striären Kortex liegen. In ihnen konvergieren die Informationen aus dem V1, sodass hier bereits komplexere Informationen verarbeitet werden. Abbildung 10.5 fasst die Konvergenz der Informationen zusammen. Während der V1 Informationen noch getrennt entsprechend der Organisation des LGN verarbeitet, werden im V2 und V3 die Informationen gemeinsam verarbeitet.

- ✔ **Im V2 und V3** werden Farben im Kontext ihrer Umgebung verarbeitet. Während Farben im V1 als Gegenfarben verarbeitet werden, kommt es hier zur Integration der Information aus nebeneinanderliegenden Bereichen der Umwelt. Dies erlaubt die Wahrnehmung von *Farbkonstanz*: Eine Farbe wird als gleichbleibend wahrgenommen, weitestgehend unabhängig davon, ob sich ihr Hintergrund oder die Beleuchtungssituation ändert.

✔ **Im V2 und V3** werden einfache Linien zu Formen kombiniert. Während die rezeptiven Felder im V1 vor allem auf Linien einer bestimmten Orientierung reagieren, kommt es hier zur Integration mehrerer Linien zu Formen und zur Wahrnehmung von Bewegungen der Linien. Dies erlaubt die Wahrnehmung von zusammenhängenden Konturen und Objekten, auch wenn sie sich bewegen.

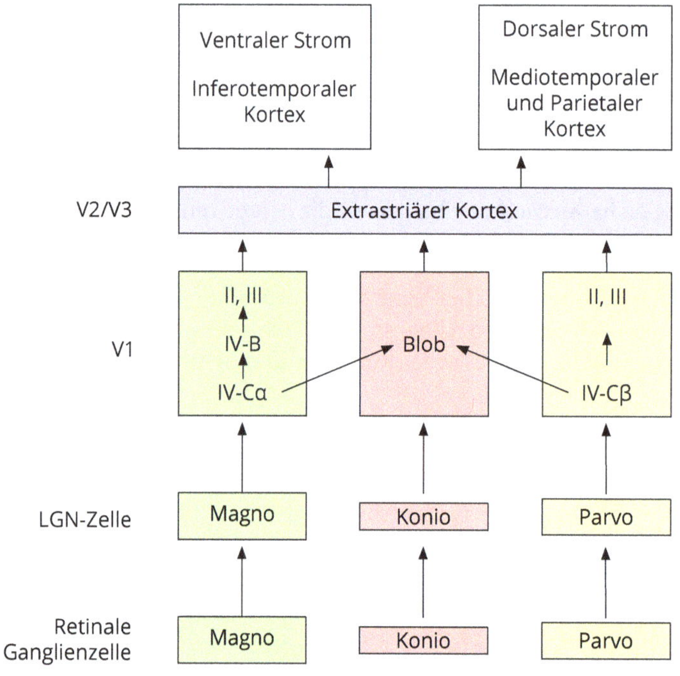

Abbildung 10.5: Zusammenfassung der Informationsverarbeitung im visuellen System von der Retina über den extrastriären Kortex bis zum dorsalen und ventralen Strom (© Julian Keil)

Höhere visuelle Verarbeitung auf unterschiedlichen Wegen

Nach der Integration der Information aus den unterschiedlichen Komponenten des V1 in V2 und V3 trennen sich die Wege der visuellen Information im Anschluss wieder. Während auf Ebene des V2 und V3 Farben, Formen und Bewegungen verarbeitet werden, kommt es im Anschluss zu einer genaueren Verarbeitung der visuellen Objekte auf zwei unterschiedlichen Wegen. Der eine Weg, der *dorsale Strom,* umfasst dabei die Analyse der Bewegung der Objekte und ihrer Lage im Raum. Der andere Weg, der *ventrale Strom,* umfasst die Analyse der Eigenschaften der Objekte. Anschließend werden diese Informationen mit den Informationen anderer Sinne kombiniert.

- ✔ **Der dorsale Strom** läuft über den mediotemporalen Kortex bis in den parietalen Kortex. Hier werden der Ort einzelner Objekte im Raum, ihre Lage und räumliche Orientierung und ihre Bewegungen verarbeitet, er ist der *»Wo«-Strom.*

- ✔ **Der ventrale Strom** verläuft in den inferotemporalen Kortex. Hier werden die Eigenschaften von Objekten verarbeitet, wie zum Beispiel Farben, Strukturen und räumliche Anordnung, er ist der *»Was«-Strom.* Besonders wichtige Reize werden in spezialisierten Bereichen verarbeitet, wie zum Beispiel Gesichter im *fusiformen Gyrus.*

Der Weg zurück: Vorhersage im visuellen System

Wie bereits mehrfach erwähnt, verläuft die Informationsverarbeitung im visuellen System über parallele Nervenbahnen und eine serielle Abfolge von Verschaltungen. Das heißt, dass benachbarte Bereiche der Retina entsprechend der Retinotopie von der Retina, über den Thalamus bis hin zum visuellen Kortex weitergegeben werden. Dabei kommt es zu einer immer stärkeren Konvergenz der Informationen. Das Ganze ist aber keine Einbahnstraße, sondern zahlreiche Feedbackschleifen erlauben eine feine Abstimmung der Konvergenz.

- ✔ **Der Thalamus erhält zahlreiche Eingänge aus dem V1.** Diese zurücklaufende Information kann die Signalverarbeitung im Thalamus beeinflussen und so Informationen aus bestimmten Orten der Retina verstärken oder hemmen. Damit wirkt der Thalamus als »Tor« für die Weitergabe visueller Information, und die Menge an Informationen, die den V1 erreichen, kann begrenzt werden, um so die Verarbeitung der durchgelassenen Informationen zu verbessern. Zum Beispiel kann die Information über die Bewegung eines Reizes die Aktivität des Thalamus modulieren, sodass vor allem die Information durchgelassen wird, die auf dem Weg der Bewegung liegt.

- ✔ **Zellen im V1 zeigen ein kurz- und langfristiges Anpassungsverhalten,** sodass sie zum Beispiel ihre Antwort auf Reize einer bestimmten Orientierung verstärken, wenn bereits vorher Reize mit der gleichen Orientierung angekommen sind. Diese Zellen zeigen also ein statistisches Lernverhalten entsprechend der Wahrscheinlichkeit, dass ein ganz bestimmter Reiz ankommt.

- ✔ **Objekte, die im dorsalen oder ventralen Pfad verarbeitet und erkannt wurden, können die Informationsverarbeitung im V1 beeinflussen,** sodass die erkannten Objekte verstärkt verarbeitet werden. Wird also zum Beispiel ein bekanntes Gesicht erkannt, dann kann die Information, die zu diesem Gesicht gehört, im V1 verstärkt verarbeitet werden. Dies ist eine Form der visuellen Aufmerksamkeit, die bewirkt, dass einmal erkannte Objekte weiter beachtet werden. Dies kann auch die Form der rezeptiven Felder im V1 beeinflussen, sodass sogenannte nicht klassische rezeptive Felder entstehen, deren Verhalten dynamisch an die Eigenschaften der visuellen Objekte angepasst werden.

Visuelle Informationen außerhalb des visuellen Systems

In Abbildung 10.4 sind Abzweigungen des Sehnervs zu sehen, die vor dem Thalamus abgehen. Diese Nervenbahnen umfassen etwa ein Drittel der Axone, und sie ziehen zu Arealen im Mittelhirn. In diesen Arealen kommen nicht nur visuelle Information von den Photorezeptoren an, sondern auch die Informationen der lichtempfindlichen Ganglienzellen werden hierher weitergeleitet.

Zirkadianer Rhythmus: Der Nucleus suprachiasmaticus

Der *Nucleus suprachiasmaticus* ist ein Teil des Hypothalamus, der direkt über (daher »supra«) dem Chiasma opticum liegt. Hier werden Informationen über die Helligkeit verarbeitet, die für die Synchronisation der inneren Uhr, des *zirkadianen Rhythmus*, relevant sind. Ohne diese Informationen verschiebt und verlängert sich der 24-Stunden-Rhythmus des Körpers. Der Nucleus suprachiasmaticus leitet die Informationen weiter an die *Zirbeldrüse* (*Epiphyse*), die entsprechend der abnehmenden Helligkeit zum Abend hin das schlaffördernde Hormon *Melatonin* ausschüttet.

Steuerung der Augenbewegung: Das Praetectum

Das *Praetectum* im Dach (Tectum) des Mittelhirns umfasst mehrere Kerngebiete, die für die Steuerung der Bewegungsreflexe der Augen wichtig sind. Sie steuern zum Beispiel die Anpassung der Pupillen an die Helligkeit und ermöglichen insbesondere die fortlaufenden Augenbewegungen, wenn wir ein sich bewegendes Objekt mit den Augen verfolgen oder im Blick behalten.

Ermöglichen Sakkaden: Die Colliculi superiores

Die *Colliculi superiores* im Tectum grenzen direkt an das Praetectum an, und sie sind vor allem wichtig für die schnellen Augenbewegungen, die *Sakkaden*. Mit diesen Sakkaden erfassen wir ständig unsere Umgebung oder alle Bereiche eines Objektes in unserem Sichtfeld. Ohne sie würde sich der Bereich des scharfen Farbsehens auf den kleinen Bereich direkt vor uns beschränken, der von der Fovea verarbeitet wird. Die *Colliculi superiores* steuern auch reflexhafte Augenbewegungen, die durch andere Reize (zum Beispiel Töne oder Berührungen) ausgelöst werden, und unterstützen die multisensorische Integration. Sie ermöglichen so gezielte Abwehr- oder Greifreflexe im Dunklen.

Einschränkungen und Störungen des visuellen Systems

Visuelle Informationen durchlaufen eine ganze Reihe unterschiedlicher Verarbeitungsstufen, von der Retina über den Thalamus zum visuellen Kortex, von dort in den temporalen und parietalen Kortex sowie außerdem zu subkortikalen Kerngebieten im Mittelhirn. Je nachdem, an welcher Stelle es Schädigungen des Nervensystems gibt, kommt es zu ganz unterschiedlichen *Störungen* der visuellen Wahrnehmung. Einige davon können Sie auch bei sich selbst ausprobieren.

Einschränkungen im gesunden visuellen System

Die Retina ist aufgebaut aus einem dichten Mosaik von Stäbchen und Zapfen. Sie verschalten auf die Ganglienzellen, deren Axone den Sehnerv bilden, der das Auge im blinden Fleck verlässt. Der Bereich des schärfsten Sehens ist die Fovea, die aber nur einen kleinen Bereich unseres Gesichtsfeldes abdeckt. Diese Einschränkungen nehmen Sie im Alltag aber nicht wahr, da es ein paar raffinierte Tricks gibt, sie auszugleichen.

- ✔ Nur im kleinen Bereich der Fovea wird detaillierte Farbinformation aufgenommen. Zwar gibt es auch außerhalb der Fovea Zapfen, aber dort ist die räumliche Auflösung deutlich geringer als in der Fovea. Um dennoch Farben auch aus kleinen Objekten aus dem gesamten Gesichtsfeld aufzunehmen, gibt es die *Sakkaden*. Kommt es zu einer Störung der Colliculi superiores, dann werden diese schnellen Augenbewegungen nicht ausgelöst. Was das bedeutet, können Sie selbst ausprobieren: Nehmen Sie ein farbiges Bild, das einen großen Teil ihres Gesichtsfeldes ausfüllt, und schauen Sie starr auf einen festen Punkt. Nach kurzer Zeit verschwimmt die Farbinformation in der Peripherie des Gesichtsfeldes, da die lokale Verarbeitung an die konstante Information adaptiert und nicht weiter durch Augenbewegungen aktualisiert wird. Das ist zumindest zum Teil eine Erklärung des von Ignaz Troxler erstmals bereits 1804 beschriebenen *Troxler-Effekts*.

- ✔ Im *blinden Fleck* wird keine visuelle Information aufgenommen. Das heißt, in unserem Gesichtsfeld ist ein Loch. Er befindet sich im nasalen Bereich der Retina, das bedeutet, er liegt im temporalen Gesichtsfeld (linkes Auge: links der Fixation; rechtes Auge: rechts der Fixation). In der Regel sehen Sie diesen blinden Fleck nicht, da die fehlenden Informationen vom anderen Auge und durch die Sakkaden ergänzt werden. Abbildung 10.6 hilft Ihnen, den blinden Fleck zu sehen: Schauen Sie mit dem rechten Auge starr auf das Kreuz, und bewegen Sie das Bild ganz langsam von dicht an Ihrer Nase bis zu einer Armlänge Entfernung. An einem bestimmten Punkt fällt der Kreis rechts vom Kreuz in den blinden Fleck, und er verschwindet.

Abbildung 10.6: Ein Selbsttest: Schauen Sie mit dem rechten Auge auf das Kreuz und bewegen Sie das Bild von sich weg. Irgendwann verschwindet der Punkt, da er in den blinden Fleck fällt (© Julian Keil)

Störungen der frühen visuellen Signalverarbeitung

Der Aufbau der Retina und Störungen dieses Aufbaus haben direkte Konsequenzen für die visuelle Wahrnehmung. Je weniger Photorezeptoren vorhanden sind, desto schlechter ist die visuelle Wahrnehmung.

- ✔ Eine *Farbenblindheit* (meist eher eine Farbsehschwäche) beruht darauf, dass eine oder mehrere Klassen der Zapfen fehlt. Für die Bildung der Farbrezeptorproteine sind Gene auf dem X-Chromosom verantwortlich. Kommt es an diesen Genen zu einer Veränderung, kann eines oder mehrere der drei Iodopsine nicht gebildet werden, sodass bestimmte Farbunterschiede (zum Beispiel rot und grün) nicht wahrgenommen werden können. Da diese Veränderung über das X-Chromosom weitergegeben wird, sind deutlich mehr Männer als Frauen von dieser Farbsinnstörung betroffen.
- ✔ Bei einer *Makuladegeneration* kommt es, häufig durch ein altersbedingtes Absterben der Zellen, zu einem Verlust von Photorezeptoren in der Mitte der Retina. Dadurch lässt die Sehschärfe stark nach, und Betroffene können sogar vollständig erblinden.

Störungen der Signalverarbeitung im primären visuellen Kortex

Störungen im weiteren Verlauf der Sehbahn von der Retina bis hin zum V1 führen zu blinden Bereichen im Gesichtsfeld. Grundsätzlich gilt: Je früher in der Sehbahn eine Schädigung auftritt, desto größer ist der blinde Bereich.

- ✔ Bei der *monokularen Blindheit* liegt eine Störung in einem Auge vor, sodass der Teil des Gesichtsfeldes verloren geht, den nur dieses Auge sehen würde. Fällt zum Beispiel das linke Auge aus, so kann keine Information aus dem linken Rand des Gesichtsfeldes mehr aufgenommen werden. Außerdem ist das dreidimensionale räumliche Sehen beeinträchtigt, das auf der Konvergenz der Informationen aus beiden Augen beruht. Das können Sie selbst ausprobieren, wenn Sie ein Auge verdecken.
- ✔ Die *Hemianopsie* ist eine Störung des Chiasma opticum oder der Sehstrahlung, die zu einer Blindheit in einer Hälfte oder eines Viertels des Gesichtsfeldes führt. Die Lokalisation der Blindheit gibt dabei Aufschluss über den Ort der Störung und kann so zur Diagnose der Störung genutzt werden.
- ✔ Ein *Skotom* ist eine Läsion im V1 und führt zu einer Blindheit eines kleinen Bereiches des Gesichtsfeldes. Diese kleinen blinden Bereiche werden häufig durch den Nystagmus ausgeglichen, sodass sie den betroffenen Personen oft nicht bewusst sind.
- ✔ Das *Blindsehen* ermöglicht trotz großflächiger Läsionen im V1 eine visuelle Wahrnehmung. Die betroffenen Personen geben dabei in der Regel an, keine visuelle Wahrnehmung zu haben, also blind zu sein. Werden diesen Personen aber Farben oder Formen gezeigt, oder werden sie dazu aufgefordert nach einem Objekt zu greifen, geben sie überzufällig häufig die richtige Antwort. Dieses Phänomen lässt sich mit direkten Verbindungen zwischen dem Thalamus und den extrastriären visuellen Arealen erklären.

- ✔ Spontane Aktivität im V1 kann zu *Phantomwahrnehmungen* führen. Halluzinogene Drogen erhöhen die Erregbarkeit von Pyramidenzellen im V1, sodass sie spontan aktiv werden und visuelle Eindrücke auch ohne äußere Ursache erzeugen. Dies lässt sich auch mit elektrischer oder magnetischer Stimulation des V1 (mittels TMS oder tACS und tDCS) auslösen. Diese künstlich erzeugten visuellen Eindrücke ohne Stimulation der Retina werden *Phosphene* genannt.

Störungen der späten visuellen Signalverarbeitung

Störungen in höheren visuellen Arealen zeigen sich in der Regel in Schwierigkeiten Objekte abzuzeichnen oder zu benennen. Ein solcher Ausfall wird als *Agnosie* bezeichnet (vom griechischen Wort für Erkenntnis, »gnosis«) und tritt häufig infolge von Schlaganfällen oder durch neurodegenerative Erkrankungen auf. Je nachdem, auf welcher Ebene der visuellen Verarbeitungshierarchie und in welchem Strom diese Störungen auftreten, haben sie unterschiedliche Folgen.

- ✔ *Apperzeptive Agnosie*: die Unfähigkeit ein Objekt zu erkennen und von seiner Umgebung abzugrenzen. Betroffene Personen können zwar Linien und Farben erkennen, diese aber nicht zu zusammenhängenden Objekten integrieren. Eine Unterform ist die *Formagnosie*, bei der die Betroffenen nur einzelne Linien, aber keine Formen erkennen können. Sie tritt nach Schädigungen der extrastriären visuellen Areale auf, in denen diese einzelnen Elemente zu Objekten gruppiert werden.
- ✔ *Assoziative Agnosie*: Betroffene können ein Objekt erkennen und beschreiben oder abzeichnen, es aber nicht benennen. Sie tritt nach Schädigungen entlang des ventralen Stroms auf. Eine Unterform ist die *Bewegungsagnosie* (*Akinetopsie*), bei der die Betroffenen zwar stillstehende Objekte erkennen können, aber keine Bewegungen des Objektes oder keine sich bewegenden Objekte. In diesem Fall liegen Schädigungen entlang des dorsalen Stroms vor.
- ✔ *Prosopagnosie*: die Unfähigkeit, Gesichter zu erkennen, auch wenn das Erkennen der einzelnen Teile wie Augen, Nase und Mund intakt ist. Die Betroffenen können auch keine bekannten Gesichter wiedererkennen. Sie ist eine Sonderform der assoziativen Agnosie und tritt speziell bei Schäden am fusiformen Gyrus im inferioren Temporallappen auf, der für die Verarbeitung von Gesichtern relevant ist.
- ✔ *Alexie*: wenn sich die Agnosie auf Buchstaben, Wörter und Zahlen bezieht. Die Betroffenen haben dabei Probleme, zu lesen und zu schreiben, also die einzelnen Anteile eines Buchstabens als ein einheitliches, bedeutungsvolles Ganzes zu erkennen. Sie tritt bei einer Schädigung des Gyrus angularis an der Grenze zwischen Okzipitallappen und Temporallappen auf. Das hier liegende Wernicke-Areal ist besonders wichtig für die Sprachwahrnehmung (mehr dazu finden Sie in Kapitel 11).

IN DIESEM KAPITEL

Aufbau und Funktion des Ohres

Der Weg vom Ohr zum Hören

Einfache Frequenzen und komplexe Geräusche

Kapitel 11
Der Hörsinn

Hören ist ein *Fernsinn*, das heißt auch weit entfernte Objekte können wahrgenommen werden, über den von ihnen reflektierten oder ausgesandten Schall. Der Schall, den wir wahrnehmen, ist eine wellenförmige Kompression der Luft. Für viele Tiere, insbesondere solche, die nachts aktiv sind, ist der *Hörsinn* besonders bedeutsam, da er auch die Jagd bei schwachem oder fehlendem Licht erlaubt. Für Menschen ist er vor allem für die Kommunikation von Bedeutung, um Informationen über Schall wie zum Beispiel Sprache auszutauschen. Das *auditorische System* erlaubt dabei die Unterscheidung kleinster Unterschiede, um detaillierte Informationen über den Ort der Schallquelle, ihre Richtung und den Informationsinhalt zu erkennen. So werden zum Beispiel Abfolgen kurzer Geräusche als gesprochene Wörter erkannt, die einen bestimmten Inhalt transportieren, und deren Klang Emotionen ausdrückt. Menschen können einen großen Bereich unterschiedlicher Töne wahrnehmen, von tiefen Frequenzen bei etwa 20 Hertz bis zu hohen Frequenzen bei etwa 20.000 Hertz.

Der Ton macht die Musik

Mit dem auditorischen System nehmen wir wellenförmige Kompressionen der uns umgebenden Luft wahr. Um den Vorgang zu verstehen, sind drei Begriffe aus der Physik unerlässlich, die Wellen beschreiben: Amplitude, Frequenz und Phase.

Die *Amplitude* beschreibt die Höhe einer Welle und damit wie viel Energie im Signal steckt. Eine gängige Einheit für die Amplitude ist »dB« für *Dezibel.* Ein lauter Ton hat eine höhere Amplitude.

Die *Frequenz* beschreibt die Anzahl von Schwingungen pro Sekunde. Die Einheit für die Frequenz ist »Hz« für *Hertz.*

Die *Phase* beschreibt den Punkt auf einer Welle. Da Wellen periodische Signale sind, die sich wiederholen, wird die Phase als Grad eines Kreises beschrieben.

Ein Ton ist eine Welle, die nur aus einer Frequenz besteht (zum Beispiel 440 Hz beim Kammerton »A«). Überlagern sich mehrere Wellen mit der gleichen Phase und einem Vielfachen der tiefsten Frequenz (zum Beispiel 440 Hz und 880 Hz), handelt es sich um einen Klang mit Grund- und Obertönen. Überlagern sich mehrere Wellen ohne systematischen Zusammenhang der Phasen und Frequenzen, handelt es sich um ein Geräusch. Zum Beispiel ergeben Wellen der Frequenzen 264 Hz, 330 Hz und 396 Hz den C-Dur-Akkord aus den Tönen C, E und G. In der Regel bestehen alle Geräusche aus unserer Umgebung aus vielen unterschiedlichen Frequenzen. Das Zusammenspiel dieser Frequenzen und ihre Veränderungen über die Zeit beeinflusst das subjektive Erleben des Geräusches.

Unterschiedliche Skalen können die gleichen Dinge beschreiben. Je nach Bezugsgröße und Einteilung der Skalenabschnitte können sie unterschiedliche Dinge ausdrücken. Im auditorischen System werden Töne unterschiedlicher Frequenzen bei gleicher Amplitude als unterschiedlich laut wahrgenommen: Besonders tiefe Töne unter 100 Hz oder hohe Töne mit Frequenzen ab etwa 10.000 Hz werden als deutlich leiser empfunden als Töne mit mittleren Frequenzen von etwa 2000 Hz, auch wenn die Amplitude der Töne gleich ist. Die Amplitude ist also nicht das Gleiche wie die empfundene Lautstärke oder Lautheit.

Hier bietet es sich also an, unterschiedliche Skalen für Amplitude, Lautstärke und Lautheit zu verwenden. Der *Schalldruckpegel* beschreibt die Amplitude, also die Veränderung des Luftdrucks durch eine Schallwelle. Er wird in Dezibel (dB) gemessen. Da das Ohr eine enorme Spanne an unterschiedlichen Schalldruckpegeln verarbeiten kann, ist diese Skala logarithmisch aufgebaut. Der Bezugswert der Veränderung des Luftdruckes wird in der Regel in der Klammer nach dem dB angegeben, also zum Beispiel *dB(SPL)* für den physikalischen Schalldruck oder *dB(A)* für den frequenzabhängigen Schalldruck. Die *Phon-Skala* beschreibt die subjektiven Lautstärkepegel in Abhängigkeit von der Frequenz, sie berücksichtigt also die unterschiedliche Empfindlichkeit des Gehörs. Bei 1000 Hz ist der Schalldruckpegel in dB gleich dem Lautstärkepegel in phon, 20 dB sind hier 20 phon. Bei tieferen und höheren Tönen weicht dieser Zusammenhang ab, sodass zum Beispiel bei etwa 10.000 Hz ein Schalldruck von 30 dB notwendig ist, um einen Lautstärkepegel von 20 phon zu erreichen. Ein weiteres Maß ist die subjektive *Lautheit*, die über die *Sone-Skala* beschrieben wird. So entspricht 1 sone einem subjektiven Lautstärkepegel von 40 phon; ein Schallereignis, das als doppelt so laut empfunden wird, hat 2 sone und so weiter.

Das Ohr und seine Bestandteile

Das *Ohr* besteht nicht nur aus dem außen am Kopf sichtbaren Brillenbügelhalter, sondern umfasst auch eine ganze Reihe Bausteine im Inneren des Schädels. Gemeinsam leiten diese Anteile des Ohres Schallwellen aus unserer Umgebung in den Kopf hinein, wo dann die mechanische Energie in ein neuronales Signal übersetzt wird. Abbildung 11.1 zeigt den Aufbau des Ohres.

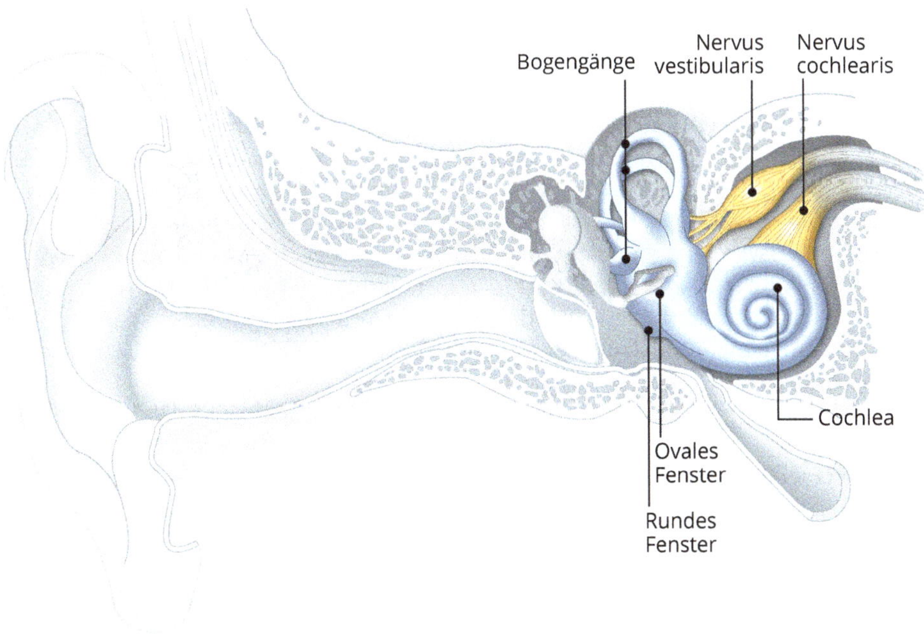

Abbildung 11.1: Querschnitt durch den Schädel mit dem Aufbau des Ohres. Das Labyrinth ist blau eingefärbt (© Axel Kock, stock.adobe.com)

- ✔ **Das äußere Ohr** umfasst die *Ohrmuschel* und den *Gehörgang*. Die besondere Form der Ohrmuschel dient dazu, Schallwellen zu bündeln und in den Gehörgang zu leiten sowie bestimmte Frequenzen je nach Raumrichtung zu dämpfen oder zu verstärken. Wenn Sie Musik hören und dabei Ihre Ohrmuscheln verbiegen, dann werden Sie merken, dass sich auch die Wahrnehmung der Musik ändert. Beim Menschen verstärkt die Form des Gehörganges Frequenzen im Bereich von 2000 bis 4000 Hz. Das äußere Ohr endet am Trommelfell.

- ✔ **Das Mittelohr** umfasst das *Trommelfell* und die *Paukenhöhle*. Das Trommelfell ist eine dünne, trichterförmige Haut, die den Gehörgang von der Paukenhöhle abgrenzt. Wenn Schallwellen auf das Trommelfell treffen, wird es in Schwingung versetzt und leitet so die mechanische Energie an die *Gehörknöchelchen* weiter. An der Innenseite ist das Trommelfell mit dem ersten Gehörknöchelchen, dem *Hammer*, verwachsen. Der Hammer überträgt die Bewegungen des Trommelfells an den *Amboss*, der wiederum den *Steigbügel* bewegt. Dieser setzt auf das *ovale Fenster* auf, welches die Verbindung zum Innenohr bildet. Die drei Gehörknöchelchen sind in der Paukenhöhle an Muskeln aufgehängt, die aktiv die Schallübertragung beeinflussen, und so zum Beispiel bei Stille verstärkend oder bei Lärm dämpfend auf die Schallübertragung wirken. Die Paukenhöhle ist über die *Eustachi-Röhre* mit dem Nasen-Rachen-Raum verbunden. Sie dient dem Druckausgleich zwischen Mittelohr und Umgebungsluft, um eine optimale Schallübertragung zu gewährleisten. Wenn Sie schlucken oder gähnen, öffnet sie sich, was zu einem kurzen Klickgeräusch führt.

- **Das Innenohr** umfasst mehrere flüssigkeitsgefüllte Gänge, die der Übersetzung von mechanischer Aktivität in neuronale Aktivität dienen. Für das Hören ist die *Cochlea* (*Hörschnecke*) zuständig, an deren Anfang das ovale Fenster steht. Der Steigbügel steht in Verbindung mit dieser, von einer Bindegewebsschicht bedeckten, Öffnung der Cochlea und gibt die mechanische Aktivität an die Flüssigkeit im Inneren der Cochlea weiter. Dort löst dann die Bewegung der Flüssigkeit neuronale Aktivität an den *Haarzellen* aus. Das gleiche Prinzip gilt auch für die drei *Bogengänge*, deren Flüssigkeit durch Bewegungen des Kopfes mobilisiert wird, was dem Gleichgewichtssinn dient. Zusammen werden die Cochlea und die Bogengänge auch als *Labyrinth* bezeichnet. Auf Abbildungen, wie zum Beispiel in der Abbildung 11.1 wird das Labyrinth häufig als im Schädel liegende Schnecke dargestellt. In Wahrheit ist es ein System von Hohlräumen im Schädelknochen, die Abbildungen zeigen also einen Ausguss des Labyrinths.

Der Aufbau der Cochlea

Die *Cochlea* ist der Ort der Übertragung der mechanischen Information in ein neuronales Signal beim Hörvorgang. Sie ist ein schneckenförmiger Bogengang von etwa 3,3 Zentimeter Länge im Schädelknochen, der durch zwei Membranen in drei mit Lymphflüssigkeit gefüllte Räume unterteilt ist:

- Die *Scala vestibuli* ist der obere der drei Räume in der Cochlea. An ihrem Anfang sitzt das ovale Fenster. Bewegungen des Steigbügels werden durch die Membran des ovalen Fensters an die Flüssigkeit in der Cochlea übertragen, die so in Bewegung versetzt wird. Die Scala vestibuli wird seitlich durch die *Reissner-Membran* und unten durch die *Basilarmembran* begrenzt.

- Die *Scala tympani* ist der untere der drei Räume der Cochlea. Sie ist an der Spitze der Cochlea (*Apex*) über eine Öffnung, dem *Helicotrema*, mit der Scala vestibuli verbunden und endet am mit einer Bindegewebsmembran verschlossenen *runden Fenster*. Bewegungen der Flüssigkeit in der Cochlea laufen in Form einer wandernden Welle entlang der Scala vestibuli, werden am Apex an die Scala tympani weitergegeben, und die Druckveränderungen werden am runden Fenster an die Paukenhöhle abgegeben. Scala vestibuli und Scala tympani bilden also einen gemeinsamen Gang. Die Scala tympani wird oben durch die Basilarmembran begrenzt.

- Die *Scala media* ist der mittlere der drei Gänge der Cochlea. Sie wird oben und seitlich durch die Reissner-Membran und unten durch die Basilarmembran begrenzt. Sie ist räumlich von den beiden anderen Gängen getrennt, und die Flüssigkeit im Inneren der Scala media, die *Endolymphe*, enthält sehr viel K^+. Auf der Basilarmembran im Inneren der Scala media sitzt das *Corti-Organ*, in dem die mechanische Bewegung der Flüssigkeit im Inneren der Cochlea in ein neuronales Signal übersetzt wird. Die Haarsinneszellen im Corti-Organ sind von der *Tektorialmembran* bedeckt.

Signaltransduktion von der Welle zum Nerv im Corti-Organ

Wenn eine Schallwelle auf das Ohr trifft, wird das Trommelfell beweget. Diese Bewegung wird dann an die Gehörknöchelchen weitergegeben und am ovalen Fenster an die Cochlea übertragen. Dort führt eine Bewegung der Membran des ovalen Fensters zu einer Bewegung der Flüssigkeit in der Cochlea, welche die *Basilarmembran* in Bewegung versetzt. Auf der Basilarmembran sitzt das *Corti-Organ*, in dem die eigentliche Übersetzung in ein neuronales Signal stattfindet. Das Corti-Organ besteht aus den inneren und äußeren Haarzellen und der darüberliegenden Tektorialmembran.

- ✔ Die *Tektorialmembran* ist eine gallertartige Decke, die an der äußeren Seite der Scala media befestigt ist. Sie bedeckt die äußeren und inneren Haarzellen, wobei die Sinneshärchen (*Stereozilien*) der äußeren Haarzellen in die Tektorialmembran hineinragen, und die der inneren Haarzellen kurz unterhalb der Tektorialmembran enden.

- ✔ Die *äußeren Haarzellen* bestehen aus einem Zellkörper mit etwa 80 Stereozilien an der Oberseite. Diese Stereozilien sind längliche, haarförmige Ausformungen der Zellmembran, die ein der Größe nach geordnetes Bündel bilden. Ihre Spitzen sind durch Proteinfäden, die *Tip-Links*, verbunden. Sie sitzen auf der Basilarmembran und werden durch säulenförmige Stützzellen an Ort und Stelle gehalten. Die äußeren Haarzellen umfassen drei Reihen von etwa 12.000 bis 20.000 Haarzellen. Ihre Stereozilien enden in der Tektorialmembran. Eine Bewegung der Basilarmembran relativ zur Tektorialmembran führt zu einer Auslenkung der Stereozilien, wodurch sich mechanosensible Ionenkanäle öffnen.

- ✔ Die *inneren Haarzellen* ähneln dem Aufbau der äußeren Haarzellen. Ihre Stereozilien enden allerdings nicht in der Tektorialmembran. Sie umfassen eine Reihe von etwa 3000 bis 4500 Haarzellen. Eine Bewegung der Endolymphe führt bei ihnen zu einer Auslenkung der Stereozilien, und die Potentialveränderung führt dann zur Freisetzung von Glutamat als Neurotransmitter.

Aufbau und Funktion der Haarzellen des Ohres

Die im Corti-Organ in der Cochlea sitzenden äußeren und inneren Haarzellen besitzen die grundlegend gleiche Form, aber ihre Funktion unterscheidet sich. Die Haarzellen sind sekundäre Sinneszellen, das heißt, sie erzeugen ein Generatorpotential, aber kein Aktionspotential. Sie sind die empfindlichsten Sinneszellen im Körper, und bereits winzige Bewegungen der Basilarmembran von einem Å (der zehnmillionste Teil eines Millimeters) können sie erregen. Abbildung 11.2 zeigt den grundsätzlichen Aufbau der Haarzellen.

- ✔ **Auf den Stereozilien sitzen mechanosensible Ionenkanäle, die für die Erzeugung eines neuronalen Signals wichtig sind.** Die Stereozilien sind der Größe nach in Bündeln angeordnet. Die Tip-Links verbinden die Ionenkanäle mit der benachbarten Stereozilie. Eine Aufwärtsbewegung der Basilarmembran führt zu einer Auslenkung der Stereozilien in Richtung der größeren Stereozilien. Dadurch entsteht ein mechanischer Zug an den Ionenkanälen, der zur Öffnung und zum Einstrom von K^+ führt.

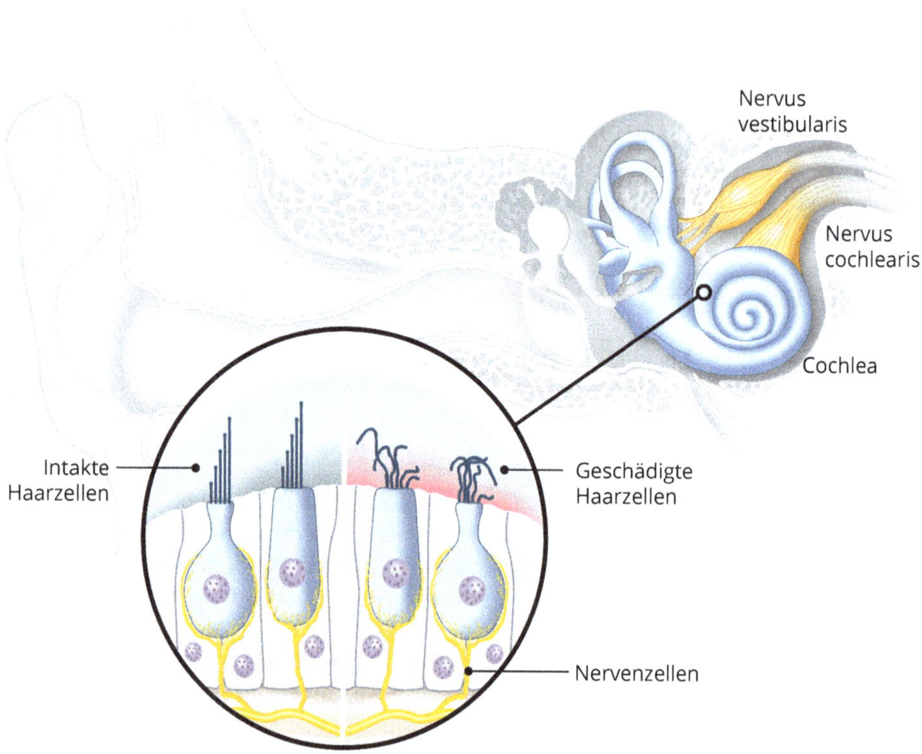

Abbildung 11.2: Schematischer Aufbau einer Haarzelle (© Axel Kock, stock.adobe.com)

Eine Abwärtsbewegung der Basilarmembran hat den gegenteiligen Effekt: Die Ionenkanäle schließen sich, und der K^+-Einstrom wird reduziert. Die Haarzelle wird also ständig relativ zur Bewegung der Basilarmembran depolarisiert. Im Ruhezustand der Basilarmembran sind die Ionenkanäle leicht geöffnet, und die Haarzellen sind leicht depolarisiert.

- ✔ **Am Zellkörper befinden sich spannungsabhängige Ca^{2+}-Kanäle.** Die Depolarisation der Haarzelle führt zum Öffnen dieser Kanäle, wodurch die Fusion der Vesikel mit der Zellmembran eingeleitet und der Neurotransmitter Glutamat ausgeschüttet wird.
- ✔ **Die äußeren Haarzellen ändern ihre Länge in Abhängigkeit der Polarisation.** Sie enthalten das Motorprotein *Prestin*, das durch den Ca^{2+}-Einstrom und eine Depolarisation verkürzt und bei einer Hyperpolarisation verlängert wird. Dadurch wird die Endolymphe in Bewegung versetzt und die Schwingungseigenschaften der Basilarmembran beeinflusst. Dies dient als aktiver Verstärkungsmechanismus, um schwache Töne zu verstärken, laute Töne zu dämpfen und so die empfindlichen Stereozilien zu schützen.
- ✔ **Ein zu starkes Auslenken beschädigt die Stereozilien.** Durch sehr laute Geräusche werden die Stereozilien abgeknickt. Dadurch können sie sich nicht mehr bewegen, und die Haarzelle kann keine neuronalen Signale mehr erzeugen. Dies passiert vor allem in dauerhaft lauter Umgebung oder bei plötzlichen lauten Geräuschen (*Knalltrauma*). Einmal geschädigte Haarzellen werden nicht mehr regeneriert, und dies führt zu Taubheit.

Verarbeitung unterschiedlicher Frequenzen entlang der Cochlea

Die Haarzellen sind für die Übersetzung der mechanischen Bewegung in ein neuronales Signal zuständig. Ihre Anordnung und die der mit ihnen verbundenen Nervenzellen folgt einer Ortscodierung, der *Tonotopie*: Benachbarte Zellen verarbeiten benachbarte Frequenzen. Die tonotope Repräsentation der Frequenzen ist dabei nicht linear, sondern ähnelt einer logarithmischen Verteilung: Tiefe Frequenzen nehmen auf der Cochlea einen größeren Bereich ein als hohe Frequenzen. Ein wichtiges Konzept für das Verständnis der Schallcodierung ist die *Resonanz*.

- ✔ **Jeder Gegenstand kann durch das Zuführen von mechanischer Energie in Bewegung versetzt werden.** Eine gespannte Membran, zum Beispiel einer Trommel, kann durch einen Schlag in bestimmte Schwingungen versetzt werden. Jeder Gegenstand hat eine bestimmte *Resonanzfrequenz*, bei der das stärkste Mitschwingen ausgelöst wird.
- ✔ **Die Form der Basilarmembran beeinflusst ihre Schwingungseigenschaften.** An der Basis, nahe dem ovalen Fenster, ist die Basilarmembran schmal (etwa 0,15 mm) und steif. Hier wird sie vor allem durch hohe Frequenzen ausgelenkt, hier besitzt sie eine hohe Resonanzfrequenz, und es kommt nur einer geringen Bewegung der Membran. Am Apex ist die Basilarmembran breit (etwa 0,5 mm) und flexibel. Hier wird sie vor allem durch tiefe Frequenzen ausgelenkt, hier besitzt sie eine tiefe Resonanzfrequenz, und es kommt zu einer starken Bewegung der Membran.
- ✔ **Ein Ton einer bestimmten Frequenz führt genau an dem Punkt der Basilarmembran zur stärksten Bewegung, an der die Resonanzfrequenz im Bereich des Tones liegt.** Ein hoher Ton mit 10.000 Hz führt daher zu einer Auslenkung der Basilarmembran nahe der Basis und ein tiefer Ton von 200 Hz zu einer Auslenkung der Basilarmembran nahe dem Apex. Geräusche, die aus mehreren Frequenzen bestehen, führen zu einer Auslenkung der Basilarmembran an mehreren Orten.
- ✔ **Haarzellen haben spezifische Stimulationsfrequenzen.** Haarzellen entlang der Basilarmembran reagieren nicht alle gleich auf alle Frequenzen, sondern auch sie besitzen eine Resonanzfrequenz: Sie werden am besten erregt durch Auslenkungen der Stereozilien mit einer bestimmten Frequenz. Haarzellen an der Basis werden am besten durch Bewegungen in einer hohen Frequenz aktiviert, Haarzellen am Apex am besten durch solche mit einer tiefen Frequenz.

Mir brummt ja so der Schädel!

Wenn Sie schon einmal beim Zahnarzt waren, dann haben Sie vielleicht erlebt, dass eine Vibration an den Zähnen oder am Kiefer sehr laut sein kann. Aber wie kommt das Geräusch des Bohrers aus der Mundhöhle zum Ohr? Ein großer Anteil des Hörerlebnisses wird in diesem Fall nicht über die Ohrmuschel und das Trommelfell übertragen, sondern über die Schwingungen des Schädels selbst. Die sogenannte *Knochenleitung* führt dazu, dass Sie Geräusche hören können, auch wenn kein Schall von außen auf Ihr Ohr trifft. Dieses Phänomen erleben Sie auch im Alltag: Wenn Sie selbst sprechen, dann werden die Schwingungen Ihres Kehlkopfes über die Knochenleitung an das Innenohr übertragen. Das ist auch der Grund, warum Ihre eigene Stimme für Sie auf Tonaufnahmen fremd klingt. Die Knochenleitung hat andere Dämpfungs- und Verstärkungseigenschaften als die Schallleitung über die Luft. Auch technische Anwendungen wie Knochenleitungs-Hörsysteme nutzen dies und übertragen Musik oder Sprache anstatt ins Ohr auf die *Mastoiden*, die Hügel am Schädelkochen direkt hinter dem Ohr.

Der Weg vom Ohr zum Gehirn

Ein Schallereignis führt zu einer wellenförmigen Bewegung der Luft. Diese Schallwelle trifft auf unser Ohr, und dort wird sie über das Trommelfell und die Gehörknöchelchen an die Cochlea übertragen, wo eine Bewegung der Basilarmembran an den Haarzellen eine Auslenkung der Stereozilien, und damit eine Übertragung des mechanischen in ein neuronales Signal, bewirkt. Je nach Öffnung der K^+-Kanäle kommt es zur Polarisationsveränderung an den Haarzellen und zur Freisetzung von Glutamat. Im nächsten Schritt muss dann am Hörnerv ein Aktionspotential ausgelöst werden, um die nun neuronale Information an das Gehirn zu übertragen. Abbildung 11.3 gibt einen Überblick über die Verschaltungsstationen der Hörbahn.

Frequenzcodierung entlang des Hörnervs

Im auditorischen System werden Töne entlang einer *Tonotopie* verarbeitet: Benachbarte Frequenzen werden von benachbarten Nervenzellen verarbeitet. In der Cochlea wird dies in erster Linie durch die Schwingungseigenschaften der Basilarmembran sichergestellt, im Anschluss wird die auditorische Information in parallelen Nervenbahnen verarbeitet. Die Tonotopie der Cochlea bleibt so über die gesamte Verarbeitung erhalten. Denken Sie daran, dass Schall in Wellen übertragen wird und bei einem Ton die Basilarmembran in der Frequenz des Tones nach oben und unten ausgelenkt wird. Bei der Übertragung der neuronalen Information von den Haarzellen an den Hörnerv gibt es drei Prinzipien, wie unterschiedliche Frequenzen codiert werden können:

- ✔ **Alle Frequenzen** können über die *Ortscodierung* anhand des Ortes der erregten Nervenzelle verarbeitet werden. Besonders laute Töne erregen dabei nicht nur einen bestimmten Bereich der Cochlea, sondern auch die danebenliegenden Bereiche, weshalb es bei lauten Tönen schwieriger ist, den genauen Ton zu erkennen.
- ✔ **Tiefe Frequenzen** können über eine *Frequenzcodierung* an einer Nervenzelle verarbeitet werden. Bis zu einer Frequenz von etwa 1000 Hz kann die, durch die Auf-und-ab-Bewegung der Basilarmembran ausgelöste, rhythmische Freisetzung von Glutamat aus den Haarzellen in die Frequenz der Aktionspotentiale an der nachfolgenden Nervenzelle des Hörnervs übersetzt werden.

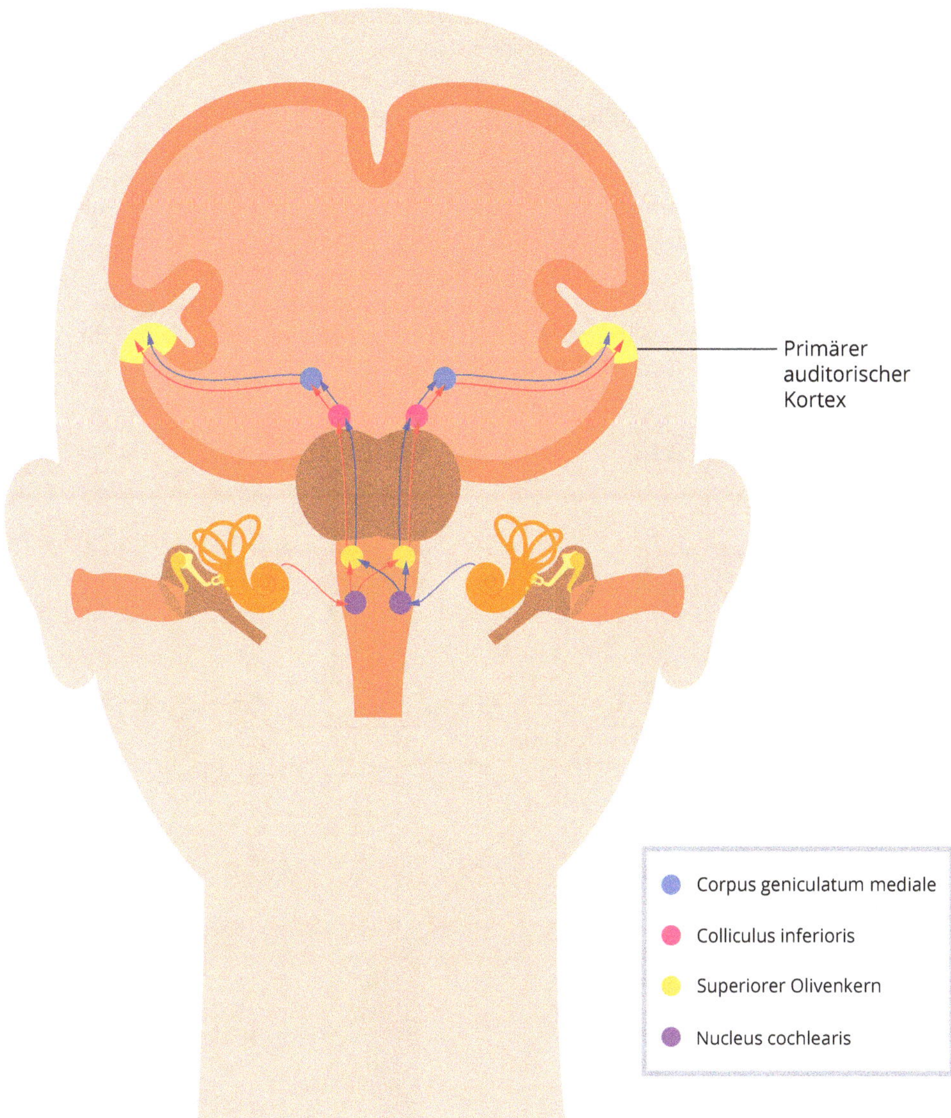

Abbildung 11.3: Die Stationen der Hörbahn (© pikovit, stock.adobe.com)

- **Hohe Frequenzen** können über die *Phasenkopplung* der Erregung mehrerer Nervenzellen verarbeitet werden. Bei Frequenzen bis zu etwa 5000 Hz liegt die Frequenz der Aktivierung über der Refraktärzeit der Nervenzellen des Hörnervs, und eine einzelne Nervenzelle kann diese Frequenzen nicht mehr verarbeiten. Dies geschieht dann über abwechselnd aktivierte parallele Nervenzellen. So können zwei Nervenzellen, die abwechseln mit 1000 Hz aktiviert werden, gemeinsam das Signal eines 2000 Hz-Tones transportieren. Wichtig für diese *Periodizitätsanalyse* ist, dass die gemeinsam aktivierten Nervenzellen immer an der gleichen Phase der Schallwelle (zum Beispiel am Maximum) aktiv sind. Bei besonders hohen Frequenzen über 5000 Hz kommt auch die Periodizitätsanalyse an ihre Grenzen, sodass diese Frequenzen vor allem anhand der Ortscodierung verarbeitet werden.

Verschaltungsstationen des Hörnervs

Die mechanischen Schallwellen werden in der Cochlea an den Haarzellen in ein neuronales Signal übersetzt. Von dort geht der Weg der auditorischen Information über den Hirnstamm, das Mittelhirn und den Thalamus bis in den Temporallappen des Gehirns, wo der primäre auditorische Kortex sitzt. Das auditorische System zeichnet sich hier durch eine parallele Architektur aus, welche die Anordnung der Nervenzellen entlang der Cochlea beibehält. Außerdem werden Informationen zwischen rechtem und linkem Ohr ausgetauscht. Abbildung 11.4 fasst die unterschiedlichen Stationen zusammen.

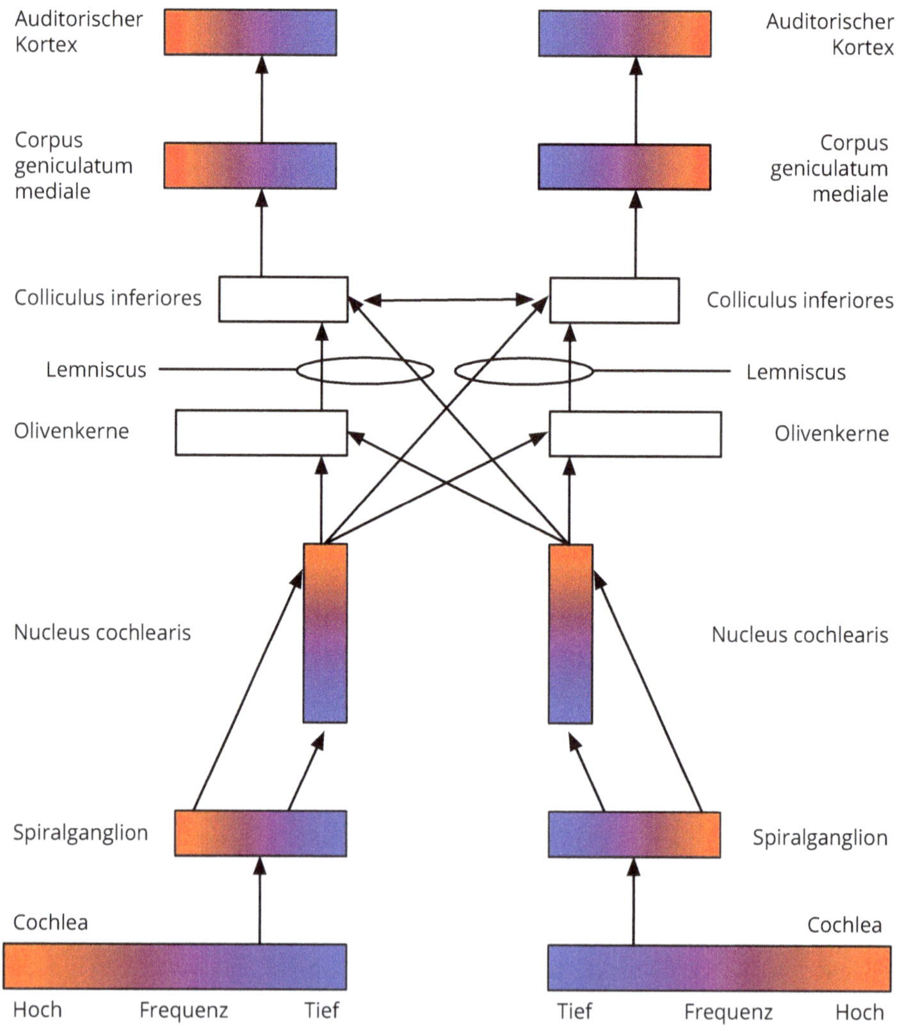

Abbildung 11.4: Die Verschaltungsstationen der Hörbahn von der Cochlea bis zum Gehirn (© Julian Keil)

1. **Die Haarzellen des Corti-Organs bilden in der Cochlea Synapsen mit den Dendriten der Nervenzellen des Hörnervs.** Die Zellkörper dieser Nervenzellen liegen im Spiralganglion. Gemeinsam mit dem Gleichgewichtsnerv (*Nervus vestibularis*) bildet der Hörnerv (*Nervus cochlearis*) den achten Hirnnerv, den *Nervus vestibulocochlearis.*

2. **Die Axone der Nervenzellen des Hörnervs ziehen vom Spiralganglion zur Medulla oblongata.** Dort liegen die *Nuclei cochleares.* Auch hier besteht eine Tonotopie, das heißt die Verschaltung der Axone ist der Frequenz nach geordnet: Der ventrale Nucleus cochlearis ist für die tiefen Frequenzen verantwortlich; im dorsalen Nucleus cochlearis werden die hohen Frequenzen verarbeitet. Hier konvergieren parallele Nervenfasern, die die gleichen Frequenzen verarbeiten.

3. **Die Axone der Nervenzellen in den Nuclei cochleares nehmen mehrere Wege.** Der größte Teil der Axone kreuzt auf die kontralaterale Seite, ein kleiner Teil bleibt auf der ipsilateralen Seite. Das ipsilaterale Faserbündel endet in den ipsilateralen superioren *Olivenkernen*, ein Teil des kontralateralen Faserbündels endet in den kontralateralen Olivenkernen, und ein weiterer Teil des kontralateralen Faserbündels zieht ohne weitere Verschaltung weiter zum *Colliculus inferioris.* In den superioren Olivenkernen im Pons konvergieren also Axone aus beiden Ohren. Diese subkortikale Verarbeitung der auditorischen Signale ist besonders wichtig für die räumliche Lokalisation einer Schallquelle.

4. **Die Axone der Nervenzellen aus den superioren Olivenkernen und nicht weiter verschalteten Axone aus den Nuclei cochleares ziehen als lateraler Lemniscus zu den Colliculi inferiores im Tectum.** Auch auf diesem Weg kommt es teilweise zu einer Kreuzung, sodass Axone vom kontralateralen Lemniscus zurück auf die ipsilaterale Seite ziehen. In den Colliculi inferiores erfolgt eine Analyse der Tonhöhen anhand der Periodizität. Außerdem wird hier anhand des Vergleiches der Signale unterschiedlicher Frequenzen eine räumliche Karte erstellt, die für die Integration mit der visuellen räumlichen Information in den *Colliculi superiores* wichtig ist.

5. **Die Axone aus den Colliculi inferiores ziehen in den Corpus geniculatum mediale (CGM, medialer Kniehöcker) des Thalamus.** Der CGM besteht aus drei Teilen, wobei vor allem der *Pars ventralis* für die lemniscale auditorische Informationsverarbeitung zuständig ist. Wie auch der LGN im visuellen System ist der CGM im auditorischen System in Schichten angeordnet. Innerhalb einer Schicht besteht wieder eine Tonotopie und zwischen Schichten werden Frequenzen im Abstand einer Oktave verarbeitet. In den beiden übrigen Kernen des CGM, dem *Pars dorsalis* und dem *Pars medialis,* werden vor allem nicht auditorische extralemniscale Informationen verarbeitet, die für die Integration mit somatosensorischer Information und dem Gleichgewichtssystem wichtig sind.

6. **Vom Thalamus ziehen die Axone als Hörstrahlung weiter zum superioren Temporallappen,** wo sich der primäre auditorische Kortex befindet.

Der Weg zurück: Efferente Verbindungen im auditorischen System

Die afferente auditorische Information nimmt den Weg von der Cochlea zum Gehirn, aber auch in die umgekehrte Richtung fließt Information, genauer: efferente Information. Zahlreiche Anteile des auditorischen Systems lassen sich an die Lautheit der Umgebung anpassen. Für diese Anpassung sind drei Schritte notwendig.

1. **Ein Geräusch aktiviert die inneren Haarzellen in der Cochlea.** Sie aktivieren die Nervenzellen des Spiralganglions, die den Nucleus cochlearis aktivieren.

2. **Der Nucleus cochlearis aktiviert den kontralateralen medialen superioren Olivenkern.** Hier löst die afferente Aktivierung ein efferentes Signal aus, welches über die medialen und lateralen olivocochlearen Efferenzen zurück zur Cochlea läuft.

3. **In der Cochlea verschalten die efferenten Fasern auf die Zellkörper der äußeren Haarzellen und auf die Dendriten der Spiralganglionzellen der inneren Haarzellen.** Dies löst zum einen eine Anpassung der Länge der äußeren Haarzellen aus, wodurch die Schwingungseigenschaften der Basilarmembran beeinflusst werden. Zum anderen wird dadurch die Informationsweiterleitung im Spiralganglion moduliert. Mit diesem Mechanismus kann zum Beispiel die Cochlea reflexhaft gegen laute Geräusche geschützt werden, oder die Empfindlichkeit der Cochlea für bestimmte Frequenzen kann erhöht werden.

Der auditorische Kortex im Temporallappen

Nach der Umwandlung mechanischer Schallwellen in ein neuronales Signal in der Cochlea und der Weitergabe dieses neuronalen Signals über den Hörnerv an den Thalamus ist der auditorische Kortex im superioren Temporallappen das Ziel der Informationsverarbeitung im auditorischen System. Der letzte Abschnitt vom Thalamus zum auditorischen Kortex wird als *Radiatio acustica* oder *Hörstrahlung* bezeichnet. Die zahlreichen Kreuzungen zwischen linker und rechter Seite bedeuten, dass auf jeder Hemisphäre immer die Information von beiden Ohren verarbeitet wird,

- ✔ **Die erste Verarbeitung der auditorischen Information im Neokortex erfolgt im superioren Temporallappen,** wo der *primäre auditorische Kortex* (A1) im *Heschel'schen Gyrus* (Brodmann-Areal 41) liegt. Der *sekundäre auditorische Kortex* (A2) liegt ringförmig um den primären auditorischen Kortex herum im Brodmann-Areal 42.

- ✔ **Nach der Informationsverarbeitung in A2 werden die Informationen auf zwei unterschiedlichen Wegen weitergegeben:** über den ventralen Strom zum anterioren Temporallappen und über den dorsalen Strom zum posterioren Temporallappen und zum Parietallappen.

Die Organisation des primären und des sekundären auditorischen Kortex

Die vom Thalamus aufsteigende Hörstrahlung endet in Schicht IV des primären auditorischen Kortex. Er ist tonotop organisiert und umfasst eine komplexe Säulenstruktur. Ringförmig um den primären auditorischen Kortex liegt der sekundäre auditorische Kortex, daher wird diese Anordnung auch als »core« und »belt« (»Kern« und »Gürtel«) bezeichnet. Insgesamt ist die Anordnung der funktionellen Einheiten im auditorischen System weniger deutlich getrennt als im visuellen oder somatosensorischen System.

✔ **Entlang der Oberfläche des primären auditorischen Kortex verlaufen von medial nach lateral Isofrequenzbänder,** in denen Neuronen auf ähnliche Frequenzen reagieren. Benachbarte Bänder repräsentieren benachbarte Frequenzen. Die tonotope Repräsentation der Frequenzen ist, wie auch schon in der Cochlea, nicht linear gleich, sondern ähnelt einer logarithmischen Verteilung: Tiefe Frequenzen nehmen einen größeren Bereich ein als hohe Frequenzen. Grob sind die Frequenzen von lateral anterior für die tiefen Frequenzen nach medial posterior für die hohen Frequenzen angeordnet.

✔ **Einzelne Neuronen erhalten Informationen von beiden Ohren, andere nur von einem Ohr.** Bei Neuronen, die Informationen von beiden Ohren erhalten, ist der kontralaterale Signalanteil in der Regel höher als der ipsilaterale. Neuronen, die nur von einem Ohr Informationen erhalten, werden durch Stimulation des anderen Ohres gehemmt. Innerhalb der Isofrequenzbänder wechseln sich die beiden Arten von Neuronen ab.

✔ **Neuronen im primären auditorischen Kortex reagieren unterschiedlich auf Lautstärke und Bandbreite von Geräuschen.** Innerhalb der Isofrequenzbänder gibt es Neuronen, die stärker auf leise oder laute Geräusche reagieren, und solche, die eher auf Töne mit einer einzelnen Frequenz oder auf Geräusche mit vielen Frequenzen reagieren.

✔ **Um den primären auditorischen Kortex herum liegt der sekundäre auditorische Kortex.** Durch die Analyse der Veränderung von Lautstärke und Frequenzen über die Zeit können hier vor allem auditorische Objekte verarbeitet werden, um so zum Beispiel den Verlauf des Schalls einer bestimmten Quelle verfolgen zu können.

Wo-Pfade und Was-Pfade

Nach der Informationsverarbeitung in A2 werden die Informationen auf zwei unterschiedlichen Wegen weitergegeben: über den *ventralen Strom* zum anterioren Temporallappen und über den *dorsalen Strom* zum posterioren Temporallappen und zum Parietallappen.

✔ Über den *anterioren Temporallappen* verläuft der ventrale Strom, der »Was«-Strom. Hier werden Informationen über die Eigenschaften des auditorischen Reizes verarbeitet. Der anteriore Temporallappen ist dabei besonders wichtig für die Gruppierung einzelner Töne zu einem auditorischen Objekt, wie zum Beispiel einer zusammengehörigen Melodie oder eines Wortes, und für die Identifikation der Tonhöhe.

- Über den *posterioren Temporallappen* verläuft der dorsale Strom, der »Wo«-Strom. Hier werden Informationen über den Ort des auditorischen Objektes im Raum verarbeitet, wie zum Beispiel die Zuordnung eines Geräusches zu einem bestimmten Instrument in einem Orchester oder einem Vogel im Wald. Läsionsstudien deuten darauf hin, dass der posteriore Temporallappen insbesondere für die Verarbeitung von Melodieverläufen und die Verortung einzelner Töne relativ zu den vorherigen Tönen wichtig ist.

- Außerdem scheint es eine funktionelle Lateralisierung im auditorischen System zu geben, sodass der rechte superiore Temporallappen den Verlauf der Töne verarbeitet, und der linke superiore Temporallappen aufbauend auf dieser Information die genauere Analyse zum Intervall- und Melodieverlauf vornimmt.

Subkortikale Verarbeitung auditorischer Signale

Über zahlreiche neuronale Verbindungen im Pons werden auditorische Signale zwischen den beiden Hemisphären ausgetauscht. Dieser Informationsaustausch dient vor allem der Richtungswahrnehmung im auditorischen System. Sie basiert auf Verzerrungen in der auditorischen Information aus unterschiedlichen Richtungen durch die Form der Ohrmuscheln und des Kopfes.

- Verändert sich die Lage einer **Geräuschquelle vertikal** (von oben nach unten), so führt die Form der Ohrmuschel dazu, dass bestimmte Frequenzen im Signal unterdrückt werden. Diese charakteristischen Veränderungen im Frequenzspektrum geben Aufschluss darüber, ob ein Ton eher von oben oder von unten kommt.

- Verändert sich die Lage einer **Geräuschquelle horizontal** (seitlich), so führt die Form des Kopfes dazu, dass der Schall zu unterschiedlichen Zeiten an den beiden Ohren ankommt. Diese »*interaural time difference*« (*ITD*) spielt vor allem bei tiefen Tönen unter 2000 Hz eine Rolle. Die ITD wird in den medialen Olivenkernen verarbeitet. Hier konvergieren bilaterale glycinerge hemmende und bilaterale glutamaterge erregende Eingänge beider Ohren. Durch die Verzögerung der Aktivierung zwischen beiden Ohren und unterschiedliche Leitungsgeschwindigkeiten der erregenden und hemmenden Eingänge kommen die Informationen aus den beiden Ohren zu unterschiedlichen Zeiten in den medialen Olivenkernen an. Aus dem daraus resultierenden Verhältnis zwischen Erregung und Hemmung wird die Richtung errechnet.

- Verändert sich die Lage eines **hohen Tones horizontal,** so führt die Form des Kopfes zu einem Schallschatten, sodass der Schall unterschiedlich laut an den beiden Ohren ankommt. Diese »*interaural level difference*« (*ILD*) spielt vor allem bei hohen Tönen eine Rolle. Die ILD wird in den lateralen Olivenkernen verarbeitet. Hier konvergieren unilaterale glycinerge hemmende Eingänge vom kontralateralen Ohr und unilaterale glutamaterge erregende Eingänge vom ipsilateralen Ohr. Durch die unterschiedliche Lautheit an beiden Ohren ist auch die Stärke des ipsi- und kontralateralen Einganges unterschiedlich, und aus dem Verhältnis der Stärke von Erregung und Hemmung wird die Richtung errechnet.

- ✔ Informationen über die **Lage von Geräuschquellen im Raum** konvergieren in den inferioren Colliculi und werden dort zu räumlichen Karten verarbeitet. In den superioren Colliculi konvergiert diese auditorische Topographie mit der visuellen Topographie. Diese multisensorische Integration erlaubt reflexhafte Kopf- und Augenbewegungen in Richtung einer Geräuschquelle und gezielte Greif- und Abwehrreflexe im Dunklen.

Check 1,2,3: Störungen des Hörvorgangs

Auditorische Informationen durchlaufen eine ganze Reihe unterschiedlicher Verarbeitungsstufen vom Trommelfell bis zum auditorischen Kortex. Je nachdem, wo auf diesem Weg eine Schädigung des Nervensystems vorliegt, kommt es zu ganz unterschiedlichen Störungen der auditorischen Wahrnehmung. Einige davon haben Sie vielleicht auch selbst schon einmal erlebt. Die umgangssprachliche *Taubheit* kann dabei die gesamte Hörfähigkeit umfassen oder auch nur einzelne Aspekte auditorischer Informationen. Grundsätzlich gilt: Je früher die Schädigung, desto größer die Auswirkungen auf das Hören.

Störungen der frühen auditorischen Signalverarbeitung

Die frühe auditorische Signalverarbeitung beginnt mit der Ohrmuschel, dem Trommelfell und den Gehörknöchelchen und schließt dann die Umwandlung von mechanischer in neuronale Aktivität in der Cochlea ein. Störungen dieser Verarbeitung haben direkte Auswirkungen auf die auditorische Wahrnehmung.

- ✔ **Verletzungen an der Ohrmuschel, dem Trommelfell oder den Gehörknöchelchen** beeinflussen die Weiterleitung der Schallwellen. Die Form der Ohrmuschel beeinflusst das Frequenzspektrum einer Geräuschquelle. Kommt es hier zu Veränderungen, dann ändert sich auch das Hörerlebnis. Das können Sie selbst ausprobieren, wenn Sie zum Beispiel einen Hut tragen, der direkt über den Ohren endet, oder die Handflächen über, vor oder hinter das Ohr halten. Verletzungen des Trommelfells führen dazu, dass Schallwellen nicht mehr direkt an die Gehörknöchelchen weitergegeben werden können. Das führt zwar nicht zur vollständigen Taubheit, aber die Hörfähigkeit ist stark eingeschränkt.

  Bei einer Mittelohrentzündung schwillt das Mittelohr an, und die mechanische Funktion der Gehörknöchelchen ist beeinträchtigt. Auch dies führt zu einer Einschränkung der Weitergabe der mechanischen Energie und einer Einschränkung der Hörfähigkeit.

- ✔ **Schädigungen der Cochlea** führen dazu, dass einige oder alle Frequenzen einer Schallquelle nicht in ein neuronales Signal umgewandelt werden können. Laute Geräusche schädigen die Haarzellen, die nicht wieder regeneriert werden. Dauerhafter Lärm oder ein plötzliches starkes Geräusch können so dazu führen, dass einige Frequenzen nicht mehr verarbeitet werden können. Kurzzeitiger Lärm kann zu einer Übererregung der Haarzellen führen, sodass sie dauerhaft Neurotransmitter ausschütten. Sie kennen vielleicht das Pfeifen im Ohr nach einem lauten Konzert: Das liegt an dieser kurzzeitigen Überlastung der Haarzellen.

Auch im Verlauf des Alterns sterben Haarzellen, vor allem in den oberen Frequenzen, ab. Daher haben Kinder und Jugendliche in der Regel ein deutlich besseres Gehör für hohe Töne als Ältere. Bei Schädigungen oder Fehlentwicklungen der Cochlea kann die Funktion der Haarzellen durch ein *Cochlea-Implantat* ersetzt werden. Dabei wird eine feine Elektrode in die Cochlea implantiert, deren zahlreiche Kontakte direkt die Dendriten des Spiralganglions elektrisch erregen.

✔ **Eine Schädigung der Cochlea oder des Hörnervs** kann zu *Tinnitus* führen. Tinnitus ist die Wahrnehmung eines Geräusches ohne physische Schallquelle, es ist also eine Phantomwahrnehmung. Betroffene hören vor allem in Momenten der Stille ein individuell charakteristisches Geräusch oder ein Pfeifen. Die Ursache von Tinnitus liegt häufig in einer Schädigung der Haarzellen der Cochlea. Durch den fehlenden sensorischen Eingang an den Hörnerv kommt es dann zu einer plastischen Veränderung der Organisation der Hörbahn, sodass angrenzende Frequenzen den nun nicht mehr erregten Bereich aktivieren. Diese dauerhafte Erregung der Hörbahn lässt sich bis zum auditorischen Kortex nachverfolgen.

Störungen der späten auditorischen Signalverarbeitung

Die späte auditorische Verarbeitung umfasst die Verarbeitung von auditorischer Information im Gehirn und die Analyse bestimmter auditorischer Objekte. Hierbei kann es durch Verletzungen im Gehirn zu sehr spezifischen Wahrnehmungsstörungen kommen. Im auditorischen System wird generell zwischen *Agnosie* und der auf die Sprache bezogenen *Aphasie* unterschieden. Je nach Lage einer Verletzung im Gehirn kann die Agnosie oder Aphasie dabei unterschiedliche Formen haben.

✔ *Auditorische Agnosien* umfassen die Unfähigkeit, bestimmte Arten auditorischer Information zu erkennen. Betroffene verlieren dabei die Fähigkeit, bestimmte Geräusche oder Eigenschaften von Geräuschen zu erkennen oder zu unterscheiden. Sie werden in der Regel durch Läsionen des anterioren superioren Temporallappens ausgelöst. Die *Amusie* umfasst zum Beispiel die Unfähigkeit, Rhythmen, Melodien oder Stimmung eines Musikstückes zu erkennen.

✔ *Rezeptive Aphasie*: Verletzungen des posterioren Temporallappens führen in der Regel zur rezeptiven Aphasie, die nach ihrem Entdecker Carl Wernicke als *Wernicke-Aphasie* bezeichnet wird. Zwar können die Betroffenen flüssig und deutlich sprechen, aber sie haben Schwierigkeiten den Inhalt von gesprochener oder geschriebener Sprache zu erkennen. In Unterhaltungen zeigen diese Patientinnen und Patienten einen dysfunktionalen Satzbau (*Paragrammatismus*) sowie lautliche und bedeutungsmäßige Veränderungen von Wörtern (*Paraphrasie*). Auch treten oftmals *Konfabulationen* auf, also flüssig gesprochene Phrasen, die aber frei erfunden sind, oder in keinem Zusammenhang zur Unterhaltung stehen. Sie können das Gefühl einer Wernicke-Aphasie nachvollziehen, wenn Sie versuchen, ein Gespräch in einer Ihnen fremden Sprache zu verfolgen: Sie werden die Geräusche vermutlich als Sprache erkennen, aber unfähig sein, einzelne Silben, Wörter oder Sätze zu unterscheiden.

✔ *Produktive Aphasie:* Verletzungen des inferioren Frontallappens an der Grenze zum anterioren Temporallappen führen in der Regel zur produktiven Aphasie, die nach ihrem Entdecker Pierre Paul Broca als *Broca-Aphasie* bezeichnet wird. Betroffene können zwar den Inhalt und Sinn von gesprochener und geschriebener Sprache verstehen, aber sie haben Schwierigkeiten, gesprochene, aber auch geschriebene Sprache zu produzieren. Sie haben in der Regel große Mühe, Silben, Wörter oder Sätze zu formulieren, was zu telegraphischer Sprache führt, die nur aus Hauptwörtern besteht und deren Betonung und Rhythmus verloren geht. Die Broca-Aphasie muss von motorischen Apraxien abgegrenzt werden, bei denen die Steuerung der für die Sprache wichtigen Muskulatur nicht korrekt funktioniert.

Die Gleichgewichtsorgane

Das *Gleichgewichtssystem* stellt einen Übergang zwischen dem auditorischen und dem somatosensorischen System dar. Einerseits ist die Neuroanatomie des *vestibulären Systems* in Lage und Aufbau ähnlich wie das auditorische System, andererseits ist die Verarbeitung der Informationen Teil der somatosensorischen Propriozeption. Der Startpunkt des vestibulären Systems ist das Labyrinth im Innenohr mit den drei flüssigkeitsgefüllten *Bogengängen.*

- **Die Makula-Organe am Zusammenfluss der Bogengänge registrieren das Kippen, Beschleunigungen und Abbremsen des Kopfes.** Sie bestehen aus einer Schicht von etwa 30.000 Haarzellen, die genauso aufgebaut sind, wie die Haarzellen in der Cochlea und auch genauso funktionieren. Auf den Haarzellen der Makula-Organe sitzt eine gallertartige Membran, die *Otolithmembran.* Die Stereozilien der Haarzellen sind in diese Membran eingebettet, und im oberen Teil der Membran liegen Kalkkristalle, die Otolithen. Beim Kippen, Beschleunigen oder Bremsen des Kopfes führt die Masse dieser Otolithen dazu, dass sich die Otolithmembran relativ zu den Haarzellen bewegt und dadurch die Stereozilien abknickt. Die Haarzellen der Makulaorgane verschalten auf Dendriten des Nervus vestibularis, dessen Zellkörper im *Ganglion vestibulare superius* liegen.

- **Drehungen des Kopfes werden durch Haarzellen in den drei Bogengängen registriert.** Die Bogengänge sind entsprechend der drei Raumrichtungen ausgerichtet. An ihrer Basis sitzen Haarzellen, deren Stereozilien von der gallertartigen *Cupula* bedeckt sind. Die Bogengänge sind mit Endolymphe gefüllt, die aufgrund ihrer Masse träge ist. Eine Drehung des Kopfes führt also dazu, dass sich die Bogengänge relativ zur Endolymphe bewegen, und die Cupula mit den darin befindlichen Haarzellen abgeknickt wird. Die Trägheit der Endolymphe können Sie selbst nachvollziehen, wenn Sie sich mehrere Sekunden schnell um Ihre Körperachse drehen. Dadurch wird die Endolymphe in Bewegung versetzt, und sie bleibt auch in Bewegung, wenn Sie aufhören sich zu drehen. Das Ergebnis ist, dass Sie das Gleichgewicht verlieren. Die Haarzellen der Bogengänge verschalten auf Dendriten des Nervus vestibularis, dessen Zellkörper im *Ganglion vestibulare inferius* liegen.

- **Die erste Verschaltung des Gleichgewichtssystems erfolgt in der Medulla oblongata.** Gemeinsam mit dem Hörnerv *Nervus cochlearis* bildet der Gleichgewichtsnerv *Nervus vestibularis* den achten Hirnnerv, den *Nervus vestibulocochlearis.* In der Medulla oblongata trennen sich die Wege der beiden Nerven wieder, und die Gleichgewichtsinformation wird in den *Nuclei vestibulares* verarbeitet. Von dort ziehen zahlreiche Ausgänge zum Kleinhirn, zum Hypothalamus, zu den motorischen Kernen im Mittelhirn und über den Thalamus zum somatosensorischen Kortex. Die Projektionen zum somatosensorischen Kortex dienen dabei der Wahrnehmung der Lage und Bewegung des Körpers und der Anpassung der Körperhaltung.

✔ **Die Projektionen von den Nuclei vestibulares zu subkortikalen Bereichen und zum Kleinhirn dienen vor allem der multisensorischen Integration.** Dies umfasst insbesondere die Integration von Gleichgewichtsinformation mit visueller Information und motorischer Information zur Steuerung der Augenbewegung. Der vestibulookuläre Reflex führt so zu einer automatischen Anpassung der Augenstellung, um das visuelle Bild bei einer Bewegung konstant zu halten. Diese multisensorische Integration können Sie selbst nachvollziehen, wenn Sie auf einem Schiff sind: Bei Wellengang erhalten Sie Informationen über Veränderungen der Lage und Beschleunigung. Der vestibulookuläre Reflex würde nun zu einer Bewegung der Augen entgegen der Lageveränderung führen. Da die visuelle Information aber gleich bleibt, widersprechen sich visuelle und vestibuläre Informationen.

Dies führt zu einer Stressreaktion, die das Ausschütten von Adrenalin, Noradrenalin und Vasopressin verursacht, die wiederum die Kontraktion des Magens mit allen erbrechenden Folgen auslöst. Nun sind Sie definitiv seekrank!

IN DIESEM KAPITEL

Riechempfindung

Geschmacksempfindung

Wie aus chemischen Molekülen Geschmack und Geruch werden

Kapitel 12
Die chemischen Sinne

Unter dem Begriff der chemischen Sinne können Sie sich vielleicht auf den ersten Blick nicht allzu viel vorstellen, aber diese Sinne nutzen Sie täglich beim Essen, wenn Sie den *Geschmack* der Nahrungsmittel wahrnehmen oder *Gerüche* aus der Umgebung aufnehmen. Dazu kommt noch der *allgemeine chemische Sinn*, mit dem Sie chemische Stoffe im und auf dem Körper wahrnehmen. Bei der *Chemosensation* treten chemische Stoffe in Kontakt mit dem Körper und lösen eine Reaktion aus. Der allgemeine chemische Sinn und der Geschmack sind *Nahsinne*, da die Quellen der chemischen Stoffe direkt mit den Rezeptoren in Kontakt treten müssen. Der Geruch hingegen ist ein Fernsinn, da die chemischen Stoffe eine gewisse Distanz zwischen Quelle und Rezeptor über die Luft überwinden können.

Viele Tiere nutzen chemische Stoffe aktiv zur Kommunikation. Beim Menschen spielen als positiv empfundene Gerüche eine wichtige Rolle bei der Handlungssteuerung, während als negativ empfundene Gerüche als Warnung vor möglichen Giftstoffen dienen. Menschen können eine sehr große Anzahl von chemischen Botenstoffen erkennen und unterscheiden, diese aber nicht unbedingt auch präzise beschreiben.

Geschmacksempfindungen sind relativ ....

Haben Sie sich schon mal bei einem Nahrungsmittel gefragt, wie das irgendjemandem ernsthaft schmecken kann? Denken Sie nur an Limburger Käse (der Geruch erinnert an Schweißfüße), und auch Whiskey oder Knoblauch lösen sehr unterschiedliche Reaktionen aus.

Die chemischen Sinne sind nicht nur individuell sehr unterschiedlich ausgeprägt, sondern zudem wandelbar. So änderte sich bestimmt auch Ihre Fähigkeit, Geschmäcker und Gerüche wahrzunehmen: Über die Lebenszeit hinweg nimmt die Wahrnehmungsleistung

Ihrer chemischen Sinne ab, sodass Sie plötzlich Gerichte mögen, die Sie früher hätten flüchten lassen. Darüber hinaus ist das Erkennen und Bewerten von Gerüchen und Geschmäckern stark geprägt von Vorwissen und Bezeichnungen und damit sehr kulturabhängig. Auch kurzzeitige Veränderungen im Körper können einen Einfluss haben: Frauen besitzen zwar grundsätzlich eine bessere chemische Wahrnehmung, die aber mit dem Hormonstatus schwankt. So kann beispielsweise der Menstruationszyklus oder die Einnahme von hormonbasierten Verhütungsmitteln die Geruchsleistung beeinflussen.

Stinkt das oder nicht? Der Geruchssinn

Gerüche, die Anteile der chemischen Signale, die über die Luft übertragen werden, werden über das *olfaktorische System* wahrgenommen und verarbeitet.

Das olfaktorische System im Kurzdurchlauf

Neben der sehr offensichtlichen Nase umfasst das olfaktorische System den Riechkolben (Bulbus olfactorius) unterhalb des Frontallappens und ein weit verbreitetes neuronales Netzwerk im Gehirn. Abbildung 12.1 gibt eine Übersicht.

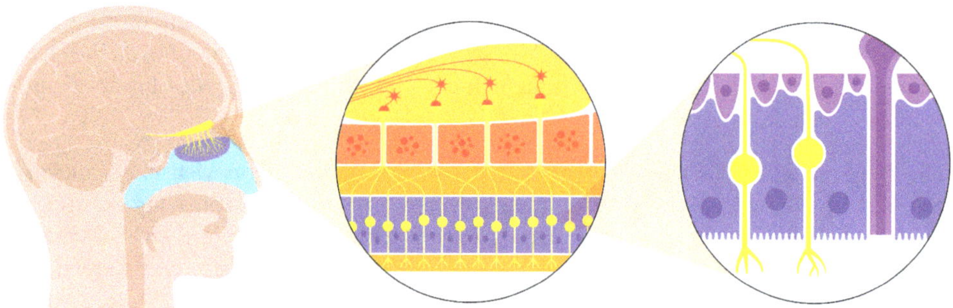

Abbildung 12.1: Die zentralen Bestandteile des olfaktorischen Systems (© pikovit, stock.adobe.com)

- ✔ Am Dach der Nasenhöhle befindet sich die *Riechschleimhaut*, auch *Riechepithel* genannt. Sie ist ein besonderer Teil der Schleimhaut im Inneren der Nase.
- ✔ Im Riechepithel befinden sich die eigentlichen Riechsinneszellen, deren Axone durch die Siebbeinplatte in den Schädel ziehen.
- ✔ Im Schädel, unterhalb des Frontallappens, liegt der *Riechkolben* (Bulbus olfactorius). Hier erfolgt eine Verschaltung zwischen sensorischen Neuronen und der *Riechbahn*.

- ✔ Vom Riechkolben ziehen die Axone der Riechbahn zu unterschiedlichen subkortikalen und neokortikalen Bereichen des Gehirns. Wichtig dabei ist: Es erfolgt keine Verschaltung über den Thalamus.

Die Annahme, dass Menschen nur einen sehr schlechten Geruchssinn haben, ist übrigens ein Mythos. Ausgehend von anatomischen Vergleichsstudien erklärte Paul Broca, dass Menschen im Gegensatz zu anderen Säugetieren nur einen sehr kleinen Riechkolben besitzen, und daher nicht durch chemische Signale geleitet werden, sondern durch den freien Willen. Aktuelle Untersuchungen zeigen hingegen, dass die Anzahl der Nervenzellen im Riechkolben über unterschiedliche Spezies hinweg sehr konstant ist, und Menschen eine Vielzahl von Gerüchen präzise unterscheiden können. Die dazugehörige Einheit (die es übrigens erst seit 1988 gibt) ist das Olf vom lateinischen »olfactus«. Ein Olf ist definiert als die Stärke der sensorischen Einwirkung einer durchschnittlichen erwachsenen Person, die bei angenehmer Temperatur eine sitzende Tätigkeit ausübt. So hat ein Marmorblock den Wert von 0,01 olf, und ein gerade schwer arbeitender (schwitzender) Sportler bringt es auf einen Wert von 30 olf.

Wie wir Gerüche wahrnehmen

Wenn Sie durch die Nase atmen, fließt Luft in die Nasenhöhle, mit der chemische Moleküle aufgenommen werden. Wenn Sie sehr tief einatmen, wird der Luftstrom direkt ans Riechepithel geleitet. *Olfaktorische Reize* sind chemische Moleküle, die über die Luft übertragen werden und im Sekret der Riechschleimhaut in der Nase löslich sind. Aufgrund ihrer Form binden die Moleküle an bestimmte Rezeptoren auf den Riechsinneszellen. Dabei gilt – wie bei den ligandengesteuerten Rezeptoren – das Schlüssel-Schloss-Prinzip: Die Rezeptoren werden nur von passenden Molekülen aktiviert (dazu gleich noch mehr).

Ein Rezeptor ist immer selektiv für einen Stoff, aber ein Stoff kann mehrere Rezeptoren aktivieren. Das Profil der Aktivierung der Rezeptoren bestimmt das Geruchserlebnis. Gleichzeitig enthält die Luft nicht nur ein einziges Molekül, sondern immer sehr viele unterschiedliche Stoffe. Auch die Kombination der vorhandenen unterschiedlichen Stoffe bestimmt das Geruchserlebnis. Da die Bindung der Stoffe zum Rezeptor für eine Zeit anhält, können sich unterschiedliche Gerüche auch gegenseitig blockieren. Wie das genau funktioniert, sehen wir uns nun an.

Der Riechkolben mit allem, was daran hängt

Die zentrale Verschaltungsstation im olfaktorischen System ist der *Riechkolben*. Damit ist nicht etwa die Nase gemeint, sondern eine paarige Ausstülpung des Gehirns unterhalb des Frontallappens. Von hier ziehen auf der einen Seite bipolare Neuronen, die Riechsinneszellen, durch den Schädel in die Nasenhöhle, und auf der anderen Seite die Axone der Riechbahn zum Gehirn.

Das Riechepithel: Riechsinneszellen und mehr

Das Riechepithel ist der Teil der Nasenschleimhaut, in dem unser Geruchsempfinden seinen Anfang nimmt. Hier befinden sich drei unterschiedliche Arten von Zellen: die Riechsinneszellen, die Stützzellen und die Stammzellen. Außerdem befinden sich hier die Bowman-Drüsen.

- ✔ Die *Riechsinneszellen* sind die wichtigsten Zellen im Riechepithel. An ihren Zilien im Schleim des Riechepithels sitzen Rezeptoren, an denen die Bindung eines chemischen Stoffes eine G-Protein-gekoppelte Signalkaskade auslöst.
- ✔ Die *Stützzellen* halten die Riechsinneszellen an Ort und Stelle und dienen zu deren Versorgung.
- ✔ Aus den *Basal- oder Stammzellen* werden ständig neue Riechsinneszellen gebildet. Die Riechsinneszellen haben eine Lebensdauer von nur circa einem Monat, weshalb ständig durch Teilung der Stammzellen neue Sinneszellen gebildet werden müssen. Während der Reifung dieser Zellen wachsen ihre Axone durch die Löcher der Siebbeinplatte zum Bulbus olfactorius.
- ✔ Die *Bowman-Drüsen* (Glandulae olfactoriae) liegen tief im Riechepithel. Sie produzieren den Schleim für die Riechschleimhaut, der vor allem zwei Aufgaben hat: Zum einen lösen sich chemische Moleküle im Schleim, was es vor allem den flüchtigen Duftstoffen erlaubt, länger an den Riechsinneszellen zu wirken. Zum anderen spült er die Riechsinneszellen und kann so Schmutz und störende Stoffe entfernen. Manchmal produzieren diese Drüsen so viel Schleim, dass er aus der Nase heraustropft.

Aufbau und Funktion der Riechsinneszellen

Die *Riechsinneszellen* sind Bipolarzellen und gleichen in ihrem Aufbau und ihrer Funktion den Bipolarzellen mit metabotropen Rezeptoren im übrigen Nervensystem. Im olfaktorischen System muss also gar nicht viel über den Weg der sensorischen Information zum Gehirn gesprochen werden, da hier die Riechsinneszellen streng genommen die einzigen Teile des peripheren Nervensystems ausmachen.

- ✔ **Die Riechsinneszellen sind primäre Sinneszellen,** da sie selbst ein Aktionspotential generieren. Von ihrem Zellkörper zieht ein Dendrit in Richtung der Oberfläche des Riechepithels, und ein Axon zieht in Richtung des Bulbus olfactorius. Das Axon ist nicht myelinisiert, es bildet also eine langsam leitende C-Faser. Sie nutzen Glutamat als Neurotransmitter und wirken damit erregend auf den Riechkolben.
- ✔ **Auf dem Dendrit sitzen pro Riechsinneszelle 5–10 *Zilien*,** die mit den Zilien der benachbarten Zellen verflochten sind und so eine dichte Matte an der Oberfläche der Riechschleimhaut bilden. Auf den Zilien sitzen die eigentlichen Rezeptoren. Dabei handelt es sich um G-Protein-gekoppelte chemische Rezeptoren. Pro Riechsinneszelle kommt nur eine Art Rezeptor vor; die Riechsinneszellen sind also geruchsspezifisch. Welche Art Rezeptor vorliegt, ist genetisch festgelegt. Etwa 350 Gene codieren den Aufbau dieser unterschiedlichen Rezeptoren. Wie viele unterschiedliche Riechsinneszellen beim Menschen vorliegen, ist noch nicht vollständig geklärt, einige Arbeiten gehen von 100–200 aus, andere von 350–400.

- **Ein Molekül bindet an den Rezeptor,** was dann die *Second-Messenger-Kaskade* auslöst (zur Second-Messenger-Kaskade siehe auch Abbildung 6.4). Infolge der Ligandenbindung kommt es durch den Einstrom positiv geladener Ione zur Depolarisation der Zellmembran und am Axon zum Auslösen von Aktionspotentialen entsprechend der Stärke der Depolarisation.

- **Moleküle binden eine Zeit lang an die Rezeptoren, bis sie durch den Schleim weggespült werden.** So können auch flüchtige Stoffe eine länger andauernde Aktivierung der Riechsinneszellen auslösen. Die Riechsinneszellen können aber auch ermüden, wenn zum Beispiel kein Glutamat mehr im Axonterminal vorhanden ist. Über die Zeit zeigt sich so eine deutliche Adaptation auf olfaktorische Reize, sodass die Fähigkeit, bestimmte Gerüche wahrzunehmen, abnimmt.

Bulbus olfactorius: Die erste Station des Riechens

Nach den Riechsinneszellen ist der Riechkolben (Bulbus olfactorius) die nächste Station der Geruchsinformation. Diese paarige Ausstülpung unterhalb des Frontallappens ist bereits ein Teil des Gehirns, und hier findet die Verschaltung der Axone der Riechsinneszellen auf die weiterleitenden Mitralzellen statt. Der Bulbus olfactorius ist die erste olfaktorische Schaltstelle im Gehirn. Hier erfolgt die erste Verarbeitung der Gerüche.

- Die Axone der Riechsinneszellen treffen in den *Glomeruli olfactorii* auf die Dendriten der Mitralzellen. Die Glomeruli liegen nebeneinander in der äußersten Schicht des Bulbus olfactorius. Sie sind komplexe Netzwerke, an denen die Axone von etwa 1000 Riechsinneszellen auf die Dendriten einer Mitralzelle konvergieren. Die Glomeruli sind spezifisch für eine Art der Riechsinneszellen und damit nur für einen spezifischen Rezeptor zuständig. Für jeden Rezeptor gibt es aber mehr als ein Glomerulus. Wenn ein Geruchsstoff mehrere Riechsinneszellen aktiviert, aktivieren diese dann auch mehrere Mitralzellen an den Glomeruli olfactorii. Dadurch entsteht eine präzise Karte der Geruchsinformation.

- Die *Mitralzellen* sind Pyramidenzellen, deren myelinisierte Axone den Tractus olfactorius, die Riechbahn, bilden. Jede Mitralzelle nimmt nur in einem Glomerulus Kontakt zu den Riechsinneszellen auf. Dadurch werden die Geruchsinformationen vollkommen parallel weitergeleitet.

- Zwischen den Mitralzellen liegen *Körnerzellen*, die der lateralen Hemmung zwischen benachbarten Zellen dienen. Mit ihnen können bestimmte Gerüche gehemmt oder verstärkt werden, um so den Kontrast zwischen zwei Empfindungen zu erhöhen. Dies trägt auch zur Adaptation im olfaktorischen System bei – andauernde Geruchsreize werden mit der Zeit schwächer und innerhalb von Minuten gar nicht mehr wahrgenommen.

Das vomeronasale Organ: Kommunikation auf chemischer Ebene

Neben dem olfaktorischen System gibt es in der Nasenhöhle und im Bulbus olfaktorius vieler Wirbeltiere noch ein weiteres System, das der Chemosensation dient: das vomeronasale Organ zur Verarbeitung von verhaltenssteuernden chemischen Signalen, den *Pheromonen*.

- Das *vomeronasale Organ* (Organum vomeronasale) sitzt auf beiden Seiten der Nasenscheidewand im unteren Bereich der Nasenhöhle. Da hier in der Regel kaum Atemluft vorbeiströmt, wird durch bestimmte Muskelbewegungen der Nase Schleim zum vomeronasalen Organ geleitet. Die Sinneszellen ähneln dem Aufbau der Riechsinneszellen und verschalten im Bulbus olfactorius accessorius auf Mitralzellen. Auch hier gleicht die Verschaltung dem olfaktorischen System.

- Die Axone der *Mitralzellen* ziehen direkt zur Amygdala. Von dort wird der Hypothalamus angesteuert. Im Hypothalamus kann eine Aktivierung des vomeronasalen Organs durch Pheromone hormonelle Reaktionen hervorrufen. So bewirken beispielsweise von männlichen Ziegen freigesetzte Pheromone die Freisetzung von Gonadoliberin bei weiblichen Ziegen, was deren Sexualverhalten beeinflusst.

Beim Menschen ist das vomeronasale Organ im Embryonalstadium noch vorhanden, wird aber in der Entwicklung abgebaut. Reste dieses Organs können Sie möglicherweise bei sich selbst finden, als länglicher Knorpel zwischen den Nasenlöchern, kurz hinter der Nasenspitze.

Die Verarbeitung der Geruchsinformation im Gehirn

Die Axone der Mitralzellen im Bulbus olfactorius bilden die *Riechbahn* (Tractus olfactorius) und enden in mehreren subkortikalen und neokortikalen Bereichen. Wichtig ist, dass diese Bahnen zunächst nicht über den Thalamus verschaltet werden, an dieser Stelle findet also kein Informationsfilter statt. Das olfaktorische System ist größtenteils ipsilateral organisiert, es erfolgt keine Kreuzung der Signalbahn auf die gegenüberliegende Hirnhälfte. Abbildung 12.2 fasst den Weg der Geruchsinformation zusammen.

- Ein Teil der Riechbahn wird im *Nucleus olfactorius anterior* auf die kontralaterale Seite verschaltet. Von dort ziehen efferente Neuronen zum Bulbus olfactorius. Diese Verschaltung dient der kontralateralen Hemmung und damit der Richtungswahrnehmung des Geruchs.

- Der Großteil der Axone zieht zum primären olfaktorischen Kortex, der das *Tuberculum olfactorium*, den *präpiriformen Kortex* und die Rinde der Amygdala umfasst. Grob gesagt liegt dieser Bereich im unteren Bereich der Insula, im medialen Parietallappen. Hier werden Gerüche detailliert analysiert, und auf dieser Ebene bestehen Verbindungen zwischen den beiden Hemisphären über die *anteriore Kommissur*. Von hier ziehen dann Verbindungen entweder direkt oder mit Verschaltung über den Thalamus zum orbitofrontalen Kortex und zum Hypothalamus. Im orbitofrontalen Kortex erfolgt die Konvergenz mit den Geschmacksinformationen aus dem gustatorischen System zur Verarbeitung komplexer Geschmacksinformationen.

- Ein kleiner Teil der Axone zieht direkt zum *entorhinalen Kortex* und von dort zum Hippocampus. Diese direkte Verbindung zu gedächtnisrelevanten Bereichen wie dem Hippocampus und der Amygdala erklärt, warum Gerüche sehr leicht Erinnerungen und emotionale Reaktionen auslösen können. Sie kennen das bestimmt auch, dass Sie bestimmte Gerüche mit bestimmten Menschen oder Situationen verbinden, und das oft noch für sehr lange Zeit.

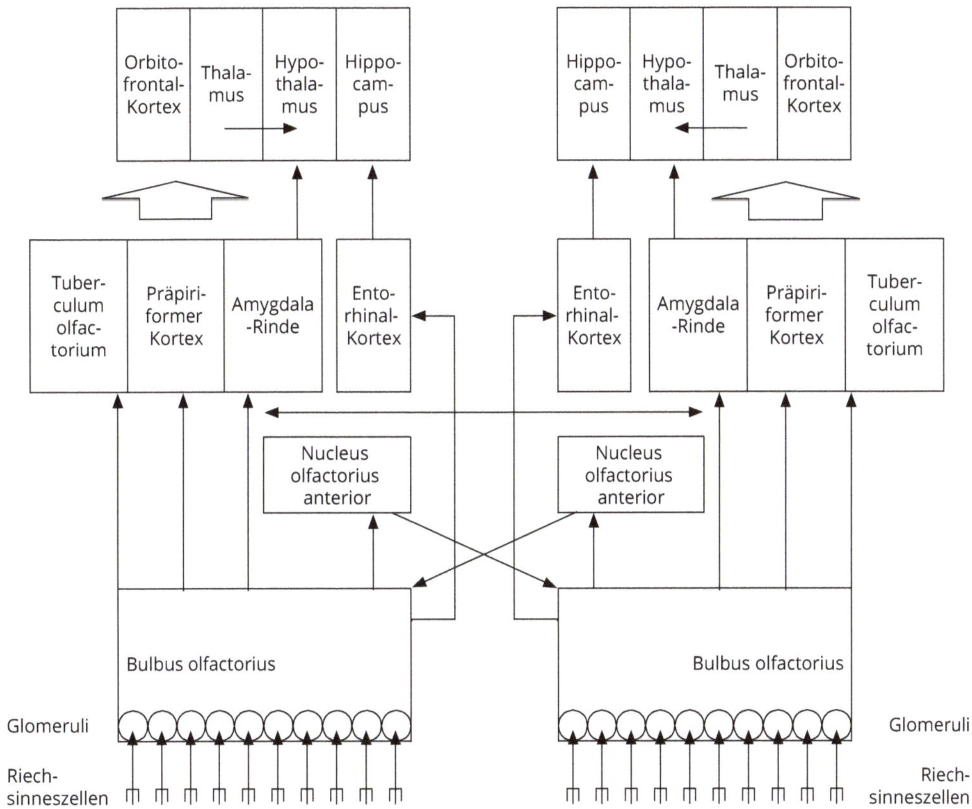

Abbildung 12.2: Die komplexe Verschaltung des olfaktorischen Systems (© Julian Keil)

Einen direkten Zugang zum Gehirn bekommen

Einzelzellableitungen der elektrischen Aktivität einzelner Neuronen mittels feiner Elektroden sind die direkteste Möglichkeit, etwas über die Funktion von Neuronen zu erfahren. Leider sind die interessantesten Neuronen im Schädel eingeschlossen, sodass solche Ableitungen immer mit invasiven Operationen verbunden sind, und daher in der Regel nur im Tierversuch angewendet werden. Eine Ausnahme bilden hier die Riechsinneszellen: Bei ihnen handelt es sich um spezialisierte Bipolarzellen, die aus dem Gehirn heraus in die Nasenhöhle hängen. An ihnen ist es auch beim wachen und lebenden Menschen möglich, Einzelzellableitungen vorzunehmen. Insbesondere ist dafür nicht einmal eine Operation notwendig, sondern nur eine Nadel in der Nase.

Der Geschmackssinn – mehr als nur eine Information erfassen

Der *Geschmack* wird über das *gustatorische System* wahrgenommen und verarbeitet. Das gustatorische System umfasst nur sechs grundlegende Geschmacksqualitäten: salzig, sauer, bitter, süß, umami und Fett. *Umami* ist die Wahrnehmung von Aminosäuren, insbesondere Glutamat. Die Wahrnehmung von *Fett* als eigener Geschmack wurde erst kürzlich entdeckt. Die Sinneszellen für die unterschiedlichen Geschmacksqualitäten liegen nicht sauber voneinander getrennt in unterschiedlichen Bereichen der Zunge, sondern alle Arten von Geschmackssinneszellen finden sich in allen sensorischen Bereichen der Zunge, wenn auch in unterschiedlicher Dichte.

Im Gegensatz zum olfaktorischen System gibt es keine eigene Einheit für Geschmacksempfindungen. Die Stärke eines bestimmten Geschmackes lässt sich relativ zu einem Grundgeschmack bestimmen, zur genauen Abgabe der Geschmacksreize gibt es spezialisierte Gustometer, und zur Messung der Intensität und Bewertung der Wahrnehmung gibt es psychophysikalische Verfahren. Aber Geschmack ist dennoch auch eine subjektive Erfahrung, die in der Regel die *multisensorische* Empfindung der Reize mehrerer Sinne umfasst:

- ✔ Die *gustatorische Wahrnehmung* signalisiert das Vorhandensein eines Geschmacksstoffes
- ✔ Die *olfaktorische Wahrnehmung* signalisiert die begleitenden Duftstoffe, und die über die Verbindung zwischen Nasen- und Mundhöhle die flüchtigen Geschmacksstoffe in der Atemluft.
- ✔ Die *taktile Information* und die Temperaturinformation aus dem somatosensorischen System aus der Mundhöhle signalisieren die Textur und Beschaffenheit des Nahrungsmittels oder Geschmacksstoffes.
- ✔ *Auditorische Informationen*, die besonders über die Knochenleitung aus dem Kiefer vermittelt werden, signalisieren ebenfalls die Beschaffenheit des Nahrungsmittels oder des Geschmacksstoffes.
- ✔ Anhand *visueller Informationen* können Erwartungen und Vorhersagen bezüglich des Geschmackes erzeugt werden.

Die unterschiedlichen Verarbeitungspfade der sensorischen Bahnen konvergieren im Frontallappen. Den Einfluss der unterschiedlichen Sinne auf Ihr Geschmackserlebnis können Sie selbst ausprobieren, wenn Sie zum Beispiel feuchte Kartoffelchips essen: Wenngleich die Geschmacksstoffe selbst die gleichen sind, beeinflusst die Textur das Geschmackserlebnis – und vermutlich in diesem Falle nicht gerade in positiver Hinsicht.

BEISPIEL

Ein Beispiel für die Objektivierung der Wahrnehmung ist die Messung der Schärfe über die *Scoville*-Skala. Sie basiert auf der Konzentration von Capsaicin in einem Stoff: Dabei wird in einem Chromatograph die Menge an Capsaicin in der getrockneten Masse des Trägerstoffes (zum Beispiel einer Chilischote) relativ zu einem Standardwert bestimmt. Aber auch hier ist die subjektive Empfindung der gleichen Capsaicin-Konzentration individuell nicht gleich.

Gustatorische Reize: Gehen nur mit Speichel

Das gustatorische System umfasst die Geschmacksknospen auf der Zunge und am Gaumen, die über den 7., 9. und 10. Hirnnerv mit dem *Nucleus solitarius* im Hirnstamm auf Höhe des Pons verschalten. Von dort ziehen Bahnen zum Thalamus, und von dort in die Insula und den inferioren Parietallappen. Gustatorische Reize sind im Speichel gelöste Ionen, Moleküle, Aminosäuren und Fettsäuren. Sie werden über den Mund aufgenommen.

- ✔ **Aufgrund ihrer Ladungseigenschaften** können einige geladen Atome direkt in die Geschmackssinneszellen eindringen. Dazu gehören Na^+- und H^+-Ionen.
- ✔ **Aufgrund ihrer Form** binden komplexe Moleküle an bestimmte Rezeptoren auf den Geschmackssinneszellen. Dabei gilt – wie bei den ligandengesteuerten Rezeptoren – das Schlüssel-Schloss-Prinzip: Die Rezeptoren werden nur von passenden Molekülen aktiviert.

Die Zunge und die Mundhöhle

Für die Geschmackswahrnehmung sind vor allem die Geschmackssinneszellen in der Mundhöhle wichtig. Auf der Zungenoberfläche, am Zungengrund und am Gaumen sitzen die Geschmackssinneszellen in Geschmacksknospen in den Geschmackspapillen. Die meisten Geschmacksknospen befinden sich in einem etwa 1,5 Zentimeter breiten Streifen am Zungenrand. Abbildung 12.3 zeigt die Lage und Form der unterschiedlichen Papillen.

- ✔ **Geschmackszellen** liegen gebündelt in *Geschmacksknospen*, die sich entweder in der Wand oder an der Spitze der *Geschmackspapillen* befinden. Bei den *Pilzpapillen* (Papillae fungiformes) liegen die Knospen auf der Spitze der Papille, bei den *Blätterpapillen* (Papillae foliatae) und *Wallpapillen* (Papillae vallatae) liegen sie an der Wand der Papille. Sie werden ständig von Speichel umspült, und nur im Speichel gelöste Moleküle können die Geschmackszellen erregen. In einer Geschmacksknospe befinden sich etwa 50 bis 150 Geschmackssinneszellen. Die Geschmacksknospen sind etwa 0,07 Millimeter tief und 0,03Millimeter breit. Die kleinen *Fadenpapillen* (Papillae filiformes), die den Rest der Zunge bedecken, dienen nur der taktilen Wahrnehmung.
- ✔ **Die Intensität eines Geschmackserlebnisses** hängt von der Konzentration des Geschmacksstoffes, der Temperatur, der Dauer der Einwirkung auf den Rezeptor und der Größe des Kontaktbereiches ab. Die größte Wirkung haben Geschmacksstoffe bei einer Temperatur von 30 bis 35 °C, also etwa der Temperatur in der Mundhöhle. Die Veränderung des Geschmackserlebnisses können Sie selbst nachvollziehen, wenn Sie ein sehr kaltes Getränk oder eine Speise länger Zeit auf der Zunge behalten, oder im Mundraum bewegen.
- ✔ **Die Detektionsschwellen für unterschiedliche Geschmacksstoffe** sind sehr unterschiedlich. Menschen sind am empfindlichsten für bittere Stoffe und am wenigsten sensibel für salzige oder süße Stoffe. Dies hat eine wichtige Warnfunktion, da viele

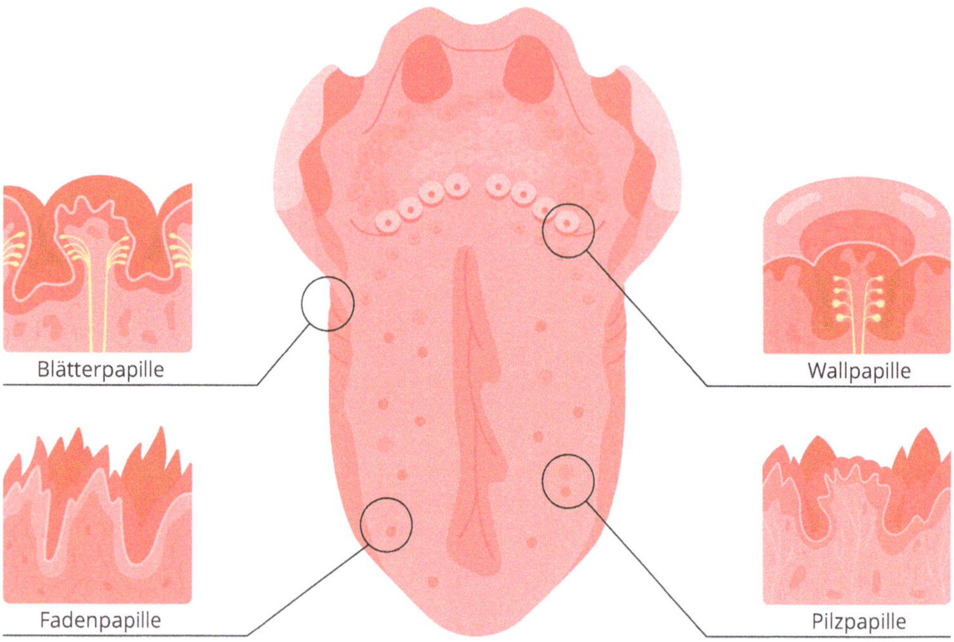

Abbildung 12.3: Lage und Form der unterschiedlichen Geschmackspapillen auf der Zunge (© inspiring.team, stock.adobe.com)

Pflanzengifte aus der Gruppe der *Alkaloide* bitter schmecken. Ebenso unterscheiden sich die Adaptationszeiten für unterschiedliche Geschmacksstoffe aufgrund des Aufbaus der Rezeptoren. Über das Leben hinweg nimmt die Anzahl der Geschmacksknospen ab, wodurch die Geschmackswahrnehmung weniger sensibel wird. Kinder besitzen etwa 10.000 Geschmacksknospen und sind damit sehr sensibel für bereits geringe Konzentrationen eines Geschmacksstoffes. Erwachsene Menschen besitzen noch etwa 3.000 bis 8.000 Geschmacksknospen, und im Alter sinkt diese Zahl auf etwa 2.000. Speisen müssen daher deutlich stärker gewürzt werden, um das gleiche Geschmackserlebnis zu erzielen.

Aufbau und Funktion der Geschmackszellen

Die Geschmackssinneszellen liegen gebündelt in den Geschmacksknospen, eingebettet in eine Schicht von Epithelzellen. Jede Geschmacksknospe enthält etwa 50 bis 150 *Geschmackssinneszellen*. An der Oberfläche der Geschmacksknospe befindet sich die Geschmackspore, eine Öffnung, an der die Geschmacksstoffe mit den Sinneszellen in Kontakt treten. Abbildung 12.4 zeigt den Aufbau einer Geschmacksknospe. Geschmackssinneszellen sind sekundäre Sinneszellen. Sie generieren selbst kein Aktionspotential, sondern setzen entsprechend ihrer Erregung Neurotransmitter frei, die dann den nachfolgenden Nerv depolarisieren. Ihre Lebensdauer ist nur kurz – sie werden etwa nach zehn Tagen durch aus den Stammzellen in den Geschmacksknospen neu gebildete Zellen ersetzt.

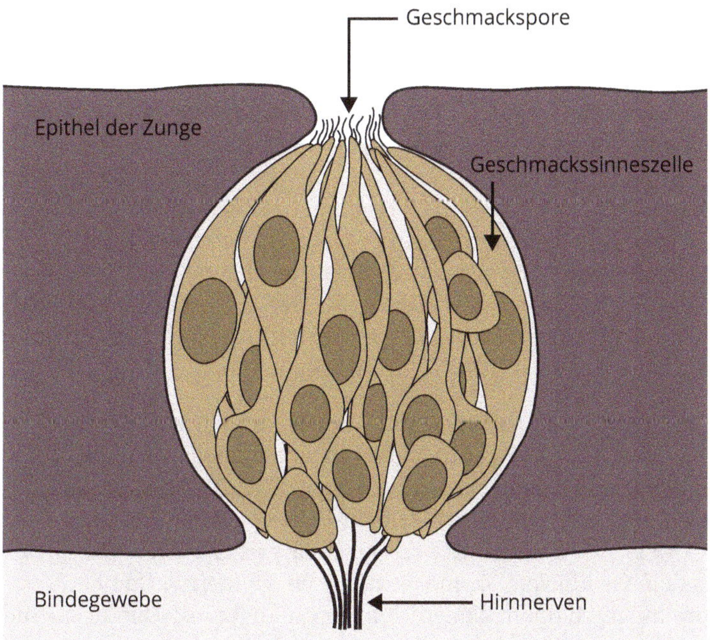

Abbildung 12.4: Querschnitt durch eine Geschmacksknospe (© Watthana Tirahimonch, stock.adobe.com)

- ✔ **An der Spitze der Geschmackssinneszellen sitzen Mikrovilli.** Diese fadenförmigen Zellfortsätze dienen der Oberflächenvergrößerung. Auf ihnen sitzen die eigentlichen Geschmacksrezeptoren. Auf einer Geschmackssinneszelle sitzt immer nur eine Art Rezeptor, sie sind damit geschmacksspezifisch.

- ✔ **Bei der salzigen Empfindung strömt Na^+ direkt in die Zelle ein.** Dabei strömt im Speichel gelöstes Na^+ in geringen Mengen durch den epithelialen Natriumkanal in die Geschmackssinneszellen ein. Dieser Kanal ist im Grundzustand geöffnet. Durch das einströmende Na^+ kommt es zur Depolarisation der Zelle, wodurch spannungsabhängige Na^+- und Ca^{2+}-Kanäle geöffnet werden, die dann die Fusion von *Serotonin* gefüllten Vesikeln mit der Zellmembran auslösen. Je stärker die Depolarisation, desto mehr Serotonin wird ausgeschüttet. Die salzige Wahrnehmung adaptiert nicht.

- ✔ **Bei der sauren Empfindung strömt H^+ direkt in die Zelle ein.** Lösen sich Säuren im Speichel, wird H^+ produziert, der durch einen Protonenkanal in die Geschmackssinnzellen einströmen kann. Dies bewirkt die Schließung von K^+-Kanälen, sodass kein K^+ aus der Zelle ausströmen kann. Auch hier kommt es zur Depolarisation und zur Öffnung von Na^+- und Ca^{2+}-Kanälen und zur Freisetzung von Serotonin. Auch die saure Wahrnehmung adaptiert nicht.

- ✔ **Bei der Bitter-, Süß-, Umami- und Fett-Empfindung spielen G-Protein-gekoppelte Rezeptoren eine Rolle.** Die Wahrnehmung der ersten drei Geschmäcke wird über unterschiedliche Arten der T1R und T2R-Rezeptoren vermittelt, die

Wahrnehmung von Fett über eine Reihe von Fettsäurerezeptoren. Bei der Aktivierung dieser Rezeptoren gilt wieder das Schlüssel-Schloss-Prinzip. Durch die Bindung eines Geschmacksmoleküls wird die Alpha-Einheit des G-Proteins abgespalten, wodurch unterschiedliche Enzyme aktiviert werden. Dies führt zur Freisetzung von Ca^{2+} aus intrazellulären Speichern. Aus der so herbeigeführten Depolarisation resultiert die Aktivierung von Na^{+}- und Ca^{2+}-Kanälen, die dann *ATP-Kanäle* öffnen, das in diesem Fall als Neurotransmitter wirkt. Die Bitter-, Süß-, Umami- und Fett-Wahrnehmung adaptiert durch die Blockade der entsprechenden Rezeptoren. Diese Rezeptoren reagieren unterschiedlich stark auf unterschiedliche Stoffe, und komplexe Geschmäcker können dann über die relative Aktivierung dieser Rezeptoren codiert werden. So wird die Süß-Wahrnehmung vor allem über die T1R2- und T1R3-Rezeptoren vermittelt, die Umami-Wahrnehmung über die T1R1 und T1T3-Rezeptoren.

- **Auf der Zunge und im Mundraum befinden sich außerdem TRP-Kanäle.** Diese komplexen Ionenkanäle umfassen eine ganze Reihe von Unterklassen, die sowohl durch bestimmte Temperaturen als auch durch chemische Reize aktiviert werden können. Ein Beispiel für einen solchen TRP-Ionenkanal ist der TRPV1-Rezeptor, der durch Hitze (etwa 45 bis 65 °C) und durch das in Chilis vorkommende *Capsaicin* aktiviert wird, und der ein Gefühl von Wärme, Schärfe und Schmerz vermittelt. Der TRPM8-Rezeptor wird hingegen durch kühlere Temperaturen (etwa 10 bis 20 °C) und durch *Minze* aktiviert.

Der Weg vom Mund zum Gehirn

Die Geschmackssinneszellen liegen an unterschiedlichen Orten im Mund. Daher nimmt auch die Geschmacksinformation unterschiedliche Wege zum Gehirn, je nachdem wo sie aufgenommen wird. Der Informationstransport läuft zunächst auf drei parallelen Hirnnerven ab, die im *Nucleus tractus solitarii* enden. Von dort geht es zum Thalamus und zur Insula, wobei einige afferente Verbindungen direkt zu subkortikalen Zielgebieten laufen. Abbildung 12.5 gibt eine Übersicht über diese Signalbahnen.

Von den Hirnnerven zur Medulla oblongata

Die Geschmacksinformation wird über drei Hirnnerven zur Medulla oblongata transportiert. Geschmackssinneszellen sind sekundäre Sinneszellen, die entsprechend der Depolarisation Neurotransmitter freisetzen. An den Dendriten der Hirnnerven führt dies zum Auslösen postsynaptischer Potentiale, die dann in Aktionspotentiale übersetzt werden.

- Die vorderen zwei Drittel der Zunge werden vom siebten Hirnnerv (*Nervus facialis*) enerviert. Die Zellkörper liegen hier im *Ganglion geniculatum.*
- Das hintere Drittel der Zunge wird vom neunten Hirnnerv (Nervus glossopharyngeus) innerviert, dessen Zellkörper im *Ganglion petrosum* liegt.
- Der Gaumen und der Rachenbereich werden vom zehnten Hirnnerv (Nervus vagus) innerviert, dessen Zellkörper im *Ganglion nodosum* liegen.

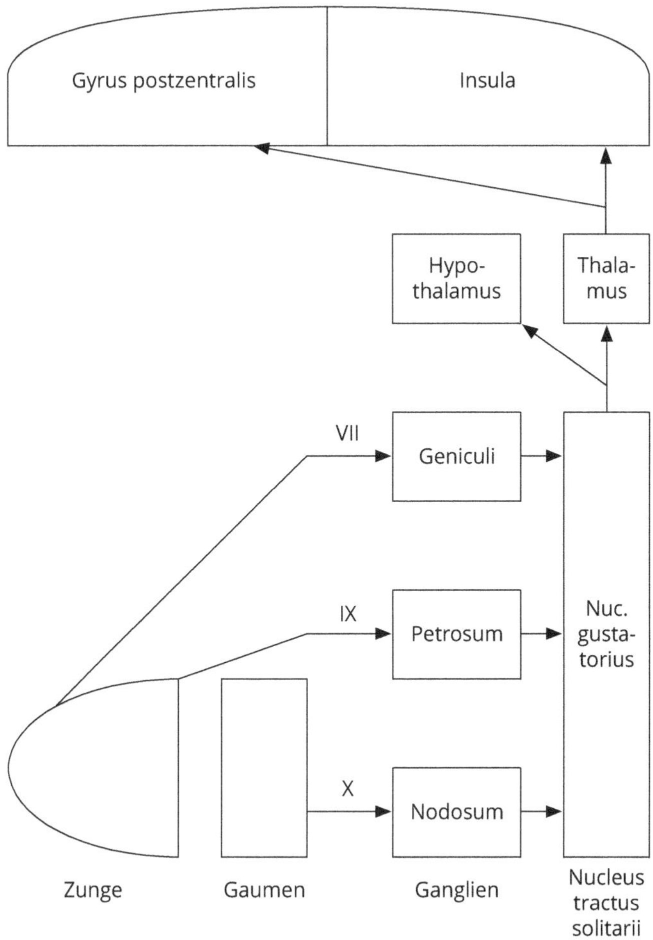

Abbildung 12.5: Der Verlauf der Signalbahn im gustatorischen System (© Julian Keil)

Die Axone der drei Hirnnerven, die Geschmacksinformationen transportieren, enden in der Medulla oblongata im *Nucleus tractus solitarii*. Dieses Kerngebiet umfasst eine Reihe sensorischer Kerne, die eine vertikale Säule in der grauen Substanz der Medulla oblongata bilden. Innerhalb dieser Säule liegt der *Nucleus gustatorius*, der für die Verarbeitung von Geschmacksinformationen zuständig ist. Er ist grob somatosensorisch organisiert, sodass die Trennung in die unterschiedlichen Bereiche der Zunge und der Mundhöhle beibehalten wird. Dabei kommt es nur teilweise zu einer Kreuzung der Hemisphären, sodass das gustatorische System weitgehend ipsilateral organisiert ist. Informationen von der linken Seite bleiben also auf der linken Hemisphäre und umgekehrt. Im Nucleus gustatorius erfolgt die Verschaltung auf das zweite Neuron der Geschmacksbahn.

Von der Medulla oblongata weiter zum orbitofrontalen Kortex

In der Medulla oblongata findet eine Verschaltung auf die viszeromotorischen und sekretorischen Kerne statt. Durch eine Aktivierung des gustatorischen Systems kommt es so zu einer reflexhaften Aktivierung des Verdauungssystems. Dies umfasst die Produktion von Speichel und Magensäure sowie die Aktivierung der glatten Muskulatur der Speiseröhre und des Magens.

- ✔ Ein Teil der Fasern zieht vom Nucleus gustatorius zu subkortikalen Bereichen, wie dem Hypothalamus. Dies ähnelt der Organisation des olfaktorischen Systems und beeinflusst vor allem die affektive Bewertung gustatorischer Reize.
- ✔ Der Großteil der Fasern zieht vom Nucleus gustatorius zum *Nucleus ventralis posteromedialis* des Thalamus. Hier kommt es zur Verschaltung auf das dritte Neuron der Geschmacksbahn.

Der primäre gustatorische Kortex liegt am Dach der Insula und im *Gyrus postcentralis.* Damit befindet er sich direkt neben den Bereichen des somatosensorischen Kortex, der für die Verarbeitung der Informationen aus der Mundhöhle zuständig ist. Hier kommt es neben der Verarbeitung der Geschmacksinformationen zur multisensorischen Konvergenz mit Temperatur- und Texturinformationen. Im Anschluss werden diese Informationen zum *orbitofrontalen Kortex* geleitet, wo die multisensorische Konvergenz mit den Geschmacksinformationen aus dem gustatorischen System zur Verarbeitung komplexer Geschmacksinformationen erfolgt (Abbildung 12.5).

Der allgemeine chemische Sinn

Neben dem Geruch und dem Geschmack, die mit klar erkennbaren Sinnesorganen zusammenhängen, gibt es noch einen dritten chemischen Sinn, der eher versteckt wirkt: Der *allgemeine chemische Sinn*, auch *chemästhetischer* Sinn genannt, hat keine bestimmte Lokalisation, sondern die Sinneszellen liegen hier über den Körper verteilt. Allgemein umfasst dieser Sinn die direkte Aktivierung somatosensorischer Nerven durch chemische Reize. Sie haben diesen Sinn daher bereits teilweise bei der Beschreibung des somatosensorischen Systems kennengelernt. Er umfasst aber auch die Wahrnehmung von Sauerstoff (O_2) und Kohlendioxid (CO_2).

- ✔ **Körperfremde chemische Stoffe** wie zum Beispiel das *Capsaicin* der Chili werden durch *Chemorezeptoren* registriert. Die Rezeptoren für körperfremde Stoffe umfassen TRP- und KCNK-Kanäle. Im Kopfbereich (in der Haut, einschließlich der Schleimhäute und der Hornhaut) werden diese Empfindungen über den fünften Hirnnerv (Nervus trigeminus) transportiert. Eine Aktivierung führt zu Abwehrreaktionen wie Husten, Lidschluss, Speichelfluss und Tränen- und Schleimproduktion.

- **Die Sauerstoffsättigung** des Blutes wird in speziellen Zellgebieten an den Abzweigungen der Hals- und Kopfschlagadern detektiert. In diesen *Glomus caroticum* genannten Bereich sitzen Chemorezeptoren, die *Glomuszellen*. Bei einem Abfall des O_2-Druckes schließen sich K^+-Kanäle, und die Depolarisation öffnet Ca^{2+}-Kanäle, was dann die Freisetzung von Neurotransmittern (Acetylcholin, Dopamin, Noradrenalin, Substanz P) auslöst. Die Glomuszellen sind sekundäre Sinneszellen, das heißt sie losen an den afferenten Nerven eine Depolarisation aus. Von dort läuft die Erregung über einen Ast des neunten Hirnnervs (Nervus glossopharyngeus) in die Medulla oblongata zu den Kernen der Herz-Kreislauf-Steuerung. Hier löst eine Aktivierung einen Anstieg der Atemfrequenz aus, um den O_2-Druck wieder anzuheben.

- **Die Kohlenstoffdioxidsättigung** des Blutes wird in zentralen Chemorezeptoren in der Medulla oblongata detektiert. Ein Anstieg des CO_2-Druckes führt zu einer Reduktion des pH-Wertes des Bluts. Dies aktiviert säureempfindliche serotonerge Neuronen im ventralen Bereich der Medulla oblongata, die wiederum auf die Kerne der Herz-Kreislauf-Steuerung verschalten. Unter Normalbedingungen wird die Atemfrequenz vor allem durch diese Detektion des CO_2-Druckes gesteuert. Die Wahrnehmung von CO_2 in Getränken wird hingegen über den TRPA1-Rezeptor im Mundbereich übertragen.

Teil III

Biologische Grundlagen höherer kognitiver Funktionen

IN DIESEM TEIL …

Geht es darum, wie komplizierte Denkprozesse ablaufen und welche Teile des Gehirns dabei eine Rolle spielen.

Lernen Sie die kognitiven Prozesse Aufmerksamkeit, Gedächtnis und Emotionen genauer kennen.

Wird das Zusammenspiel unterschiedlicher Bereiche des Gehirns beleuchtet, das die Grundlage des Denkens ist.

Nehmen Sie den Unterschied zwischen der Aktivierung des Gehirns und dem bewussten Erleben unter die Lupe.

Werfen Sie einen Blick auf Leistungen, Fehlleistungen und krankhafte Veränderungen des Gehirns, die das Denken beeinflussen.

IN DIESEM KAPITEL

Formen der Aufmerksamkeit und ihre Steuerung

Neuromodulatoren der Aufmerksamkeit

Handlungen planen und Steuern

Kapitel 13
Aufmerksamkeit und Handlungsplanung

Aufforderungen wie »Achtung!« oder »Passen Sie bitte auf!« haben Sie sicher schon einmal gehört. Diese sollen Ihre Aufmerksamkeit erregen, und Sie wissen vermutlich intuitiv, was das in der jeweiligen Situation bedeutet. Im ersten Fall sollen Sie bestimmt auf eine aktuelle Gefahr in Ihrer Umgebung achten, im zweiten Fall sich ganz auf eine bestimmte Person konzentrieren und andere Dinge ignorieren. Bereits aus diesem Beispiel wird klar, dass *Aufmerksamkeit* ganz unterschiedliche psychologische Konzepte umfasst. Außerdem zeigt sich am abstrakten Begriff der Aufmerksamkeit und den damit verbundenen Konzepten ein Grundproblem der biologischen Psychologie und der Neurowissenschaft: Viele Konzepte der Psychologie wie zum Beispiel Aufmerksamkeit oder Gedächtnis entstanden, bevor es Möglichkeiten zur Untersuchung des Gehirns und des Nervensystems gab. Im Gegensatz zur Wahrnehmung, die Sie im vorherigen Teil des Buches kennengelernt haben, ist es nicht immer möglich, solche abstrakten psychologischen Konzepte mit einem klar umgrenzen biologischen oder neuronalen Prozess zu erklären oder in einem Bereich des Gehirns zur verorten. Dennoch gibt es zahlreiche wissenschaftliche Erkenntnisse, die erklären, wie die Selektion und Integration von Informationen ablaufen, um situationsspezifisch relevante Dinge der Umwelt aufzunehmen.

Bin ich etwa blind? Die selektive Aufmerksamkeit

Könnten Sie sich vorstellen, einen Gorilla auf einem Basketballfeld zu übersehen? Vermutlich sagen Sie jetzt spontan, dass Ihnen so was niemals passieren würde! Aber lassen Sie sich überraschen – genau das war die Forschungsfrage eines berühmten Experiments von Daniel Simons und Christopher Chabris.

Die Teilnehmer/-innen wurden in diesem Versuch aufgefordert, die Ballbewegungen zwischen den Spielern zu zählen. Nach einer Zeit lief ein Mann in einem Gorilla-Kostüm über das Spielfeld, und nach dem Experiment wurde gefragt, wer von den Testpersonen den Gorilla bemerkt hatte. Überraschenderweise gab nur etwa die Hälfte an, ihn gesehen zu haben.

Dieses Experiment zeigt zwei wichtige Eigenschaften der Aufmerksamkeit: Irrelevante Informationen der Umwelt werden ausgeblendet (*inattentional blindness*), und kleine Veränderungen in der Umwelt werden häufig nicht wahrgenommen (*change blindness*). Beide Phänomene haben große Auswirkungen auf den Alltag, zum Beispiel wenn eine nicht wahrgenommene Veränderung der Umwelt dazu führt, dass der Wechsel einer Ampel von Grün auf Rot nicht wahrgenommen wird.

Aufmerksamkeitskonzepte kurz erklärt

Aufmerksamkeit ist eine der wichtigsten Eigenschaften aller wahrnehmungsbezogenen und kognitiven Funktionen. Da in einem Nervensystem nur eine begrenzte Verarbeitungskapazität vorhanden ist, um unterschiedliche Aufgaben gleichzeitig zu erledigen, ist die Fähigkeit, bestimmte Informationen oder Aufgaben auszuwählen und diese im Fokus zu halten, äußerst relevant für das Verhalten. Kurz gesagt ist Aufmerksamkeit also der kognitive Vorgang der Informationsauswahl. Um die unterschiedlichen Aspekte und Funktionen der Aufmerksamkeit besser zu verstehen, ist es sinnvoll, sie in kleinere Kategorien einzuteilen, wobei sich die einzelnen Kategorien teils überschneiden und gegenseitig beeinflussen. Abbildung 13.1 gibt eine Übersicht über die wichtigsten Aspekte der Aufmerksamkeit.

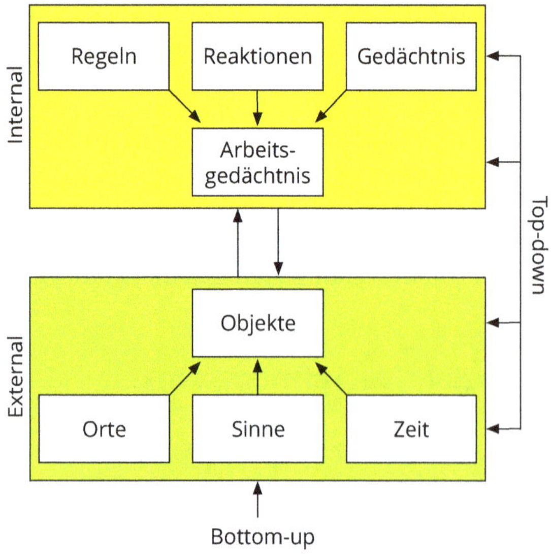

Abbildung 13.1: Unterschiedliche Aspekte der Aufmerksamkeit und ihr Zusammenspiel (© Julian Keil)

- ✔ **Die nach innen gerichtete (internale) Aufmerksamkeit** beschreibt die Auswahl, Veränderung und Aufrechterhaltung von Zielen, Regeln und Reaktionen. Sie hängt sehr stark mit dem Arbeitsgedächtnis und dem Langzeitgedächtnis zusammen.
- ✔ **Die nach außen gerichtete (externale) Aufmerksamkeit** beschreibt die Auswahl und Gewichtung sensorischer Informationen aus der Umwelt. Sie führt dazu, dass bestimmte Informationen verstärkt oder weniger stark wahrgenommen werden, und unterstützt die Integration von unterschiedlichen Informationen.
- ✔ **Aufsteigende (bottom-up) Aufmerksamkeit** wird durch Informationen aus der Umwelt erzeugt. Sie ist Teil der nach außen gerichteten Aufmerksamkeit.
- ✔ **Absteigende (top-down) Aufmerksamkeit** hängt von Zielen und Regeln ab, und sie beeinflusst welche Informationen wie wahrgenommen und verarbeitet werden.

Internale und externale Aufmerksamkeit arbeiten zusammen, um Denken, Wahrnehmung und Handlungen an eine Situation anzupassen und auf ein Ziel auszurichten. Sie stellen aber insofern getrennte Funktionen dar, als ihre Verarbeitungskapazitäten getrennt sind. Beide haben nur begrenzte Ressourcen, um Informationen gleichzeitig zu verarbeiten, aber die Erschöpfung des einen Bereiches der Aufmerksamkeit führt nicht zwangsläufig zur Erschöpfung des anderen Bereiches. Die begrenzten Verarbeitungskapazitäten des Nervensystems bestimmen, wie Aufmerksamkeit dazu verwendet wird, Informationen auszuwählen. Wichtig dabei ist, dass Aufmerksamkeit keinen Startpunkt hat, sondern ein ständiger Prozess ist: Die Frage, welche Informationen gerade relevant sind und daher beachtet und verarbeitet werden sollen, lässt sich nur durch die Betrachtung des Kontextes der Situation und ihrer Vergangenheit beantworten.

- ✔ **Die begrenzten Verarbeitungskapazitäten des Nervensystems machen es notwendig, dass aktuell relevante Informationen ausgewählt werden.** Das Arbeitsgedächtnis dient der Verarbeitung der aktuell relevanten Informationen, und ganz allgemein hat es eine Speicherkapazität von nur wenigen Dingen. Das können Sie selbst bei sich nachvollziehen, wenn Sie versuchen, sich eine Telefonnummer oder eine Einkaufsliste zu merken, die Ihnen jemand vorsagt. Sie werden merken, dass Sie sich nur etwa 7 bis 9 Ziffern der Nummer merken können, und bereits dafür müssen Sie vermutlich all Ihre Verarbeitungskapazitäten auf diese Aufgabe konzentrieren.
- ✔ **Die Auswahl aktuell relevanter Informationen ist die Grundlage einer zielgerichteten Informationsverarbeitung.** Um mit den begrenzten Verarbeitungskapazitäten des Nervensystems umzugehen, müssen einige Informationen ausgeblendet werden, um andere verarbeiten zu können. Je begrenzter die Verarbeitungskapazitäten sind, desto wichtiger wird die Auswahl der Informationen. Auch das können Sie bei sich selbst nachvollziehen, wenn Sie zum Beispiel bei einer wichtigen Klausur einen leisen Raum benötigen, um die gelernte Information abzurufen.
- ✔ **Die Modulierung der Auswahl von Informationen erlaubt es, die Ziele der Informationsverarbeitung zu verändern.** Welche Informationen gerade relevant sind, ändert sich von einem Moment zum anderen. Daher ist es wichtig, einmal

ausgewählte Informationen auch wieder auszublenden. Stellen Sie sich vor, Sie haben in einer Klausur eine bestimmte Frage ausgewählt, um die dafür relevanten Informationen zu verarbeiten. Sobald die Frage beantwortet ist, müssen Sie diese Informationen aber wieder ignorieren, um die nächste Frage sinnvoll zu beantworten.

- **Aufmerksamkeit kann nicht unbegrenzt aufrechterhalten werden.** Die *Vigilanz* beschreibt die Fähigkeit, Aufmerksamkeit über längere Zeit auf eine bestimmte Aufgabe oder Information zu richten. Dass dies anstrengend ist, wissen Sie vielleicht wieder aus Testsituationen: Nach einer Klausur, in der Sie Ihre Aufmerksamkeit nur auf die Beantwortung der Fragen gerichtet haben, sind Sie erschöpft. Während die Modulation der Aufmerksamkeit den aktuellen Fokus und Zustand der Aufmerksamkeit beschreibt, bezieht sich die Vigilanz auf die dauerhafte Aufrechterhaltung des Aufmerksamkeitsfokus. Diese Unterscheidung wird auch mit phasischer (Modulation) und tonischer (Aufrechterhaltung) Aufmerksamkeit beschrieben.

Die nach innen gerichtete Aufmerksamkeit

Die *internale Aufmerksamkeit* umfasst die Kontrolle der Gedanken auf ein ganz bestimmtes Ziel hin.

Die nach innen gerichtete Aufmerksamkeit dient dazu, eine Übersicht über Ziele und Motive und die für ihr Erreichen vorhandenen und notwendigen Handlungsregeln und Reaktionsmöglichkeiten zu bekommen. Diese Art der Aufmerksamkeit greift stark auf das Gedächtnis zurück, in dem das Wissen über die Handlungsregeln und Reaktionsmöglichkeiten gespeichert ist, und interagiert mit dem Arbeitsgedächtnis, in dem die im Moment wichtige Information für eine kurze Zeit gespeichert wird (mehr zum Gedächtnis finden Sie in Kapitel 14).

Die nach innen gerichtete Aufmerksamkeit beinhaltet eine Kontrolle der psychischen Vorgänge, der Gedanken und Gefühle. Sie wird daher häufig auch als *kognitive* oder *exekutive Kontrolle* bezeichnet

- **Regeln und Aufgaben bestimmen, welche Handlungen notwendig oder sinnvoll sind, um ein Ziel zu erreichen.** Die nach innen gerichtete Aufmerksamkeit umfasst die Auswahl des gewünschten Ziels, der zur Zielerreichung notwendigen Aufgaben und der Regeln der Absolvierung der Handlungen. Das Wissen über sie kann durch explizite Informationen oder Erfahrungen über die Zeit gesammelt werden. Der Wechsel zwischen konkurrierenden Zielen erfordert Anstrengung und ist mit einer zeitlichen Verzögerung, der *kognitiven Refraktärzeit*, verbunden. Vorwissen über die Abfolge der Ziele kann diese Verzögerung verringern und den Wechsel der Aufgaben erleichtern.
- **Reaktionen umfassen alle möglichen Handlungen.** Nicht alle Handlungen sind zu jeder Zeit sinnvoll, und die Auswahl einer Reaktion beinhaltet gleichzeitig die Unterdrückung anderer Handlungen. Diese Handlungsinhibition ist schon bei der Steuerung einfacher Vorgänge eine wichtige Funktion. Auch die Auswahl der

Reaktionen, insbesondere die Unterdrückung vorbereiteter, gelernter, oder reflexiver Reaktionen ist anstrengend und mit einer Verzögerung verbunden.

- ✔ **Im Langzeitgedächtnis** ist das Wissen über Ziele, Regeln und Reaktionen gespeichert, auch das Wissen über vergangene Situationen und die Auswirkungen von Handlungen. Dieses Wissen kann die zukünftige Auswahl von Handlungen beeinflussen. Das Langzeitgedächtnis hat eine fast unbegrenzte Speichergröße, aber es dauert recht lange, bis Informationen im Langzeitgedächtnis gespeichert werden.

- ✔ **Das Arbeitsgedächtnis** erlaubt die Aufrechterhaltung und Bearbeitung von Informationen, auch wenn diese Informationen nicht im Moment von außen herangetragen werden. Es bildet die Schnittstelle zwischen nach innen und nach außen gerichteter Aufmerksamkeit. Das Arbeitsgedächtnis hat nur eine sehr begrenze Speichergröße, daher ist der Wechsel zwischen Zielen, Regeln und Reaktionen notwendig, um Informationen aus Situationen aufzunehmen und auf sie reagieren zu können.

BEISPIEL

Die *Stroop-Aufgabe* ist ein einfaches Beispiel, um die nach innen gerichtete Aufmerksamkeit zu testen. In dieser Aufgabe werden Ihnen farbig gedruckte Farbwörter gezeigt. Sie haben also zwei mögliche Reaktionen: Das Vorlesen des Farbwortes, oder das Benennen der Farbe des Wortes. Das Ziel besteht nun darin, die Farbe zu benennen, in der ein Farbwort gedruckt ist, und die Regel ist: Ignorieren Sie den Inhalt des Wortes und benennen Sie nur die Farbe des Wortes. Das Wissen über den Ablauf der Stroop-Aufgabe ist jetzt in Ihrem Langzeitgedächtnis gespeichert und sollte in Ihrem Arbeitsgedächtnis sein, bevor Sie Abbildung 13.2 betrachten. Versuchen Sie möglichst schnell die Farben in den beiden Zeilen zu benennen. Sie werden merken, dass es Ihnen leichter fällt, die Farben der oberen Zeile zu benennen als die Farben der unteren Zeile, da bei der unteren Zeile eine Unterdrückung einer Reaktion notwendig ist (nämlich zum Beispiel »Blau« zu lesen). Dieser Effekt tritt auch dann auf, wenn die unterschiedlichen Informationen aus unterschiedlichen Sinnen kommen.

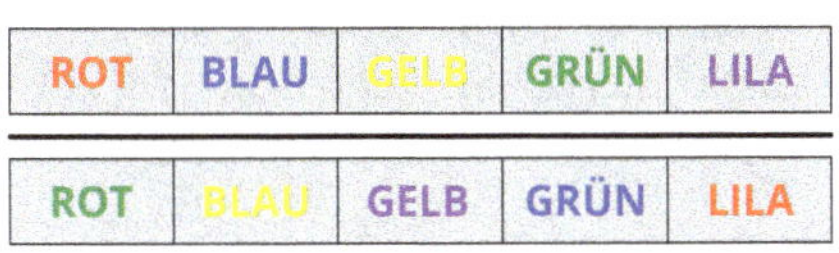

Abbildung 13.2: Die Stroop-Aufgabe: Lesen Sie beide Zeilen und benennen Sie die Farbe der Wörter (© Julian Keil)

Neuronale Mechanismen der nach innen gerichteten Aufmerksamkeit

Die nach innen gerichtete Aufmerksamkeit steuert die Gedanken auf bestimmte Ziele hin. Intuitiv erzeugt das bei Ihnen vielleicht das Bild einer kleinen Steuerperson in Ihrem Kopf, die die Zügel der Gedanken in der Hand hält. Die Aufmerksamkeit ist aber keine vom Rest des Gehirns abgekoppelte, allwissende Kontrollinstanz, vielmehr besteht ein ständiger Wechsel zwischen unterschiedlichen, kurz- oder langfristigen Zielen, die sowohl durch selbst erzeugte Informationen aus dem Gedächtnis als auch durch von außen kommende

Informationen erzeugt und beeinflusst werden. Das subjektive Erleben und Wissen über diese Ziele ist eine zentrale Funktion des Bewusstseins. Nicht alle von außen kommenden Informationen sind so stark, dass sie auch in unser Bewusstsein dringen, sondern einige Entscheidungen werden durch sehr schwache und kaum wahrnehmbare Reize beeinflusst (denken Sie an den subtilen Einfluss des Geruchs).

Für die Verarbeitung der nach innen gerichteten Aufmerksamkeit sind vor allem der *präfrontale Kortex* und der *parietale Kortex* wichtig sowie die damit verbundenen Netzwerke aus Gehirnbereichen, das *exekutive Kontrollnetzwerk* und das *dorsale Aufmerksamkeitsnetzwerk.*

Präfrontaler Kortex und exekutives Kontrollnetzwerk

Alle Teile des *frontalen Kortex* sind an der Steuerung von Verhalten beteiligt, aber unterschiedliche Anteile erfüllen unterschiedliche Aufgaben. Informationen, die hier verarbeitet werden, üben einen Top-down-Einfluss auf motorische und sensorische Bereiche des Gehirns aus. Zwischen diesen Bereichen bestehen zahlreiche Verbindungen, um so Informationen im exekutiven Kontrollnetzwerk austauschen zu können.

- ✔ **Der dorsolaterale präfrontale Kortex** (**dlPFC**) ist wichtig, um Ziele und die für die Erreichung dieser Ziele relevanten Informationen aufrechtzuerhalten. Im dlPFC werden vor allem Regeln gelernt und Wissen über nicht mehr direkt vorhandene Informationen aufrechterhalten, um Handlungen zur Zielerreichung zu planen. Letzteres hängt stark mit dem Arbeitsgedächtnis zusammen. Sowohl Einzelzellableitungen als auch EEG-Messungen haben ergeben, dass Informationen, die so aufrechterhalten werden, mit einer höheren Feuerrate von Neuronen im dlPFC und einer höheren Amplitude der Theta-Oszillationen (4 bis 8 Hz) einhergehen.

  Ein bekannter Test dieser Funktionen ist der *Wisconsin Card Sorting Test* (WCST), bei dem ein Spieler durch Ausprobieren lernen muss, ob eine Karte mit mehreren Symbolen nach der Farbe, Form oder Anzahl der Symbole zugeordnet werden soll. Dazu müssen das Ziel und die bisher ausprobierten Strategien ständig aufrechterhalten werden, und die Strategie muss entsprechend der neuen Informationen aktualisiert werden.

- ✔ **Der ventromediale präfrontale Kortex** (vmPFC) ist wichtig, um die Auswirkungen von Handlungen zu überwachen. Er steht in enger Verbindung zu subkortikalen Bereichen, die für das Gedächtnis und Emotionen wichtig sind, sowie zu allen sensorischen Bereichen. Hier werden vor allem Bewertungen von Zielen und Handlungen sowie Informationen über das Erreichen der Ziele verarbeitet. Einzelzellableitungen und fMRT-Untersuchungen haben gezeigt, dass die neuronale Aktivität im vmPFC vom wahrgenommenen Wert eines Ziels oder einer Handlung abhängt. Ein bekannter Test dieser Funktion ist die *Iowa Gambling Task* (*IGT*), bei der ein Spieler anhand von Gewinn oder Verlust lernen muss, welcher von vier Kartenstapeln zum höchsten Gewinn führt.

- ✔ **Das exekutive Kontrollnetzwerk** ist immer dann aktiv, wenn besonders viel nach innen gerichtete Aufmerksamkeit notwendig ist. Entdeckt wurde dieses Netzwerk bei der Analyse von fMRT-Daten in verschiedenen Aufgaben. Dabei zeigte sich, dass die BOLD-Aktivität in verteilten Netzwerken mehrerer Gehirnbereiche hoch korreliert war. Bei Aufgaben mit hohem Bedarf an kognitiver Kontrolle waren dlPFC, vmPFC und superiorer Parietallappen gemeinsam aktiv. In diesem Zuge wurde auch ein Netzwerk entdeckt, das bei Entspannung und Ruhe besonders aktiv ist. Dieses Netzwerk wurde *Default Mode Network* genannt, und mittlerweile ist bekannt, dass es vor allem mit selbstreferentiellem Denken, also den Denkprozessen, die in Bezug zur eigenen Person stehen, assoziiert ist.

Parietaler Kortex und dorsales Aufmerksamkeitsnetzwerk

Neben dem frontalen Kortex ist auch der *parietale Kortex* in die Steuerung der nach innen gerichteten Aufmerksamkeit eingebunden. Er ist vor allem für die Selektion von besonders wichtigen sensorischen Informationen oder Handlungen relevant.

✔ **Der dorsomediale parietale Kortex** ist wichtig für die Orientierung des Körpers im Raum und die entsprechende Planung und Steuerung von Handlungen. Außerdem werden hier Informationen der unterschiedlichen sensorischen Systeme zusammengeführt, die entsprechend den aktuell gewählten Zielen gewichtet werden. Einzelzellableitungen und Läsionsstudien haben ergeben, dass die neuronale Aktivität hier besonders hoch ist, wenn Handlungen geplant werden.

✔ **Das dorsale Aufmerksamkeitsnetzwerk** ist immer dann aktiv, wenn es um die Planung und Ausführung von Informationen und Handlungen geht. Es umfasst das frontale Augenfeld und den intraparietalen Sulcus. Vor allem bei Aufgaben, bei denen die Kontrolle über Handlungen und zielgerichtetes Verhalten wichtig sind, ist dieses Netzwerk aktiv.

Wenn alles geklappt hat: Das Belohnungssystem

Ob eine Handlung erfolgreich war oder eine erwartete Belohnung nach einer Handlung ausbleibt, wird über das *Belohnungssystem* verarbeitet. Es umfasst neben dem präfrontalen Kortex ein Netzwerk aus subkortikalen Bereichen wie dem anterioren Cingulum (ACC), dem Striatum und dem ventralen Tegmentum. Diese subkortikalen Bereiche sind auch für die Verarbeitung von Emotionen verantwortlich; hier besteht also eine Überschneidung zwischen der Überwachung und Planung der Handlung und der emotionalen Bewertung der Handlung und ihrer Folgen (mehr zu Emotionen lesen Sie in Kapitel 15).

✔ Das *ventrale Tegmentum* (VTA) im Mittelhirn ist der Ausgangspunkt dopaminerger Neuronen, die zahlreiche Bereiche des Gehirns beeinflussen. Gleichzeitig bekommt es Informationen von den Assoziationsarealen und dem präfrontalen Kortex, also von den Bereichen, in denen Ziele, Regeln und Reaktionen verarbeitet werden. Vor allem zwei Bahnen sind für das Belohnungssystem wichtig:

- Der *mesokortikale Pfad* zieht zum präfrontalen Kortex und ist vor allem für die Überwachung der Konsequenzen einer Handlung relevant.
- Der *mesolimbische Pfad* zieht zur Amygdala und ist für die Bewertung der Wichtigkeit einer Handlung relevant.

- Das *Striatum*, insbesondere der *Nucleus accumbens*, wird durch das VTA beeinflusst. Es sendet wiederum Informationen zurück an subkortikale Kerngebiete wie die Substantia nigra und zurück an das VTA. Das Striatum spielt eine Rolle bei der Verstärkung von Handlungen, die ein erwartetes oder positives Ergebnis hatten, und ist damit relevant für die Verstärkung von Verhalten.
- Das *anteriore Cingulum* (auch anteriorer Gyrus cinguli genannt) steht in direkter Verbindung zum Nucleus accumbens und mit zahlreichen weiteren Bereichen wie der Amygdala, dem Hippocampus und dem Hypothalamus. Hier werden vor allem Konflikte verarbeitet, seien es Konflikte zwischen unterschiedlichen Handlungsalternativen wie bei der Stroop-Aufgabe (siehe Abbildung 13.2), oder Konflikte zwischen vorhergesagten und tatsächlich eingetretenen Konsequenzen, also Fehler. Darüber hinaus spielt es eine Rolle für die Handlungsplanung, da unterschiedliche Handlungsalternativen mit den unterschiedlichen Konsequenzen abgeglichen werden, und dann das jeweilige Ergebnis der Handlungen überwacht wird.
- Der *präfrontale Kortex* ist der Ort, an dem die unterschiedlichen Informationen aus dem Belohnungssystem zusammenlaufen. Vor allem das Arbeitsgedächtnis spielt eine zentrale Rolle für die Bewertung von Handlungen entsprechend ihrer Konsequenzen. Hier werden die Informationen über die unterschiedlichen, bisherigen Handlungen und ihre Konsequenzen gespeichert, und jede neue Handlung kann mit diesem Wissen abgeglichen werden, um so zu lernen, ob diese Handlung besser oder schlechter war als die bisherigen Handlungen.

Die nach außen gerichtete Aufmerksamkeit

Wie Sie in den vorherigen Kapiteln nachlesen können, erreichen Informationen über die Umwelt das zentrale Nervensystem über die unterschiedlichen Sinne, die zunächst getrennt verarbeitet werden. Die nach *außen gerichtete Aufmerksamkeit* dient dazu, bestimmte Informationen auszuwählen und zu gewichten. Sie können sich das vorstellen wie einen Scheinwerfer: Je nachdem wohin Sie den Scheinwerfer richten, bekommen Sie unterschiedliche Informationen. Dieses Bild des »*spotlight of attention*« wurde von Anne Treisman beschrieben.

Die nach außen gerichtete sensorische Aufmerksamkeit dient dazu, einzelne Sinneskanäle, oder innerhalb eines Sinneskanals einzelne Teilinformationen, in den Vordergrund zu holen, um so diese Informationen verstärkt und genauer verarbeiten zu können.

Die nach außen gerichtete Aufmerksamkeit beinhaltet die Auswahl von Informationen von unterschiedlichen Sinnen, aus Orten im Raum, und über unterschiedliche Zeiträume hinweg. Diese unterschiedlichen Aspekte von Raum und Zeit sind aber nicht getrennt: Das Ziel ist es, zusammenhängende Objekte zu erkennen und zu verfolgen. Auch die einzelnen Sinne arbeiten dabei nicht unabhängig voneinander. Die stärkere Gewichtung eines Sinnes geht mit einer geringeren Gewichtung eines anderen Sinnes einher. Stellen Sie sich ein Gespräch auf einer Party vor: Wenn Sie Ihre Aufmerksamkeit auf die Worte Ihrer Gesprächspartnerin lenken, dann können Sie sie besser verstehen, aber dafür bemerken Sie vielleicht nicht, wie eine Person in einem Gorilla-Kostüm durch die Menge läuft. Signale aus unterschiedlichen Sinnen, die redundante oder sich ergänzende Informationen transportieren, können die Verarbeitung auch verstärken. Die Mundbewegungen Ihrer Gesprächspartnerin geben Ihnen zusätzliche, hilfreiche Informationen, um die auditorische Information der Worte zu verstehen. Dieser *redundante Zielreiz-Effekt* zeigt, wie unterschiedliche Sinne konvergieren, und Aufmerksamkeit dient dazu, diese Informationen zu multisensorischen Objekten zu kombinieren. Fällt auf der lauten Party irgendwo im Raum Ihr Name, dann werden Sie vielleicht hellhörig, obwohl Sie zuvor die anderen Gespräche ausgeblendet haben. Dieses sogenannte »Cocktailparty-Phänomen« zeigt, wie Informationen ständig parallel verarbeitet werden, um die Aufmerksamkeit schnell zu besonders wichtigen, also salienten, Informationen zu lenken.

Die nach außen gerichtete räumliche Aufmerksamkeit dient dazu, ausgewählte Aspekte der Umwelt zu verstärken und andere zu unterdrücken. Die Idee des »spotlight of attention« impliziert, dass die Aufmerksamkeit immer nur auf einen kleinen Ausschnitt der Umwelt gerichtet wird, um Informationen von diesem Ort zu verarbeiten

Sie können die Auswahl einzelner Aspekte der Umwelt vermutlich genau jetzt nachvollziehen: Sie lesen aufmerksam diesen Text und blenden gleichzeitig aus, was links und rechts von Ihnen vor sich geht. Die räumliche Aufmerksamkeit hängt stark mit Augenbewegungen, den *Sakkaden*, zusammen. Neben dieser offenen räumlichen Aufmerksamkeit kann sie allerdings auch verdeckt auf Orte gerichtet werden, die außerhalb des fixierten Blickes liegen. Sowohl offene als auch verdeckte Aufmerksamkeit können durch endogene, also selbst erzeugte Ziele und Pläne, als auch durch exogene, also von außen kommende Hinweisreize, gelenkt werden. Im Alltag besteht ein ständiger Wettstreit zwischen der endogenen und exogenen Aufmerksamkeit, was Sie jetzt auch wieder nachvollziehen können: Auch wenn Sie das Ziel haben, diesen Text aufmerksam zu lesen, kann das Vibrieren eines Telefons oder das Läuten einer Türklingel Sie von diesem noch so spannenden Text ablenken. Aus der Beschreibung der sensorischen und räumlichen Aufmerksamkeit wird klar, dass sich die nach außen gerichtete Aufmerksamkeit über die Zeit verändert.

✔ **Die nach außen gerichtete zeitliche Aufmerksamkeit dient dazu, den Fokus über die Zeit zu verändern, zeitliche Regelmäßigkeiten in der Umwelt zu erkennen und das Auftreten eines Ereignisses vorherzusagen.**

Wenn Sie wissen, dass für Sie wichtige Ereignisse in einem bestimmten Abstand, zum Beispiel einmal pro Minute, auftreten, dann können Sie die begrenzten Verarbeitungskapazitäten gezielt auf diese Zeitpunkte lenken und in der Zwischenzeit etwas anderes beachten. Genauso kann das Wissen darüber, dass ein Ereignis immer nach einer bestimmten Zeit auf einen Hinweis hin erfolgt, dabei helfen, die Verarbeitungskapazitäten auf das bevorstehende Ereignis hin auszurichten. Wissen über die zeitliche Dauer einer Handlung oder eines Ziels unterstützt so die Lenkung der räumlichen und sensorischen Aufmerksamkeit. Das geht aber nicht unbegrenzt, sondern ab einer Vorbereitungszeit von mehr als sieben bis acht Sekunden ist die Lenkung der Aufmerksamkeit wieder erschöpft. Auch die Verarbeitung eines Reizes selbst erfordert Aufmerksamkeit, sodass für einen kurzen Moment, nachdem Sie einen für Sie wichtigen Reiz wahrgenommen haben, die Aufmerksamkeit »blinzelt«. Dieser »*attentional blink*« bedeutet, dass die Weiterverarbeitung relevanter Informationen so viele Verarbeitungskapazitäten benötigt, dass für bis zu einer halben Sekunde keine neuen Informationen mehr beachtet werden können.

✔ **Die unterschiedlichen Facetten der nach außen gerichteten Aufmerksamkeit dienen dazu, zusammenhängende Objekte wahrzunehmen.**

Wie Sie selbst nachvollziehen können, erleben Sie Ihre aktuelle Umwelt gerade vermutlich nicht als ein Mosaik aus unverbundenen Farben, Formen, Geräuschen und Texturen, sondern als eine Ansammlung von Objekten mit bestimmten Eigenschaften. Die Buchstaben vor Ihnen formen zusammenhängende Wörter, die gemeinsam auf einer Seite stehen, die zusammen ein Buch bilden. Die Aufmerksamkeit kann dabei entweder auf einzelne lokale Eigenschaften oder auf ein globales Objekt gerichtet werden. Abbildung 13.3 illustriert die Lenkung der Aufmerksamkeit: Sie können entweder das H als Buchstabensymbol oder viele A-Buchstaben als lokale Eigenschaften beachten. Wenn Sie die Instruktion bekommen, den roten Buchstaben zu suchen, müssen Sie die Verarbeitungskapazitäten aber auf die lokalen Eigenschaften richten und für die Dauer der Aufgabe einen bestimmten Ort im Raum suchen.

```
A           A
A           A
A           A
A A A A A A A
A           A
A           A
A           A
```

Abbildung 13.3: Globale Objekte und lokale Eigenschaften (© Julian Keil)

Neuronale Mechanismen der nach außen gerichteten Aufmerksamkeit

Die nach außen gerichtete Aufmerksamkeit umfasst vor allem die Modulation lokaler neuronaler Aktivität, um bestimmte Objekte oder Eigenschaften verstärkt zu verarbeiten. Dabei sind zwei Prozesse besonders wichtig: die Entdeckung relevanter Reize und die Zuweisung von Verarbeitungskapazitäten zu dem sensorischen Areal, in dem diese Reize verarbeitet werden. Für den ersten Prozess ist das ventrale Aufmerksamkeitsnetzwerk wichtig; für den zweiten Prozess jedoch Veränderungen der neuronalen Aktivität über neuronale Oszillationen. Beide Prozesse geschehen unter Steuerung von Top-down-Einflüssen aus dem dlPFC.

Das ventrale Aufmerksamkeitsnetzwerk

Das *ventrale Aufmerksamkeitsnetzwerk* (auch *Salienznetzwerk* genannt) umfasst die anteriore Insula und das dorsale anteriore Cingulum.

- ✔ Das ventrale Aufmerksamkeitsnetzwerk ist das Bindeglied zwischen nach außen und nach innen gerichteter Aufmerksamkeit. Multisensorische Bottom-up-Information aus den sensorischen Bereichen kann dieses Netzwerk aktivieren, wenn die Information entweder besonders stark, also besonders salient, ist, oder wenn sie für die gerade relevanten Handlungen und Ziele bedeutsam ist.

- ✔ Die Aktivierung des Netzwerkes führt zu einem Wechsel von Aktivität im Default Mode Network hin zum exekutiven Kontrollnetzwerk, sodass dann gerichtet Top-down-Informationen aus dem dlPFC die Aktivität in sensorischen Bereichen verstärken oder hemmen. Hierbei spielen Erwartungen und Vorhersagen eine wichtige Rolle: Trifft genau die erwartete sensorische Bottom-up-Information ein, besteht kein Handlungsbedarf. Kommen aber unerwartete Informationen an, so müssen Handlungen kontrolliert und womöglich Ziele angepasst werden.

Diesen Effekt können Sie selbst gut ausprobieren: Stellen Sie sich vor, Sie spielen mit einem Freund »Schere-Stein-Papier« und Ihr Gegenüber zeigt wiederholt Papier. Sie können also vorhersagen, dass er auch in Zukunft Papier zeigen wird, und ohne viel Nachdenken können Sie immer mit Schere reagieren. Auf einmal zeigt er aber Stein, und Sie verlieren mit Ihrer Schere. Diese jetzt wichtige sensorische Bottom-up-Information »Stein« führt zur Aktivierung des dorsalen anterioren Cingulums. Im EEG lässt sich diese Aktivierung als eine langsame Welle, die *error-related negativity* darstellen. Kurz darauf kommt es zu einer verstärkten Aktivität in den sensorischen und motorischen Bereichen, damit Ihnen so ein Fehler nicht noch einmal passiert. Die emotionale Bewertung des Fehlers erfolgt dabei über die Insula.

Neuronale Oszillationen bei der Aufmerksamkeit

Die Modulation der Aktivität in sensorischen und motorischen Bereichen erfolgt über *neuronale Oszillationen*. Dabei spielen zwei Frequenzbänder eine besondere Rolle: das Alpha-Band (8–12 Hz) und das Theta-Band (6–8 Hz).

- ✔ Eine Erhöhung der Amplitude der Alpha-Band-Oszillationen ist immer dann in sensorischen und motorischen Bereichen des Neokortex zu beobachten, wenn diese Bereiche gerade nicht an aktiven Handlungen oder Wahrnehmungsaufgaben beteiligt sind. Ein Beispiel dafür ist die Richtung der visuellen räumlichen Aufmerksamkeit: Im visuellen System liegt eine Kreuzung der Sehbahn vor, und das linke visuelle Feld wird im rechten Okzipitallappen verarbeitet (siehe Kapitel 10). Wenn Sie Ihre Aufmerksamkeit nun nach links richten, ist der rechte Okzipitallappen an der Informationsverarbeitung beteiligt, und die Alpha-Band-Amplitude im linken Okzipitallappen wird erhöht und im rechten Okzipitallappen reduziert.

- ✔ Die Phase der Alpha-Oszillation spielt eine Rolle für die Aufmerksamkeit und die damit verbundene Wahrnehmung. Es hat sich gezeigt, dass die Wahrnehmung eines identischen Reizes unterschiedlich ist, je nachdem ob dieser Reiz am Gipfel oder am Tal einer Alpha-Oszillation erscheint. Daraus wurde die Theorie abgeleitet, dass die Alpha-Oszillationen zeitliche »Fenster« für die Aufmerksamkeit darstellen.

- ✔ Die im präfrontalen Kortex und anterioren Cingulum generierten Theta-Band-Oszillationen dienen dazu, dynamisch die Aktivität zwischen motorischen und sensorischen Arealen zu verteilen. So hat sich gezeigt, dass zahlreiches motorisches und aktives sensorisches Verhalten wie zum Beispiel Augenbewegungen oder Schnupperbewegungen der Nase bei Tieren im Theta-Rhythmus erfolgen. Daraus wurde abgeleitet, dass der Fokus der nach außen gerichteten Aufmerksamkeit im Theta-Rhythmus von einem Bereich zum anderen springt. Die Amplitude der Theta-Oszillationen steigt auch mit der Beanspruchung des Arbeitsgedächtnisses: Je mehr Informationen im Arbeitsgedächtnis gehalten werden, oder je stärker der Bedarf an kognitiver Kontrolle ist, desto höher ist die Amplitude der Theta-Oszillationen.

Predictive Coding

Auf Grundlage des Zusammenspiels von aufsteigender Bottom-up-Information und absteigender Top-down-Rückmeldung bei der Bildung rezeptiver Felder im visuellen System stellten Rajesh Rao und Dana Ballard die Theorie des *Predictive Coding* auf. Kurz gesagt beschreibt diese Theorie den Zyklus von der Aufnahme sensorischer Informationen, über das Ableiten und Erlernen von Regeln aus den sensorischen Informationen, bis zum Abgleich zwischen den, aufgrund der Regeln erwarteten, Informationen und den neuen sensorischen Informationen. Die zentrale Idee dabei ist, dass im Gehirn ein internes Modell erstellt wird, um die neu ankommenden Informationen vorherzusagen. Dies erlaubt eine sehr sparsame Arbeitsweise, in der nur noch Fehler der Vorhersage (*Prediction error*) aufwendig verarbeitet werden müssen, während alle korrekt vorhergesagten Informationen ignoriert werden können.

Karl Friston erweiterte diese Theorie: Wahrnehmungen und Handlungen, Aufmerksamkeit und Selektion bilden bei ihm ein zyklisches Zusammenspiel mit dem Ziel, den Vorhersagefehler und somit den Verbrauch der *freien Energie* zu minimieren. In Anlehnung an die Thermodynamik stellt er die Hypothese auf, dass alle Lebewesen darauf abzielen, möglichst wenig Energie zu verbrauchen und so die für andere Dinge verfügbare, freie Energie zu maximieren. Unerwartete Ereignisse erfordern viel Energie, und so sollte es das Ziel sein, diese Überraschungen zu vermeiden, oder zumindest so viel Energie zur Verfügung zu haben, um angemessen auf sie reagieren zu können.

Auf den Zusammenhang zwischen Wahrnehmung und Handlung angewendet bedeutet das, dass es das Ziel ist, möglichste korrekte Vorhersagen über die Umwelt aufzustellen, um möglichst nicht von neuen Wahrnehmungen oder unvorhergesehenen Konsequenzen einer Handlung überrascht zu werden. In der Tat stimmen zahlreiche experimentelle Befunde mit dieser Theorie überein: Vollständig erwartete Reize führen zu deutlich geringeren Reaktionen im Gehirn; unerwartete Konsequenzen, wie zum Beispiel Fehler, ziehen dagegen eine starke neuronale Reaktion nach sich und führen zu Handlungsanpassungen. Predictive Coding ist eine der einflussreichsten Theorien in der Biologischen Psychologie der letzten Jahre, aber nach wie vor sind nicht alle Aspekte dieser Theorie vollständig untersucht, und es gibt noch zahlreiche Kontroversen.

Störungen der Aufmerksamkeit

Die Lenkung der Aufmerksamkeit ist eine der wichtigsten Funktionen, um gezielte und sinnvolle Handlungen auszuführen. Störungen der Lenkung der Aufmerksamkeit finden sich in zahlreichen klinischen Störungsbildern, und der Großteil dieser Störungen bezieht sich auf die Aktivität im präfrontalen Kortex, aber auch im parietalen Kortex.

- **Läsionen oder Funktionsstörungen im dlPFC** führen zu Defiziten der kognitiven Kontrolle, was Sie zum Beispiel mit dem *Wisconsin Card Sorting Test* bestimmen können. Patienten mit Störungen im dlPFC haben Schwierigkeiten, die Handlungsregeln, nach denen die Karten sortiert werden sollen, zu lernen, oder ihre Sortierung nach einer Regeländerung anzupassen. Zudem zeigen sie Impulskontrollstörungen, die sich in spontanen Abweichungen von gelernten Regeln äußern. Bei diesen Patienten ist auch die Flüssigkeit der Sprache eingeschränkt, sodass sie zum Beispiel Schwierigkeiten haben, spontan Wörter zu produzieren, die mit R anfangen. Sie produzieren hier weniger Wörter als gesunde Kontrollpersonen und weichen häufiger von der Anweisung ab.

BEISPIEL

Auch Alkohol schränkt (unter anderem!) die Funktion des dlPFC ein, wie Sie selbst ausprobieren können. Je mehr Alkohol Sie konsumieren, desto schlechter wird Ihre Leistung bei der spontanen Wortsuche ausfallen. Sie produzieren vermutlich weniger unterschiedliche Wörter, mehr Wörter, die nicht mit R anfangen, oder fangen nach dem ersten R an zu stocken.

- **Läsionen oder Funktionsstörungen im orbitofrontalen Kortex (OFC)** führen zu Defiziten bei der emotionalen Bewertung von Handlungsfolgen und dem Lernen aus Fehlern. Bei Personen mit diesen Störungen sind die grundlegenden kognitiven Fähigkeiten intakt, aber häufig haben sie Schwierigkeiten dabei, die Konsequenzen einer Handlung abzuschätzen und gegeneinander abzuwägen, was zu Problemen bei der Entscheidungsfindung führt. Auch haben die Schwierigkeiten, aus Fehlern zu lernen, bei der *Iowa Gambling Task* zur Folge, dass Personen mit Störungen des OFC die Kartenstapel mit dem höchsten durchschnittlichen Gewinn nicht identifizieren können, oder nicht lernen, die Stapel mit dem höchsten Verlust zu vermeiden.

- **Läsionen oder Funktionsstörungen im parietalen Kortex** führen zu Schwierigkeiten bei der Lenkung der räumlichen und zeitlichen Aufmerksamkeit. Dies kann dazu führen, dass die Koordination von motorischen Handlungen entsprechend der sensorischen Information nicht gelingt, dass einzelne Sinnesempfindungen nicht zu einem Objekt kombiniert werden, oder dass die Aufmerksamkeit nicht über längere Zeiträume aufrechterhalten werden kann. In schweren Fällen kann es auch zu Wahrnehmungsstörungen wie dem *Neglect* führen, bei dem bestimmte Anteile der Umwelt nicht beachtet werden.

- **Bei Aufmerksamkeitsdefizit- und Hyperaktivitätsstörungen** treten veränderte neuronale Oszillationen auf. Personen, die an diesen Störungen leiden, haben häufig Schwierigkeiten, relevante sensorische Information zu identifizieren und über längere Zeit zu beachten, was sich in einer reduzierten Modulation der Alpha- und Theta-Oszillationen zeigt. Auch der Wechsel von einer Aufgabe oder Information zu nächsten kann hier ein Problem darstellen. Eine Erhöhung der neuronalen Erregung im präfrontalen Kortex mithilfe von *Amphetaminen* kann die Lenkung der sensorischen Aufmerksamkeit hier unterstützen. Einige Arbeiten weisen darauf hin, dass auch eine sensorische Stimulation über Musik oder auditorisches weißes Rauschen eine solche unterstützende Rolle spielen kann.

Das Fallbeispiel Phineas Gage

Eine Hirnschädigung kann manchmal einen tiefgreifenden Einfluss auf die Fähigkeit zur Steuerung der Aufmerksamkeit eines Menschen haben. Eines der berühmtesten Beispiele ist der Fall von Phineas Gage. Gage war Bauarbeiter im Eisenbahnbau im 19. Jahrhundert, und seine Aufgabe war es, Sprengstoff in Sprenglöcher zu stopfen, um die Sprengungen auf einer Eisenbahnbaustelle in Vermont vorzubereiten. Dabei traf sein Stampfeisen auf einen Felsen und der Funkenschlag löste eine Explosion aus. Als die Sprengladung explodierte, schleuderte sie das Stampfeisen in seinen Kopf, direkt unter sein linkes Auge. Nachdem es den Frontallappen durchschlagen hatte, trat die Stange oben aus Gages Kopf.

Gage überlebte diesen Unfall, und nachdem er sich von seinen Wunden erholt hatte, war er auf den ersten Blick normal (aber auf einem Auge blind) und lebte noch weitere zwölf Jahre, wobei sich seine Persönlichkeit drastisch und dauerhaft verändert hatte. Als er versuchte, in seinen alten Job zurückzukehren, fand die Firma, dass er sich so sehr zum Schlechten verändert hatte, dass sie ihn nicht wieder einstellen wollten. Vor dem Unfall war Gage ein effizienter und fähiger Vorarbeiter, der alle seine Pläne beharrlich umsetzte. Nach dem Unfall hatte er scheinbar Schwierigkeiten, seine Impulse zu kontrollieren, und war ungeduldig und rücksichtslos, auch konnte er Handlungen nur schwer planen oder an neue Situationen anpassen oder ändern. Sein Fall zeigt eindrücklich, welche Rolle der Frontallappen für die Handlungsplanung, die Impulskontrolle und die Aufmerksamkeit hat.

IN DIESEM KAPITEL

Die unterschiedlichen Gedächtnisarten

Einschränkungen des Gedächtnisses

Kapitel 14
Lernen und Gedächtnis

Stellen Sie sich vor, Sie sitzen in einer Vorlesung, Sie folgen dem Vortrag der Dozentin und hören dem konstanten Informationsfluss zu. Sie sind hoch konzentriert und versuchen, alle relevanten Aspekte des Vortrags aufzunehmen und zu behalten. Dafür muss die Information zunächst durch die unterschiedlichen sensorischen Systeme aufgenommen werden. Anschließend muss die Information kurzzeitig in den sensorischen Speichern behalten werden, um sie weiterzuverarbeiten. Dies umfasst in der Regel bereits eine Selektion der relevanten sensorischen Anteile durch eine Lenkung der Aufmerksamkeit. So ist zum Beispiel die Farbe des Hemdes der vor Ihnen sitzenden Person gerade nicht so relevant für den Inhalt der Vorlesung, sodass diese Information nicht weiterverarbeitet wird. Um das eben gehörte Wissen dann zumindest bis zur anstehenden Klausur zu behalten, muss es von einem Kurzzeit- in einen Langzeitspeicher übertragen werden. Und in der Klausur muss es dann den umgekehrten Weg vom Langzeit- in den Kurzzeitspeicher nehmen.

Dieses für Sie vermutlich alltägliche Beispiel zeigt das komplexe Zusammenspiel unterschiedlicher Formen des Gedächtnisses und der Aufmerksamkeit, die für erfolgreiches Lernen und die Bildung des Gedächtnisses wichtig sind. *Lernen* und *Gedächtnis* sind zentrale Themen der Biologischen Psychologie, und Einschränkungen des Gedächtnisses haben eine große Bedeutung für eine alternde Gesellschaft. So ist es nicht verwunderlich, dass sich sehr viele Forscherinnen und Forscher mit diesem Thema beschäftigen und beschäftigt haben. Aus zahlreichen Studien an Tieren und Menschen sind die mit dem Lernen und dem Gedächtnis verbundenen neuronalen Mechanismen bereits gut erforscht.

Alle lernen – auch Einzeller!

Menschen und Tiere können lernen und ein Gedächtnis entwickeln, das ist klar. Aber selbst andere Lebewesen wie zum Beispiel Einzeller oder Pflanzen zeigen überdauernde Verhaltensänderungen, die als Gedächtnis interpretiert werden können.

Bereits Ende des 19. Jahrhunderts berichtete Wilhelm Pfeffer, dass die Mimose (*Mimosa pudica*) Habituation zeigte, eine Reduktion des Schließens ihrer Blätter bei wiederholten Reizen, die sich nicht durch eine Ermüdung des Schließmechanismus erklären ließ. Neuere Untersuchungen ergaben, dass dieses Verhalten adaptiv ist, also vor allem in kargen Umgebungen wie zum Beispiel im Schatten auftritt.

Der Schleimpilz *Physarum polycephalum* ist kein Pilz, sondern ein vielkerniger Einzeller, der bis zu mehrere Quadratmeter groß werden kann. Auch er zeigt ein Gedächtnis in Form der Anpassung der Form an den Ort früherer Nahrungsquellen und eine Habituation auf zeitlich wiederkehrende Reize. Ebenso gibt es Berichte über adaptives Verhalten und sogar das Lernen von Reizzusammenhängen bei Einzellern wie dem Pantoffeltierchen (*Paramecium*). Die genauen Mechanismen dieser unterschiedlichen Formen des Gedächtnisses sind noch nicht vollständig erforscht. Dennoch scheinen die grundlegenden zellulären Mechanismen der Anpassung an wiederholte Reize bereits bei sehr einfachen Lebewesen vorhanden zu sein.

Die unterschiedlichen Formen des Gedächtnisses

Was macht ein *Gedächtnis* aus, und was ist *Lernen*? Das Gedächtnis lässt sich beschreiben als das Behalten von Informationen über die Zeit, und das Lernen als das Sammeln dieser Informationen. Bei genauerer Betrachtung wird aber sehr schnell klar, dass es sehr unterschiedliche Formen des Gedächtnisses gibt, die auch nicht alle gleich gebildet werden. Wie so häufig in der Biologischen Psychologie gibt es das Problem, ein psychologisches Konzept mit biologischen Vorgängen abzugleichen. Im Laufe der Forschungsgeschichte wurde von Larry Squire eine *Taxonomie des Gedächtnisses* aufgestellt, die für die Betrachtung der unterschiedlichen Arten des Gedächtnisses, ihres Inhaltes und der damit assoziierten neuronalen Strukturen sehr hilfreich ist. Im weiteren Verlauf dieses Kapitels wird Ihnen diese Taxonomie (Abbildung 14.1) immer wieder begegnen.

Das deklarative Gedächtnis

Das *deklarative Gedächtnis*, auch *explizites Gedächtnis* genannt, umfasst alles, was Sie benennen können. Dazu gehört das Wissen über Fakten und subjektives Wissen über selbst erlebte Ereignisse. Der Übergang zwischen unterschiedlichen Inhalten ist fließend.

- ✔ Das *semantische Gedächtnis* umfasst das Wissen über Daten und Fakten. Alles, was Sie hier über die Biologische Psychologie lernen, wird als semantische Information gespeichert. Diese Information besitzt keine zeitliche Dimension.

- ✔ Das *episodische Gedächtnis* umfasst das Wissen über eigene Erlebnisse. Das Erlebnis, in einer Vorlesung zur Biologischen Psychologie zu sitzen, wird als episodische

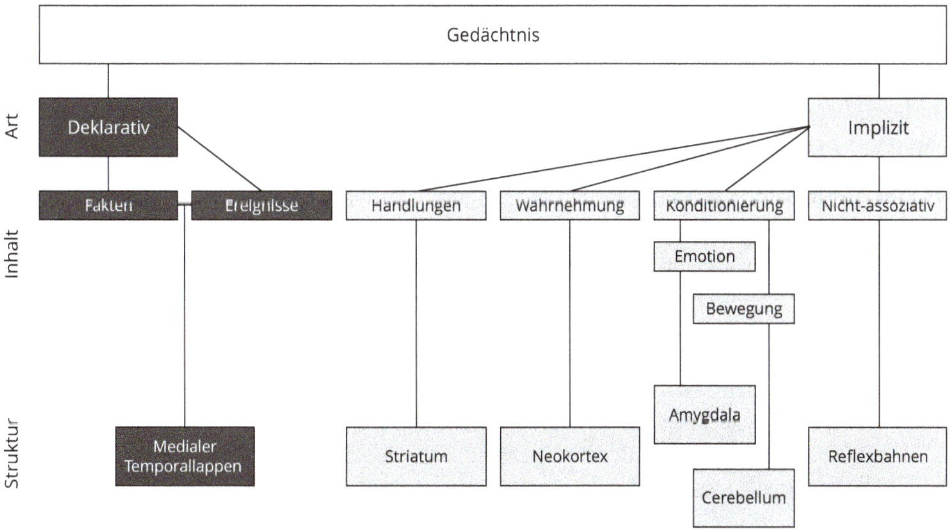

Abbildung 14.1: Die Taxonomie des Gedächtnisses nach Larry Squire (© Julian Keil)

Information gespeichert. Diese Information besitzt eine zeitliche Dimension: Sie können in der Regel sagen, wann dieses Erlebnis stattgefunden hat. Besonders starke episodische Informationen können zu semantischen Informationen werden.

Semantisches und episodisches Gedächtnis werden zunächst im Hippocampus im medialen Temporallappen verarbeitet und dann im Neokortex dauerhaft abgespeichert. Die neuronalen Strukturen für beide Formen des Gedächtnisses sind die gleichen, und auch die Einspeicherung und der Abruf der Informationen erfolgen über die gleichen Mechanismen.

Selbst wenn das deklarative Gedächtnis subjektiv sehr klare und eindeutig benennbare Informationen enthält, heißt das nicht, dass diese Informationen auch objektiv korrekt sind. Zum einen können Sie selbstverständlich falsche Fakten lernen. Zum anderen kann jeder Abruf einer Information aus dem Gedächtnis die gespeicherte Information beeinflussen, und durch wiederholte Hinweise lassen sich auch falsche Erinnerungen erzeugen. Diese *Suggestion* ist insbesondere in der Rechtspsychologie und bei der Begutachtung von Zeugenaussagen ein großes Problem, da durch leitende Fragen falsche Erinnerungen erzeugt werden können, die subjektiv aber nicht mehr von echten Erinnerungen zu unterscheiden sind.

Das implizite Gedächtnis

Das *implizite Gedächtnis*, oder auch *nicht-deklarative Gedächtnis*, umfasst alle Information, die Sie irgendwann einmal aufgenommen und abgespeichert haben, die Sie aber nicht unbedingt konkret benennen können. Dazu gehören vor allem Regelmäßigkeiten und Abläufe. Sie können zwar das grobe Konzept dieser Informationen benennen, haben aber Schwierigkeiten dabei, die einzelnen Schritte genau zu beschreiben.

Ein Beispiel dafür ist das motorische Lernen: Sie haben vermutlich irgendwann einmal gelernt, Ihre Schuhe zu binden. Das Wissen über diese Episode ist in Ihrem episodischen Gedächtnis abgespeichert (»Ich war im Kindergarten, als ich gelernt habe, meine Schuhe selbst zu binden«). Versuchen Sie jetzt aber einmal, jede einzelne Handlung beim Führen der Schnürsenkel zu benennen!

- ✔ **Das motorische Lernen** von Handlungen und Handlungsabläufen erfolgt über das wiederholte Ausführen der Handlung. Für die damit verbundene zeitliche Koordination der Muskelbewegungen sind die Basalganglien, vor allem das Striatum, besonders wichtig. Während zu Beginn die einzelnen Bewegungen noch mühsam koordiniert und gesteuert werden müssen, können nach dem Lernen auch komplexe Bewegungsprogramme aus dem *motorischen Gedächtnis* abgerufen werden, die dann automatisch ausgeführt werden. Der Inhalt des motorischen Gedächtnisses lässt sich weiter unterteilen: *Fähigkeiten* sind erlernte Bewegungsmuster, um eine bestimmte Aufgabe zu erledigen; *Angewohnheiten* sind erlernte Bewegungsmuster, die nicht unbedingt ein konkretes Ziel haben.

- ✔ **Das sensorische Gedächtnis** umfasst Regelmäßigkeiten in der Wahrnehmung bestimmter Reize aus der Umwelt. Die kurzzeitige Speicherung der Abfolge von Reizen wird in den primären sensorischen Arealen des Neokortex gespeichert. Beim *Priming* kann dieses Wissen dann genutzt werden, um zukünftige Ereignisse vorherzusagen, und so zum Beispiel Reaktionen vorzubereiten. Bei einem einfachen Startsignal kann die regelmäßige Abfolge von »Auf die Plätze, fertig, los« dazu dienen, dass Sie schnell aus dem Startblock kommen. Auch ein Hinweiswort wie zum Beispiel »Tisch« kann dazu führen, dass Sie den Wortanfang »St …« schneller und leichter als »Stuhl« vervollständigen und nicht zum Beispiel als »Stock« oder »Storch«.

- ✔ **Die Konditionierung** verknüpft wiederholte Abfolgen von Reizen zu einem stabilen Verhaltensmuster. Dies wird auch als *assoziatives Lernen* bezeichnet (dazu etwas weiter hinten in diesem Kapitel noch mehr). Ein bekanntes Beispiel ist die *klassische Konditionierung*. Je nach Reiz-Reaktions-Verbindung sind unterschiedliche Bereiche des Gehirns an dieser Form des Gedächtnisses beteiligt. Bei der *Furchtkonditionierung*, bei der aversive, plötzliche oder schmerzhafte Reize mit einem nachfolgenden Reiz verbunden werden, spielt die Amygdala eine zentrale Rolle. Die *Bewegungskonditionierung*, bei der Reize mit motorischen Reaktionen verknüpft werden, erfolgt vor allem über das Cerebellum.

- ✔ **Das nicht-assoziative Lernen** führt durch einzelne, ungepaarte Reize zu einer Verhaltensänderung. Im Gegensatz zum sensorischen Gedächtnis müssen diese Reize nicht bewusst verarbeitet werden, und im Gegensatz zum Konditionieren ist nicht immer eine wiederholte Abfolge von Reizen notwendig (dazu etwas weiter hinten in diesem Kapitel noch mehr). Diese Anpassung des Verhaltens erfolgt bereits auf Ebene der Reflexbahnen, zum Beispiel im Rückenmark, und bereits an einzelnen Zellen.

Das mag ich echt nicht: Geschmacksaversionen

Lernen benötigt nicht immer viele Wiederholungen, manchmal reicht auch eine einzige Erfahrung für ein dauerhaftes Gedächtnis aus. Ein Beispiel für dieses »*one-trial learning*«, die *konditionierte Geschmacksaversion*, kennen Sie vielleicht aus eigener Erfahrung: Haben Sie schon einmal so viel einer Substanz zu sich genommen, dass Ihnen davon schlecht wurde? Was passiert, wenn Sie diese Substanz jetzt wieder riechen oder schmecken? Folgt auf den Konsum eines bestimmten Nahrungsmittels Übelkeit, so entwickelt sich bereits nach einer einzigen Erfahrung eine dauerhafte Abneigung auf den Geschmack des Nahrungsmittels. Diese Abneigung kann auch von einer körperlichen Abwehrreaktion des parasympathischen Nervensystems wie Übelkeit, Herzrasen oder Schwindel begleitet werden. Eine bewusste Wahrnehmung der Assoziation zwischen Substanz und Reaktion ist dabei nicht notwendig. Es wird angenommen, dass diese erworbene Geschmacksaversion ein adaptiver Vorgang ist, der Lebewesen davon schützt, giftige Substanzen wiederholt zu konsumieren.

Zeit und Inhalt als unterschiedliche Dimensionen des Gedächtnisses

Die Unterteilung des Gedächtnisses in unterschiedliche Kategorien ist hilfreich, um zu verstehen, dass »Gedächtnis« keine einzelne Funktion ist, sondern viele Facetten umfasst. Gleichzeitig überlappen diese unterschiedlichen Kategorien zum Teil sehr stark und arbeiten zusammen. Daher kann es sinnvoll sein, Gedächtnis entlang von zwei Dimensionen zu betrachten: der Zeit und dem Inhalt.

- ✔ **Die Dimension »Zeit«** umfasst die Beschreibung des Lernens und des Gedächtnisses entlang der Speicherdauer und der Dauer, bis ein Inhalt langfristig gespeichert wird. Beim Lernen werden Informationen zunächst über die sensorischen Kanäle aufgenommen, dann im *Kurzzeitgedächtnis* gehalten, bevor sie ins *Langzeitgedächtnis* abgelegt werden. Unterschiedliche Modelle des Gedächtnisses treffen unterschiedliche Annahmen bezüglich der Speicherdauer der einzelnen Schritte. Einige Modelle gehen davon aus, dass die Informationen nach einem frühen sensorischen Speicher, der Informationen nur für wenige Hundert Millisekunden behält, ins Kurzzeitgedächtnis gegeben werden, wo sie für wenige Sekunden oder Minuten behalten werden, bevor sie dann ins Langzeitgedächtnis übergehen. Andere Modelle postulieren, dass Informationen nach den sensorischen Speichern zunächst im *Arbeitsgedächtnis* verarbeitet werden, bevor sie für wenige Stunden im Kurzzeitgedächtnis gehalten werden, um dann erst in das Langzeitgedächtnis überführt zu werden. Die unterschiedlichen Modelle stimmen in der Annahme überein, dass frühe Formen des Gedächtnisses flüchtig und instabil sind, während späte Formen dauerhafter und stabiler sind.

- ✔ **Die Dimension »Inhalt«** umfasst die Beschreibung des Lernens und des Gedächtnisses entlang der gespeicherten Inhalte. Unterschiedliche Modelle des Gedächtnisses gehen von unterschiedlichen Abgrenzungen der Inhalte aus. Informationen, die aufgenommen und abgespeichert werden, treten allerdings nur sehr selten isoliert auf: Jede Lernsituation geschieht in einem räumlichen und zeitlichen Kontext, umfasst häufig emotionale Reaktionen neben semantischen Inhalten und zudem motorisches Verhalten. Die Interaktion zwischen den unterschiedlichen Inhalten des Gedächtnisses zeigt sich auch darin, dass Informationen, die über mehrere Sinneskanäle aufgenommen werden, oder deren Aufnahme von einer motorischen Handlung wie zum Beispiel dem Schreiben, begleitet werden, besser erinnert werden als isolierte Informationen. Auch ist die Erinnerung an Informationen in dem räumlichen Kontext, in dem sie gelernt wurden, besser als an einem neuen Ort.

Neuronale Mechanismen des Gedächtnisses

Lernen und Gedächtnis lassen sich bereits bei einfachsten Lebewesen beobachten, und genauso lassen sich dauerhafte Veränderungen durch wiederholte Reize bereits in einzelnen Zellen erkennen. Für viele Formen des Gedächtnisses gibt es daher anschauliche und gut beschriebene zelluläre Modelle. Die Einspeicherung und der Abruf komplexer und kohärenter Informationen benötigen aber nicht nur die Aktivität einzelner Zellen, sondern umfassen größere neuronale Netzwerke.

Nicht-assoziatives Lernen

Nicht-assoziatives Lernen stellt die einfachste Form des Gedächtnisses dar. Bereits einzelne Zellen zeigen einer Reduktion der Neurotransmitterausschüttung auf wiederholte Reize (*Habituation*, siehe auch weiter vorn in diesem Kapitel), eine Verstärkung einer Reaktion über das Ursprungsniveau nach einem aversiven Reiz (*Sensitivierung*), oder eine Verstärkung der Reaktion auf oder unter das Ursprungsniveau nach einem neuen, nicht-aversiven Reiz (*Dishabituation*). Teils finden sich diese Prozesse bereits nach einem einzelnen Lerndurchgang: Insbesondere stark aversive Reize können bereits nach einmaliger Erfahrung zu dauerhaften Verhaltensänderungen führen.

Ein bekanntes Modell für diese Form des Gedächtnisses ist der *Kiemenrückziehreflex* der Meeresschnecke *Aplysia californica* (Abbildung 14.2). Sie eignet sich besonders gut für die Forschung, da ihr Nervensystem nur 20.000 Neuronen mit sehr großen Zellkörpern umfasst. Bei diesem Reflex zieht die Meeresschnecke ihre Kiemen zusammen, wenn der empfindliche Siphon berührt wird.

Die Habituation (Gewöhnung)

Bei einer mehrmaligen Berührung des Siphons der Meeresschnecke in kurzen Abständen wird der Kiemenrückziehreflex stark reduziert; es kommt zur *Habituation* (Gewöhnung). Diese Reaktionsdämpfung bleibt dann über mehrere Stunden bestehen. Treten die Berührungen in größeren Abständen (zum Beispiel Stunden) wiederholt auf, kann

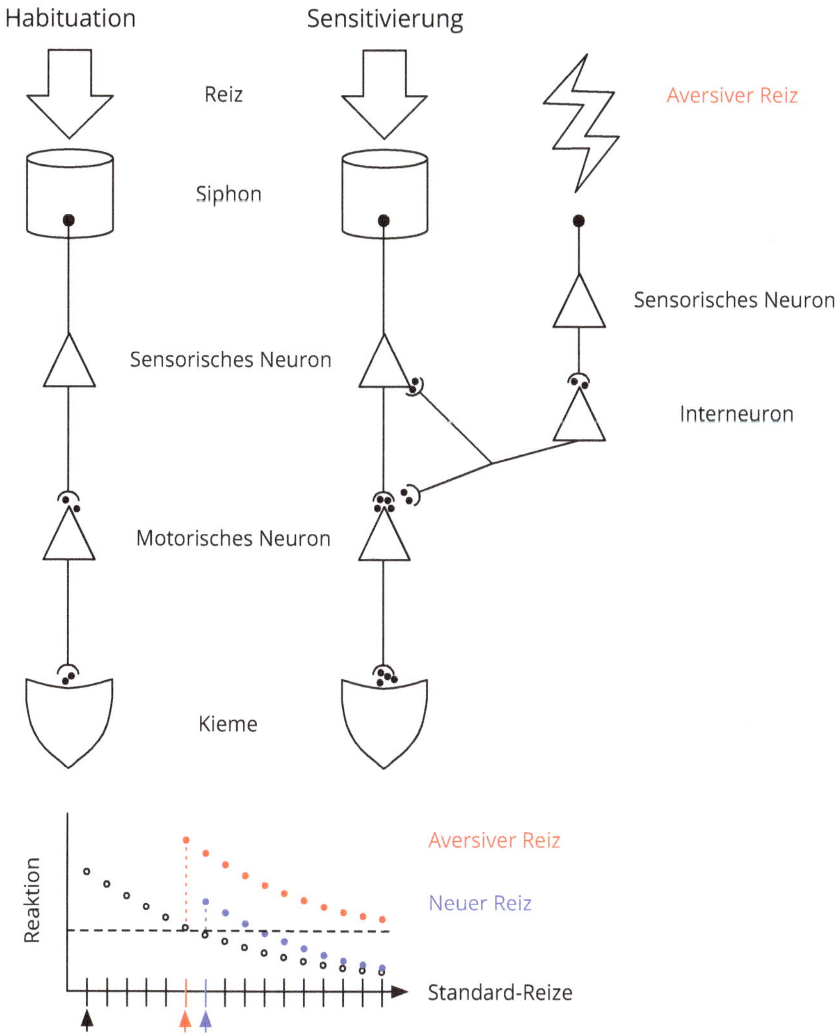

Abbildung 14.2: Die neuronalen Mechanismen des nicht-assoziativen Lernens (© Julian Keil)

die Reaktionsdämpfung auch über mehrere Wochen erhalten bleiben. Zwischen dem sensorischen Neuron des Siphons und dem motorischen Neuron der Kieme besteht eine Verbindung über eine einzelne *glutamaterge* Synapse. Bei der Habituation treten zwei Prozesse auf.

✔ **Laufen wiederholt Aktionspotentiale am Axonterminale des sensorischen Neurons ein, werden dort Ca^{2+}-Kanäle deaktiviert.** Durch den so reduzierten Ca^{2+} -Einstrom wird die Fusion der Vesikel mit der präsynaptischen Membran reduziert und es wird weniger Glutamat freigesetzt. Dadurch wird das exzitatorische postsynaptische Potential (EPSP) an der Postsynapse reduziert. Es kommt so zur kurzzeitigen Habituation.

✔ **Aufgrund der reduzierten Erregung des motorischen Neurons wird die Anzahl der Synapsen zwischen sensorischem und motorischem Neuron auf Dauer reduziert.** Es kommt so zur langfristigen Habituation, die auch über Wochen erhalten bleibt.

Die Sensitivierung bei aversiven Reizen

Bleiben wir bei dem Beispiel der Meeresschnecke: Tritt ein aversiver Reiz auf, wird der Kiemenrückziehreflex verstärkt, und es kommt zur *Sensitivierung.* Ebenso wie die Habituation kann auch diese Reaktionsverstärkung über kurze oder längere Zeit bestehen: Ein einzelner aversiver Reiz führt zur kurzzeitigen Sensitivierung für einige Minuten, fünf oder mehr Reize führen zur Sensitivierung für mehrere Tage oder Wochen. Tritt ein solcher Reiz kurz vor der Berührung des Siphons auf, wird der Kiemenrückziehreflex bei der Sensitivierung über den Effekt der Habituation hinaus verstärkt. Die Aktivierung eines sensorischen Neurons durch einen aversiven Reiz aktiviert ein *serotonerges* Interneuron, das das Axonterminale des sensorischen Neurons des Siphons beeinflusst. Auch bei der Sensitivierung treten zwei Prozesse auf.

✔ 5-HT bindet an metabotrope Rezeptoren, an denen die Freisetzung des G-Proteins die **Adenylatcyclase** aktiviert. Dies führt zur Umwandlung von ATP zu cAMP, welches dann die Proteinkinase A (PKA) aktiviert. Diese phosphoryliert K^+-Kanäle, wodurch sie sich schließen und so den K^+-Ausstrom reduzieren. Dies führt zu einer Verlängerung der Auswirkung des Aktionspotentials und damit zum verstärkten Ca^{2+}-Einstrom, der dann wiederum die Fusion der Vesikel mit der Zellmembran fördert und so zur verstärkten Freisetzung von Glutamat führt.

✔ 5-HT bindet an andere metabotrope Rezeptoren, an denen die Freisetzung einer besonderen Klasse von G-Proteinen die **Phospholipase C (PLC)** aktiviert. Dies führt zur Aktivierung der Proteinkinase C (PKC), wodurch glutamatgefüllte Versikel aus dem präsynaptischen Speicher aktiviert werden und mehr Glutamat zur Freisetzung bereitsteht.

Assoziatives Lernen und klassische Konditionierung

Assoziatives Lernen ist eine komplexe Art des Lernens. Dabei werden nicht nur die Eigenschaften einzelner Reize gelernt, wie bei der Habituation und Sensitivierung, sondern Verknüpfungen zwischen Reizen hergestellt. Ein wesentliches Merkmal des assoziativen Lernens ist der zeitliche Zusammenhang zwischen Reizen. Ein Beispiel für diese Art des Lernens ist die klassische *Konditionierung*, die von *Iwan Pawlow* beschrieben wurde. Hier wird ein vormals neutraler Reiz so mit einem bedeutsamen Reiz verknüpft, dass er die gleiche Reaktion hervorruft wie der bedeutsame Reiz. Die Bezeichnungen für die unterschiedlichen Reize und Reaktionen sind leider durch die lange Geschichte der Konditionierung etwas sperrig. Die klassische Konditionierung prinzipiell läuft wie folgt ab:

1. **Vor der Lernphase** führt ein unbedingter (oder auch unkonditionierter) Stimulus (US) zu einer unbedingten (oder auch unkonditionierten) Reaktion (UR). Der Anblick von

Futter (US) führt zu Speichelfluss (UR). Ein neutraler Stimulus (NS) führt nicht zu dieser Reaktion.

2. **Während der Lernphase** wird mehrmals der neutrale Stimulus (NS) gemeinsam mit dem US präsentiert. Nach wie vor folgt auf den US die unbedingte Reaktion UR. Wichtig ist, dass der zeitliche Abstand zwischen NS und US sehr kurz ist, und der US das Auftreten des NS zuverlässig vorhersagt.

3. **Nach der Lernphase** ist der NS zum bedingten Stimulus (CS, für Englisch »conditioned stimulus«) geworden, und er löst die gleiche Reaktion aus, wie der US. In diesem Fall wird die Reaktion als bedingte Reaktion (CR, für Englisch »conditioned response«) bezeichnet.

Die neuronalen Mechanismen der klassischen Konditionierung ähneln denen der Sensitivierung. Zurück zur Meeresschnecke: Auch der Kiemenrückziehreflex bei der *Aplysia californica* lässt sich durch klassische Konditionierung verstärken, und auch hier spielt das **serotonerge** Interneuron eine entscheidende Rolle:

1. **Während der Lernphase** erfolgt eine Berührung des Siphons. Das Aktionspotential des sensorischen Neurons nach dem US führt zum Ca^{2+}-Einstrom in das präsynaptische Axonterminale des sensorischen Neurons. Hier bindet Ca^{2+} an Calmodulin, welches Adenylatcyclase aktiviert.

2. Kurz nach der Berührung des Siphons erfolgt eine aversive Stimulation am Schwanz. Das in der Folge aktivierte Interneuron setzt 5-HT am präsynaptischen Axonterminale des sensorischen Neurons frei.

3. Die aktivierte Adenylatcyclase reagiert deutlich stärker auf die 5-HT-Bindung am präsynaptischen metabotropen Rezeptor. Der intrazelluläre Prozess der Sensitivierung wird so verstärkt: Die Umwandlung von ATP zu cAMP wird verstärkt, was die Freisetzung von Glutamat erhöht und damit den Kiemenrückziehreflex verstärkt.

4. **Nach der Lernphase** bleibt der verstärkte Kiemenrückziehreflex erhalten, auch wenn keine gleichzeitige aversive Stimulation erfolgt. Zusätzlich kommt es an der Postsynapse durch die verstärkte Aktivierung von glutamatergen Rezeptoren zu einem verstärkten Ca^{2+}-Einstrom, der zu einer dauerhaften Veränderung der synaptischen Übertragungsstärke, der Langzeitpotenzierung, führt.

Langzeitpotenzierung und operante Konditionierung

Veränderungen der synaptischen Übertragungsstärke zwischen Nervenzellen sind ein neuronales Korrelat des Gedächtnisses. Dies wurde bereits 1949 von Donald Hebb als Grundlage des Gedächtnisses vorgeschlagen (*Hebb'sche Regel*): »*Wenn ein Axon der Zelle A die Zelle B erregt und wiederholt und dauerhaft zur Erzeugung von Aktionspotentialen in Zelle B beiträgt, so resultiert dies in Wachstumsprozessen oder metabolischen Veränderungen in einer oder in beiden Zellen, die bewirken, dass die Effizienz von Zelle A in Bezug auf die Erzeugung eines Aktionspotentials in B größer wird*«.

Kurz zusammenfassen lässt sich die Regel mit dem Merksatz »*Cells that fire together, wire together*«. Die synaptische Übertragungsstärke kann an unterschiedlichen Stellen verändert werden:

- ✔ **Durch die Depolarisation des präsynaptischen Axonterminales wird die Freisetzungswahrscheinlichkeit von Neurotransmittern erhöht.** Je mehr Ca^{2+} in das Axonterminale einströmt, desto mehr Vesikel fusionieren mit der Zellmembran.

- ✔ **Je mehr Neurotransmitter freigesetzt werden, oder je länger diese Neurotransmitter im synaptischen Spalt vorhanden sind, desto höher ist die Wahrscheinlichkeit, dass sie an Rezeptoren binden, und desto länger ist der Zeitraum, in dem eine solche Bindung stattfinden kann.** Die Neurotransmitterkonzentration kann durch eine vermehrte Freisetzung erhöht werden, durch eine Blockade der Transportermechanismen (zum Beispiel durch Reuptake-Inhibitoren), die die Neurotransmitter wieder in die Präsynapse aufnehmen, oder durch eine Verhinderung des Abbaus (zum Beispiel durch Esterasehemmer) der Neurotransmitter.

- ✔ **Je mehr Rezeptoren an der Postsynapse vorhanden sind, desto mehr Neurotransmitter können ihre Wirkung entfalten.** Die Rezeptordichte kann entsprechend der Aktivierung der Postsynapse angepasst werden.

Die ersten beiden Punkte haben Sie schon oben bei der Habituation, der Sensitivierung und der klassischen Konditionierung kennengelernt. Der dritte Punkt ist die Grundlage der dauerhaften Verstärkung synaptischer Übertragung, der *Langzeitpotenzierung* (*LTP*). Ein bekanntes Beispiel für die LTP ist die Bildung neuronaler Netzwerke im Hippocampus. Abbildung 14.3 gibt eine Übersicht über die beteiligten Neuronen und Faserverbindungen. Im klassischen In-vitro-Experiment zur Untersuchung der LTP wird der *Tractus perforans* mit einer hohen Frequenz elektrisch stimuliert, und die Anzahl von Aktionspotentialen an den *CA1*-Pyramidenzellen gemessen.

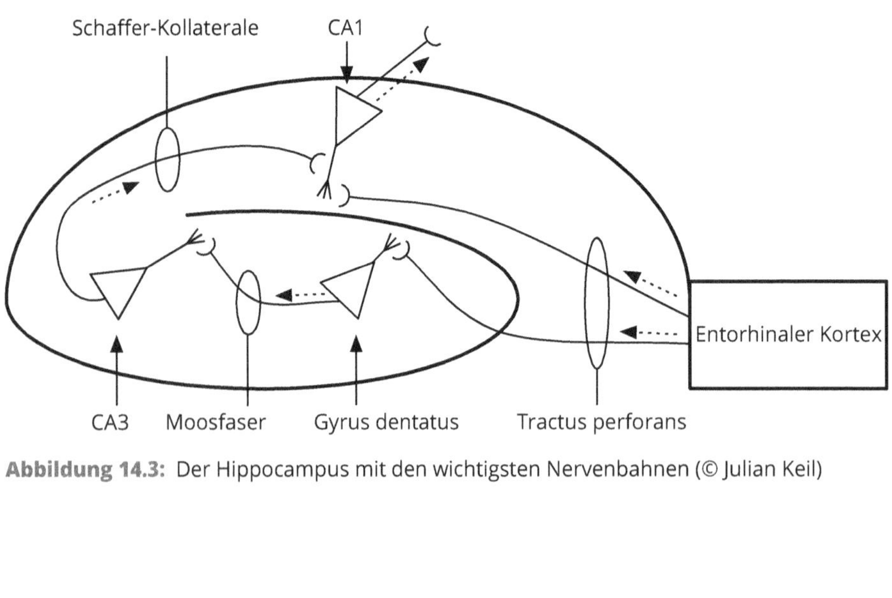

Abbildung 14.3: Der Hippocampus mit den wichtigsten Nervenbahnen (© Julian Keil)

Eng verbunden mit dem deklarativen Gedächtnis: Der Hippocampus

Aus Tierversuchen und Läsionsstudien am Menschen ist bekannt, dass der Hippocampus im medialen Temporallappen eine zentrale Rolle beim deklarativen Langzeitgedächtnis spielt. Hier sitzen Zellen, die Informationen codieren, neuronale Netzwerke bilden, um Informationen zu verknüpfen, und in der Kommunikation mit dem Thalamus und dem Neokortex Informationen zwischen sensorischer Wahrnehmung und Langzeitspeicher auszutauschen. Der Hippocampus besteht aus drei Schichten.

- ✔ Der *Gyrus dentatus* ist die Eingangsstruktur in den Hippocampus. Über den *Tractus perforans* aus dem entorhinalen Kortex erreichen hier Informationen aus dem Neokortex und aus anderen subkortikalen Bereichen den Hippocampus.
- ✔ Das *Ammonshorn* (lateinisch »Cornu ammonis«, abgekürzt *CA*) besteht aus mehreren Schichten von erregenden, glutamatergen Pyramidenzellen. In Schicht CA1 liegen sehr viele kleine Pyramidenzellen, in Schicht CA2 sehr große und dicht gepackte Zellen, in Schicht CA3 liegen die großen Pyramidenzellen etwas weniger dicht, und in Schicht CA4 liegen sie relativ weit voneinander entfernt. Für die Gedächtnisfunktion sind vor allem die Schichten CA1 und CA3 relevant. Zwischen den Pyramidenzellen liegen zahlreiche hemmende, GABAerge Interneuronen, die die Aktivität der Pyramidenzellen beeinflussen. Hier sind vor allem die *Parvalbumin*-positiven (PV+) Interneuronen beteiligt.
- ✔ Das *Subiculum* ist die letzte Station der Informationsverarbeitung im Hippocampus. Es bildet die Ausgangsstruktur und damit die Verbindung zum *Gyrus parahippocampalis*, der wiederum in Verbindung steht mit dem Neokortex und anderen subkortikalen Bereichen.

Zwischen den einzelnen Bereichen des Hippocampus laufen Faserverbindungen, die Informationen zwischen den Zellschichten transportieren. Sie bestehen aus den Axonen der Pyramidenzellen.

- ✔ Der *Tractus perforans* bildet die Verbindung zwischen entorhinalem Kortex und Gyrus dentatus. Diese Bahn ist der erste Teil des *trisynaptischen Pfades*. Ein weiterer direkter Pfad zieht zur CA1-Region.
- ✔ Das *Moosfaserbündel* verbindet die Körnerzellen des Gyrus dentatus mit den Pyramidenzellen der CA3-Region. Es ist der zweite Teil des trisynaptischen Pfades.
- ✔ Die *Schaffer-Kollaterale* verbindet die CA3-Region mit der CA1-Region. Es ist der dritte und letzte Teil des trisynaptischen Pfades.

Langzeitpotenzierung tritt an Synapsen in allen Schichten des Hippocampus auf. Die Mechanismen unterscheiden sich in kleinen Details, aber im Großen und Ganzen wird die LTP durch eine schnelle Abfolge von Aktionspotentialen an den Axonen der präsynaptischen Zelle ausgelöst und durch glutamaterge AMPA- und NMDA-Ionenkanäle gesteuert.

Ablauf der Langzeitpotenzierung

Voraussetzung für die LTP ist, dass die Aktionspotentiale an den Axonen der präsynaptischen Zelle in ausreichend schneller Abfolge auftreten, sodass sich die Konzentration des freigesetzten Glutamats im synaptischen Spalt ausreichend erhöhen kann. In In-vitro-Experimenten wird dies durch einen tetanischen Reiz sichergestellt: *Tetanische Reizung* bedeutet eine Abfolge von elektrischen Impulsen am Axon mit einer Frequenz von 100 Hz. Die LTP läuft in drei Schritten ab.

1. **Die Freisetzung von Glutamat führt zu einem erregenden postsynaptischen Potential.** Bei der normalen synaptischen Übertragung an glutamatergen Synapsen führt die Bindung von Glutamat am AMPA-Rezeptor zum Einstrom von Na^+ und zum Ausstrom von K^+, also zur Depolarisation der postsynaptischen Zellmembran, und damit zu einem EPSP. Der NMDA-Rezeptor ist in diesem Zustand durch Magnesium (Mg^{2+}) blockiert.

2. **Durch eine sehr schnelle Abfolge von Aktionspotentialen wird sehr viel Glutamat freigesetzt.** Die Induktion der LTP erfolgt dann in zwei Schritten. Zuerst bindet das Glutamat an den AMPA-Rezeptoren. Da sehr viel Glutamat im synaptischen Spalt vorhanden ist, können sehr viele AMPA-Rezeptoren aktiviert werden, und es kommt zu einer sehr starken Depolarisation der postsynaptischen Zellmembran. Diese starke Depolarisation führt dann dazu, dass das Mg^{2+} aus dem NMDA-Kanal abgestoßen wird. Die gleichzeitige Bindung von Glutamat öffnet den NMDA-Ionenkanal, und Ca^{2+} kann zusätzlich zu Na^+ einströmen. Der NMDA-Rezeptor ist ein *Koinzidenzdetektor*, er öffnet sich nur, wenn zwei Bedingungen gegeben sind: die Mg^{2+}-Blockade wurde durch die Depolarisation entfernt und Glutamat ist als Neurotransmitter vorhanden.

3. **Der Ca^{2+}-Einstrom führt zu kurz- und langfristigen Veränderungen in der Postsynapse.** Kurzfristig kommt es zur Aktivierung der *Calmodulinkinase* (*CaM*), welche die Bindung von Phosphor an bestehende AMPA-Rezeptoren fördert, die dann länger aktiv bleiben. Dies verlängert die Depolarisation der Postsynapse. Außerdem wird in der Postsynapse *Stickstoffmonoxid* (NO) freigesetzt, das als *retrograder Botenstoff* von der Postsynapse auf die Präsynapse einwirkt. Dort aktiviert NO weitere Proteinkinasen, die die Transmitterfreisetzung zusätzlich verstärken. Langfristig kommt es durch den Ca^{2+}-Einstrom zu strukturellen Veränderungen an der Postsynapse. Die CaM führt dazu, dass in der Postsynapse bereitstehende AMPA-Rezeptoren in die Zellmembran eingebaut werden. Außerdem werden die Proteinkinasen A und C aktiviert, die im Zellkern an das *cAMP Response Element Binding Protein* (*CREB*) binden. Die Aktivierung von CREB führt dann zum vermehrten Auslesen von genetischer Information aus der DNA: Zuerst werden schnell und kurzzeitig die *Immediate Early Genes* (*IEG*) exprimiert, die genetische Information für weitere DNA-Transkriptionsfaktoren enthalten. Diese Transkriptionsfaktoren sorgen dann für die Expression der *Late Effector Genes* (*LEG*), die Informationen für die Synthese von Proteinen enthalten. Dies führt dann zu langfristigen Veränderungen in der Funktion der Zelle, wie zur Produktion von weiteren Ionenkanälen, zur vermehrten Produktion von Neurotransmittern, oder Veränderungen in der Struktur der Nervenzelle.

Das Gegenteil der Langzeitpotenzierung ist die Langzeitdepression

Die LTP verstärkt die synaptischen Verbindungen zwischen Nervenzellen, um so neuronale Netzwerke zu bilden. Aber was passiert, wenn alle Nervenzellen miteinander verbunden sind? Um zu verhindern, dass dies eines Tages eintritt, gibt es ein Gegenprogramm zur LTP: die *Langzeitdepression* (*LTD*). Sie führt dazu, dass nicht mehr benötigte Synapsen abgebaut werden, oder zumindest die Übertragungsstärke reduziert wird. Auch die LTD wird durch den Ca^{2+}-Einstrom gesteuert.

- ✔ Wird an einer Synapse nur wenig Glutamat freigesetzt, kann nur wenig Mg^{2+} aus den NMDA-Rezeptoren entfernt werden, und nur wenig Ca^{2+} kann in die Postsynapse einströmen. Dies ist zum Beispiel der Fall, wenn die Aktionspotentiale an der Präsynapse mit so langem zeitlichem Abstand (länger als 200 ms) einlaufen, dass Glutamat aus dem synaptischen Spalt schneller entfernt wird, als es ausgeschüttet wird.
- ✔ Eine niedrige Ca^{2+}-Konzentration führt zur Aktivierung von Phosphatasen. Sie haben den gegenteiligen Effekt zu Kinasen: Sie entfernen Phosphat von Proteinen. Kurzfristig führt dies zu einer Reduktion der Aktivität von AMPA-Rezeptoren, und langfristig werden diese Rezeptoren aus der Zellmembran entfernt.

Die Menge des Ca^{2+}-Einstroms in die Postsynapse bestimmt also, ob die synaptische Übertragung entweder verstärkt (LTP) oder geschwächt (LTD) wird. Bleibt die Ca^{2+}-Konzentration gering (unter 1 µM), dann werden die Phosphatasen aktiviert und es wird LTD ausgelöst, ab höheren Konzentrationen (über 5 µM) werden Kinasen aktiviert und es wird LTP ausgelöst.

Assoziatives Lernen in neuronalen Netzwerken

Eine einzelne Nervenzelle kann einfache Informationen codieren, wie zum Beispiel das Vorhandensein eines Reizes, oder die Stärke eines Reizes. Um komplexere Informationen zu speichern, ist die gemeinsame Aktivität mehrerer Nervenzellen notwendig, die neuronale Netzwerke bilden. LTP und LTD sind die zellulären Grundlagen für die Bildung und Modulation neuronaler Netzwerke, und damit die Grundlage des Gedächtnisses. Um in solchen neuronalen Netzwerken komplexe Informationen speichern zu können, müssen nach der Hebb'schen Regel mehrere Nervenzellen gleichzeitig aktiv sein. Dabei bestimmen drei Prozesse die Stärkung der Synapsen.

- ✔ **Gleichzeitig ankommende Aktionspotentiale stärken Synapsen.** Ein einzelnes Aktionspotential aus einem Axon löst nur ein schwaches EPSP aus, das nicht ausreicht, um LTP zu induzieren. Kommen aber an mehreren Axonen auf einem Dendriten (fast) gleichzeitig Aktionspotentiale an, dann ist das summierte EPSP ausreichend stark, um LTP an allen beteiligten Synapsen auszulösen.
- ✔ **Starke und schwache Aktivierungen können sich verbinden.** Kommen an einem Axon viele Aktionspotentiale an, und an einem zweiten Axon zur gleichen Zeit nur wenige, dann ist auch hier das summierte EPSP ausreichend stark, um LTP an allen beteiligten Synapsen auszulösen. Die *Assoziativität* führt dazu, dass auch die Synapse zum zweiten Axon gestärkt wird.

- **Inaktive Synapsen werden nicht verstärkt.** Kommt an einem Axon kein Aktionspotential an, dann wird hier kein LPT induziert, auch wenn benachbarte Axone stark aktiv sind. Diese *Spezifizität* sorgt dafür, dass nur an der Informationsverarbeitung beteiligte Neuronen in das Netzwerk eingebunden werden.

Über diese drei Prozesse lassen sich Verknüpfungen zwischen einzelnen Informationen speichern, was die Grundlage des assoziativen Gedächtnisses ist. Codiert zum Beispiel ein Aktionspotential an einem Axon einer ersten Nervenzelle das Vorhandensein eines Reizes, und die Anzahl der Aktionspotentiale am Axon einer zweiten Nervenzelle die Intensität des Reizes, dann kann in dem neuronalen Netzwerk aus diesen beiden Nervenzellen und einer Zielzelle die komplexe Information über das Vorhandensein eines Reizes mit einer bestimmten Intensität gespeichert werden.

Modulierende Einflüsse und operante Konditionierung

Synaptische Verbindungen lassen sich nicht nur durch die Anzahl und Gleichzeitigkeit einlaufender Aktionspotentiale modulieren. Auch weitere Einflüsse durch bestimmte Neurotransmitter, die *Neuromodulatoren*, beeinflussen die synaptische Übertragung. Das ist die Grundlage des *operanten Konditionierens*, bei dem die Verknüpfung zwischen Reizen und Reaktionen durch Belohnung oder Bestrafung moduliert wird. Während beim klassischen Konditionieren zwei neutrale Reize verknüpft werden, wird beim operanten Konditionieren der Zusammenhang zwischen einem Reiz und einer Reaktion verstärkt oder gehemmt.

- Durch **zufälliges Verhalten oder Ausprobieren** vollführt ein Versuchstier nach einem Reiz eine Handlung.
- Nach dem **Ausführen der Handlung** erfolgt eine Belohnung.
- Erfolgt die **Belohnung** zuverlässig nach der durchgeführten Handlung, dann wird der Zusammenhang zwischen dem Reiz und der Handlung verstärkt. Wie beim klassischen Konditionieren ist auch beim operanten Konditionieren der enge zeitliche Zusammenhang zwischen Handlung und Belohnung (oder Bestrafung) wichtig.

Auf neuronaler Ebene wirken die Neuromodulatoren Noradrenalin, Dopamin, Serotonin und Acetylcholin verstärkend oder hemmend auf die Freisetzung von Neurotransmittern und die synaptische Übertragung, und damit auf die Verknüpfung zwischen Reizen und Reaktionen.

- Ein positiver Reiz, zum Beispiel Futter, führt zu einer Freisetzung von Dopamin aus der Substantia nigra und dem ventralen Tegmentum im Mittelhirn, über das nigrostriatale System, das mesolimbische System und das mesokortikale System. So lässt sich neuronale Aktivität in weiten Teilen des Gehirns verstärken.
- Erfolgt der positive Reiz zuverlässig nach einer Handlung, dann erhöht er die Wahrscheinlichkeit, dass die Handlung in Zukunft ausgeführt werden wird.
- Die Stärke der Freisetzung von Dopamin hängt von der Erwartung der Belohnung ab. Während eine vollkommen erwartete und vorhersehbare Belohnung keine Erhöhung der Dopaminfreisetzung hervorruft, wird sie durch eine unerwartete Belohnung, oder

eine Belohnung, die besser als erwartet ist, verstärkt. Ist die Belohnung aber schlechter als erwartet, oder bleibt sie ganz aus, so wird die Dopaminfreisetzung reduziert.

Kann man Wissen außerhalb der Synapse weitergeben?

Das am weitesten verbreitete Modell des Gedächtnisses postuliert, dass Veränderungen der Stärke der synaptischen Übertragung zwischen Nervenzellen das neuronale Korrelat des Gedächtnisses sind. Einige Beobachtungen stimmen aber nicht mit diesem Modell überein. Im Verlauf von Lernvorgängen kommt es zu *epigenetischen Veränderungen*, zum Beispiel zur Veränderung der Methylierung der DNA. Auch wurde eine Form der RNA entdeckt, die nicht direkt an der Übertragung von genetischer Information in die Produktion von Proteinen beteiligt ist. Diese *non-coding RNA* könnte eine Möglichkeit sein, erlernte Information statt genetischer Information zu speichern. Experimentelle Befunde zeigen, dass eine Übertragung von Informationen zwischen Lebewesen durch die Übertragung dieser RNA möglich ist. Wenngleich die Veränderung an den Synapsen ein eingängiges Modell für das Gedächtnis ist, sind vermutlich molekulare Prozesse innerhalb der Zellen ebenso wichtig, um Informationen zu speichern.

Neuronale Oszillationen: Koordinierung neuronaler Netzwerke

Um komplexe Informationen in größeren neuronalen Netzwerken zu speichern, muss die Aktivität der einzelnen Nervenzellen zeitlich koordiniert werden. Eine Möglichkeit, die Aktivität vieler Nervenzellen gleichzeitig zu steuern, ist die Veränderung der neuronalen Erregbarkeit. Diese gleichzeitige Veränderung der Erregbarkeit vieler Nervenzellen lässt sich über *neuronale Oszillationen*, also rhythmische Veränderungen des lokalen Feldpotentials messen. Schnelle und langsame Oszillationen des elektrischen Feldes des Gehirns spielen dabei eine gemeinsame Rolle. Teils sind diese Oszillationen charakteristisch für bestimmte Phasen von Gedächtnisbildung, -verfestigung und -abruf.

- ✔ Im *Tiefschlaf* dominieren im Gehirn langsame Oszillationen im Delta-Band im Bereich von 1 bis 2 Hz, also 1 bis 2 Schwingungen des elektrischen Feldes pro Sekunde. Sie entstehen im Frontallappen und koordinieren die Aktivität des gesamten Gehirns. Die Gipfel dieser langsamen Wellen stellen kurze Zeitabschnitte erhöhter neuronaler Erregbarkeit dar, in denen Neuronen im Neokortex und in tiefen Hirngebieten wie dem Hippocampus gleichzeitig aktiv sind, um Informationen auszutauschen. Dies ist vor allem für die Verfestigung des Gedächtnisses wichtig. Wenn Sie sich etwas sehr gut merken möchten, wie zum Beispiel den Inhalt dieses Buches vor einer Klausur, sollten Sie nach dem Lernen schlafen!

- ✔ Im *Wachzustand* ist der Hippocampus vor allem im *Theta-Band* im Bereich von 4 bis 8 Hz aktiv. Auch beim Theta-Band stellen die Gipfel der Wellen Zeitabschnitte von erhöhter neuronaler Erregbarkeit dar. In diesem Fall ist nicht der gesamte

Hippocampus zur gleichen Zeit in der gleichen Phase einer Welle, sondern nur kleine Bereiche sind an der Spitze der Welle. Insgesamt sieht das dann so aus, als ob eine Theta-Welle über den Hippocampus läuft und immer nur kleine Bereiche gemeinsam aktiv sind.

✔ An den Gipfeln der *Theta-Wellen* treten im Wachzustand schnelle Oszillationen im Gamma-Band bei etwa 30 bis 70 Hz auf. Jede Welle einer Gamma-Oszillation bildet dabei die gemeinsame Aktivierung eines neuronalen Netzwerkes ab. Dies ist vor allem bei der Gedächtnisbildung wichtig: Am Gipfel der Theta-Welle sind spontan für sehr kurze Zeit mehrere Neuronen erregbar, die ein gemeinsames Netzwerk bilden, das eine Information codiert. Die nächste Gruppe von Neuronen ist dann in der nächsten Gamma-Schwingung aktiv, und kann eine weitere Information codieren. Beim Gedächtnisabruf läuft der gleiche Prozess umgekehrt: Auch hier bildet die Theta-Oszillation ein Zeitfenster der Erregbarkeit, und die Netzwerke, die eine Information codieren, können spontan oder auf einen Hinweisreiz hin aktiviert werden.
In das Zeitfenster einer Theta-Oszillation passen etwa sieben bis acht Gamma-Schwingungen, was auch in etwa der Menge an Informationen entspricht, die das Arbeitsgedächtnis umfasst.

✔ Kurze Episoden besonders hochfrequenter neuronaler Oszillationen, die *Sharp-Wave Ripples* (*SWR*) im Bereich von 80 bis 180 Hz, spielen eine besondere Rolle bei Gedächtnisbildung und -abruf. Sie sind in der Lage, lokale und weit entfernte Bereiche des Gehirns kurzzeitig zu synchronisieren, um so den Informationsaustausch zwischen diesen Bereichen zu gewährleisten. Außerdem kann die hochfrequente Aktivierung LTP auslösen, um neuronale Netzwerke zu stärken. Es hat sich gezeigt, dass die einzelnen Nervenzellen, die isolierte Informationen codieren, während einer SWR gemeinsam aktiv sind, und so ein Netzwerk bilden, das eine komplexe Information speichert. Die Anzahl der SWR beim Lernen und beim Erinnern korreliert außerdem mit der Menge an gelernten und abgerufenen Informationen.

Gedächtniseinschränkungen und Gedächtnisausfälle

Im Laufe des Lebens verändert sich nicht nur die Fähigkeit, Dinge zu lernen, sondern auch die Qualität des Gedächtnisses insgesamt. Mit zunehmendem Alter treten Einschränkungen im Lernen und Gedächtnis auf. Außerdem kommt es bei zahlreichen psychischen und neurologischen Erkrankungen zu Lernproblemen. Teilweise haben diese Lernprobleme ihre Ursache in Einschränkungen der Wahrnehmung oder Aufmerksamkeit, teilweise ist die Übertragung der einzelnen Informationen gestört, und teilweise ist die neuronale Substanz, die für das Gedächtnis wichtig ist, beeinträchtigt. Wie auch das Gedächtnis selbst lassen sich Gedächtniseinschränkungen entlang der Dimensionen Zeit und Inhalt kategorisieren.

BEISPIEL

Vieles von dem, was über das Gedächtnis bekannt ist, basiert auf der Forschung mit Patientinnen und Patienten, bei denen Läsionen zu Einschränkungen bestimmter Gedächtnisfunktionen geführt haben. Einer der wichtigsten dieser Patienten ist Henry Gustav Molaison. Er litt seit seiner Jugend unter schweren epileptischen Anfällen, die nicht durch Medikamente behandelbar waren. Im Jahr 1953 wurde anhand von EEG-Aufzeichnungen und elektrischen Stimulationen des Gehirns festgestellt, dass der Herd der Anfälle in den Temporallappen lag. Daher wurden beidseitig die anterioren Temporallappen entfernt, was auch zu einer deutlichen Reduktion der Anfälle führte. Nach der Operation traten bei H.M. aber schwere Gedächtnisstörungen auf; so war er nicht mehr in der Lage, neue Fakten zu lernen und konnte sich nicht mehr an neue Erlebnisse erinnern. Selbst nach einer kurzen Zeit hatte er zum Beispiel den Inhalt eines Gespräches vergessen oder konnte sich nicht daran erinnern, dass das Gespräch jemals stattgefunden hat, wenngleich er in der Lage war, kurzzeitig ein normales Gespräch zu führen und Arbeitsgedächtnisaufgaben zu bewältigen. Er war auch in Lage, sich an alles zu erinnern, was er vor der Operation gelernt oder erlebt hatte, und auch neue Fähigkeiten konnte er noch erlernen. Bei einer MRT-Messung im Jahr 1997 stellte sich heraus, dass bei ihm beidseitig der *Hippocampus* entfernt worden war.

So ergab sich ein weiterer wichtiger Beleg dafür, dass der Hippocampus für die Gedächtnisbildung wichtig ist, um neue Daten und Fakten zu lernen. Er ist aber weniger relevant für den Gedächtnisabruf, da Informationen nicht im Hippocampus selbst gespeichert sind, sondern im Neokortex in neuronalen Netzwerken abgelegt werden. Auch für das implizite Gedächtnis ist der Hippocampus nicht relevant.

Störungen entlang der zeitlichen Dimension

Eine Störung des Lernens und des Gedächtnisses entlang der zeitlichen Dimension wird als *Amnesie* bezeichnet. Richtet sich diese Amnesie in die Zukunft, kann eine Patientin oder ein Patient keine neuen Informationen mehr lernen, dann nennt man dies anterograd. Kann ein Patient hingegen keine früher gelernten Informationen mehr abrufen, so handelt es sich um eine retrograde Amnesie.

Die anterograde Amnesie

Bei einer *anterograden Amnesie* können keine neuen Informationen mehr dauerhaft gelernt werden. Sie tritt in der Regel nach einer Verletzung des Hippocampus oder der Ein- und Ausgangsstrukturen des Hippocampus, wie dem entorhinalen Kortex auf. Patientinnen und Patienten sind noch in der Lage, vor der Verletzung gelernte Informationen abzurufen, sie können Informationen kurzzeitig im Arbeitsgedächtnis halten, und sie können neue Fähigkeiten erlernen.

Die retrograde Amnesie

Bei einer *retrograden Amnesie* können keine bereits erlernten Informationen mehr abgerufen werden. Sie tritt häufig bei Verletzungen der Faserverbindungen zwischen dem Temporal- und Frontallappen auf. Patientinnen und Patienten können neue Informationen lernen, und sie können auch die vergessenen Informationen neu erlernen. Bei Informationen über selbst Erlebtes bleibt dieses neu erlernte Wissen aber häufig abstrakt und emotionslos. Da die Persönlichkeit stark von den Erlebnissen und der eigenen Biografie abhängt, kann es auch zu Veränderungen der Persönlichkeit kommen.

Apraxie, Aphasie und Agnosie

Amnesien beziehen sich auf das explizite Gedächtnis, aber auch das implizite Gedächtnis kann ausfallen. Eine Einschränkung des impliziten Gedächtnisses, zum Beispiel die Schwierigkeit beim Abruf einer gut geübten Bewegung, wird als *Apraxie* bezeichnet. Eine Einschränkung bei der Sprachproduktion oder dem Sprachverständnis wird als *Aphasie* bezeichnet. Die Ursache für eine Apraxie kann eine Störung entlang des motorischen Systems sein, aber auch eine Verletzung der Assoziationsareale, sodass keine zur sensorischen Information passende Handlung ausgeführt werden kann (siehe Kapitel 8). Gleiches gilt für die Aphasie, deren Ursache entweder eine Störung der motorischen Kontrolle der Sprache oder einer Störung der sensorischen Verarbeitung von Sprache sein kann (siehe Kapitel 11).

Störungen des Arbeitsgedächtnisses und des sensorischen Gedächtnisses treten häufig nach Verletzungen der sensorischen Areale oder bei Verletzungen des Frontallappens auf (siehe Kapitel 13). Sie haben ihre Ursache in Störungen der Informationsaufnahme oder Informationsfilterung, hängen also stark mit der Aufmerksamkeit zusammen. Ist die Fähigkeit, neue Informationen gezielt und geplant aufzunehmen gestört, dann kann es in der Folge auch zu anterograden Amnesien kommen. Eine Einschränkung der sensorischen Verarbeitung wird als *Agnosie* bezeichnet (siehe Kapitel 10).

Störungen entlang der inhaltlichen Dimension

Eine Störung des Gedächtnisses entlang der inhaltlichen Dimension äußert sich entweder in der Unfähigkeit, Informationen zu speichern oder abzurufen, oder in Problemen den Abruf zu steuern und zu kontrollieren.

Demenz und Alzheimer-Erkrankung

Bei einer *Demenz* kommt es zu Einschränkungen beim Bilden und Abrufen des Gedächtnisses. Dies führt zunächst zu Schwierigkeiten beim Lernen und Abruf vor allem neuer Informationen (*anterograde Amnesie*, siehe weiter vorn), im weiteren Verlauf der Erkrankung dann zu räumlichen Orientierungsstörungen und Problemen bei der Bewältigung des Alltags und schlussendlich zum vollständigen Verlust des Gedächtnisses (*retrograde Amnesie*). Damit geht häufig auch eine Veränderung der Persönlichkeit einher.

Auf neuronaler Ebene zeichnen sich unterschiedliche Formen der Demenz durch unterschiedliche charakteristische Veränderungen aus die aber alle gemein haben, dass Neurone im Gehirn absterben. Diese Atrophie beginnt häufig im Hippocampus oder im Frontallappen. Die häufigste Form der Demenz ist die *Alzheimer-Demenz*, die durch charakteristische Ablagerungen von Amyloid-Beta- und TAU-Proteinen ausgelöst wird. Diese Ablagerungen sind neurotoxisch, sie führen zur Atrophie der Nervenzellen und zum Abbau von Synapsen. Andere Formen der Demenz wie die vaskuläre Demenz oder die *Lewy-Body-Demenz* haben andere Auslöser, aber ganz ähnliche Symptome.

Posttraumatische Belastungsstörungen

Bei einer *posttraumatischen Belastungsstörung* (*PTSD*) haben die Patientinnen und Patienten, Schwierigkeiten den Abruf des Gedächtnisses zu kontrollieren. Sie leiden unter nicht kontrollierbaren Erinnerungen, plötzlich auftretenden intrusiven Gedanken, Albträumen, und Flashbacks, also dem Wiedererleben der traumatischen Erlebnisse. Die Ursache dafür liegt vermutlich in einem fehlerhaften Abspeichern des traumatischen Erlebnisses: Durch eine Übererregung während des Erlebnisses ist die Amygdala überaktiv, während der Hippocampus unteraktiv ist. Es wird in diesem Moment also vor allem das emotionale Erleben, aber nicht der räumliche und zeitliche Kontext abgespeichert.

IN DIESEM KAPITEL

Komponenten von Emotionen

Neuronale Korrelate

Störungen der Emotionsverarbeitung und -regulation

Kapitel 15
Emotionen und ihr neuronaler Hintergrund

Stellen Sie sich vor, Sie schlendern durch einen Park und stehen plötzlich einem riesigen Hund mit gefletschten Zähnen gegenüber. Wie reagieren Sie auf diesen Hund? Bricht Ihnen der Schweiß aus, wird der Herzschlag schneller und Ihre Muskeln spannen sich an? Denken Sie, der Hund spielt sich doch nur ein bisschen auf, oder verspüren Sie Angst, dass er Sie angreifen und verletzen könnte? Und wie interpretieren Sie diese körperlichen Reaktionen? Egal, was Sie in einer derartigen Situation fühlen, es sind an Ihrer Reaktion verschiedene subjektiv erfahrbare und objektiv erfassbare Komponenten beteiligt, die zu den Emotionen gehören.

Was Emotionen ausmacht

Emotionen umfassen automatische körperliche Reaktionen, bestimmte Vorgänge im Gehirn, und subjektive, bewusste Erfahrungen (*Gefühle*), die manchmal diese körperlichen Reaktionen und Vorgänge im Gehirn begleiten. Beim Thema Schmerz habe ich auf diese Komponenten schon einmal hingewiesen (siehe dazu auch Kapitel 9): Die Unterscheidung zwischen physiologischen und psychischen Reaktionen ist nicht immer einfach, und gerade die psychischen Reaktionen sind kompliziert. Daher wurde in der Forschung lange Zeit vor allem die physiologische *Furchtreaktion* untersucht, um das Ganze einfacher zu halten. Trotz dieser Beschränkungen konnte auf diese Weise sehr viel über die neuronalen Korrelate von Emotionen und insbesondere der Rolle der Amygdala dabei gelernt werden.

Neuere Forschungen zeigen, dass gerade bei komplexen und komplizierten Gefühlen ein ganzes Netzwerk von Gehirnbereichen am Werk ist, und das werde ich in diesem Kapitel etwas näher beleuchten. It's more than a feeling …, was bedeutet, dass Emotionen und

Gefühle vielschichtige Konzepte umfassen. Oft werden diese Begriffe synonym verwendet, auch wenn sie eigentlich unterschiedliche Dinge beinhalten.

Emotionen zeichnen sich – je nach Definition – durch drei bis fünf Komponenten aus:

- ✔ **Physiologische Reaktionen** umfassen die charakteristischen Vorgänge auf körperlicher Ebene, wie Herzrasen, Schweißausbrüche und Muskelanspannung in einer Gefahrensituation.
- ✔ **Motorische Reaktionen** beschreiben die Gestik und Mimik, sie können der Anpassung an die Situation, zum Beispiel als Gefahrenabwehr, oder als Signal des emotionalen Zustandes dienen,
- ✔ **Neuronale Reaktionen** beschreiben charakteristische Aktivitätsmuster im Gehirn, wie zum Beispiel die Aktivierung der Amygdala.
- ✔ **Kognitive Reaktionen** umfassen die Wahrnehmung der Situationsmerkmale, die Lenkung der Aufmerksamkeit, und die Bewertung der Situation.
- ✔ **Gefühle** beschreiben die subjektive Empfindung in einer Situation. Sie können in einer Gefahrensituation mit einer körperlichen Erregung reagieren, die von Ihnen zum Beispiel als Freude über den Nervenkitzel oder als Furcht vor Verletzung wahrgenommen wird.

Die unterschiedlichen Komponenten der Emotionen hängen nicht immer direkt zusammen, es kann also zu einer Dissoziation zwischen objektiven körperlichen und neuronalen Vorgängen und dem subjektiven Erleben kommen. In einer objektiv gefährlichen Situation wie dem schnellen Autofahren auf der Autobahn können Sie körperlich ganz entspannt sein, und in einer objektiv ungefährlichen Situation wie einem Vortrag in einem Seminar können Sie angespannt sein, Ihr Herz schlägt und Ihnen bricht der Schweiß aus. Ebenso kann eine starke physiologische Erregung mal als unangenehme Angst und mal als angenehmer Nervenkitzel empfunden werden: Eine Achterbahnfahrt ist für die einen ein großer Spaß und versetzt die anderen in große Angst, und beide Emotionen können mit der gleichen physiologischen Reaktion (schneller Herzschlag) einhergehen. Welche Reize welche Emotion hervorrufen und wie sich diese auf Sie auswirken, ist also interindividuell sehr verschieden. Viele Forscherinnen und Forscher haben sich daher auf einfache Emotionen wie Furcht konzentriert, und vor allem die rein körperlichen Reaktionen auf gelernte aversive Reize untersucht.

In der Forschung werden häufig die fünf *Basisemotionen* Freude, Trauer, Furcht, Ekel und Überraschung als Grundlage aller weiteren, in der emotionalen Entwicklung entstehenden Emotionen genannt. Die Basisemotionen werden anhand von neun Kriterien unterschieden:

- ✔ emotionsspezifische, universelle Ausdrücke und Anzeichen
- ✔ nicht nur beim Menschen, sondern auch in anderen Primaten vorhanden
- ✔ emotionsspezifische physiologische Reaktion
- ✔ emotionsspezifisch universell auslösende Reize (Reize haben Emotionskompetenz)

- ✔ stimmiger Zusammenhang zwischen den emotionalen Reaktionssystemen, zum Beispiel zwischen Ausdruck und physiologischer Reaktion
- ✔ schnelles Auftreten
- ✔ kurze Dauer
- ✔ werden automatisch bewertet
- ✔ treten ohne bewusstes oder willentliches Zutun auf

Die Psychophysiologie der Emotionen

Die Erforschung von *Emotionen* mit biopsychologischen Methoden erfordert eine Arbeitsdefinition von Emotionen, die die Emotionsforscher Joseph LeDoux und Antonio Damasio aufgestellt haben: »*Emotionen sind weitgehend automatische, zum großen Teil unbewusste kognitive und Verhaltensreaktionen, die ausgelöst werden, wenn das Nervensystem einen positiv oder negativ bewerteten Reiz entdeckt. Ein Gefühl ist die bewusste Wahrnehmung einer Emotion.*« In dieser Definition steckt ein Zirkelschluss, da die positiven und negativen Bewertungen ja irgendwo herkommen müssen.

- ✔ Einige Reize, seien es Objekte, Tiere oder Situationen, haben eine *Emotionskompetenz*: Sie lösen automatisch Emotionen aus, sogar ohne Vorerfahrungen. Diese Bewertung ist genetisch bedingt.
- ✔ Emotional unbedeutende Reize können Emotionskompetenz durch *assoziatives Lernen* mit emotional bedeutsamen Reizen erlangen. Diese Bewertung ist also durch Lernerfahrungen erworben.

Bereits einfache Lebewesen zeigen adaptives Verhalten, das als Emotion im physiologischen Sinne verstanden werden kann. Zum Beispiel können bereits Bakterien schädliche chemische Substanzen wahrnehmen und vermeiden, und das bedeutet, dass sich Emotionen über die physiologische Reaktion und das Verhalten erfassen lassen. Diese Sichtweise hat in der Erforschung der Emotionen zu der Frage geführt, was denn eigentlich zuerst kommt: das subjektive Gefühl oder die physiologische Reaktion? Unterschiedliche Theorien wurden aufgestellt, um diese Frage zu beantworten.

William James' Theorie der peripheren Rückmeldung

William James, einer der Begründer der modernen Psychologie, stellte sich bereits Ende des 19. Jahrhunderts die Frage, ob er vor einem Bären davonrennt, weil er Angst hat, oder ob er Angst hat, weil er gerade davonrennt. Aufgrund der Beobachtung, dass Schreckreaktionen sehr schnell und automatisch erfolgen, nahm er an, dass das bewusste Gefühl ein Resultat der physiologischen Reaktion ist. Aufgrund der Beobachtung, dass Schreckreaktionen sehr schnell und automatisch erfolgen, nahm er an, dass das bewusste Gefühl ein Resultat der physiologischen Reaktion ist. Übersetzt in das Nervensystem umfasst die Theorie der peripheren Rückmeldung die folgenden Anteile:

- **Emotionale Reize** werden durch die sensorischen Areale verarbeitet, und die Information wird direkt an die motorischen Areale weitergegeben.
- **Die physiologische Reaktion** auf die emotionalen Reize wird über absteigende Nervenbahnen aus dem motorischen System ausgelöst.
- **Die bewusste Wahrnehmung** der Emotionen erfolgt erst in einem zweiten Schritt, wenn die Wahrnehmung der körperlichen Reaktion bewusst wird.

Die Theorie der zentralen Verarbeitung von Cannon und Bard

William James hatte nur ein grobes Wissen über die sensorischen und motorischen Areale des Neokortex, und damals war kaum etwas über die Funktionen subkortikaler Bereiche bekannt. Zwei zentrale Befunde stellten die Theorie der peripheren Rückmeldung infrage:

- Tiere, bei denen der Neokortex entfernt worden war, waren immer noch zu emotionalen physiologischen Reaktionen in der Lage. Wurde die Läsion oberhalb des Hypothalamus gesetzt, waren die Tiere zum Beispiel noch in der Lage, Wut als Abwehrreaktion auf aversive Reize zu zeigen. Wurde die Läsion unterhalb des Hypothalamus gesetzt, zeigten die Tiere *Schein-Wut*, eine unkoordinierte Reaktion auf alle Arten von Reizen.
- Eine elektrische Stimulation des Hypothalamus löst Reaktionen des autonomen Nervensystems aus, die den emotionalen physiologischen Reaktionen gleichen.

Aus diesen Beobachtungen entwickelten Walter Cannon und Philip Bard die *Theorie der zentralen Verarbeitung*, die dem Hypothalamus eine wichtige Rolle zuschreibt:

- **Emotionale Reize** werden vom Thalamus verarbeitet.
- Für die **bewusste Wahrnehmung** der Reize ist eine Nervenbahn zuständig, die zum Neokortex zieht.
- Eine zweite Nervenbahn zieht zum Hypothalamus, der durch Verbindungen zum Hirnstamm und zum Rückenmark die **physiologische Reaktion** auf die emotionalen Reize auslöst. In dieser Theorie übernimmt der Hypothalamus die Bewertung der emotionalen Reize, um eine entsprechende Reaktion auszulösen.

Der Papez-Kreis von James Papez

Im frühen 20. Jahrhundert wurden durch weitere Forschungen immer mehr subkortikale Kerngebiete entdeckt, die dann auch in die neuronalen Schaltkreise der Emotionen eingebaut wurden. In diesem Kontext erweiterte James Papez die Theorie von Cannon und Bard um den nach ihm benannten *Papez-Kreis* zwischen Hypothalamus und Neokortex.

1. Im ersten Schritt gehen Signale vom Hypothalamus zum anterioren Thalamus und dann zum *Cingulum*. Dort konvergieren die sensorischen Eingänge, die über den Thalamus und die sensorischen Areale verarbeitet wurden, mit den Bewertungen der emotionalen Reize. Diese Konvergenz aus sensorischer Information und emotionaler Bewertung sei dann die Grundlage der bewussten Wahrnehmung der Emotionen.

2. Im zweiten Schritt laufen diese kombinierten Informationen über den Hippocampus zum *Hypothalamus* zurück. Dieser zweite Schritt ist nach Papez' Theorie relevant für das assoziative Lernen emotionaler Bedeutungen.

Das limbische System nach Paul MacLean

Als Erweiterung des Papez-Kreises schlug Paul MacLean vor, dass ein festes Netzwerk subkortikaler Kerngebiete, das *limbische System*, für die Verarbeitung von Emotionen zuständig ist. Dieses System wurde erstmals von Paul Broca beschrieben und umfasst im Großen und Ganzen zwei ineinander gelagerte ringartig verknüpfte Systeme am inneren Saum (lateinisch »limbus«) des Neokortex.

- **Der innere Ring** umfasst die Amygdala und den dahinterliegenden Hippocampus. Vom dorsalen Ende des Hippocampus läuft eine Faserverbindung, der *Fornix*, um den Thalamus herum zu den *Mammiliarkörpern*, die unterhalb des Thalamus liegen. Sie sind, wie der Hippocampus, wichtig für die Gedächtniseinspeicherung.

- **Der äußere Ring** umfasst das *Cingulum* und das *Septum* an der Spitze des anterioren Cingulums. Zahlreiche Faserverbindungen bilden bidirektionale Verbindungen zwischen dem Septum und den Mammiliarkörpern sowie der Amygdala und dem Hippocampus. Das Septum wirkt als Taktgeber des Theta-Rhythmus für den Hippocampus, und es spielt eine besondere Rolle beim Belohnungslernen. In Versuchen mit elektrischer Stimulation des Septums bei Tieren und auch bei Menschen konnte gezeigt werden, dass eine Stimulation als belohnend empfunden wird, was dazu führt, dass Tiere selbst wiederholt diese elektrische Stimulation auslösen.

Dass die Strukturen des *limbischen Systems* nicht nur für Emotionen relevant sind, gilt heute als anerkannt, selbst wenn nicht immer Einigkeit darüber herrscht, was alles zum limbischen System gehört. Daher ist das Konzept des limbischen Systems als eine funktionelle Einheit umstritten. Die Strukturen des limbischen Systems erfüllen eine ganze Reihe anderer Funktionen wie zum Beispiel bei der *Aufmerksamkeit* und dem *Gedächtnis*. Außerdem ist es relevant für die Steuerung des viszeralen autonomen Nervensystems und des motivationalen Verhaltens. Letzteres umfasst die (auf Englisch zusammengefassten) vier Fs der *Motivation*: fleeing, feeding, fighting und sexuelles Verhalten.

Neuronale Mechanismen der Emotionen

Aus der langen Geschichte der Erforschung der neuronalen Mechanismen der Emotionen hat sich ein komplexes Netzwerk von unterschiedlichen zentralen und peripheren Anteilen des Nervensystems herauskristallisiert, das an der physiologischen Reaktion auf emotionale Reize und der bewussten Wahrnehmung der Emotionen beteiligt ist. Abbildung 15.1 fasst die wesentlichen Anteile zusammen.

- **Emotionale Reize wirken auf ein Emotionssystem im Gehirn.** Eine zentrale Schaltstelle dieses Emotionssystems ist die Amygdala. Weitere Anteile des limbischen

Systems sind an der Gedächtnisbildung emotionaler Informationen, der Bewertung von Informationen und motivationalen Vorgängen beteiligt.

- ✔ **Emotionale Reize wirken auch auf den Neokortex, insbesondere den Frontallappen.** Hier werden physiologische Reaktionen bewusst wahrgenommen und die physiologischen Reaktionen mit der sensorischen Information der emotionalen Reize abgeglichen.

- ✔ **Eine physiologische Reaktion erfolgt, nachdem die emotionalen Reize durch das Emotionssystem verarbeitet wurden.** Vermittelt wird diese Reaktion durch den Hirnstamm und den Hypothalamus. Diese Verschaltung kann deutlich schneller ablaufen als eine bewusste Wahrnehmung und Verarbeitung der emotionalen Reize. Über das somatosensorische System laufen die Informationen über die physiologische Reaktion zurück an den Neokortex.

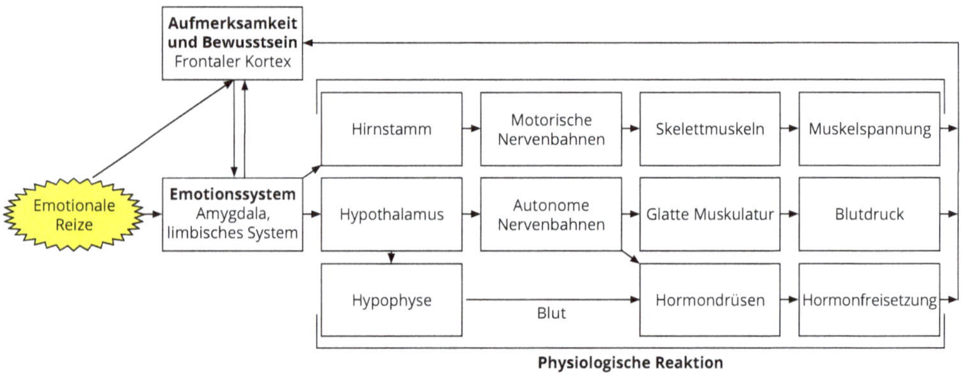

Abbildung 15.1: Das Zusammenspiel von emotionalen Reizen, Emotionssystem, physiologischer Reaktion und Bewusstsein (© Julian Keil)

Die Amygdala als zentrale Schaltstelle der Emotionen

In zahlreichen Läsionsstudien an Tieren und bei Menschen zeigte sich, dass Verletzungen an vielen Teilen des limbischen Systems keinerlei Auswirkungen auf emotionale Vorgänge haben. Läsionen der *Amygdala* hatten allerdings große Auswirkungen auf die Emotionen. Häufig wird die klassische Konditionierung der Furchtreaktion als ein Modell für die Funktion der Amygdala bei Emotionen genutzt. Für die *Furchtkonditionierung* sind vor allem der laterale und der zentrale Nucleus der Amygdala von Bedeutung. Läsionen an diesen beiden Kernen, aber nicht an den anderen Kernen, verhindern Furchtkonditionierung. Insgesamt umfasst die Amygdala trotz ihrer geringen Größe etwa zwölf Kerngebiete.

- ✔ **Der laterale Nucleus ist die Eingangsregion.** Er erhält sensorische Informationen aus dem Thalamus auf zwei Wegen: direkt aus dem Thalamus, oder indirekt über die sensorischen Arealen des Neokortex.

- ✔ **Der zentrale Nucleus ist die Ausgangsregion,** die Informationen aus dem lateralen Nucleus entweder direkt oder über weitere Verschaltungen innerhalb der Amygdala über weitere Amygdala-Kerne erhält. Er sendet Informationen dann an den

Hirnstamm und den Hypothalamus und aktiviert so die motorischen Nervenbahnen der Skelettmuskulatur, der glatten Muskulatur, und über die Aktivierung der Hypophyse auch die Hormondrüsen.

Amygdala: Verarbeitung aversiver Reize

Die Konditionierung der Furchtreaktion ist im Grunde das Gleiche wie die *klassische Konditionierung* (Kapitel 14), aber hier wird ein **aversiver** Reiz als unbedingter Stimulus verwendet. Dieser wird mit einem vormals neutralen Reiz verknüpft, sodass er nach dem Lernen die gleiche Reaktion hervorruft wie der unbedingte Stimulus. Abbildung 15.2 fasst die daran beteiligten neuronalen Kerngebiete und Verbindungen zusammen.

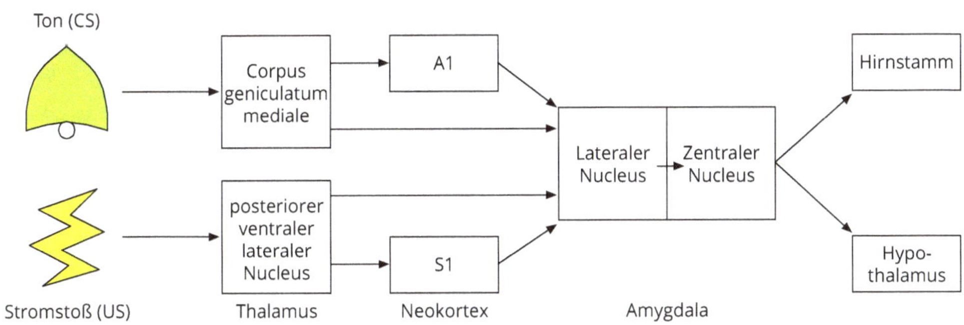

Abbildung 15.2: Die neuronalen Kerngebiete und Verbindungen bei der Furchtkonditionierung (© Julian Keil)

1. **Vor der Lernphase führt ein unbedingter Stimulus (US) zu einer unbedingten Reaktion (UR).** Ein Stromstoß (US) führt zu Muskelanspannung, einem Anstieg der Hautleitfähigkeit, dem Aufstellen der Haare (*Piloerektion*) und der Freisetzung von Stresshormonen (UR). Ein neutraler Stimulus wie ein Tonsignal (NS) führt nicht zu dieser Reaktion. Die sensorische Information wird auf zwei Wegen von den sensorischen Kernen des Thalamus zur Amygdala geleitet: indirekt über die sensorischen Bereiche des Neokortex, und über direkte Faserverbindungen.

2. **Amygdala und Neokortex werden gleichzeitig aktiviert, aber die Amygdala kann den Hinweisreiz (NS) verarbeiten, bevor die bewusste Verarbeitung im Neokortex erfolgt.** Ausgehend davon, dass die bewusste Verarbeitung im Neokortex notwendig ist, um das Gefühl Furcht zu erleben, wird die emotionale physiologische Reaktion ausgelöst, bevor das subjektive Gefühl entsteht. Joseph LeDoux nannte den Weg über den Neokortex »High Road«, und den subkortikalen direkten Weg »Low Road«.

3. **Während der Lernphase wird mehrmals der NS mit dem US präsentiert, und ein Stromstoß wird am Ende des Tons verabreicht.** Nach wie vor folgt auf den US die unbedingte Reaktion UR. Wie bei der klassischen Konditionierung ist es wichtig, dass der zeitliche Abstand zwischen NS und US sehr kurz ist, und der US das Auftreten des NS zuverlässig vorhersagt. Informationen über NS und US konvergieren im lateralen

Nucleus, und über Langzeitpotenzierung können synaptische Verbindungen verstärkt werden, die beide Informationen verknüpfen.

4. **Nach der Lernphase ist der NS zum CS geworden, und er löst die gleiche Reaktion aus, wie der US.** In diesem Fall wird die Furchtreaktion als bedingte Reaktion (CR) bezeichnet. Innerhalb der Amygdala wird das Langzeitgedächtnis der Assoziation zwischen CS und US vermutlich im lateralen und zentralen Nucleus gespeichert, und der zentrale Nucleus ist die Ausgangsstruktur, von der aus dann die physiologische Reaktion gesteuert wird. Diese Furchtkonditionierung geht mit einer starken Aufmerksamkeitslenkung und Verlagerung kognitiver Ressourcen einher, die sich auch in einer Reduktion der Alpha-Aktivität in sensorischen Arealen widerspiegelt. Emotionale Prozesse haben damit einen großen Einfluss auf kognitive Vorgänge.

BEISPIEL

Um zu überprüfen, ob auch beim Menschen emotional unbedeutende Reize durch assoziatives Lernen mit emotional bedeutsamen Reizen Emotionskompetenz erlangen können, führten John Watson und Rosalie Rayner 1920 ein (heute aufgrund der unethischen Forschungsbedingung scharf kritisiertes) Furchtkonditionierungsexperiment beim elf Monate alten »Little Albert« durch. Die Auswahl von Albert als Forschungsobjekt erfolgte zufällig: Seine Mutter war Amme im Krankenhaus, in dem Watson und Rayner arbeiteten, und er lebte mit seiner Mutter auf dem Krankenhausgelände.

In diesem Experiment wurde bei Albert durch *Furchtkonditionierung* Angst vor einer Laborratte erzeugt, die dann auf alle pelzigen Objekte generalisierte. In den ersten Testsitzungen zeigt Albert keine Angst vor Bauklötzen, Stiften und unterschiedlichen Tieren. Über sieben Lernsitzungen hinweg setzten Watson und Rayner eine Ratte vor Albert, und jedes Mal, wenn er die Ratte berühren wollte, schlugen sie mit einem Hammer auf einen Stahlstab. Wie zu erwarten, zeigte er eine physiologische Reaktion auf das laute Geräusch: Er fiel um und weinte. Nach der siebten Lernsitzung erzeugte bereits der Anblick der Ratte allein die gleiche Reaktion. Wiederholte Testungen zeigten, dass diese Reaktion erhalten blieb und auch von anderen pelzigen Objekten ausgelöst wurde, nicht aber von Bauklötzen. Der Bericht des Experiments endet damit, dass Albert mit seiner Mutter aus dem Krankenhaus auszog, bevor eine Löschung oder Neutralisierung der konditionierten Furchtreaktion erfolgen konnte. Was nach dem Experiment aus Albert wurde, war lange Zeit unklar. Hall Beck hat 2009 das Ergebnis einer aufwendigen Recherche veröffentlicht, in der er Douglas Merritte als das Kind hinter dem Pseudonym identifiziert. Douglas starb bereits mit sechs Jahren, vermutlich an einer Hirnhautentzündung.

Mit diesem Experiment konnten Watson und Rayner zeigen, dass emotional unbedeutende Reize Emotionskompetenz durch Furchtkonditionierung aufgrund von wenigen Lernerfahrungen erlangen können. Gleichzeitig zeigt es aus heutiger Perspektive eklatante Verletzungen ethischer Standards wie die Durchführung von Experimenten ohne Einwilligung und im Kontext von Macht- oder Abhängigkeitsverhältnissen, fehlende Aufklärung über den Zweck und die Bedingungen eines Experiments sowie die ausbleibende Aufklärung nach dem Experiment.

Die Amygdala: Verarbeitung positiver Emotionen

Furchtreaktionen sind einfach und eindeutig in (Labor-)tieren und Menschen zu beobachten, was erklärt, warum sich Forscherinnen und Forscher lange Zeit auf negative Emotionen konzentriert haben. Neuere Studien zeigen, dass die Amygdala aber auch an der Verarbeitung positiver Emotionen, insbesondere von *Belohnung*, beteiligt ist. Werden in assoziativen Lernaufgaben neutrale Reize mit Belohnung oder Bestrafung kombiniert, dann verändert sich die neuronale Aktivität in der Amygdala entsprechend der gelernten Bewertung der Reize.

Eine Umkehr der Assoziation, in der zum Beispiel ein vorher mit Bestrafung assoziierter Reiz jetzt mit einer Belohnung kombiniert wird, führt rasch zu einer entsprechend veränderten neuronalen Aktivität in der Amygdala. Die Veränderung der neuronalen Aktivität der Amygdala entsprechend der Bewertung eines Reizes zeigt sich auch beim Menschen. Sie tritt auch dann auf, wenn Menschen Entscheidungen aufgrund der zu erwartenden Belohnung oder Bestrafung treffen. Die Amygdala ist also auch an kognitiven Prozessen wie der Entscheidungsfindung beteiligt, und Emotionen können diese Entscheidungen beeinflussen.

Die neuronalen Netzwerke der Emotionsverarbeitung

Aus eigener Erfahrung wissen Sie vielleicht, dass Gefühle nicht immer ganz so eindeutig sind wie Angst oder Freude. Vor allem in sozialen Situationen können gemischte Gefühle auftreten, die auch nicht immer nur die eigene Person betreffen. Genau wie die Basisemotionen haben auch *komplexe Emotionen* wie Stolz, (Fremd-) Scham, Schuld oder Empathie spezifische physiologische Ausprägungen und werden bewusst als unterschiedliche Emotionen wahrgenommen. Im Gegensatz zu den Basisemotionen sind diese komplexen Emotionen aber stark abhängig von Lernerfahrungen und der sozialen Situation. Ein Beispiel dafür ist die *Schadenfreude*, die sowohl Empathie als auch Scham mit Freude verbindet.

Die hier besprochenen neuronalen Netzwerke der Emotionsverarbeitung beschränken sich weitgehend auf die Annahme, dass verschiedene Emotionen mit spezifischer Hirnaktivität einhergehen. Gegen diese »Lokalisationstheorie« der Emotion gibt es von den konstruktivistischen Theorien einigen Widerspruch. Die Theorie der konstruierten Emotion von *Lisa Feldman Barrett* besagt zum Beispiel, dass Emotionen nicht angeboren sind, sondern durch das Gehirn aktiv konstruiert werden: Es nutzt vergangene Erfahrungen, kulturelles Wissen und körperliche Zustände, um sensorische Eindrücke zu interpretieren und Emotionen zu »erzeugen«. Emotionen sind demnach keine universellen, festen Reaktionen, sondern dynamische Konstruktionen, die je nach Kontext variieren. Folglich gibt es auch keine spezifischen Muster von Hirnaktivität, die mit bestimmten Emotionen fest assoziiert sind.

Bereits am Beispiel der recht einfach aufgebauten Furchtkonditionierung wird klar, dass nicht die Amygdala allein für Emotionen zuständig ist, sondern dass sie in ein weites Netzwerk aus subkortikalen und neokortikalen Verarbeitungsgebieten eingebunden ist. Aufnahmen der neuronalen Aktivität im gesamten Gehirn haben gezeigt, dass unterschiedliche Emotionen mit unterschiedlichen Aktivitätsmustern assoziiert sind.

- ✔ Der *ventromediale präfrontale Kortex* (*vmPFC*) ist an der Verarbeitung sozialer Emotionen wie zum Beispiel Empathie, Stolz, Scham oder Schuld beteiligt. Er besitzt zahlreiche neuronale Verbindungen zu subkortikalen Kerngebieten, die an der Verarbeitung von Emotionen beteiligt sind, wie zum Beispiel zur Amygdala, zum Hypothalamus und zum Hirnstamm. Gemeinsam mit der gleichzeitigen Aktivierung der Amygdala spielt er eine Rolle bei der Entscheidungsfindung bei Aufgaben, die Belohnung oder Bestrafung enthalten, und steuert die Lenkung der Aufmerksamkeit.
- ✔ Das *anteriore Cingulum* (*ACC*) ist an der bewussten Verarbeitung trauriger Erinnerungen beteiligt. In etwas geringerem Maße wird das ACC auch bei glücklichen Erinnerungen aktiviert. Bei diesen Erinnerungen wird die Amygdala nicht aktiviert, was dafür spricht, dass die Amygdala für die automatische, unbewusste Verarbeitung der Emotionen relevant ist und die bewusste, gesteuerte Wahrnehmung der Emotionen im Neokortex erfolgt.
- ✔ Im *somatosensorischen Kortex* und der *Insula* werden Schmerz und Temperatur verarbeitet (siehe dazu auch Kapitel 9). Diese Informationen erreichen die Insula aus dem primären und sekundären somatosensorischen Kortex. Zusätzlich zu körperlichem Schmerz werden in diesen Bereichen auch die affektive Komponente und soziale Formen des Schmerzes verarbeitet. Zum Beispiel werden beim empathischen Nachfühlen der Schmerzen anderer Personen sowohl der somatosensorische Kortex als auch die Insula aktiviert. Außerdem unterstützt die Aktivierung in diesen Bereichen die Identifikation emotionaler Gesichtsausdrücke bei anderen Personen.

Störungen der Emotionsverarbeitung und -regulation

Für die Verarbeitung von Emotionen sind sowohl die Amygdala als auch die neokortikalen Netzwerke wichtig. Läsionen an beiden Teilen gehen mit spezifischen Einschränkungen der Emotionsverarbeitung einher, die sich auch auf kognitive Prozesse wie das Sozialverhalten oder die Entscheidungsfindung auswirken.

Funktionseinschränkungen der Amygdala bei Angststörungen

Im Vergleich mit Patientinnen und Patienten, die eine Läsion am Hippocampus haben, zeigt sich, welche Auswirkungen eine Läsion der Amygdala hat, und welche Rolle sie für die Emotionsverarbeitung hat.

- ✔ Patienten mit einer bilateralen **Läsion des Hippocampus** haben keine Erinnerung an den Lernprozess der Furchtkonditionierung, zeigen aber dennoch eine physiologische Reaktion auf den bedingten Stimulus (CS). Sie zeigen also implizites Lernen der Reiz-Reaktions-Verknüpfung, haben aber keine explizite Erinnerung an die Lernsituation.

- Patienten mit einer bilateralen **Läsion der Amygdala** haben dagegen eine intakte Erinnerung an den Lernprozess der Furchtkonditionierung, zeigen aber keine physiologische Reaktion auf den CS. Bei ihnen ist also kein implizites Gedächtnis der Reiz-Reaktions-Verknüpfung vorhanden, auch wenn sie sich an das Lernen dieser Verknüpfung erinnern können.

Veränderungen oder Einschränkungen der Funktion der Amygdala treten bei zahlreichen psychischen Erkrankungen auf, vor allem bei *Angststörungen*. Furcht und Angst sind allerdings zwei unterschiedliche Dinge.

Furcht bezeichnet häufig eine kurzzeitige Reaktion auf eine Gefahr, *Angst* hingegen bezeichnet eher eine länger andauernde Antwort auf Situationen oder Ereignisse, die zu negativen Konsequenzen führen können. Die Erwartung negativer Konsequenten ist dabei vollkommen subjektiv. Sowohl Furcht als auch Angst sind an sich adaptiv und sinnvoll. Problematisch wird Angst, wenn sie über tatsächliche Gefahren hinaus geht, in ungefährlichen oder alltäglichen Situationen auftritt, oder die Reaktion auf die Angst unverhältnismäßig wird. Tritt eine solch problematische Angst dauerhaft und unkontrollierbar auf, liegt eine Angststörung vor.

- Bei Angststörungen wie der *Panikstörung* oder *Phobien* reagiert die Amygdala übermäßig stark auf Reize, die auf Gefahren hinweisen, und auch auf neutrale Reize. Treten neutrale Reize gleichzeitig mit einer spontanen physiologischen Furchtreaktion oder einer Panikattacke auf, kann dies zu einer Assoziation dieser Reize mit der Reaktion führen, sodass der vormals neutrale Reiz dann als Auslöser einer Panikattacke wirken kann. So kann eine Angst vor einem sehr spezifischen Reiz oder einer spezifischen Situation, eine Phobie, entstehen.

- Bei Angststörungen wird die Aufmerksamkeit auf mögliche Gefahrenreize gelenkt. Übermäßige Angst- oder Furchtreaktionen gehen mit einer erhöhten Aktivität in den sensorischen Arealen des Neokortex einher. Diese verstärkte Verarbeitung der mit der Angst oder Furcht assoziierten Reize kann den Kreislauf aus auslösenden Reizen, Furchtreaktionen und physiologischer Erregung aufrechterhalten.

Läsionen des Frontallappens und ihre Auswirkungen

Der Frontallappen ist vor allem an der Verarbeitung komplexer Emotionen in sozialen Situationen beteiligt. Funktionsveränderungen insbesondere des ventromedialen präfrontalen Kortex (vmPFC) gehen daher mit Veränderungen der Verarbeitung dieser Emotionen und der Entscheidungsfindung einher. Denken Sie zurück an Phineas Gage (Kapitel 13), der nach einer Läsion des Frontallappens Schwierigkeiten hatte, Impulse zu kontrollieren und risikoreiches Verhalten zeigte. Patienten mit einer Läsion des *vmPFC* haben eine normale Intelligenz, normale motorische Funktionen und normale Aufmerksamkeit. Funktionseinschränkungen zeigen sich vor allem in sozialen Situationen oder bei der Entscheidungsfindung. Zum Beispiel vermeiden sie in der *Iowa Gambling Task* nicht, wie es normalerweise der Fall wäre, die risikoreichen Entscheidungen und passen ihre Entscheidungsstrategie nicht entsprechend der Belohnung oder Bestrafung an.

- Vor risikoreichen Entscheidungen, insbesondere unter Zeitdruck und im Kontext von Belohnung oder Bestrafung, zeigen sie **keinen Anstieg der Hautleitfähigkeit,** die bei Personen mit intaktem vmPFC die Reaktion des sympathischen Nervensystems anzeigt.

- Sie zeigen **keine physiologischen Reaktionen wie zum Beispiel einen erhöhten Puls oder erhöhte Schweißproduktion** beim Anblick emotionaler Bilder oder im Kontext risikoreicher Entscheidungen, auch wenn sie den Inhalt der Bilder oder die Konsequenzen der Entscheidung korrekt beschreiben können. Obwohl sie keine physiologische Reaktion bei diesen risikoreichen Entscheidungen zeigen und Schwierigkeiten haben, ihr Verhalten den Konsequenzen einer Entscheidung anzupassen, sind sie in der Lage die Entscheidungsregeln korrekt zu beschreiben.

Bei einer Läsion des ventromedialen präfrontalen Kortex liegt die Unfähigkeit, Handlungen und Entscheidungen entsprechend der Konsequenzen anzupassen, nicht an einem mangelnden Wissen oder Verständnis der Regeln, sondern an einer Einschränkung der Verarbeitung von Emotionen.

Störungen in der Emotionsregulation

Sie kennen die Situation vielleicht aus eigener Erfahrung als Kind: Sie stehen mit Ihrer Mutter oder dem Vater an der Kasse im Supermarkt, wollen einen Schokoriegel, aber das wird Ihnen verwehrt. Sie zeigen eine der *Frustration* Ihrer Wünsche entsprechende physiologische Reaktion, werfen sich auf den Boden und empfinden große Wut. Da ein solches Verhalten nicht in allen Situationen und Lebenslagen zielführend ist, müssen Sie lernen, die physiologische Reaktion und die Empfindung der Emotionen zu regulieren. Dieser Prozess wird kurz *Emotionsregulation* genannt und kann Ablenkung oder Neubewertung der Situationen und Reize oder eine Unterdrückung der Emotionen beinhalten.

- **Emotionsregulation** umfasst die Fähigkeit, die physiologische Reaktion und bewusste Empfindung von negativen Emotionen zu reduzieren oder von positiven Emotionen zu verstärken. Effektive Emotionsregulation wird mit einem generell höheren Wohlbefinden, höherer Arbeitsleistung, besseren interpersonellen Beziehungen und einer besseren psychischen und physischen Gesundheit assoziiert. Die Fähigkeit, Emotionen zu regulieren oder auszuhalten, wird im Laufe der individuellen Entwicklung erlernt.

- **Ablenkung** zielt auf die Auslöser einer Emotion ab. Dabei wird Aufmerksamkeit gezielt und selektiv von einem emotionalen Reiz weggelenkt oder zu einem solchen Reiz hingelenkt, je nachdem, ob eine negative Emotion reduziert oder eine positive Emotion verstärkt werden soll.

- Auch **Neubewertung** zielt auf die Auslöser einer Emotion ab. Dabei wird der Auslöser auf eine neue Art und Weise interpretiert und eingeordnet, von der aktuellen Situation und der eigenen Person abgetrennt, oder aus einer anderen Perspektive betrachtet.

- **Unterdrückung** zielt auf die Reaktion auf einen emotionalen Reiz ab. Hier soll der Einfluss eines Reizes oder einer Situation reduziert werden, nachdem eine Reaktion bereits ausgelöst wurde. Im Zentrum stehen dabei die Kontrolle und Reduktion der physiologischen Reaktion und nicht die Reduktion des bewussten Erlebens der Emotion.

Zahlreiche Studien haben gezeigt, dass die Verarbeitung und Wahrnehmung emotionaler Reize mit einer Aktivierung der Amygdala und weiterer subkortikaler Bereiche (Abbildung 15.1) einhergehen, und dass die Emotionsregulation einen Anstieg der Aktivität im präfrontalen Kortex und eine Reduktion der Aktivität in der Amygdala auslöst. Zunächst wurden daher zwei gegenläufige Systeme angenommen, aber neuere Daten deuten auf mehrere neuronale Netzwerke der Emotionsregulation hin.

- ✔ Subkortikale Bereiche wie die Amygdala, der Hypothalamus und der Hirnstamm sind für die **physiologische Reaktion auf emotionale Reize** relevant. Hier findet die automatische Emotionsregulation statt, wie die Normalisierung der physiologischen Reaktion über die Zeit und die Anpassung der Verarbeitung der Emotionen im Laufe von Lernerfahrungen. Sie sind außerdem das Ziel von erlernt automatischen oder bewussten Emotionsregulationsprozessen.
- ✔ **Erlernte automatische Emotionsregulation** wie die Aufmerksamkeitslenkung (entsprechend externen Hinweisreizen) oder die Unterdrückung der physiologischen Reaktion (entsprechend der sozialen Situation), werden in der Insula und dem ventromedialen präfrontalen Kortex verarbeitet.
- ✔ **Bewusste Emotionsregulation** wie die Neubewertung einer Situation oder eines Reizes, umfasst ein verteiltes neokortikales Netzwerk aus ventrolateralem und dorsolateralem präfrontalem Kortex, parietalem Kortex und supplementärem motorischem Kortex. Sie umfasst die kognitive Verarbeitung eines Reizes, die Steuerung des Arbeitsgedächtnisses und die Inhibierung von Reaktionen. Außerdem umfasst die bewusste Emotionsregulation die Sprachsteuerung und damit auch die Inhibierung oder Aktivierung der verbalen Reaktion auf einen emotionalen Reiz.

Teil IV
Der Top-Ten-Teil

Der Top-Ten-Teil

web Extras

IN DIESEM TEIL ...

Finden Sie eine kurze Zusammenfassung der wichtigsten Grundlagen der Biologischen Psychologie.

Gibt es hilfreiche Internetressourcen als Startpunkte für tiefere Einblicke in das spannende Feld der Biologischen Psychologie und der Neurowissenschaften.

IN DIESEM KAPITEL

Eine grobe Übersicht

Kurze Zusammenfassungen der wichtigsten Inhalte

Kapitel 16
Zehn Themen der Biologischen Psychologie im Schnelldurchlauf

Haben Sie das ganze Buch von Anfang an bis hierher durchgearbeitet, oder schlagen Sie das Buch gerade zum ersten Mal auf und sind auf das Ende gespannt? Dieses Kapitel ist für Sie hoffentlich eine hilfreiche Übersicht, da es die zentralen Themen und wichtigsten Informationen der Biologischen Psychologie kurz zusammenfasst. Für eine grobe Übersicht über das Gehirn, seine Funktionen und wie daraus psychische Prozesse entstehen, sollte das erst mal reichen. Wie im Rest des Buches empfiehlt es sich, diese zehn Punkte der Reihe nach zu lesen, da es wieder vom Kleinen zum Großen geht.

Falls Sie das ganze Buch schon gelesen haben sollten, nutzen Sie diese zehn Zusammenfassungen doch zum Selbstcheck: Wissen Sie, wie die hier nur kurz angerissenen Funktionen im Detail ablaufen?

Unterschiedliche Zellen im Nervensystem mit unterschiedlichen Aufgaben

Von außen betrachtet ist das Gehirn eine unspektakuläre schwammige, graue Masse. Genauer betrachtet besteht es aus vielen Milliarden kleinen Zellen, und jede hat eine wichtige Funktion. Nervenzellen (*Neurone*) sind für die Informationsverarbeitung zuständig; sie nehmen Informationen auf, sammeln diese und geben sie nach bestimmten Regeln weiter. Neurone bilden Netzwerke, um gemeinsam komplexe Aufgaben zu erledigen. Hilfszellen (*Gliazellen*) unterstützen die Neurone bei ihrer Arbeit. Sie sorgen dafür, dass die Neurone ihren Platz finden, ausreichend Nährstoffe erhalten und dass Stoffwechselabfälle abtransportiert werden.

Nervenbahnen leiten Informationen

Sie empfangen Informationen aus Ihrer Umwelt und aus Ihrem Körper, und sie können Ihre Umwelt durch unterschiedliche Signale beeinflussen. Der Weg von außen zum Nervensystem hin wird als *afferente* Bahn bezeichnet, der umgekehrte Weg vom Nervensystem nach außen wird als *efferente* Bahn bezeichnet. Die Dendriten an den Neuronen nehmen Informationen auf, und die Axone senden sie weiter. Je dicker ein Axon ist, desto schneller kann es Informationen leiten. Eine Isolierung des Axons über *Gliazellen* beschleunigt die Informationsweitergabe noch erheblich.

Informationen werden über elektrische und chemische Signale übertragen

Informationen im Nervensystem werden in Form von elektrischen Signalen verarbeitet: Erregende oder hemmende postsynaptische Potentiale aktivieren oder hemmen die Neurone. Aktionspotentiale leiten die Informationen vom Neuron über das Axon weiter. Die Neuronen stehen meist nicht in direktem Kontakt: An ihren Kontaktstellen (*Synapsen*) gibt es eine kleine Lücke zwischen dem Axon des einen Neurons und dem Dendriten des anderen Neurons. Diese Lücke wird mit chemischen Botenstoffen (*Neurotransmittern*) überbrückt. *Hormone* sind chemische Botenstoffe, die Körperfunktionen regulieren. Sie werden direkt in das Gewebe oder in das Blut abgegeben.

Neurotransmitter übermitteln Informationen

Neurotransmitter werden an der Präsynapse aus dem Axon des einen Neurons ausgeschüttet und binden an der Postsynapse auf dem Dendriten des nächsten Neurons an Rezeptoren. Dort sorgen sie dafür, dass Kanäle in der Zellmembran geöffnet werden. Strömen durch diese Kanäle viele negativ geladene Teilchen in die Zelle ein, entsteht ein hemmendes postsynaptisches Potential; das Neuron wird gehemmt. Der wichtigste hemmende Neurotransmitter im Gehirn ist *GABA*. Strömen viele positiv geladene Teilchen in das Neuron, so entsteht ein erregendes postsynaptisches Potential; das Neuron wird aktiviert. Der wichtigste erregende Neurotransmitter im Gehirn ist *Glutamat*.

Die 4+1 Lappen des Gehirns

Die Großhirnrinde (*Neokortex*) ist der wichtigste Bereich im Gehirn für die Informationsverarbeitung. Hier finden die bewusste Wahrnehmung und Steuerung von Handlungen statt. Der Neokortex wird in vier sichtbare und einen »versteckten« Bereich eingeteilt, die jeweils bestimmte Hauptaufgaben haben:

Name	Lage	Hauptaufgabe
Frontallappen	Direkt hinter der Stirn, bis hin zur Zentralfurche	Planung von Handlungen und Steuerung der Aufmerksamkeit und der Bewegungen
Parietallappen	Oben am Kopf, hinter der Zentralfurche	Verarbeitung des Tastsinnes und der Lage von Objekten im Raum
Okzipitallappen	Hinten am Kopf	Verarbeitung des Sehsinnes
Temporallappen	Seitlich am Kopf, etwa auf Höhe der Ohren	Verarbeitung des Hörens und der Eigenschaften von Objekten
Inselrinde	Versteckt zwischen Temporal- und Parietallappen	Verarbeitung von Riechen, Schmecken und Schmerz

Tabelle 16.1: Die Bereiche des Neokortex

Der Thalamus, das Tor zum Bewusstsein

Fast alle Informationen, die Sie über die afferenten Nerven aus der Umwelt erhalten, werden im *Thalamus* in der Mitte des Gehirns verarbeitet, bevor sie an die sensorischen Bereiche des Neokortex weitergegeben werden. Bis auf eine Ausnahme: Beim Geruchssinn liegt der sensorische Bereich direkt in der ersten Verschaltungsstation. Da fast alle Informationen erst mal durch den Thalamus müssen, bevor Sie diese bewusst wahrnehmen können, wird der Thalamus auch das »Tor zum Bewusstsein« genannt. Nur Informationen, die ausreichend stark sind, können dieses Tor überwinden.

Der Hippocampus, der Bibliothekar des Gedächtnisses

Informationen wie der Inhalt dieses Buches, die Sie über Ihre unterschiedlichen Sinne aufgenommen haben und die für Sie irgendwie wichtig waren, möchten Sie vielleicht länger behalten. Dafür haben Sie ein Gedächtnis mit beinahe unbegrenzter Kapazität. Die wichtigste Schaltstelle für das Gedächtnis ist der *Hippocampus*. Er bekommt Informationen von den sensorischen Bereichen des Neokortex, und die Geruchsinformation kommt direkt ohne den Filter des Thalamus an. Hier bilden Neurone Netzwerke, die Informationen kurzzeitig speichern. Vor allem im Schlaf wird diese Information dann zurück an den Neokortex übertragen und dort in Netzwerken abgespeichert. Fällt der Neokortex aus, können Sie keine neuen Erinnerungen mehr bilden. Nicht alle Formen des Gedächtnisses spielen sich im Hippocampus ab: Fähigkeiten können Sie auch ohne Hippocampus erlernen, und auch Lebewesen ohne Hippocampus können Informationen lernen.

Die Amygdala, eine Schaltstelle der Emotionen

Was der Hippocampus für das Gedächtnis ist, ist die *Amygdala* für die Emotionen: eine zentrale Schaltstelle für die Verarbeitung von Emotionen. Die Amygdala bekommt Informationen direkt vom Thalamus und auch aus den sensorischen Bereichen des Neokortex. Durch die direkten Verbindungen zum Thalamus können Emotionen wie Furcht oder Freude sehr schnell ausgelöst werden, bevor die auslösenden Reize überhaupt genau analysiert werden. Die Amygdala kann den Hirnstamm und den Hypothalamus aktivieren, die dann eine körperliche Reaktion der Emotionen auslösen. Ist die Amygdala beeinträchtigt, fällt es Ihnen schwer, angemessen auf emotionale Reize zu reagieren.

Basalganglien und Cerebellum justieren die Bewegungen

Die motorischen Bereiche des Neokortex planen und steuern Bewegungen. Wie ein weltfremder Herrscher interessieren sie sich aber kaum für die kleinen und feinen Details der Ausführung der Bewegungen. Die Rückmeldung aus den Muskeln und der Vergleich zwischen der geplanten und der ausgeführten Bewegung erfolgt im Austausch mit dem Kleinhirn (*Cerebellum*). Die genaue Planung von Start und Ende einer Bewegung und die Begrenzung der Bewegungen erfolgt im Austausch mit einem Netzwerk aus Kernen in der Mitte des Gehirns (*Basalganglien*). Störungen beeinträchtigen die gezielte und genaue Steuerung der Bewegungen.

Woher wissen wir das alles? Die wichtigsten Messmethoden

Das wird Sie nicht wundern: Es ist sehr schwer, in einen Kopf hineinzuschauen, und noch viel schwerer ist es, die Aktivität des Nervensystems zu messen, um herauszufinden welcher Bereich welche Funktion und Aufgabe hat. Wenn Sie wissen wollen, wie das Gehirn all die wunderbaren psychischen Prozesse erzeugt, müssen Sie einen Kompromiss finden zwischen räumlicher und zeitlicher Messgenauigkeit.

Für eine punktgenaue Messung können Sie eine *Messelektrode* ganz nah an ein Neuron heranbringen. In Tierversuchen ist das Routine, und diese Versuche haben wichtige Erkenntnisse über die Funktion einzelner Nervenzellen geliefert. Beim Menschen sind solche Messungen nur in sehr seltenen Fällen möglich, wenn zum Beispiel Elektroden zur Epilepsiediagnostik ins Gehirn implantiert werden. Wenn Sie überprüfen wollen, wo genau ein Bereich des Gehirns bei einer bestimmten Funktion aktiviert wird, wählen Sie die *funktionelle Magnetresonanztomographie*. Dabei wird anhand des Blutflusses bestimmt, welcher Bereich des Gehirns gerade besonders viel arbeitet. Wenn Sie daran interessiert sind, wann das Gehirn aktiv ist, verwenden Sie die *Magnet- oder Elektroenzephalographie*, um direkt die elektrische Aktivität des Gehirns zu messen.

IN DIESEM KAPITEL

Webseiten über den Aufbau des Gehirns

Webseiten mit hilfreichen Werkzeugen

Webseiten zur weiteren Recherche

Kapitel 17
Zehn hilfreiche Ziele im Internet

Dieses Buch kann nur einen ersten Einblick in die spannende Welt der Biologischen Psychologie bieten. Aber es gibt sehr viele hilfreiche Angebote im Internet, die Ihnen beim Verständnis helfen können und die gute Startpunkte für eigene Recherchen und Forschungen liefern. Teils sind es Webseiten, teils handelt es sich um eine eigenständige Software.

Das Gehirn unter der Lupe: Das Allen Institute

Das Allen Institute (`https://alleninstitute.org/`) ist ein Forschungszentrum, das sich den großen Fragen der Biowissenschaften widmet. Es bietet zwei interaktive Karten des Nervensystems an: Der Allen Cell Explorer (`https://www.allencell.org/`) widmet sich den einzelnen Zellen und ihren Bausteinen, die Allen Brain Map (`https://atlas.brain-map.org/`) bietet detaillierte Karten des Gehirns von Mäusen und Menschen.

Die Funktionen des Gehirns

Der Brainvoyager Brain Tutor (`https://www.brainvoyager.com/products/braintutor.html`) ist eine Software, die für Computer und mobile Geräte verfügbar ist, mit der Sie die Funktionen der einzelnen Bereiche des Gehirns kennenlernen können. Einen ähnlichen Ansatz verfolgt die Brainfacts-Seite (`https://www.brainfacts.org/`) der Society for Neuroscience. Sie bietet sehr viel Inhalt rund um das Gehirn und auch ein interaktives Modell des Gehirns (`https://www.brainfacts.org/3d-brain`).

Mit Wissenschaftlern in Kontakt kommen

Auch die Wissenschaft hat ihre eigenen sozialen Netzwerke. Wenn Sie also mit anderen Wissenschaftlerinnen und Wissenschaftlern in Kontakt kommen möchten, dann bieten Researchgate (https://www.researchgate.net/) und Academia (https://www.academia.edu/) die Startpunkte.

Fachgruppen für die Interessen der Biologischen Psychologie

In Deutschland wird das wissenschaftliche Fach Biologische Psychologie durch die Fachgruppe Biologische Psychologie und Neuropsychologie innerhalb der Deutschen Gesellschaft für Psychologie (DGPs) vertreten (https://www.dgps.de/fachgruppen/fgbi). Auch die Deutsche Gesellschaft für Psychophysiologie und ihre Anwendung (DGPA) fördert die wissenschaftliche Erforschung des Zusammenwirkens von physiologischen, psychischen und sozialen Prozessen (https://www.dgpa.de).

Frei verfügbare Lehrbücher

Sollte Ihnen dieses Buch nicht ausreichen oder bei Ihnen sogar das Verlangen nach weiteren Informationen geweckt haben, bieten die Open Library (https://openlibrary.org/) und die Open Textbook Library (https://open.umn.edu/opentextbooks/) Zugang zu frei verfügbaren Lehrbüchern zu vielen Themen.

Frei verfügbare Online-Kurse

Sie besuchen gerade eine Vorlesung zur biologischen Psychologie? Sie wollen mehr davon? Da können Sie entweder meine eigene Vorlesung auf YouTube anschauen (https://www.youtube.com/@drjuliankeil), oder Sie gehen zum MIT, das eine sehr große Bandbreite an offenen und frei verfügbaren Online-Kursen auch zu Neurowissenschaften und zum Gehirn anbietet (https://ocw.mit.edu/).

Literaturrecherche

Wenn Ihnen Lehrbücher und Vorlesungen nicht mehr weiterhelfen, wird es Zeit für eigene Forschung. Die Grundlage der Forschung ist ein Überblick über die vorhandene Literatur: Was andere schon erledigt haben, müssen Sie nicht noch mal machen.

Das amerikanische National Institute of Health bietet mit PubMed eine Datenbank zu allen wissenschaftlichen Arbeiten zum Gesundheitsbereich (und damit auch zur Biologischen Psychologie) an (https://pubmed.ncbi.nlm.nih.gov/). Auch Google hat einen ähnlichen Service mit Google Scholar (https://scholar.google.de/).

Aussagekräftige Abbildungen erstellen

Wenn Sie für einen Vortrag oder eine eigene wissenschaftliche Arbeit Abbildungen oder Schaubilder von biologischen Vorgängen erstellen müssen, kann Biorender (https://www.biorender.com/) hilfreich sein. Dieses Online-Tool enthält Abbildungen für die gängigsten biologischen Vorgänge.

Psychologische Experimente selbst entwerfen

Wollen Sie selbst einmal ein psychologisches Experiment entwerfen und durchführen? PsychoPy (https://www.psychopy.org/) und lab.js (https://lab.js.org/) bieten dafür sehr einfache Werkzeuge an, mit denen Sie auch vollkommen ohne Programmiererfahrung präzise Experimente erstellen können. Online-Plattformen bieten die Möglichkeit, die Experimente direkt durchzuführen (https:// pavlovia.org/ oder https://open-lab.online/).

Die eigene wissenschaftliche Karriere starten

Richtig los mit der Forschung geht es mit der Neuromatch Academy (https://neuromatch.io/). Dieses Online-Programm bietet interaktive Kurse in einer großen Bandbreite an Themen. Die Online-Kurse werden häufig auch von lokalen Offline-Initiativen begleitet, sodass Sie nicht allein zu Hause arbeiten müssen, sondern gleich ein eigenes Netzwerk knüpfen können.

Abbildungsverzeichnis

Stichwortverzeichnis

Symbole

A

B

F

G

H

T

Diese Bücher könnten Sie auch interessieren

H.-P. Erb und J. Balzukat

Sozialpsychologie für Dummies

1. Auflage 2025 **ISBN:** 978-3-527-72170-2

330 Seiten

Format: 176 mm x 240 mm

Ladenpreis: 26,- €*

Sie möchten einen Überblick über die Sozialpsychologie gewinnen? Dieses Buch betrachtet menschliches Denken, Fühlen und Handeln im sozialen Kontext und erklärt anschaulich, leicht verständlich und anhand zahlreicher Alltagsbeispiele, wie wir Menschen miteinander umgehen.

T. Storck

Tiefenpsychologie für Dummies

1. Auflage 2024 **ISBN:** 978-3-527-72035-4

288 Seiten

Format: 176 mm x 240 mm

Ladenpreis: 22,- €*

Tauchen Sie ein in die Untiefen des menschlichen Geistes. Sie erfahren, was es mit Schlagworten wie Verdrängung, Sexualität und Fehlleistung auf sich hat und wie eine tiefenpsychologische Therapie abläuft, wie sie wirkt und für wen sie überhaupt in Frage kommt.

U. Walbrühl

Wirtschaftspsychologie für Dummies

2. Auflage 2022 **ISBN:** 978-3-527-71923-5

364 Seiten

Format: 176 mm x 240 mm

Ladenpreis: 24,- €*

Wo Menschen sind, ist Psychologie wichtig, auch in der Wirtschaft. Ulrich Walbrühl erklärt Ihnen, was Sie über Wirtschaftspsychologie wissen sollten, egal ob Sie eine Prüfung an der Hochschule bestehen oder sich im beruflichen Alltag mit dem Thema auseinandersetzen wollen.

*Der €-Preis gilt nur für Deutschland. Preisänderungen und Irrtümer vorbehalten.

Diese Bücher könnten Sie auch interessieren

D. Hanna und M. Dempster

Statistik für Psychologen für Dummies

Daten analysieren mit SPSS und R

2., vollst. überarb. u. erw.

Auflage 2023 **ISBN:** 978-3-527-72011-8

544 Seiten

Format: 176 mm x 240 mm

Ladenpreis: 26,- €*

Ob Sie nun wollen oder nicht: In der Psychologie kommen Sie an Statistik nicht vorbei. Donncha Hanna und Martin Dempster erklären Ihnen leicht verständlich, worauf es ankommt, auch wenn Sie sich zusätzlich noch mit SPSS oder R beschäftigen müssen.

M. Dempster und D. Hanna

Forschungsmethoden der Psychologie und Sozialwissenschaften für Dummies

1. Auflage 2017 **ISBN:** 978-3-527-71329-5

340 Seiten

Format: 176 mm x 240 mm

Ladenpreis: ca. 19,99 €*

Psychologen und Sozialwissenschaftler bedienen sich in ihrer Forschung einer ganzen Reihe von empirischen Methoden: Wie Sie Experimente, Befragungen, Beobachtungen und psychologische Tests planen und durchführen, erfahren Sie in diesem Buch.

D. J. Rumsey

Statistik für Dummies
Lehr- und Übungsbuch

1. Auflage 2024 **ISBN:** 978-3-527-72174-0

608 Seiten

Format: 176 mm x 240 mm

Ladenpreis: 28,- €*

Deborah Rumsey erklärt Ihnen die notwendigen Grundbegriffe, erläutert die wichtigsten statistischen Konzepte und schafft einen Bezug zwischen Theorie und Praxis. Mit Übungen zu allen Themengebieten festigen Sie dann das erlernte Wissen.

*Der €-Preis gilt nur für Deutschland. Preisänderungen und Irrtümer vorbehalten.

Diese Bücher könnten Sie auch interessieren

D. Weber und D. Keller

Statistische Daten erheben und auswerten für Dummies

1. Auflage 2023 **ISBN:** 978-3-527-71981-5

288 Seiten

Format: 176 mm x 240 mm

Ladenpreis: 20,- €*

Sie müssen selbst eine Statistik erheben, auswerten und das Ergebnis beschreiben? Dann hilft Ihnen dieses Buch. Die Autorinnen erklären Ihnen Schritt für Schritt was Sie tun müssen, um Ihrem Text eine valide statistische Grundlage zu geben.

J. Faik

Statistik mit SPSS für Dummies Alles in einem Band

2. Auflage 2023 **ISBN:** 978-3-527-72068-2

608 Seiten

Format: 176 mm x 240 mm

Ladenpreis: 30,- €*

Mit diesem Buch können Sie zwei Fliegen mit einer Klappe schlagen: Erwerben Sie Statistik- und SPSS-Kenntnisse in ein und demselben Buch.

J. Schmuller

Statistik mit R für Dummies

2. Auflage 2022 **ISBN:** 978-3-527-71949-5

432 Seiten

Format: 176 mm x 240 mm

Ladenpreis: 28,- €*

Mit diesem Buch vertiefen Sie Ihr Wissen über statistische Methoden und lernen gleichzeitig, wie man sie in R implementiert. So können Sie gleich loslegen. Nach kurzer Zeit haben Sie Zugang zu professionellen statistischen Auswertungen und Grafiken.

*Der €-Preis gilt nur für Deutschland. Preisänderungen und Irrtümer vorbehalten.

www.ingramcontent.com/pod-product-compliance
Lightning Source LLC
LaVergne TN
LVHW082028051026
849532LV00011B/3296
9783527721504